Teubner Studienbücher Chemie

R. Holze
Leitfaden der Elektrochemie

Teubner Studienbücher Chemie

Herausgegeben von
Prof. Dr. rer. nat. Christoph Elschenbroich, Marburg
Prof. Dr. rer. nat. Friedrich Hensel, Marburg
Prof. Dr. phil. Henning Hopf, Braunschweig

Die Studienbücher der Reihe Chemie sollen in Form einzelner Bausteine grundlegende und weiterführende Themen aus allen Gebieten der Chemie umfassen. Sie streben nicht die Breite eines Lehrbuchs oder einer umfangreichen Monographie an, sondern sollen den Studenten der Chemie – aber auch den bereits im Berufsleben stehenden Chemiker – kompetent in aktuelle und sich in rascher Entwicklung befindende Gebiete der Chemie einführen. Die Bücher sind zum Gebrauch neben der Vorlesung, aber auch – da sie häufig auf Vorlesungsmanuskripten beruhen – anstelle von Vorlesungen geeignet. Es wird angestrebt, im Laufe der Zeit alle Bereiche der Chemie in derartigen Lehrbüchern vorzustellen. Die Reihe richtet sich auch an Studenten anderer Naturwissenschaften, die an einer exemplarischen Darstellung der Chemie interessiert sind.

Leitfaden der Elektrochemie

Von Prof. Dr. rer. nat. Rudolf Holze
Technische Universität Chemnitz

 Springer Fachmedien Wiesbaden GmbH 1998

Prof. Dr. rer. nat. Rudolf Holze

Geboren 1954 in Hildesheim/Niedersachsen. Von 1973 bis 1979 Studium der Chemie an der Universität Bonn, Diplomarbeit über „Neue Kathodenmaterialien für Lithiumbatterien" und 1983 Promotion mit dem Thema „Impedanzmessungen an porösen Elektroden" bei Prof. Vielstich, Bonn. Von 1983 bis 1984 Postdoctoral Fellow am Case Center for Electrochemical Sciences der Case Western Reserve University in Cleveland/USA bei Prof. E. Yeager als Stipendiat der Heinrich-Hertz-Stiftung. Von 1984 bis 1987 wiss. Assistent am Institut für Physikalische Chemie der Universität Bonn. 1987 Hochschulassistent, 1989 Habilitation für das Fach „Physikalische Chemie" und 1991 Hochschuldozent im Fachbereich Chemie der Universität Oldenburg. Seit 1993 Professor für Physikalische Chemie/Elektrochemie an der Technischen Universität Chemnitz.

Die Deutsche Bibliothek – CIP-Einheitsaufnahme

Holze, Rudolf:
Leitfaden der Elektrochemie / von Rudolf Holze. – Stuttgart ; Leipzig : Teubner, 1998
  (Teubner-Studienbücher : Chemie)
ISBN 978-3-519-03547-3   ISBN 978-3-322-80122-7 (eBook)
DOI 10.1007/978-3-322-80122-7

Das Werk einschließlich aller seiner Teile ist urheberrechtlich geschützt. Jede Verwertung außerhalb der engen Grenzen des Urheberrechtsgesetzes ist ohne Zustimmung des Verlages unzulässig und strafbar. Das gilt besonders für Vervielfältigungen, Übersetzungen, Mikroverfilmungen und die Einspeicherung und Verarbeitung in elektronischen Systemen.

© Springer Fachmedien Wiesbaden 1998
Ursprünglich erschienen bei B. G. Teubner Stuttgart 1998

Vorwort

Elektrochemie ist eine außerordentlich interdisziplinäre Wissenschaft im Berührungsfeld von Chemie, Physik, Werkstoffwissenschaft, Biologie und zahlreichen anderen technisch-naturwissenschaftlichen Disziplinen. In beispielhafter Weise vereinigen sich grundlagenorientierte und anwendungsbezogene Aspekte. Kaum eine elektrochemische experimentelle Arbeit ist ohne einen zumindest mittelbaren Bezug zu einem praktischen Verfahren. Die Anwendungen reichen von in großem Umfang eingesetzten elektrochemischen Produktionsverfahren über die aus der technischen Welt nicht mehr wegzudenkenden elektrochemischen Energiespeicher bis zur Ultraspurenanalytik und Sensorik. Diese große und allgemeine Bedeutung rechtfertigt eine angemessene Darstellung im Chemiestudium.

Elektrochemie wird daher im Studium bereits in den ersten Semestern in Vorlesungen der organischen, anorganischen und physikalischen Chemie angesprochen. Die vielseitigen Wege der Annäherung und unterschiedlichen Wichtungen von Grundlagen, Methoden oder Anwendungen lassen ordnende Konzepte und gemeinsame Grundlagen nicht immer mit der nötigen Klarheit erkennen. Diese Lücke wird mit diesem kompakten Leitfaden geschlossen. Anders als umfassende Lehrbücher der physikalische Chemie, die zahlreiche Aspekte der Elektrochemie mit unterschiedlicher Intensität behandeln, wird hier ein Überblick gegeben, der Grundlegendes und Typisches hervorhebt. Dabei geht der Bezug zu den zahlreichen Feldern der Anwendung elektrochemischer Konzepte und Methoden deutlich hervor. Dies führt zu einem tieferen Verständnis der Elektrochemie und erleichtert den Zugang zu intensiver Beschäftigung mit ihr. Daher wird in diesem Leitfaden immer wieder anschließend an die Darstellung der Grundlagen, Theorien und Modelle die Anwendung beschrieben. Auch dies ist ein wichtiger, das tiefere Verständnis erleichternder Unterschied zu umfassenden Lehrbüchern. Diese unmittelbare Verknüpfung erlaubt die rasche Überprüfung des zuvor erworbenen theoretischen Wissens an praktischen Fragestellungen. Dabei können im begrenzten Umfang eines Leitfadens natürlich nicht alle theoretischen wie praktischen Aspekte vollständig und mit gleicher Intensität behandelt werden. Trotzdem ist der Überblick so vollständig, daß von diesem Buch ausgehend der Zugang zu allen Feldern der Elektrochemie erfolgversprechend möglich ist. Die bestehende Lücke zwischen allgemeinen Lehrbüchern einerseits und der Fachliteratur andererseits soll so geschlossen werden.

Das vorliegende Buch ist aus einer Vorlesung hervorgegangen, in der Studierende im Grundstudium der Chemie einen Überblick über die wichtigsten Aspekte der Elektrochemie erhalten sollen. Dabei stehen die Vollständigkeit und die Erschließung des Arbeitsgebietes im Vordergrund, manche Details der Grundlagen wie der experimentellen Methoden und technischen Anwendungen können im knappen Umfang nicht überall berücksichtigt werden. Die naheliegende Idee, am Ende der Kapitel Hinweise auf Lehrbücher, Monographien und Übersichtsartikel zu geben, die einen weitergehenden Einblick erlauben, mußte recht rasch verworfen werden. Da sich das Buch an einen sehr heterogenen Leserkreis richtet, ist es schlicht unmöglich, solche Hinweise in auch nur annähernd allgemeingültiger und für jeden Leser und jede Leserin in gleich guter Weise und verwertbarer Form zu geben. Die in Zukunft eher noch knapper werdenden Bibliotheksmittel lassen hier kaum Besserung erhoffen. Andererseits ist es in praktisch jeder Bibliothek möglich, mit Hilfe "elektronischer Kataloge" einen raschen Zugang zu den vorhandenen Büchern und Zeitschriften zu gewinnen. Hiermit dürfte das Auffinden weiterführender Literatur auch in sehr speziellen Fällen keine Schwierigkeit bereiten. Zum Einstieg in eine solche Literatursuche sind am Ende jedes Kapitels Stich- und Schlagworte genannt, die entsprechend einschlägigen Systematiken zuverlässig zum Erfolg führen. Diesem Zweck dient auch das umfangreiche Register, das in vielen Fällen nicht nur das rasche Auffinden wichtiger Definitionen, Gesetze und gängiger Begriffe erlaubt, sondern auch die Verbindung zu entsprechenden experimentellen Techniken und praktischen Anwendungen herstellt. Für den an umfassenden Lehrbüchern zum Gesamtgebiet der Elektrochemie wie zu wichtigen Teilgebieten Interessierten gibt folgende Übersicht einige Anregungen:

J.O'M. Bockris und A.K.N. Reddy, *Modern Electrochemistry*, Plenum Press, 1972
J. Koryta, *Lehrbuch der Elektrochemie*, Springer Verlag, 1976
C.H. Hamann und W. Vielstich, *Elektrochemie*, VCH-Wiley Verlag, 1998
E. Zirngiebl, *Einführung in die Angewandte Elektrochemie*, Salle Verlag, 1993
W. Schmickler, *Grundlagen der Elektrochemie*, Vieweg Verlag, 1996
D.T. Sawyer, *Electrochemistry for Chemists*, John Wiley & Sons, 1995
Organic Electrochemistry: An Introduction and a Guide, H. Lund und M.M. Baizer Hrsg., Marcel Dekker, 1991

Symbole und Achsenbeschriftungen sind nach den Empfehlungen der IUPAC (Pure Appl. Chem. 37 (1974) 499) ausgeführt. Dies wird im Vergleich zu anderen, vor allem älteren Lehrbüchern, möglicherweise zu Verwirrung führen. Das ausführliche Symbolverzeichnis (S. 299) soll hier weiterhelfen. Dimensionen sind dabei durch einen Schrägstrich von der zugehörigen Zahl getrennt, nur in Ausnahmen wird der besseren Übersicht halber die Dimension in eckigen Klammern angegeben. Das Buch wäre ohne die Hilfe zahlreicher Mitarbeiter und Freunde nicht entstanden. Für experimentelle Daten und praktische Hinweise auf Details danke ich V. Brandl, M. Bron, S. Kania, J. Lippe, W. Leyffer, K. Oehlschläger, M. Probst und P. Roland.

Inhalt

1	Eine Einführung: Zwei Metallbleche, eine Lösung und eine Stromquelle	9
2	Elektrochemie im Gleichgewicht: Ionen und Elektroden	14
2.1	Aktivitäten von Ionen in Lösung, das elektrochemische Potential	14
2.2	Die Debye-Hückel-Theorie	23
2.3	Potentiale und Strukturen an Phasengrenzen: Nernst-Gleichung und Doppelschicht	33
2.4	Elektroden	50
2.5	Elektrochemische Analytik: Ionenselektive Elektroden	57
2.6	Einfache Anwendungen: Potentiometrie, Aktivitätsbestimmungen	67
2.7	Elektrochemische Zellen	76
2.8	Elektrochemie und Thermodynamik, die Spannungsreihe	86
2.9	Elektrochemische Energiespeicher: Batterien, Akkumulatoren und Brennstoffzellen	100
3	Stofftransport und elektrochemische Kinetik	126
3.1	Ionenwanderung im elektrischen Feld und elektrolytische Leitfähigkeit	128
3.2	Eine Anwendung: Konduktometrie	144
3.3	Stoffbilanzen elektrochemischer Prozesse	151
3.4	Struktur und Dynamik elektrochemischer Phasengrenzen	153
3.4.1	Teilschritte elektrochemischer Prozesse: die Überspannungen	153
3.4.2	Der Ladungsdurchtritt: die Butler-Volmer-Gleichung und die Durchtrittsüberspannung	158
3.4.3	Die Konzentrationsüberspannung	169
3.4.4	Die Adsorptionsüberspannung	174
3.4.5	Die Kristallisationsüberspannung	178
3.4.6	Elektrokatalyse	183
3.5	Korrosion	185
3.6	Technische Elektrochemie	202
3.7	Elektrochemische Analytik	217

4	**Methoden der experimentellen Elektrochemie**	224
4.1	Stationäre Methoden: Messung bei konstantem Potential oder Strom	228
4.2	Quasistationäre Methoden	239
4.3	Instationäre Methoden	264
4.4	Nichtklassische Methoden: Oberflächenanalytik, Spektroskopie	274
	Liste der Symbole und Abkürzungen	299
	Register	307

1 Eine Einführung: Zwei Metallbleche, eine Lösung und eine Stromquelle

Elektrochemie ist als ein an zahlreiche naturwissenschaftliche Arbeitsgebiete (Chemie, Physik, Biologie, Materialkunde, Medizin) angrenzendes, sehr interdisziplinäres Arbeitsgebiet schwer mit einer knappen Definition zu beschreiben. In der klassischen Darstellung der Elektrochemie als der Lehre von der Beziehung zwischen elektrischen und chemischen Prozessen oder der Vorstellung als physikalischer Chemie unter Beteiligung geladener Teilchen (Ionen) werden die vielseitigen Aspekte, die über das Auftreten und die besonderen Eigenschaften von Ionen hinausgehen, nicht deutlich. Bezeichnet man Elektrochemie als die Wissenschaft von Elektronenübertragungsreaktionen vor allem an Phasengrenzen (Festkörper/Flüssigkeit, Membran, Zellwand, Festkörper/Festkörper, nichtmischbare Flüssigkeit), so kommt man der großen Vielseitigkeit dieses Gebietes näher.

Anschaulicher ist dagegen die Betrachtung der Resultate einer Reihe einfacher Experimente, die mit elektrochemischen Phänomenen, Methoden und Modellen vertraut machen.

Als experimentelle Anordnung wird ein Glasgefäß mit einer wäßrigen Lösung eines Salzes oder einer Säure verwandt, in das zwei Metallbleche eintauchen.

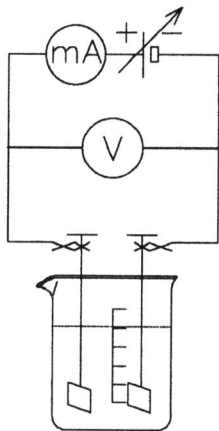

Bild 1.1 Meßanordnung für einfache elektrochemische Versuche.

Sie sind entsprechend Bild 1.1 mit einer äußeren einstellbaren Spannungsquelle (Batterie) verbunden. Die an den Blechen anliegende elektrische Spannung und der fließende Strom werden mit Volt- und Milliampéremeter gemessen.

Werden zwei Platinbleche und als Flüssigkeit reinstes Wasser verwendet, so registriert man bei einer angelegten Spannung von ca. 1 - 2 Volt einen äußerst geringen Strom, der kurze Zeit nach dem Einschalten praktisch verschwindet. Da im Wasser freie Elektronen nur eine äußerst geringe Lebensdauer haben, muß der Stromfluß auf anderen beweglichen Ladungsträgern beruhen. Nach der Eigendissoziation des Wassers gemäß

$$2 H_2O \rightarrow H_3O^+ + OH^- \tag{1.1}$$

ist eine sehr kleine Konzentration von Protonen und Hydroxidionen (in jeweils hydratisierter Form) vorhanden, die den Strom transportiert.

Wenn in der Flüssigkeit Salzsäure gelöst ist, so beobachtet man einen wesentlich größeren Strom als im ersten Experiment. Die Leitfähigkeit einer Lösung hängt offenbar von der Konzentration der darin gelösten Ionen ab. Bei Salzsäure kann angenommen werden, daß sie als starke Säure völlig in Ionen dissoziiert ist. Man bezeichnet allgemein Stoffe, die in geladene Teilchen (Ionen) zerfallen (dissoziieren) können (z.B. Salz- oder Essigsäure) oder die bereits im festen Zustand in Ionenform vorliegen (Natriumchlorid), als Elektrolyte. Sprachlich etwas ungenau werden Lösungen solcher Elektrolyte in einem Lösungsmittel ebenfalls oft als Elektrolyte und nicht präziser als Elektrolytlösung bezeichnet. Über die erhöhte Leitfähigkeit hinaus beobachten wir an den beiden Platinblechen weitere Veränderungen. Dies steht im Gegensatz zur Erfahrung, daß ein metallischer elektrischer Leiter sich unter Stromfluß, abgesehen von einer geringen Erwärmung bei größeren Stromstärken, nicht verändert. An beiden Blechen, die wir als Elektroden bezeichnen wollen, wird eine Gasentwicklung beobachtet, deren Intensität mit gesteigerter Stromstärke zunimmt. An der mit dem Pluspol der äußeren Stromquelle verbundenen Elektrode ist Chlorgeruch wahrnehmbar; das an der anderen Elektrode entwickelte Gas kann mit der Knallgasprobe als Wasserstoff identifiziert werden. Während an der ersten Elektrode (am Pluspol) eine Oxidation gemäß

$$Cl^- \rightarrow 1/2\ Cl_2\uparrow + e^- \tag{1.2}$$

abläuft (diese Elektrode wird Anode genannt), bildet sich an der anderen Elektrode in einer Reduktion Wasserstoff nach

$$H_3O^+ + e^- \rightarrow 1/2\ H_2\uparrow + H_2O \tag{1.3}$$

die Elektrode heißt Kathode. Der Begriff "Elektrode" wie auch die Bezeichnungen der beiden Elektroden als "Anode" und "Kathode" gehen auf Michael Faraday zurück. Die Zellreaktion, mit der der Elektrochemiker das gesamte Gesche-

1 Einführung

hen in dieser elektrochemischen Zelle zusammenfaßt, ist damit

$$H_3O^+ + Cl^- \rightarrow 1/2\ H_2\uparrow + 1/2\ Cl_2\uparrow + H_2O \qquad (1.4)$$

Da eine elektrochemische Zelle stets zwei Elektroden und einen Elektrolyten in einem Lösungsmittel oder eine Salzschmelze als Elektrolyt* enthält und die beiden Teilreaktionen räumlich getrennt ablaufen, werden die beiden Elektroden mit den sie umgebenden Elektrolytlösungen als Halbzellen bezeichnet; zwei Halbzellen kombiniert man zu einer (Ganz)Zelle. Die zentrale Bedeutung der Kombination Elektrode/Elektrolyt hat Walter Nernst zur Definition einer Elektrode als "Elektronenleiter im Kontakt mit einem Ionenleiter" geführt.

Ersetzen wir die Salzsäurelösung durch eine Lösung von Kupferchlorid und belassen die beiden Platinbleche als Elektroden in der Zelle, so ist an der Anode weiterhin Chlorentwicklung zu beobachten. An der Kathode ist keine Gasentwicklung, sondern die Bildung eines kupferroten Überzuges auf dem Platinblech zu sehen. Eine Analyse bestätigt den optischen Eindruck, aus der Lösung des Kupfersalzes ist durch kathodische Reduktion metallisches Kupfer abgeschieden. Die Zellreaktion ist damit:

$$Cu^{2+} + 2\ Cl^- \rightarrow Cu + Cl_2\uparrow \qquad (1.5)$$

Wird statt Kupferchlorid ein anderes Salz, Natriumsulfat, gelöst, so wird anodisch eine Gasentwicklung beobachtet; das gebildete Gas kann mit der Glimmspanprobe als Sauerstoff identifiziert werden. An der Kathode wird wie im Fall der Salzsäure Wasserstoff gefunden. Damit folgt als Zellreaktion:

$$H_2O \rightarrow H_2\uparrow + 1/2\ O_2\uparrow \qquad (1.6)$$

Offenbar sind die an den Elektrodenreaktionen beteiligten Stoffen nicht notwendigerweise die Stoffe, die den Stromtransport durch die Lösung ermöglichen.

In einem letzten Versuch ersetzen wir die Anode aus Platinblech durch einen Silberdraht, als Elektrolytlösung verwenden wir eine wäßrige Lösung von Silbernitrat. Neben einem merklichen Stromfluß treten auch hier Veränderungen an beiden Elektroden ein. Die chemische Analyse des auf der Platinelektrode abgeschiedenen metallischen Films identifiziert ihn als Silber, die Silberanode zeigt dagegen einen merklichen, von der Versuchsdauer abhängigen Massever-

---

* Außerdem sind noch kristalline Ionenleiter oder ionenleitende Polymere als Elektrolyte denkbar; sie sollen der besseren Übersicht halber nicht stets ausdrücklich erwähnt werden.

lust. Eine Wägung der beiden Elektroden zeigt korrespondierenden Gewichtsverlust durch Auflösung des Silberdraht (der Anode) und Gewichtszunahme an der Platinelektrode (der Kathode), die mit wachsender Elektrolysezeit zunehmen und solange exakt miteinander korrespondieren, wie die Spannung an der Zelle genügend klein bleibt, um weitere Reaktionen (Gasentwicklung) nicht eintreten zu lassen. Die beiden Elektrodenreaktionen lauten damit

$$\text{Anode: } Ag \rightarrow Ag^+ + e^- \tag{1.7}$$

und

$$\text{Kathode: } Ag^+ + e^- \rightarrow Ag \tag{1.8}$$

Insgesamt ist ein Silbertransport durch die Lösung eingetreten.

In den Versuchen ist offenbar ein elektrischer Stromfluß, der den metallischen Leiter als Elektronenfluß, die Lösung dagegen als Ionenfluß passiert hat, mit chemischen Reaktionen an den beiden Elektroden verbunden. Je nach Art der beobachteten Elektrodenreaktionen haben wir inerte Elektroden, die lediglich als Ladungsüberträger dienten (z.B. Platinelektroden in allen Versuchen) oder nicht-inerte Elektroden, die sich bei der Reaktion aufgelöst haben, eingesetzt. Da es sich in den meisten Fällen um Stoffzersetzungen unter der Wirkung elektrischen Stroms handelt, bezeichnet man die Vorgänge als Elektrolysen (lyse (griech) = spalten). Technisch sind Elektrolysen von außerordentlich großer Bedeutung. Zahlreiche chemische Grundstoffe (vor allem Chlor) werden elektrochemisch durch Elektrolyse hergestellt. Ebenfalls werden zahlreich Metalle durch Elektrolyse ihrer Lösungen oder Salzschmelzen gewonnen. Auch die Oberflächenveredelung durch Verchromen, Vernickeln oder Vergolden kann elektrochemisch durch eine Elektrolyse geschehen, bei der die Metallabscheidung auf einem Werkstück gezielt erfolgt. Wichtige Charakteristika und Begriffe elektrochemischer Prozesse und Systeme haben wir damit kennengelernt.

Betrachtet man die Vorgänge an den beiden Elektroden in dieser Elektrolysezelle, so ergibt sich folgende Übersicht:

elektr. Anschluß	Reaktionstyp	Elektrodenbezeichnung	
Minuspol	Reduktion	Kathode	Elektrolysezelle
Pluspol	Oxidation	Anode	

Wir werden später feststellen, daß nicht nur elektrochemische Prozesse (Elektrolysen) unter Zufuhr elektrischer Arbeit möglich sind, sondern auch ein Prozeß in umgekehrter Richtung möglich ist. In der dann als galvanische Zelle bezeichne-

1 Einführung

ten Anordnung werden Stoffe unter Freisetzung elektrischer Energie an den beiden Elektroden zur Reaktion gebracht (vgl. Abschn. 2.7 ff.).

Eine weitere Analyse der experimentellen Befunde der beschriebenen fünf Versuche wird die Vorgänge im Lösungsinneren und die Vorgänge an der Phasengrenze Elektrode/Elektrolytlösung der Übersichtlichkeit halber getrennt betrachten. Historisch war die Elektrochemie nach einer anfänglichen, kurzen Periode der großen experimentellen Entdeckungen durch Volta, Galvani, Faraday und andere um die Wende vom 18. zum 19. Jahrhundert nach einer längeren Ruhezeit im längsten Teil ihrer Entwicklung bis zur Mitte unseres Jahrhunderts vor allem eine Wissenschaft von Ionen in Lösung (im angloamerikanischen Sprachgebrauch "ionics"). Erst in den letzten Jahrzehnten hat sich das Interesse auf Elektrodenprozesse und die Struktur der Phasengrenze verschoben ("electrodics"). Dies ist auf verbesserte und neuartige Untersuchungsmethoden, die erweiterte Erkenntnis der Bedeutung elektrochemischer Prozesse und Phänomene in vielen Bereichen von Naturwissenschaft und Technik sowie das gesteigerte Interesse an technischen Anwendungen elektrochemischer Prozesse zurückzuführen.

In jüngster Zeit hat die intensive Nutzung ortsaufgelöster Rastersondenmethoden (SPM, vgl. Abschn 4.4) die Bedeutung atomarer Einzelheiten der Phasengrenzen einer angemessenen Berücksichtigung bei der Deutung von Prozessen an der Phasengrenze näher gebracht. Dies ist vor allem in der Elektrokatalyse (vgl. Abschn 3.4.6), der Korrosion (vgl. Abschn 3.5) und in zahlreichen Verfahren der technischen Elektrochemie (vgl. Abschn 3.6) von großer Bedeutung.[*]

Stichworte: Elektrochemie, Elektrolyte

---

[*] Dem einführenden Charakter des vorliegenden Buches entsprechend ist eine ausführliche Berücksichtigung dieser Entwicklung nicht möglich.

2 Elektrochemie im Gleichgewicht: Ionen und Elektroden

In den einfachen Versuchen des einleitenden Kapitels wurden aus Salzen oder Säuren und Wasser als Lösungsmittel Elektrolytlösungen höchst unterschiedlicher Eigenschaften hergestellt. Ihnen war gemeinsam, daß die Wechselwirkungen zwischen den Bestandteilen des Elektrolyten (der Säure oder des Salzes) und des Lösungsmittels so stark waren, daß eine homogene Lösung entstand. Dabei müssen die Kräfte, die den Salzkristall oder die Säuremoleküle zusammengehalten haben, überwunden worden sein. Diese starke Wechselwirkung zwischen den Lösungsmittelmolekülen und den Elektrolytbestandteilen ist jedoch nicht nur die treibende Kraft bei der Auflösung, sie beeinflußt auch das Verhalten der geladenen Teilchen in der Lösung. Eine thermodynamische Beschreibung der im Gesamtgeschehen zu berücksichtigenden Energien wie der Besonderheiten des gelösten Elektrolyten ist auf eine möglichst genaue Kenntnis der Daten der Ion-Lösungsmittel-Wechselwirkung angewiesen.

2.1 Aktivitäten von Ionen in Lösung, das elektrochemische Potential

Aus thermodynamischer Sicht vermag ein System Arbeit zu leisten, wenn der Gradient eines Potentials vorliegt. Das System wird sich entlang dieses Gradienten in einen energieärmeren Zustand verändern und kann dabei Arbeit verrichten. Der Gradient selbst wird dabei vermindert oder abgebaut. In einem mechanischen System entspricht dies einer herrschenden Kraft, in einem elektrischen System einer bestehenden elektrischen Spannung. in einem chemischen System kann dies ein Konzentrations- oder Druckunterschied oder der Unterschied zwischen nicht chemisch umgesetzter und umgesetzter Substanz sein. In der chemischen Thermodynamik reiner Phasen wurde dies mit der freien Enthalpie beschrieben. In Mischphasen, wie sie in elektrochemischen Systemen stets vorliegen, ist der aus der Mischphasenthermodynamik bekannte Begriff des chemischen Potentials μ besser geeignet. Es ist die partielle freie Enthalpie. Als partielle molare Größe gibt sie den Beitrag einer Komponente i zur Gesamtarbeitsfähigkeit des Systems an:

$$\mu_i = \left(\frac{\partial G}{\partial n_i} \right)_{T,p,n(j \neq i)} \tag{2.1}$$

In den im ersten Kapitel beschriebenen einfachen elektrochemischen Versuchen haben wir derartige Mischphasen, die im Lösungsmittel Wasser verschiedene Sorten von Ionen gelöst enthalten, eingesetzt. Für eine thermodynamische Be-

2.1 Aktivitäten von Ionen in Lösung, das elektrochemische Potential

trachtung dieser Systeme, für eine Herleitung von Beziehungen zwischen meßbaren elektrischen Größen wie Spannung zwischen den beiden Anschlüssen einer Zelle, und thermodynamischen Daten der beteiligten Phasen ist eine möglichst präzise Beschreibung der einzelnen Bestandteile der Mischphasen und ihrer Wechselwirkungen miteinander nötig. Wir werden dabei zwangsläufig sehr rasch von idealen, wechselwirkungsfreien Mischphasen zu realen Phasen übergehen müssen. Für eine ideale Lösung, in der keine Wechselwirkungen bestehen, hängt das chemische Potential der i-ten Komponente vom Wert des chemischen Standardpotentials bei Standardbedingungen (reine Phase etc.) und von ihrer Konzentration ab:

$$\mu_i = \mu_i^\circ + R \cdot T \cdot \ln c_i \tag{2.2}$$

In einer realen Mischung (Lösung) wird es durch die vorhandenen Wechselwirkungen zu einer Veränderung der Fähigkeit des Systems zur Arbeitsleistung kommen. Dies drückt sich für den Beitrag einer Einzelkomponente i in einer Ergänzung von Gl. (2.2) aus, bei der statt der festgestellten Konzentration die "wirksame Konzentration", besser die Konzentrationsaktivität $a_i = \gamma_i \cdot c_i$ mit dem Aktivitätskoeffizienten γ_i, eingesetzt wird:

$$\mu_i = \mu_i^\circ + R \cdot T \cdot \ln a_i = \mu_i^\circ + R \cdot T \cdot \ln \gamma_i + R \cdot T \cdot \ln c_i \tag{2.3}^*$$

Da die Bildung der untersuchten Mischphase "Elektrolytlösung" bereits mit massiven Veränderungen der beteiligten Komponenten (Zerstörung des Kristallgitters, mögliche Veränderungen der Lösungsmittelstruktur) einhergeht, muß festgestellt werden, auf welchen Bezugszustand sich das Standardpotential bezieht. Wir wollen es auf die Lösung – den nach den genannten Veränderungen erreichten Zustand – bei der Standardaktivität $a_i = 1$ [mol·l⁻¹] beziehen. Ohne eine genaue Untersuchung der Wechselwirkungen sind bereits jetzt einige spekulative Vorstellungen zur Konzentrationsabhängigkeit des Aktivitätskoeffizienten möglich. Bei unendlicher Verdünnung werden die Wechselwirkungen zwischen den Ionen verschwinden, $\gamma_i = 1$ werden. Selbstverständlich fallen die Ion-Lösungsmittel-Wechselwirkungen hier nicht weg, aber sie hatten wir ja bereits im entsprechend gewählten Bezugszustand berücksichtigt. Bei zunehmender Konzentration wird es wegen der Wechselwirkungen zwischen den geladenen Ionen zu Abweichungen von diesem Zustand kommen. Da auf den ersten Blick vor allem anziehende Wechselwirkungen von Bedeutung sind, liegt die Vermutung nahe, daß es zu einer Verminderung der Arbeitsfähigkeit, also zu

---

* Da die Aktivität a_i auf eine Konzentration bezogen wird, nennt man sie genauer Konzentrationsaktivität. Dies kann durch einen zusätzlichen Index hervorgehoben werden. Bis auf sehr wenige Ausnahmen werden in dieser Einführung nur Konzentrationsaktivitäten verwendet; auf den Index kann daher verzichtet werden.

$\gamma_i < 1$, kommt. Denkbar ist allerdings auch, daß bei unvollständiger Dissoziation oder anderen Einflüssen $\gamma_i > 1$ wird. Bild 2.1 zeigt für einige wäßrige Elektrolytlösungen den Verlauf von γ_i als Funktion der Konzentration.

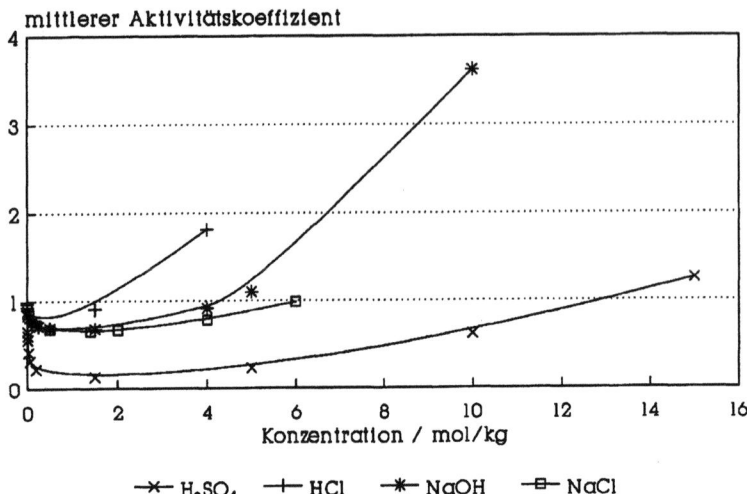

Bild 2.1 Aktivitätskoeffizienten für einige Elektrolyte in wäßriger Lösung.

Das in einer Phase herrschende elektrische Potential E muß als eine weitere Einflußgröße zur Ergänzung herangezogen werden. Aus dem chemischen Potential wird damit das elektrochemische Potential. Darin bezeichnet z_i die Zahl der Ladungen auf dem betrachteten Ion, e_0 ist die elektrische Elementarladung.

$$\bar{\mu}_i = \mu_i^\circ + R \cdot T \cdot \ln a_i + z_i \cdot e_0 \cdot E \tag{2.4}$$

Diese Ergänzung wird wichtig, wenn wir Phänomene an Phasengrenzen unter der Wirkung elektrischer Potentialdifferenzen verstehen wollen. Durch die Wahl des Bezugszustandes für das Standardpotential ist die Frage nach dem Einfluß der Ion-Lösungsmittel-Wechselwirkung auf das Verhalten der Ionen und ihre Aktivität scheinbar im Vergleich zu der analogen Frage nach dem Einfluß der Ion-Ion-Wechselwirkungen in den Hintergrund getreten. Da Wechselwirkungen zwischen Ionen und Lösungsmittelmolekülen aber in der belebten wie in der unbelebten Natur und selbstverständlich auch in der Elektrochemie von zentraler Bedeutung sind, wollen wir diese Wechselwirkungen zunächst untersuchen und soweit möglich mit den Konzepten der Thermodynamik quantitativ beschreiben. Ein erster Vorschlag geht auf Born (1920) zurück; dieser Ansatz wurde später als Born-Haber-Kreisprozeß bezeichnet. Mit ihm wird versucht, die Änderung $\Delta G_{\text{Ion-LM}}$ der freien Enthalpie beim Übergang des Ions aus dem wechselwirkungsfreien Vakuum respektive dem als wechselwirkungsfrei angenommenen

2.1 Aktivitäten von Ionen in Lösung, das elektrochemische Potential

Kristall in das Lösungsmittel (LM) zu berechnen. Grundlage ist der Heßsche Satz der konstanten Wärmesummen; wichtige Bedingung ist die Begrenzung auf elektrostatische Wechselwirkungen und die Annahme eines strukturlosen Lösungsmittels. Bild 2.2 zeigt die Schritte des Kreisprozesses.

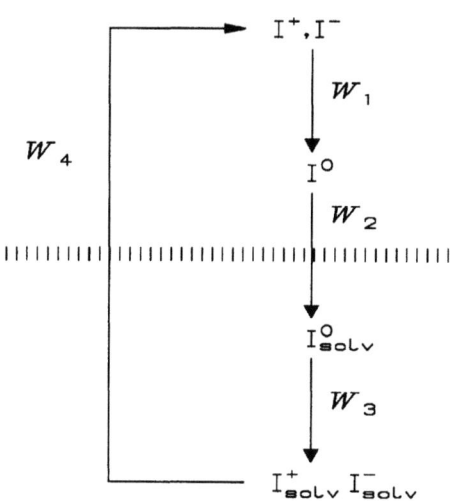

Bild 2.2 Schritte des Born-Haber-Kreisprozesses.

Es gilt $W_1 + W_2 + W_3 + W_4 = 0$ oder, da unter Berücksichtigung der Verlaufsrichtung und der Vorzeichenwahl $W_4 = -\Delta G_{\text{Ion-LM}}$, $\Delta G_{\text{Ion-LM}} = W_1 + W_2 + W_3$. Da der Transfer des neutralen Teilchens aus dem Vakuum in das Lösungsmittel keinerlei Einflüssen durch elektrostatische Wechselwirkungen unterliegt, vereinfacht sich die vorstehende Gleichung zu $\Delta G_{\text{Ion-LM}} = W_1 + W_3$. Um Angaben über die beiden verbleibenden Arbeitsbeträge zu erhalten, kann nach thermodynamischen Daten zur Dissoziation von Kristallen und zur Ladung und Entladung von atomaren Teilchen gesucht werden. Diese Suche führt zu einem unzureichenden Datensatz. Alternativ kann mit bekannten physikalischen Zusammenhängen die Lade- und Entladearbeit berechnet werden. Dies soll der Kürze und Einfachheit wegen im elektrostatischen Einheitensystem geschehen.

Das elektrostatische Potential φ am Ort r sei φ_r. Damit ist die Arbeit für den Transfer einer positiven Einheitsladung aus $r = \infty$ nach $r = r$ mit E_r als dem elektrischen Feld:

$$\varphi_r = -r \cdot E_r \tag{2.5}$$

Bei positiver Ladung am Ort $r = 0$ und positiver Einheitsladung ist die Arbeit positiv, es muß Arbeit geleistet werden. Eine vektorielle Betrachtung des

Vorgangs bestätigt dies und die Vorzeichenfestlegung in Gl. (2.5). Da das elektrische Feld E_r vom elektrostatischen Potential abhängt und da dieses wiederum ortsabhängig ist, gestaltet sich die Berechnung der Arbeit etwas komplizierter:

$$\varphi_r = - \int_{\infty}^{r} E_r \cdot dr \qquad (2.6)$$

Das Coulomb-Gesetz $F = (q_1 \cdot q_2)/r^2$ wird mit $q_1 = q$ sowie $q_2 = 1$ (Einheitsladung) zu $F = q_1/r^2 = E_r$. Eingesetzt in Gl. (2.6) führt dies zu

$$\varphi_r = - \int_{\infty}^{r} \frac{q}{r^2} \, dr \qquad (2.7)$$

und gelöst zu $\varphi_r = q/r$. Da wir nicht nur ein Teilchen laden oder entladen wollen, sondern größere Mengen, bezeichnen wir mit der Arbeit dW die zur Ladung/Entladung von dq nötige Arbeit: d$W = \varphi_r \cdot$dq. Außerdem müssen wir berücksichtigen, daß das Aufbringen einer Ladung zu einer Veränderung des elektrostatischen Potentials und damit der Arbeit für das Aufbringen des nächsten Teilchens führt. Dieser Sachverhalt ist aus dem Unterschied zwischen erster und zweiter Ionisierungsenergie bekannt. Bei der Ermittlung der Arbeit integrieren wie von $W = 0$ bis zum erwünschten Ladungszustand $z_i \cdot e_0$:

$$W = \int dW = \int_{0}^{z(i) \cdot e(0)} \varphi_r \cdot dq = \int_{0}^{z(i) \cdot e(0)} \frac{q}{r} \, dq \qquad (2.8)$$

Aufgelöst führt dies für den Entladevorgang zu

$$W = \left[\frac{q^2}{2 \cdot r} \right]_{0}^{z(i) \cdot e(0)} = \frac{(z_i \cdot e_0)^2}{2 \cdot r} \qquad (2.9)$$

Für die Aufladung in Lösung gilt die gleiche Formel mit vertauschtem Vorzeichen. Die Aufladung erfolgt in einem Medium (Lösungsmittel) mit davon abweichender Permittivität $\varepsilon = F_{vak}/F_{LM}$. Damit verändert sich zunächst die Kraft nach dem Coulombschen Gesetz:

$$F_{LM} = (q_1 \cdot q_2)/(\varepsilon r^2) \qquad (2.10)$$

und damit das Feld $E_r = q/(\varepsilon \cdot r)$. Die Ladearbeit im Medium wird zu $W = (z_i \cdot e_0)^2/(2 \cdot \varepsilon \cdot r)$. Die gesuchte Enthalpieänderung berechnet sich damit zu

$$\Delta G_{Ion-LM} = W_1 + W_3 = -\frac{(z_i \cdot e_0)^2}{2 \cdot r} + \frac{(z_i \cdot e_0)^2}{2 \cdot \varepsilon \cdot r} = -\frac{(z_i \cdot e_0)^2}{2 \cdot r} \left(1 - \frac{1}{\varepsilon}\right) \qquad (2.11)$$

2.1 Aktivitäten von Ionen in Lösung, das elektrochemische Potential

Für ein Mol Ionen muß der Ausdruck mit N_L multipliziert werden. Da $\varepsilon_{LM} > 1$ muß $\Delta G_{\text{Ion-LM}} < 0$ sein. Damit ist das Ion im solvatisierten Zustand stabiler, mit zunehmendem Wert von ε wird dieser Effekt verstärkt.

Für die Überprüfung dieses einfachen Konzeptes werden experimentelle Daten benötigt. Werte von $\Delta G_{\text{Ion-LM}}$ sind wie häufig bei der Ermittlung freier Enthalpien in der Thermodynamik nicht verfügbar. Eine Überprüfung wäre unter Nutzung der Temperaturabhängigkeit der freien Enthalpie möglich. Nach entsprechender Umformung bleibt die Enthalpieänderung $\Delta H_{\text{Ion-LM}}$ übrig, die leichter einer experimentellen Überprüfung zugänglich ist. Mit dem ersten und dem zweiten Hauptsatz erhalten wir ausgehend von

$$G = H - T \cdot S = U + p \cdot V - T \cdot S \tag{2.12}$$

bei konstantem Druck und mit in einem kleinen Temperaturintervall nicht von der Temperatur abhängigen Wert von H

$$(\partial G / \partial T)_p = -S \tag{2.13}$$

Für einen Übergang von einem Zustand 1 zu einem Zustand 2 erhalten wir für die Änderungen der entsprechenden Zustandsfunktionen

$$(\partial G_2 / \partial T)_p - (\partial G_1 / \partial T)_p = -(S_2 - S_1) \tag{2.14}$$

oder

$$(\partial \Delta G / \partial T)_p = -\Delta S \tag{2.15}$$

Mit der Kenntnis von ΔS und ΔG der Ion-Lösungsmittel-Wechselwirkung wäre die mit dieser Wechselwirkung verbundene Enthalpieänderung zugänglich. Bei der Untersuchung der aus dem Born-Haber-Kreisprozeß abgeleiteten Beziehung taucht die Frage nach Temperaturabhängigkeit von ε auf. Typische Werte für Wasser sind bei 0 °C $\varepsilon_r = 87{,}7$ und bei 100 °C $\varepsilon_r = 55{,}7$ (mit $\varepsilon = \varepsilon_0 \cdot \varepsilon_r$, s.u.). ε muß daher bei der Differentiation als temperaturabhängig berücksichtigt werden. Durch Ableiten von Gl. (2.11) erhalten wir für ein Mol Ionen

$$\Delta S_{\text{Ion-LM}} = \left(\frac{\partial \Delta G_{\text{Ion-LM}}}{\partial T} \right)_p = \frac{N_L \cdot (z_i \cdot e_0)^2}{2 \cdot r} \frac{1}{\varepsilon^2} \left(\frac{\partial \varepsilon}{\partial T} \right)_p \tag{2.16}$$

Mit $\Delta G_{\text{Ion-LM}} = \Delta H_{\text{Ion-LM}} - T \Delta S_{\text{Ion-LM}}$ folgt aufgelöst nach der Enthalpie

$$\Delta H_{\text{Ion-LM}} = \frac{N_L (z_i \cdot e_0)^2}{2 \cdot r} \left(1 - \frac{1}{\varepsilon} - \frac{T \partial \varepsilon}{\varepsilon^2 \cdot \partial T} \right) \tag{2.17}$$

Für den Vergleich experimenteller Daten mit dem dargestellten Rechenergebnis fehlen nur noch Angaben zum Radius r der gelösten Ionen. Außerdem ist zu berücksichtigen, daß experimentelle Wert stets nur für komplette Salze, die aus Anionen und Kationen bestehen, zugänglich sind. Die grundsätzliche Richtigkeit der Annahme, daß $\Delta H_{\text{Ion-LM}}$ additiv aus den Beiträgen der Anionen und Kationen zusammengesetzt ist, kann durch Vergleich ermittelter Solvatationsenthalpien $\Delta H_{\text{S-LM}}$ für Salze mit jeweils einem gemeinsamen Ion und Bildung der Differenzen überprüft werden. Tab. 2.1 zeigt einige Beispiele. Der Weg zur Bestimmung der Werte wird anschließend genauer betrachtet.

Die praktisch konstante Differenz $\Delta\Delta H_{\text{S-LM}}$ bei Austausch eines Ions berechtigt zur Annahme, daß jede Ionensorte einen stoffspezifischen Beitrag liefert. Anders formuliert ist die Differenz zwischen dem Wert für NaCl und für LiCl Ausdruck der unterschiedlich starken Wechselwirkung zwischen dem Lösungsmittel Wasser und den Lithium- resp. Natriumionen. Es ist daher sinnvoll, nach den individuellen Enthalpiewerten einzelner Ionen zu suchen.

Eine mögliche Annäherung an die Lösung dieses Problems geht von der Tatsache aus, daß in dem Bornschen Modell der Ion-Lösungsmittel-Wechselwirkung in der abschließenden Gleichung (2.17) der Ionenradius als Parameter auftaucht. Für ein Salz, bei dem Anion und Kation den gleichen Radius haben, müßte nach dieser einfachen Vorstellung der Betrag von ΔH_{solv} in zwei gleiche Anteile auf Anion und Kation umgelegt werden können. Bei der Auswahl eines geeigneten Salzes kommt KF in Betracht. Der Kationenradius beträgt 133 pm, der Anionenradius 136 pm. Nimmt man an, daß die gesuchte Enthalpie sich additiv zusammensetzt, so kann der für KF gefundene Wert von $\Delta H_{\text{S-LM}} = -824$ kJ·mol^{-1} zu gleichen Teilen mit je -412 kJ·mol^{-1} auf die beiden Ionen bezogen werden.

Tabelle 2.1: Differenzen von Solvatationsenthalpien $\Delta\Delta H_{\text{S-LM}}$ ausgewählter Salze

	$\Delta H_{\text{S-LM}}$/kJ·mol^{-1}	$\Delta\Delta H_{\text{S-LM}}$/kJ·mol^{-1}
LiF	−1026,6	
NaF	−911,9	−114,7
LiCl	−884,3	
NaCl	−769,0	−115,3
NaCl	−769,0	
KCl	−685,3	−83,7
NaBr	−741,8	
KBr	−658,1	−83,7

Bei der Betrachtung experimenteller Werte der leicht bestimmbaren Lösungs-

2.1 Aktivitäten von Ionen in Lösung, das elektrochemische Potential

wärme ΔH_{solv}* fällt rasch auf, daß diese von kleinem Betrag sind; im Vergleich zu den nach dem Bornschen Modell berechneten Werten von ΔH_{Ion-LM} verschwinden sie fast. Der Grund diese scheinbaren Widerspruchs ist leicht zu finden. Im Bornschen Modell werden einzelne Ionen aus dem Vakuum in das Lösungsmittel gebracht, im Experiment wird ein Salzkristall aufgelöst. Offenbar ist für einen korrekten Vergleich die Wechselwirkung im Kristall zu berücksichtigen. Die Berücksichtigung dieser als Gitterenergie bezeichneten Wechselwirkung führt zu einem anderen Kreisprozeß:

Darin entspricht ΔH_{solv} der experimentell zugänglichen Lösungswärme, ΔH_{Gitter} der bereits erwähnten und ebenfalls meßbaren Gitterenergie und ΔH_{Ion-LM} der auch schon bekannten Enthalpie der Ion-Lösungsmittel-Wechselwirkung. Die vorzeichenrichtige Anwendung des Heßschen Satzes führt zunächst zu

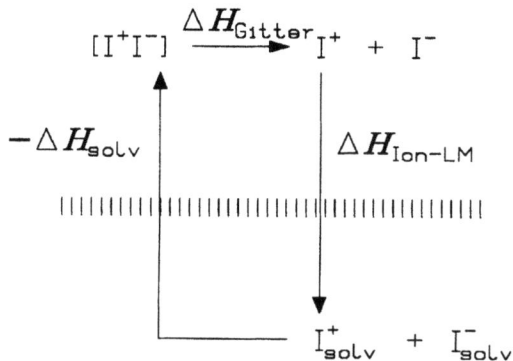

Bild 2.3 Kreisprozeß zur Enthalpieveränderung bei Auflösung eines Salzes.

$$\Delta H_{Gitter} - \Delta H_{solv} + \Delta H_{Ion-LM} = 0 \tag{2.18}$$

Tab. 2.2 zeigt einige Werte der Gitterenergie ΔH_{Gitter}. Ihr Vergleich mit den Lösungsenthalpien aus Tab. 2.1 läßt leicht verstehen, warum die bei der Auflösung eines Salzes tatsächlich beobachteten thermischen Effekte (ΔH_{solv}) so gering sind.

Damit kann eine Liste quasi-experimenteller Werte von ΔH_{Ion-LM} erstellt werden (Tab. 2.3). Wirklich experimentelle Werte stellen diese Zahlen nicht dar, da sie aus ermittelten Werten durch eine auf Annahmen beruhende Rechnung extrahiert wurden.

---

* ΔH_{solv} ist die bei der Auflösung umgesetzte Enthalpie; dagegen ist ΔH_{S-LM} die der Ion-Lösungsmittel-Wechselwirkung zukommende Enthalpie.

Tabelle 2.2: Gitterenergien ΔH_{Gitter} und Lösungswärmen ΔH_{solv} ausgewählter Salze

	$\Delta H_{Gitter}/kJ\cdot mol^{-1}$	$\Delta H_{solv}/kJ\cdot mol^{-1}$
LiF	1030,5	4,6
NaF	911,7	0,42
KF	810,0	−17,6
NaCl	772,8	3,7
KCl	702,5	17,2
NaBr	741,0	−0,8
KBr	678,2	20,1

Die Übereinstimmung ist unbefriedigend. Die Anwendung des Born-Haber-Kreisprozesses führt zur Vorhersage einer stärkeren Wechselwirkung als aus den experimentellen Befunden ermittelt.

Tabelle 2.3: Enthalpien ΔH_{Ion-LM} für einige Ionen

	aus experimentellen Daten	aus Gl. (2.17)
Li$^+$	−612,1 [kJ·mol^{-1}]	−1161,9 [kJ·mol^{-1}]
Na$^+$	−497,5	−734,3
K$^+$	−413,8	−524,3
F$^-$	−413,8	−512,9
Cl$^-$	−271,5	−385,3
Br$^-$	−244,3	−357,7

Für die grundsätzliche Richtigkeit des Modells der vor allem elektrostatischen Wechselwirkungen spricht die Beobachtung, daß berechnete und aus experimentellen Daten ermittelte Werte zumindest in der gleichen Größenordnung liegen. Die Suche nach möglichen Schwachstellen beginnt wie auch bei vielen anderen in späteren Kapiteln vorgestellten Modellen und Theorien mit der Überprüfung von Parametern, die nur unter Vorbehalt und mit einschränkenden Annahmen in das Modell aufgenommen wurden. In Gl. (2.17) ist dies vor allem der Ionenradius r. Für die Berechnung der Werte in Tab. 2.3 wurden kristallographische Radien angenommen. Mangels genauerer Kenntnisse ist diese bedenkliche Annahme gemacht worden - warum sollte der kristallographische Radius, der ja selbst eine nicht ohne Willkür definierte Größe für ein in seinen Dimensionen nicht einfach faßbares Teilchen ist, für die Verhältnisse in einer Lösung zutreffen. Auch wenn festgestellt wurde, daß durch Addition eines bestimmten Wertes (85 pm bei den Anionen und 10 pm bei den Kationen) eine deutlich bessere Übereinstimmung erzielbar ist, erscheint eine beliebige Anpassung von r bis zur Übereinstimmung von Rechnung und Experiment ungerechtfertigt. Außer der Temperaturabhängigkeit von ε ist auch zu prüfen, ob ihr Wert, der üblicherweise experimentell für eine reine Phase in makroskopisch großer Probendimension bestimmt wird, in der mikroskopischen Dimension der Solvathülle den gleichen, konstanten Wert hat (vgl. dazu Abschn. 2.3).

Ein weiterer Ansatz versucht, die polare Eigenschaft des Wassermoleküls und damit die Struktur des Lösungsmittels in Abwesenheit und Anwesenheit eines Ions zu berücksichtigen. Dieser von Bernal und Fowler vorgeschlagene Ansatz führt zu berechneten Werten von $\Delta H_{\text{Ion-LM}}$, die in Tabelle 2.4 den bereits in Tab. 2.3 vorgestellten Werten zugeordnet werden. Die Übereinstimmung ist weiterhin noch nicht ganz befriedigend.

Tabelle 2.4: Enthalpien $\Delta H_{\text{Ion-LM}}$ für einige Ionen

	aus experimentellen Daten	nach Bernal und Fowler
Li^+	−612,1 [kJ·mol^{-1}]	−669,9 [kJ·mol^{-1}]
Na^+	−497,5	−498,7
K^+	−413,8	−378,6
F^-	−413,8	−328,8
Cl^-	−271,5	−237,6
Br^-	−244,3	−215,9

Mit diesem Ansatz ist eine deutlich bessere Übereinstimmung festzustellen, er beschreibt damit die Situation in der Lösung offenbar besser. Gleichzeitig ist mit ihm der Übergang zu der mikroskopischen Betrachtung des Ion-Lösungsmittel-Systems des nächsten Abschnitts bereits angedeutet.

Stichworte: Elektrolyte, Elektrolytlösungen, Thermodynamik von Mischphasen.

2.2 Die Debye-Hückel-Theorie

In den vorangegangenen Betrachtungen wurde eine starke Wechselwirkung zwischen Ionen und Solvatmolekülen in einer Elektrolytlösung festgestellt. Die Betrachtung beruhte zunächst nur auf thermodynamischen Argumenten. Eine mikroskopische Betrachtung folgte nach, die molekulare und atomare Aspekte der mitwirkenden Teilchen einbezog. Diese Sicht wird folgend weiterentwickelt, da sie zugleich die Grundlage für die Erörterung der zwischenionischen Wechselwirkungen ist, die ebenfalls von einem mikroskopischen Modell ausgeht. Bei der Beschreibung der Vorgänge in der einfachen Meßanordnung in Kap. 1 wurde der Ladungstransport als eine Wanderung von Ionen im elektrischen Feld vorgestellt. Neben der elektrostatischen Beschleunigung der geladenen Teilchen, die sie auf die polaritätsrichtige Elektrode hin in Bewegung setzt, dürfte die bremsende Einwirkung der Viskosität des Lösungsmittels für ihre Geschwindigkeit wichtig sein. Die Ionen müssen mit ihrer Hülle aus relativ fest an sie gebundenen Lösungsmittelmolekülen durch das viskose Medium passieren. Die Wechselwirkung zwischen den Ionen und dem Lösungsmittel sind besonders ausgeprägt, wenn das Lösungsmittel polaren Charakter hat. Dieser ist besonders bei unsymmetrischen Molekülen zu beobachten, die verschiedenartige Atome in einer Anordnung enthalten, die zu einer ungleichen Verteilung der elektrischen Ladung im Molekül führt. Für eine solche Ungleichverteilung ist neben der räumlichen Anordnung der Atome ihre als Elektronegativität bezeichnete Eigenschaft ausschlaggebend. Ein elektronegativeres Atom wird in einer chemischen Bindung mit einem weniger elektronegativen Atom stets die Elektronen der chemischen Bindung näher zu sich zu ziehen versuchen. So ergibt sich im Mittel eine etwas höhere Elektronendichte am elektronegativeren Atom. In der Bindung wird das Ende mit diesem Atom etwas stärker negativ geladen sein, es liegt ein elektrischer Dipol vor. Bild 2.4 zeigt eine kleine Auswahl von Molekülen, in denen Atome unterschiedlicher Elektronegativität in symmetrischer wie auch in unsymmetrischer Verknüpfung vorliegen. Der resultierende Dipol ist ebenso wie das ihn quantitativ beschreibende Dipolmoment mit angegeben.

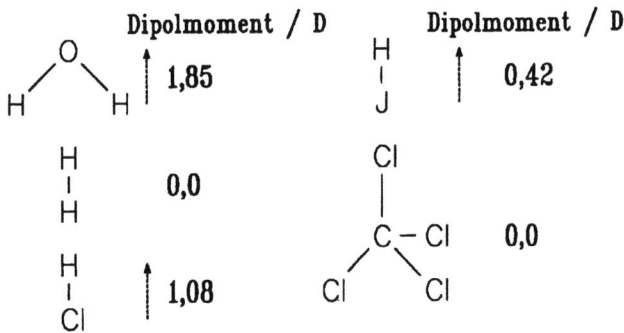

Bild 2.4 Molekulare Dipole.

Zwischen den polaren Molekülen eines Lösungsmittels und dem geladenen Ion ergibt sich durch elektrostatische Anziehung eine Wechselwirkung, die zu einer Orientierung des negativ geladenen Endes des Lösungsmitteldipols zum positiv geladenen Kation führt. Beim negativ geladenen Anion ergibt sich die umgekehrte Anordnung. Bild 2.5 zeigt eine solche Solvathülle im Querschnitt.

Anionen sind stets größer als die zugehörigen neutralen Atome, aus denen sie entstanden sind. Da in ihnen die Zahl der Elektronen größer als im Neutralteilchen ist, während die Zahl der positiven Kernbausteine unverändert bleibt, wird die Anziehungskraft des Kerns auf mehr Elektronen verteilt, das Maximum ihrer Aufenthaltswahrscheinlichkeit entfernt sich etwas vom Kern. Bei Kationen findet der umgekehrte Vorgang statt.

2.2 Die Debye-Hückel-Theorie

Typische Zahlenwerte ausgewählter Ionen sind in Tab. 2.5 zusammengefaßt. Ionenradien r und Ionenvolumina V beziehen sich auf die nach Pauling ermittelten Werte, die kristallographisch aus Röntgenbeugungsmessungen ermittelten Daten weichen von diesen jedoch nur unwesentlich ab.

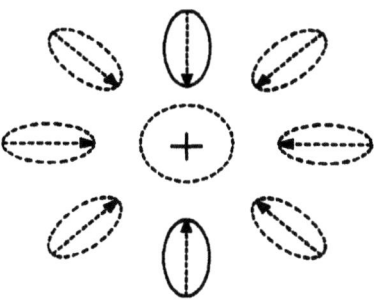

Bild 2.5 Solvatisiertes Ion.

Tabelle 2.5: Ausgewählte Daten von Ionen

Ion	r/nm	V/nm^3	$q \cdot V^{-1}$/C·nm^{-3}	n_{prim}	n_{hydrat}
Li$^+$	0,06	9,0·10^{-4}	1,7·10^{-16}	5	1
Na$^+$	0,095	3,5·10^{-3}	4,5·10^{-17}	5	4
K$^+$	0,133	9,8·10^{-3}	1,6·10^{-17}	4	–
Rb$^+$	0,148	13,5·10^{-3}	1,18·10^{-17}	3	–
Mg^{2+}	0,065	1,15·10^{-3}	2,8·10^{-16}	10	–
Cl$^-$	0,181	24,8·10^{-3}	6,4·10^{-18}	1	–
Br$^-$	0,195	31,0·10^{-3}	31,0·10^{-18}	1	–
J$^-$	0,216	42,0·10^{-3}	3,7·10^{-18}	1	–

Berechnet man nun die Ladungsdichte eines Ions als Quotient aus der ionischen Ladung q und dem Ionenvolumen V, so ist die Ladungsdichte eines Anions stets kleiner als die eines Kations. Außerdem variiert die Zahl mit der Ladungszahl und dem Ionenradius (Bild 2.6).

Die Intensität der Ion-Dipolwechselwirkung und damit die Zahl der in einer inneren (primären) Solvathülle vereinten Lösungsmitteldipole n_{prim} hängt unmittelbar mit dieser Ladungsdichte des Ions zusammen. Nur schwer experimentell davon trennbar ist die Zahl der in der äußeren, sekundären Solvathülle mit dem Zentralion in Wechselwirkung stehenden Teilchen.

Die Gesamtzahl der in beiden Hüllen gebundenen Teilchen wird mit der Solvatationszahl angegeben. Von dieser als Solvatationszahl zu bezeichnenden Größe ist die Hydratationszahl n_{hydrat} zu unterscheiden, sie gibt die Zahl der von einem

Ion im Kristall koordinierten Wassermoleküle an. Die Bestimmung der primären Solvatationszahl/Hydratationszahl ist schwierig, da meist auch Teile der sekundären Hülle miterfaßt werden. Zahlenwerte sind aus Ermittlung der Solvatationsentropie oder der Beweglichkeit im elekrischen Feld zugänglich. Eine Bestimmung mit der Hittorfschen Überführungsmethode wird in Abschn. 3.1 beschrieben.

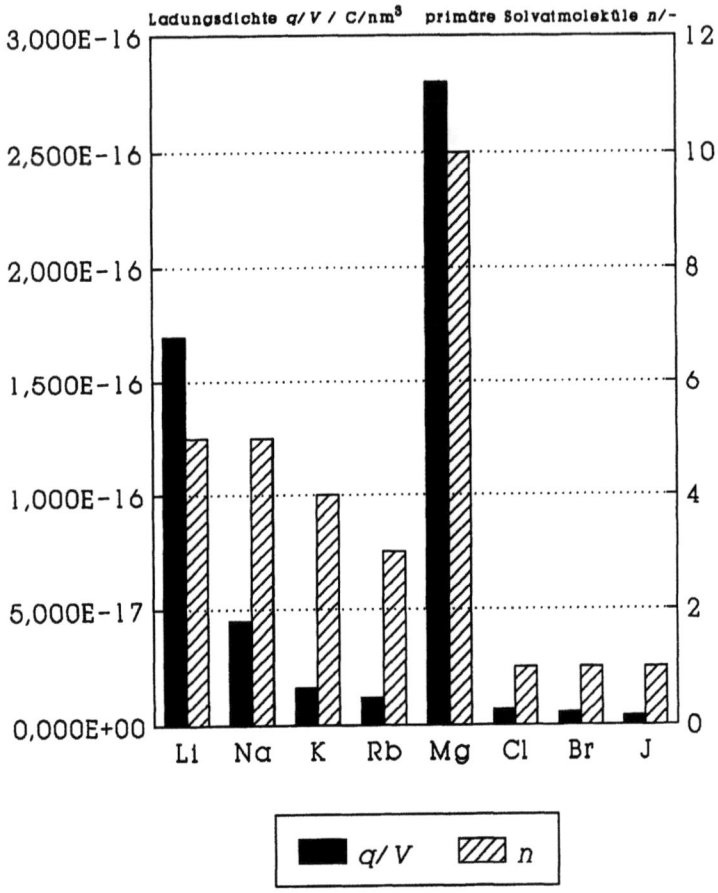

Bild 2.6 Ionische Ladungsdichte q/V und Zahl der Wassermoleküle n_{prim} in der primären Solvathülle.

Neben dieser Ion-Lösungsmittel-Wechselwirkung kommt es zwischen den Ionen gemäß ihrer Ladung ebenfalls zu anziehenden oder abstoßenden Wechselwirkungen. Die nach der Auflösung eines Elektrolyten in einem Lösungsmittel

2.2 Die Debye-Hückel-Theorie

zwischen die Ionen getretenen Moleküle des Lösungsmittels schwächen diese Wechselwirkung in stark verdünnten Lösungen dramatisch ab. Erst bei höheren Elektrolytkonzentrationen, die zu einem im Durchschnitt kleineren Abstand der Ionen voneinander führen, spielt diese Wechselwirkung eine Rolle.

Die hier nur kurz zusammengefaßten Wechselwirkungen zwischen Ionen und dem sie umgebenden Lösungsmittel haben neben dem Einfluß auf den Ladungstransport in Elektrolytlösungen (Kap. 3.1) auch andere Folgen, die aus thermodynamischer Sicht bedeutsam sind.

In einer Phase, z.B. einer Flüssigkeit, die aus mehr als einer Komponente besteht oder einer aus Lösungsmittel und Gelöstem bestehenden Mischung (Lösung), kommt es zu Abweichungen vom idealen Verhalten einer Mischung. Während eine ideale Mischung thermodynamisch einfach durch Kombination der Daten, die die Eigenschaften der Komponenten beschreiben, charakterisiert werden kann, ist eine reale Mischung nicht in so einfacher Weise beschreibbar. Die Mischphasenthermodynamik stellt für die Beschreibung solcher Systeme das nötige Werkzeug bereit.

In einer Elektrolytlösung sind wegen der besonders starken Wechselwirkungen zwischen den geladenen oder zumindest polaren Teilchen die Abweichungen vom idealen Verhalten besonders groß. Da die Wechselwirkungen vorzugsweise elektrostatischer Natur sind, ist ihre mathematische Beschreibung in guter Näherung eine Herausforderung an die physikalische Chemie gewesen, der sich schon früh P. Debye und E. Hückel gestellt haben.

Ausgehend von einem Modell der elektrostatischen Wechselwirkung zwischen einem solvatisierten Ion und entgegengesetzt geladenen, ebenfalls solvatisierten Ionen in seiner Umgebung haben sie zumindest für stark verdünnte Lösungen, in denen die eingangs genannten Effekte stärker konzentrierte Lösungen noch nicht wirken, die Abweichungen der Lösung vom idealen Verhalten erstaunlich gut thermodynamisch beschrieben. Ziel der Ableitung ist die Berechnung der Abweichung vom idealen Verhalten ausgedrückt als Aktivitätskoeffizient γ_i. Dieser Koeffizient vermittelt zwischen der ionalen Konzentration c_i und ihrer Aktivität a_i entsprechend

$$a_i = c_i \cdot \gamma_i \tag{2.19}$$

Die Veränderung des chemischen Potentials der Ionen in der realen Lösung im Vergleich zur idealen Lösung, die auf die elektrostatischen Wechselwirkungen zurückgeht, entspricht damit

$$\Delta \bar{\mu}_i = \bar{\mu}_{i,real} - \bar{\mu}_{i,ideal} = R \cdot T \cdot \ln \gamma_i \tag{2.20}$$

Das Modell von Debye und Hückel nimmt an, daß es durch die elektrostatische Anziehung zwischen entgegengesetzt geladenen Ionen zu einer Anhäufung entgegengesetzt geladener Ionen um ein Ion in Form einer Ionenwolke kommt. Wäre dies nicht der Fall, so müßte wegen Abwesenheit der elektrostatischen Wechselwirkungen das ideale Verhalten dem realen entsprechen. Die ordnende Wirkung des elektrischen Feldes würde bei ungehemmter Entfaltung zu einer dem kristallinen Zustand ähnlichen Ordnung führen. Ein solch hoher Ordnungsgrad wird nicht beobachtet. Dies ist darauf zurückzuführen, daß der ordnenden elektrostatischen Wirkung die zerstreuende Wirkung der thermischen Teilchenbewegung entgegengesetzt ist. Da die ordnende Wirkung als elektrostatische Kraft berechenbar ist, kann die thermische Unordnung mit Hilfe der Boltzmann-Gleichung berücksichtigt werden.

Das elektrostatische Potential ϕ im Abstand r vom Mittelpunkt des Zentralions der Ionenwolke mit der Ladung $z_i \cdot e_0$ in einem Medium mit der relativen Permittivität ε_r und der Permittivität ε ist

$$\phi = z_i \cdot e_0 / 4 \cdot \pi \varepsilon_0 \cdot \varepsilon_r \cdot r \qquad (2.21)^*$$

Dieses Potential ist gleich der zum Transport einer Testladung von $q = 1$ aus dem Unendlichen bis zum Abstand r nötigen Arbeit. Eine Schwachstelle der Debye-Hückel-Theorie ist die Verwendung von ε_r. Hier wird der für ein Lösungsmittel im Volumen, ohne Wechselwirkung mit geladenen Teilchen, erhaltene Wert eingesetzt. Vermutlich ist dieser Wert in unmittelbarer Nähe eines Teilchens hoher Ladungsdichte (Ion) anders. Die Gleichung folgt aus dem Coulombschen Gesetz. Bild 2.7 zeigt diese Ionenwolke im Schnitt mit den für die Ableitung nötigen geometrischen Größen. Aus dem Bild wird deutlich, daß das Zentralion durch die Ionenwolke von seiner Umgebung abgeschirmt und damit in seiner Wirksamkeit eingeschränkt ist. Debye und Hückel haben durch Berücksichtigung der genannten ordnenden wie Unordnung bewirkenden Kräfte gefunden, daß das Potential um das Zentralion steiler und nicht mit $1/r$ abfällt.

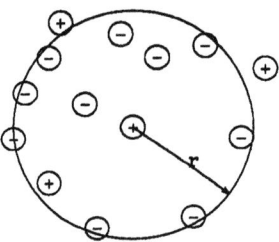

Bild 2.7 Schema eines solvatisierten Ions als Grundlage der Debye-Hückel-Theorie.

---

* Die Darstellung folgt den SI-Einheiten.

2.2 Die Debye-Hückel-Theorie

Unter Verwendung einer neuen Größe, der Debye-Länge r_i, fanden sie einen Potentialverlauf entsprechend

$$\phi = (z_i \cdot e_0 / 4 \cdot \pi \cdot \varepsilon_0 \cdot \varepsilon_r \cdot r) \cdot \exp(-r/r_i) \qquad (2.22)$$

Diese Länge r_i entspricht ungefähr dem Abstand zwischen dem Mittelpunkt des Zentralions und dem mittleren Abstand der innersten Gegenionen der Ionenwolke. Verschiedene Faktoren beeinflussen r_i in leicht nachvollziehbarer Weise. Eine Erhöhung der ionalen Konzentration drängt diese näher zusammen und vermindert r_i. Dementsprechend sinkt r_i bei steigender Ionenstärke I. Die Entfernung der Gegenionen aus der Ionenwolke, die von der thermischen Bewegung angetrieben wird, ist bei erhöhter Temperatur erleichtert. Da die mittlere Ionengeschwindigkeit proportional zu $(k \cdot T)^{1/2}$ ist, wird r_i ihr direkt proportional sein. Die exakte Gleichung für r_i von Debye und Hückel lautet

$$r_i = ((\varepsilon_0 \cdot \varepsilon_r \cdot k \cdot T)/(4 \cdot N_L \cdot I \cdot e_0^2 \cdot \rho_0))^{1/2} \qquad (2.23)$$

(ρ_0 = Dichte)

Dieser Ausdruck vereinfacht sich für ein gegebenes Lösungsmittel und für Standardbedingungen. Für Wasser als Lösungsmittel lautet er

$$r_i = 3{,}04 \cdot 10^{-8} \frac{1}{I^{1/2}} \qquad (2.24)$$

Der Wert von r_i hängt über die Ionenstärke auch von der Ladungszahl und Konzentration des Elektrolyten ab. Typische Werte, die diesen Zusammenhang verdeutlichen, zeigt Tab. 2.6.

Tabelle 2.6: Debye-Längen r_i/nm in wäßriger Lösung bei 298 K.

c [mol l^{-1}]	Salztyp			
	1:1	1:2	2:2	1:3
10^{-1}	0,96	0,55	0,48	0,39
10^{-2}	3,04	1,76	1,52	1,24
10^{-3}	9,6	5,55	4,81	3,93
10^{-4}	30,4	17,6	15,2	12,4

Mit dem damit korrigierten elektrostatischen Potential um ein Ion sind die von der Ionenwolke herrührende Veränderung des Potentialverlaufs und damit die Veränderung des chemischen Potentials der Ionen ebenso wie der Aktivitätskoeffizient γ_i berechenbar:

$$\ln \gamma_i = (-z_i^2 \cdot e_0^2)/(8 \cdot \pi \cdot \varepsilon_0 \cdot \varepsilon_r \cdot k \cdot T) \qquad (2.25)$$

Die Rechnung gilt wegen einiger vereinfachender Annahmen nur bei starker Verdünnung der Ionen, der Zusammenhang wird daher auch als Grenzgesetz von Debye und Hückel bezeichnet. Für einen Vergleich berechneter und gemessener Aktivitätskoeffizienten ist die Berechnung mittlerer Koeffizienten wichtig, da nur diese gemessen werden können (vgl. Abschn. 2.6). Unter Berücksichtigung der stöchiometrischen Koeffizienten ν für die Zusammensetzung des Salzes ergibt sich

$$(\nu_+ + \nu_-) \ln \gamma_\pm = \nu_+ \cdot \ln \gamma_+ + \nu_- \cdot \ln \gamma_- \tag{2.26}$$

und damit

$$\ln \gamma_i = -|z_+ \cdot z_-| \, (e_0^2)/(8 \cdot \pi \cdot \varepsilon_0 \cdot \varepsilon_r \cdot k \cdot T) \tag{2.27}$$

Mit dem gefundenen Zusammenhang für die Debye-Länge r_i, Ersatz des natürlich durch den dekadischen Logarithmus sowie mit den verschiedenen Konstanten ergibt sich das Grenzgesetz für den mittleren Aktivitätskoeffizienten für wäßrige Lösungen

$$\lg \gamma_\pm = -0{,}509 \, |z_+ z_-| \, I^{1/2} \tag{2.28}$$

Die in Bild 2.8 wiedergegebenen experimentellen Daten stimmen im Bereich kleiner Ionenstärken und entsprechend kleiner Konzentrationen bis ca. 0,01 M gut mit berechneten Werten überein.

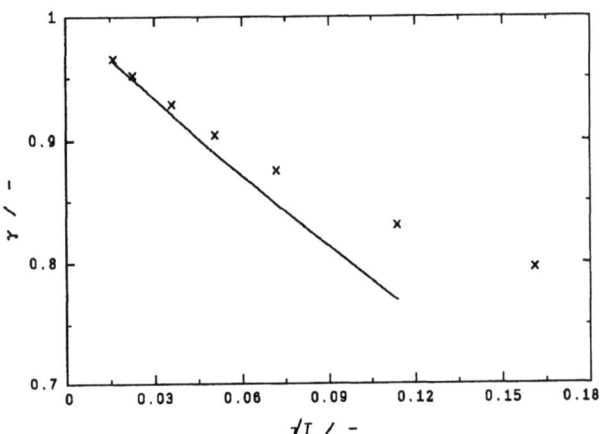

Bild 2.8 Das Grenzgesetz von Debye und Hückel, experimentelle Daten für HCl als Symbole, theoretische Linie durchgezogen.

Die Grenzen der Theorie sind bei steigender Konzentration durch die Ungültig-

2.2 Die Debye-Hückel-Theorie

keit der mathematischen Näherungen gegeben, die bei der Berechnung von r_i gemacht wurden. Dies kann durch eine entsprechend genauere und aufwendigere mathematische Behandlung überwunden werden. Eine Annahme, die sicher fragwürdig ist, ging vom Zentralion als Punktladung aus. Dementsprechend war der Mindestabstand a eines Ions wesentlich kleiner als die Debye-Länge r_i ($r_i \gg a$). Verglichen mit den typischen Dimensionen eines Ions kann dies bei $c_i = 0{,}001$ M mit $r_i \approx 100 \cdot a$ gelten.

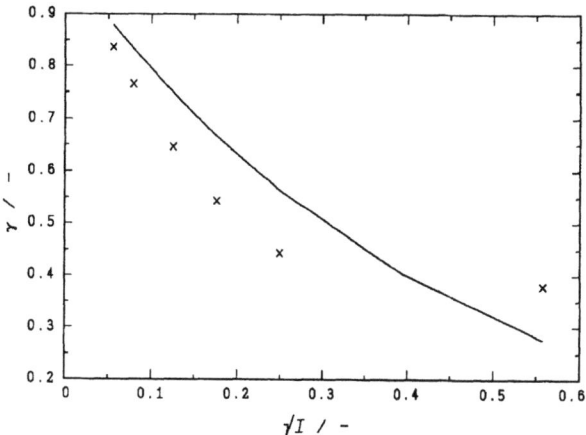

Bild 2.9 Das Grenzgesetz von Debye und Hückel, experimentelle Daten für H_2SO_4 als Symbole, theoretische Linie durchgezogen.

Da r_i jedoch konzentrationsabhängig ist, wird bereits bei $c_i = 0{,}01$ M mit $r_i \approx 10 \cdot a$ diese Annahme fragwürdig. Berücksichtigt man den Radius a, so erhält man einen modifizierten Ausdruck für den Aktivitätskoeffizienten:

$$\lg \gamma_{\pm} = -0{,}509 \cdot |z_+ \cdot z_-| \cdot I^{1/2} \frac{1}{1 + a/r_i} \tag{2.29}$$

Seine Verwandtschaft zum einfachen Grenzgesetz (Gl. (2.28)) wird unmittelbar deutlich, wenn man den Wert des abschließenden Bruchs für den Fall der unendlichen Verdünnung betrachtet. Der Quotient a/r_i wird im Vergleich zu 1 sehr klein, der Bruch nähert sich 1, und das einfache Grenzgesetz wird wiedergefunden. Die Berücksichtigung der endlichen Ionengröße oder des damit identifizierten Abstands der minimalen Annäherung in der Ionenwolke führt zwar zu einem vermutlichen Fortschritt, stellt dafür aber die Frage nach Zahlenwerten für a. Sicher kann a nicht kleiner als die Summe a_{krist} der kristallographischen Radien der beteiligten Ionen sein. Da in Lösung die Ionen von einer Solvathülle umgeben sind liegt es nahe, den Abstand a_{solv} der Mittelpunkte der solvatisierten Ionen anzunehmen. Bei der Annäherung oder Begegnung zweier entgegengesetzt geladener Ionen ist es allerdings denkbar, daß die Ionenhülle zumindest teilweise abgestreift wird. Vermutlich liegt ein plausibler Wert von a zwischen diesen beiden Grenzwerten $a_{krist} < a < a_{solv}$. Eine exakte Bestimmung ist allerdings kaum vorstellbar. Betrachtet man a als einen anpaßbaren Parameter, so kann geprüft werden, mit welchen Werten von a die in Bild 2.8 und 2.9 gezeigten Kurven auch bei größeren Konzentrationen eine befriedigende Übereinstimmung von Theorie und Experiment ergeben. Typische Werte von a liegen danach zwischen 300 und 600 pm. Mit diesen Werten kann für NaCl bis zu einer Molalität von 0,02 eine befriedigende Übereinstimmung festgestellt werden. Für HCl und LiCl ergibt sich allerdings folgende Entwicklung:

Tabelle 2.7: Berechnete Mindestabstände a in Abhängigkeit von der Konzentration.

HCl		LiCl	
c / m	a / pm	c / m	a / pm
1,0	13,8		
1,4	24,5		
1,8	85,0		
2,0	-411,2	2,0	41,3
2,5	-27,9	2,5	-141,9
3,0	-14,8	3,0	-26,4

Abgesehen von der grundsätzlichen Schwäche eines justierbaren Parameters, der in diesem Modell allenfalls stoffspezifisch, nicht jedoch konzentrationsabhängig sein sollte, sind die schließlich gefundenen negativen Werte Zeichen weiterer Schwachstellen im Modell. Ein weiterer Parameter, der bisher nicht näher diskutiert wurde, ist die relative Permittivität ε_r. Wir haben für sie den Wert angenommen, der für ein flüssiges Medium im Volumeninneren gilt. In der Nähe eines geladenen Teilchens ist dieser Wert unter der Wirkung des elektrischen Feldes verändert. Für Wasser ändert sich dieser Wert von $\varepsilon_r \approx 6$ bei Vergrößerung des Abstands von ca. 0,75 nm auf den bekannten Wert von $\varepsilon_r = 87,5$.

Bei weiter wachsender Konzentration insbesondere hochgeladener Ionen und bei Lösungsmitteln mit kleiner Permittivität kann es zur Bildung kurzlebiger Ionenpaare kommen, die die Debye-Hückel-Theorie ungültig werden lassen.

Trotzdem ist die gute Beschreibung der Verhältnisse bei kleinen Konzentrationen nicht nur ein Zeichen für die Richtigkeit der dort angenommenen Näherungen; sie bestätigt auch die Feststellung der großen Wichtigkeit interionischer elektrostatischer Wechselwirkungen in ionischen Lösungen vom Anfang des Kapitels.

Stichwort: Elektrolytlösungen

2.3 Potentiale und Strukturen an Phasengrenzen: Nernst-Gleichung und Doppelschicht

Bei der Untersuchung der Wechselwirkungen zwischen Ionen und Lösungsmittelmolekülen wie auch zwischen Ionen selbst war die große Bedeutung elektrostatischer Kräfte aufgefallen. Diese hatten eine strukturbildende Wirkung und war die Ursache der Entstehung von Solvathüllen und Ionenwolken. Verknüpft mit einer thermodynamischen Betrachtung der partiellen molaren Größen gelöster Ionen hatten wir das elektrochemische Potential kennengelernt. Als nächster Schritt soll geprüft werden, ob diese Konzepte auch auf Phasengrenzen, vor allem auf die Phasengrenze Metall/Lösung anwendbar ist. Von großem Interesse wird dabei die Frage sein, ob wir die elektrochemischen Potentiale im Inneren der beiden aneinander grenzenden Phasen zur Herleitung einer Größe benutzen können, die für eine gegebene Metall/Lösungs-Kombination typische Eigenschaften wiedergibt. Nach den bisherigen Erkenntnisse ist damit verknüpft anzunehmen, daß es an der eben beschriebenen Phasengrenze zur Ausbildung besonderer Strukturen kommt. Dies soll anschließend geprüft werden. Schließlich soll eine Antwort auf die Frage nach der Meßbarkeit der genannten Potentiale gesucht werden.

Zur besseren Übersicht betrachten wir zunächst nur eine als Silberdraht ausgebildete in eine Silberionen enthaltende Lösung tauchende Elektrode. Da kein äußerer Stromfluß besteht, muß sich rasch ein Gleichgewicht an der Phasengrenze einstellen. Mit den Konzepten der Mischphasenthermodynamik bedeutet dies, daß das elektrochemische Potential $\bar{\mu}$ der Metallatome im Silber gleich dem der Silberionen und der Elektronen im Metall sein muß (vgl. Abschn. 2.1):

$$\bar{\mu}_{Ag} = \bar{\mu}_{Ag^+} + z \cdot \bar{\mu}_{e^-} \tag{2.30}$$

Da das elektrochemische Potential $\bar{\mu}$ einer geladenen Teilchensorte einen Beitrag entsprechend seiner Ladungszahl z und dem in der Phase herrschenden Potential E enthält (in der Lösung E_L, im Metall E_{Ag}), ist

$$\bar{\mu}_{Ag^+} = \mu_{Ag^+} + z \cdot F \cdot E_L \tag{2.31}$$

und analog für die Elektronen

$$\bar{\mu}_{e^-} = \mu_{e^-} - z \cdot F \cdot E_{Ag} \tag{2.32}$$

(Das negative Vorzeichen in Gl. (2.32) rührt von der negativen Ladung des Elektrons her.) Da die Metallatome ungeladen sind, ist ihr elektrochemisches Potential gleich ihrem chemischen Potential. Die Differenz der beiden Potentiale ist

$$\Delta E = (1/z \cdot F) \cdot (\mu_{Ag^+} + z \cdot \mu_{e^-} - \mu_{Ag}) \tag{2.33}$$

Berücksichtigt man, daß das chemische Potential vom Wert des Standardpotentials μ° und der Aktivität entsprechend

$$\mu_{Ag^+} = \mu^\circ_{Ag^+} + R \cdot T \cdot \ln a_{Ag^+} \tag{2.34}$$

abhängt, so kann das Potential leicht mit der Aktivität der Silberionen in Verbindung gebracht werden:

$$\Delta E = (1/z \cdot F) \cdot (\mu^\circ_{Ag^+} + z \cdot \mu_{e^-} - \mu_{Ag}) + (R \cdot T/z \cdot F) \cdot \ln a_{Ag^+} \tag{2.35}$$

Mit der Standardionenaktivität eins vereinfacht sich die Gleichung, der entsprechende Wert mit dem Index "00" für Standardbedingungen

$$\Delta E_0 = (1/z \cdot F) \cdot (\mu^\circ_{Ag^+} + z \cdot \mu_{e^-} - \mu_{Ag}) \tag{2.36}$$

kann in Gl. (2.35) mit dem Index "0" für den stromlosen Gleichgewichtsfall eingesetzt werden:

$$\Delta E_0 = \Delta E_{00} + (R \cdot T/z \cdot F) \cdot \ln a_{Ag^+} \tag{2.37}$$

Wenn eine aus einem Metall bestehende Elektrode in Kontakt mit einer wäßrigen Lösung von Kationen dieses Metalls gebracht wird, werden das elektrochemische Potential der Ionen in der Lösung und im Metall meist nicht identisch sein, es liegt zunächst also ein Ungleichgewicht vor. Diese Vorstellung wurde erstmals von W. Nernst 1896 genauer formuliert. Er schrieb dem Metall in seiner ionisch gelösten Form einen osmotischen Druck p zu, dem Metall in der festen Form einen Druck P. Falls $p > P$ sei, würden Metallionen auf dem Metall abgeschieden, dies würde sich dabei positiv aufladen. Im umgekehrten Fall mit $p < P$ würden Metallionen aus dem Feststoff unter Zurücklassung negativer Ladung auf dem Metall gebildet. Diese beiden Situationen sind schematisch in Bild 2.10 (nächste Seite) gezeigt.

Diese Hypothese aus einem Gedankenexperiment wurde 1898 von Palmær in einem überzeugenden Experiment bestätigt. Er ließ aus einem Vorratsgefäß Quecksilber unter einem Druck von ca. 5 bar in eine verdünnte wäßrige Lösung von $Hg_2(NO_3)_2$ strömen. Der Quecksilberstrahl zerfiel in der Lösung in kleine Tröpfchen. Da für die gewählte Konzentration gelösten Quecksilbers $p > P$ war, kam es zur Abscheidung von Quecksilberionen auf den Tröpfchen. Die experimentell bestimmte Abnahme der Konzentration gelöster Hg_2^{2+}-Ionen um 39 % bestätigte überzeugend die Hypothese. Der Begriff des "osmotischen Drucks" wird in der Mischphasenthermodynamik durch den Begriff "chemisches Potential" ersetzt, der in der einleitenden Ableitung bereits verwendet wurde.

2.3 Potentiale und Strukturen an Phasengrenzen

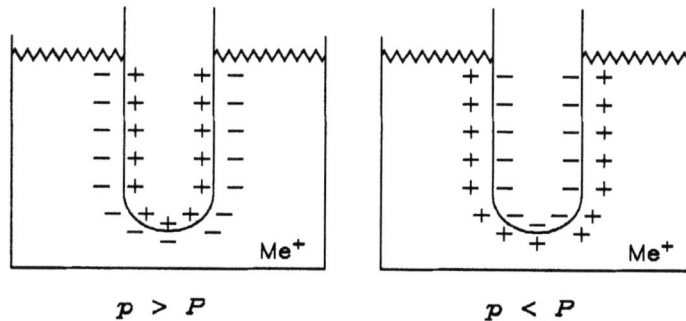

$p > P$ $\quad\quad\quad p < P$

Bild 2.10 Ladungsverteilung zwischen Metall und Lösung bei unterschiedlichen Werten des "osmotischen Drucks" p resp. P des Metalls im festen und im gelösten Zustand.

Die bei dem beschriebenen Vorgang eintretende Verschiebung elektrischer Ladungen führt zu einer elektrischen Potentialdifferenz. Diese wird in das chemische Potential einbezogen; zur Unterscheidung wird es elektrochemisches Potential genannt (vgl. Abschn. 2.1). Nach dem beschriebenen Vorgang stellt sich ein Gleichgewicht zwischen den beiden Phasen ein. Durch die Ladungstrennung kommt es zur Aufhebung der Elektroneutralität in den beiden benachbarten Phasen, die getrennten Ladungen stehen in elektrostatischer Anziehung auf beiden Seiten der Phasengrenze. Die Ladungsungleichverteilung führt auf der Lösungsseite zur Attraktion von zusätzlichen Anionen oder Kationen aus dem Lösungsinneren. Diese Situation kann im Modell der "Doppelschicht" (s.u.) dargestellt werden.

Dabei stellt sich ein dynamisches Gleichgewicht ein, bei dem im zeitlichen Mittel ebensoviele Ionen auf die Elektrode kommen wie sie verlassen. Im Falle einer Metallelektrode im Kontakt mit einer Lösung von Kationen dieses Metalls ist dieser Austausch sogar mit einer Entladung der ankommenden und einer entsprechenden Ionisation der abgehenden Atome verbunden, das Phänomen wird mit der Bezeichnung "Austauschstromdichte" in Kap. 3.4.2 eingehend behandelt.

Üblicherweise wird das Potential einer Elektrode ohne das Symbol "Δ" angegeben. Mit diesen Veränderungen wird Gl. (2.37) zu

$$E_0 = E_{00} + (R \cdot T / z \cdot F) \cdot \ln a_{Ag^+} \tag{2.38}$$

Nach der Gleichung wird E größer, wenn die Konzentration der Metallionen steigt. Eine allgemeinere Ableitung dieser von Nernst erstmalig angegebenen Beziehung zeigt, daß auch das Potential inerter Elektroden, an denen Gase umgesetzt werden (Gaselektrode) oder an denen Metallionen in verschiedenen

Wertigkeitsstufen vorliegen (Redoxelektrode), mit ihr quantitativ berechnet werden kann. Eine Übersicht der verschiedenen Elektroden mit weiteren Beispielen und Hinweisen zu ihrem Gebrauch folgt in Abschn. 2.4.

Einer direkten Messung ist das Elektrodenpotential nicht zugänglich. Man muß eine zweite Elektrode heranziehen, die über die Lösung mit der ersten Elektrode im Kontakt steht. An den beiden metallischen Anschlüssen der Elektroden kann man die Differenz der beiden Elektrodenpotentiale messen. Nach der Ableitung ist dies

$$\Delta U = E_1 - E_2 \qquad (2.39)$$

Zum Vergleich verschiedener Elektrodenpotentiale ist es hilfreich, das Potential einer Elektrode willkürlich gleich Null zu setzen. Die hierfür ausgewählte Elektrode ist die Normalwasserstoffelektrode (Standardwasserstoffelektrode), die aus einer inerten Platinblechelektrode in einer Lösung der Wasserstoffionenaktivität eins besteht, die von Wasserstoff mit dem Partialdruck eins umspült wird. Vergleicht man nun die Potentiale verschiedener Elektroden bezogen auf diese Standardelektrode, so ergibt sich eine Reihung der Standard-Elektrodenpotentiale, in der die Halogenelektroden sehr hohe positive Werte, die Alkalimetalle dagegen sehr negative Wert erhalten (Tab. 2.10). Aus der Kenntnis der chemischen Eigenschaften der Elemente bedeutet dies, daß ein positives Potential einer größeren Oxidationskraft, ein negativeres Potential dagegen einer größeren Reduktionskraft entspricht. Diese auf thermodynamischen Grundlagen beruhende Betrachtung der Prozesse sagt noch nichts über ihre Geschwindigkeit (s. Kap. 3.4) und über ihren tatsächlichen Ablauf, das heißt den Ort des Ladungsübertritts oder die Struktur der Umgebung dieses Ortes aus. Im Gegensatz zur thermodynamischen Betrachtung, die auf der Messung makroskopischer Größen beruht, ist eine Vorstellung von der mikroskopischen Struktur nur über die Diskussion der molekularen Eigenschaften des Lösungsmittels, der atomar-elektronischen Eigenschaften der Elektrode und der beteiligten Ionen zugänglich.

Die elektrochemische Doppelschicht

Bei der Untersuchung der Wechselwirkungen zwischen Ionen und Lösungsmitteln (Abschn. 2.1) und zwischen Ionen (Abschn. 2.2) hatten wir elektrostatischen Kräfte als entscheidend wichtig identifiziert. Die Frage nach der Art und Ausmaß von Wechselwirkung zwischen einer Elektrode und den Teilchen aus der angrenzenden kondensierten Phase unter dem Einfluß elektrischer Felder, die wir mit dem Elektrodenpotential zu beschreiben versucht haben, könnte direkt an diese Vorstellungen anknüpfen. Sehr vereinfacht könnte eine Elektrode als ein überdimensional großes Ion aufgefaßt werden. Diese nur scheinbar naive Vorstellung gibt wichtige Einzelheiten der Struktur elektrochemischer Phasengrenzen bereits erstaunlich gut wieder. In der folgenden Betrachtung spielen

2.3 Potentiale und Strukturen an Phasengrenzen

allerdings auch andere Eigenschaften der beiden aneinander grenzenden Phasen eine Rolle.

Das Metall einer Elektrode (Halbleiterelektroden sollen zur Vermeidung unnötiger Komplikationen hier nicht betrachtet werden) besteht nach den Vorstellungen der Festkörperphysik aus Atomrümpfen und einem gemeinsamen Elektronensee, in dem die äußeren Bindungselektronen der Atome versammelt sind. Kommt dieses Gebilde mit einer wäßrigen Lösung in Kontakt, so stehen ihm Wasserdipole und Ionen der Lösung gegenüber. Ohne eine Ladung auf der Elektrode und ohne irgendwelche andere, nicht-elektrostatische Wechselwirkung herrscht eine völlig regellose Struktur. Nehmen wir nun an, daß die Elektrode im Vergleich zur Lösung negativ aufgeladen wird, so tritt eine Ordnung vor allem in unmittelbarer Nähe der Phasengrenze ein. Bild 2.11 zeigt dies vereinfacht.

Wassermoleküle sind ausgesprochen polare Teilchen. Die große Elektronegativität des Sauerstoffs führt dazu, daß in der Nähe des Sauerstoffs eine größere negative Ladungsdichte vorhanden ist als an den Wasserstoffatomen. Das Wassermolekül hat also die typischen Eigenschaften eines elektrischen Dipols und unterliegt ähnlichen Wechselwirkungen mit der metallischen Elektrode wie die Ionen. In der unmittelbar an die Elektrode angrenzenden Schicht werden die Wasserdipole also eine Ausrichtung erfahren. Da ihre Wechselwirkung mit der Elektrode mit einem Energiegewinn (Adsorptionswärme) verbunden ist, wird die Elektrode in hohem Maße mit adsorbierten Wassermolekülen belegt sein. So stehen beim Kontakt einer Platinoberfläche mit einer wäßrigen Lösung 80% aller Platinatome mit einem Wassermolekül in direkter Wechselwirkung.

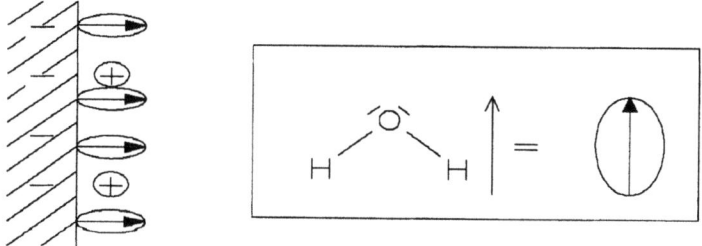

Bild 2.11 Wasserdipole und Ionen an einer negativ geladenen Elektrode.

Die ausgebildete, wenn auch nur schwache, Struktur zeigt nicht mehr für jeden Ort Elektroneutralität. Im gewählten Beispiel ist die Zahl der Kationen in unmittelbarer Nähe der Metalloberfläche größer, im Lösungsinneren dagegen kleiner als der Durchschnittswert. Umgekehrt ist die Elektronendichte des Metalls in Oberflächennähe geringfügig größer als im Metall. Dieser Effekt ist allerdings wegen der guten elektronischen Leitfähigkeit durch die hohe Beweglichkeit der

Elektronen, vernachlässigbar. Die Ladung des Metalls ist wegen der Abstoßung gleichnamiger Ladungen daher eine Oberflächenladung. Das Ergebnis dieser Wechselwirkung wird als elektrochemische Doppelschicht bezeichnet. Ihr Auftreten ist nicht auf die Phasengrenze Metall/Lösung beschränkt. Auf der Eisenschmelze im Hochofen schwimmende Schlacke bildet mit dem geschmolzenen Eisen ebenso eine Doppelschicht wie die Membran der Haut eines Frosches. Die Wortwahl mag allerdings etwas unglücklich sein, da sie aus der Vorstellung zweier sich gegenüberstehender Schichten stammt.

Um die Entwicklung eines möglichst präzisen Modells der Doppelschicht und die Versuche zu seiner Überprüfung verstehen zu können, ist ein kurzer Blick auf die verschiedenen vorgeschlagenen Modelle hilfreich. Im gezeigten Bild 2.11 ist das Kation sicher nicht korrekt wiedergegeben. Nach den Ergebnissen der Messung von Solvatationszahlen muß das Kation mit einer Hülle von Lösungsmittelmolekülen umgeben sein. Es kann die Elektrode nicht unmittelbar berühren. Wir berücksichtigen dies in einem korrigierten Bild und nehmen außerdem an, daß die Ladung auf dem Metall der Elektrode q_M dem Betrag nach gleich der Summe der von den Kationen in Metallnähe angehäuften Ladung q_s sein muß und können so das in Bild 2.12 gezeigte Schema noch um das aus der Physik bekannte Bild eines Plattenkondensators mit dem zugehörigen Verlauf des elektrischen Feldes ergänzen.

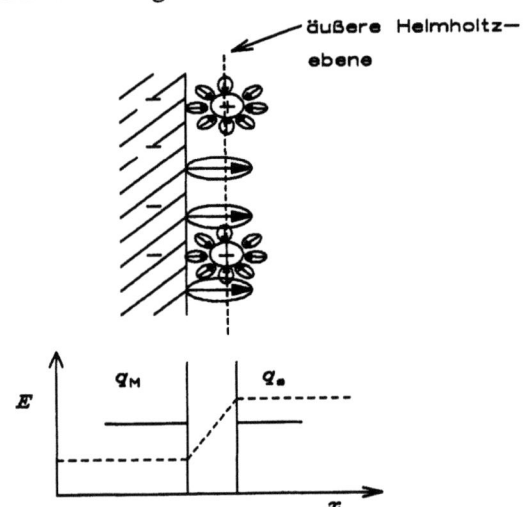

Bild 2.12 Verfeinertes Modell der elektrochemischen Doppelschicht mit einem Plattenkondensator als Analogon.

Im Bild eingezeichnet ist die äußere Helmholtzebene, die durch die Mittelpunkte der Kationen aufgespannt sind, die über die Wasserdipole ihrer Solvathülle mit

2.3 Potentiale und Strukturen an Phasengrenzen

dem Metall der Elektrode in Wechselwirkung stehen. Die Teilchenschicht zwischen der Elektrode und dieser Ebene wird auch als äußere Helmholtz-Schicht bezeichnet.

Der eingezeichnete Verlauf des elektrostatischen Potentials entspricht in seiner Richtung der physikalischen Konvention. Bereits jetzt kann nach der herrschenden Feldstärke gefragt werden. Nehmen wir einen typischen Wert eines Elektrodenpotentials von $E = 1$ V an, der nach der Herleitung der Differenz zwischen dem Potential im Metall und im Lösungsinneren entspricht, und gehen von der typischen Dimension eines Kations und des Wassermoleküls aus, so erhalten wir einen Wert von $dE/dx \approx 10^7$ V·cm^{-1}. Dieser extreme Wert ist selbst in der Hochspannungstechnik nur mit Mühe zu erreichen. Da die herrschende Spannung klein ist, geht dieser extreme Wert vor allem auf die mikroskopischen Distanzen zurück. Es überrascht auch nicht, daß derartige Feldstärken die Ausbildung von Strukturen an der Phasengrenze ebenso beeinflussen wie die darin ablaufenden Prozesse.

Einer näheren kritischen Betrachtung hält dieses einfache, zuerst von Helmholtz und Perrin vorgeschlagene Modell der starren Doppelschicht nicht stand. Vor allem die Vorstellung einer sorgfältigen Sortierung der Kationen an der in unserem Beispiel negativ geladenen Elektrode steht im Widerspruch zur Erfahrung der Gleichverteilung, zumindest etwas Unordnung stiftenden Brownschen Molekularbewegung.

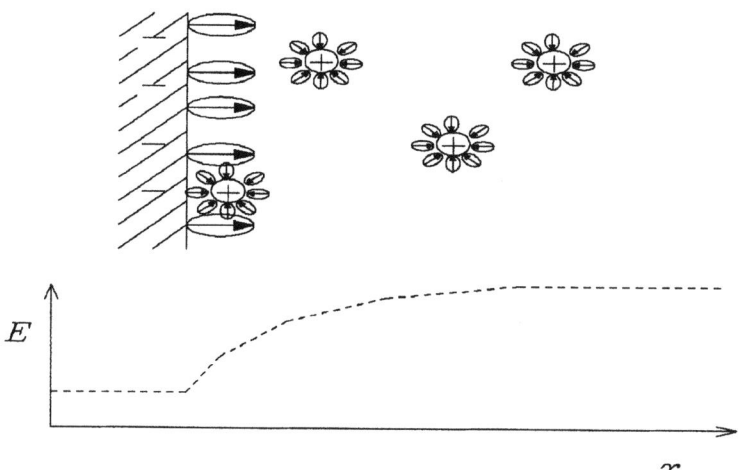

Bild 2.13 Struktur und Potentialverlauf der diffusen Doppelschicht nach Gouy und Chapman.

Damit liegt eine Verteilung der an der Ausbildung der Doppelschicht vor allem beteiligten Ionen - in unserem Beispiel also der Kationen - in ortsabhängiger Form nahe. Die ordnende Wirkung des elektrischen Feldes und die durch eine Boltzmann-Verteilung beschreibbare thermische Verteilung bewirken dies. Bei der mathematischen Betrachtung kann auf Überlegungen aus der Debye-Hückel-Theorie zurückgegriffen werden. Zu beachten ist allerdings, daß vor der Elektrode nicht ein kugelsymmetrisches Feld wie um ein Ion, sondern das planare Feld vor einer ebenen Fläche herrscht. Das Ergebnis ist das von Gouy und Chapman vorgeschlagene Modell der diffusen Doppelschicht in Bild 2.13.

Der Ladung q_M auf dem Metall entspricht nun das Integral der diffusen Überschußladung q_d auf der Lösungsseite über die Entfernung x von der Elektrode. Wie die experimentelle Überprüfung (s.u.) zeigt, ist auch dieses Modell zu grob. Da es offenbar die Antithese des Helmholtz-Perrin-Modells ist, liegt der Vorschlag nahe, es mit einem Kompromiß der beiden Modelle zu versuchen.

Dieses von Stern vorgeschlagene Modell der elektrochemischen Doppelschicht weist einen starren Anteil der Ladung auf der Lösungsseite in unmittelbarer Nähe der Elektrode auf ($q_{s,HP}$) und einen in das Lösungsinnere reichenden diffusen Anteil $q_{s,GC}$. Insgesamt gilt weiterhin die Bedingung der Elektroneutralität für die Doppelschicht: $q_M = |\,q_{s,HP} + q_{s,GC}|$. Dieses Modell zeigt Bild 2.14. Der Kurvenverlauf hängt unter anderem von der Konzentration der Ionen in der Lösung ab.

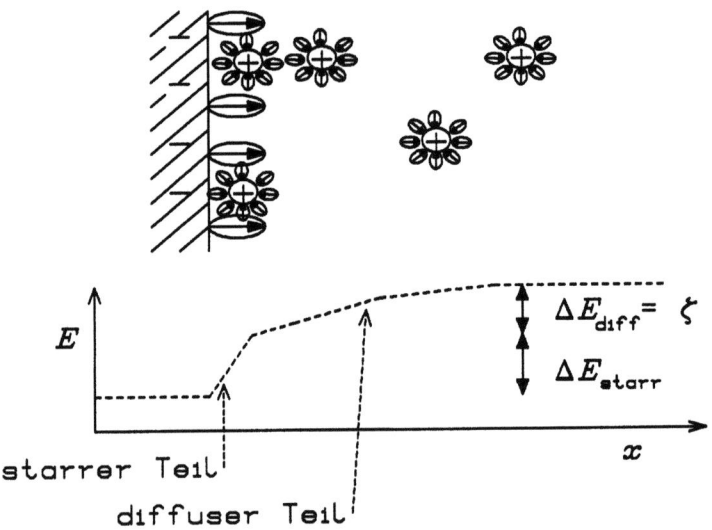

Bild 2.14 Struktur und Potentialverlauf der diffusen Doppelschicht nach Stern mit dem Zetapotential ζ (s.u.).

2.3 Potentiale und Strukturen an Phasengrenzen

Bei verdünnten Lösungen ist die diffuse Schicht weit in das Lösungsinnere verteilt. Bei konzentrierten Lösungen ist der diffuse Anteil recht gering. Die durch die hohe Zahl der Ladungsträger in der Lösung bewirkte hohe Leitfähigkeit vermindert den Potentialabfall in der Lösung und drängt ihn auf den Bereich der unmittelbaren Phasengrenze zusammen. Entsprechend sind die Potentialverläufe, von denen die Bilder nur jeweils ein mögliches Beispiel zeigen, verschieden.

Weitere Ergänzungen des Modells liegen nahe. Bei besonders starker Wechselwirkung ist ein teilweises Abstreifen der Solvathülle denkbar, es kommt zur größeren Annäherung der Ionen an die Elektrode. Im Gegensatz zu den in den Beispielen angenommenen Kationen sind Anionen schwach solvatisiert. Wegen ihrer Größe und damit ihrer geringeren Ladungsdichte (vgl. Bild 2.6) sind sie schwächer solvatisiert und unter der Wirkung eines elektrischen Feldes leichter polarisierbar. Dies hat für ihr Verhalten an der elektrochemischen Phasengrenze Konsequenzen. Sie können ebenfalls kontaktadsorbiert werden. Außerdem ist bei entsprechender Stärke der nun nicht mehr rein elektrostatischen, sondern auch anderen, chemischen Wechselwirkung, eine Adsorption selbst bei gleichnamiger Ladung von Ion und Elektrode möglich. Bild 2.15 zeigt das Bild der Kontaktadsorption oder spezifischen Adsorption von Kationen auf einer positiv geladenen Elektrode.

Bild 2.15 Struktur der Doppelschicht bei Kontaktadsorption.

Die von den Mittelpunkten der teilweise desolvatisierten und kontaktadsorbierten Ionen aufgespannte Fläche heißt nun innere Helmholtz-Ebene, der unmittelbar an die Elektrode angrenzende Bereich innere Helmholtz-Schicht. Der lineare Anteil des Potentialverlaufs ist im Gegensatz zu Bild 2.13 nun steiler. Bei der Adsorption eines Anions auf dieser Elektrode, die entsprechende nicht-elektrostatische Wechselwirkungen voraussetzen würde, kommt es zu einem etwas veränderten Potentialverlauf. Bei entsprechen starken chemischen Wechselwirkungen kann die kontaktadsorbierte Ladung q_{ka} größer als die Ladung q_M sein. Diese spezifische Adsorption führt zu einem ungewöhnlichen Potentialverlauf in Bild 2.16.

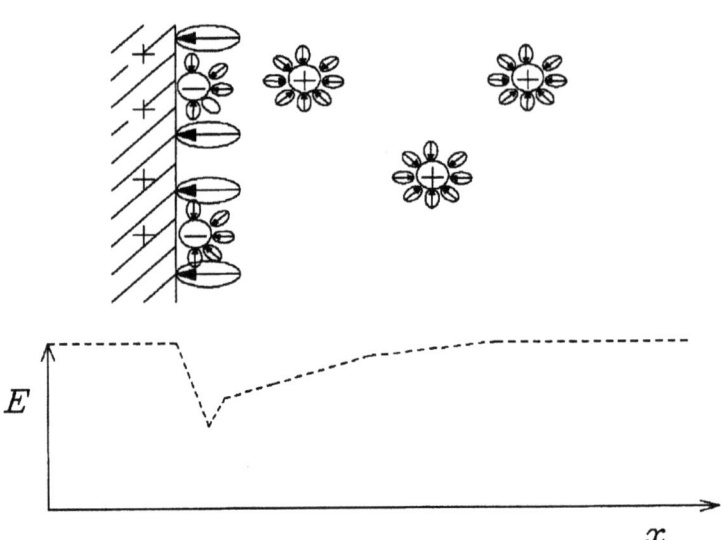

Bild 2.16 Struktur der Doppelschicht bei Kontaktadsorption mit Überschußladung.

Die Entwicklung der Modellvorstellung stand in engem Verhältnis zur experimentellen Überprüfung. Die ersten Untersuchungen fanden mit einer Quecksilberelektrode in Kontakt mit wäßrigen Lösungen statt. Dabei zeigte sich bereits früh, daß die Oberflächenspannung γ des Quecksilbermeniskus vom Potential der Quecksilberelektrode E_{Hg} abhing. In einer verblüffend einfachen Meßanordnung wird dabei die Höhe des Quecksilbermeniskus in einer dünnen Kapillare, die in eine Elektrolytlösung eintaucht, in Abhängigkeit von der elektrischen Spannung zwischen dem Quecksilber in der Kapillare und einer weiteren Elektrode (einem Quecksilbersee in der Lösung o.ä.) gemessen. Dies führt zu einem Zusammenhang zwischen Elektrodenpotential und Oberflächenspannung des Quecksilbers, die bei einem bestimmten Wert der angelegten Spannung und damit des Elektrodenpotentials sein Maximum erreicht.

Bild 2.17 zeigt für zwei verschiedene Elektrolytlösungen typische Kurven. Dabei ist die Potentialskala auf den Wert des elektrokapillaren Maximums in einer Kaliumchloridlösung bezogen.

Eine thermodynamische Betrachtung der Phasengrenze führt zur Lippmann-Gleichung, die zwischen der Ladung auf dem Metall, dem Potential der Elektrode und der Oberflächenspannung eine Verbindung herstellt:

$$\left(\frac{\partial \gamma}{\partial E}\right)_{p,T,\mu} = -q_M \tag{2.40}$$

2.3 Potentiale und Strukturen an Phasengrenzen

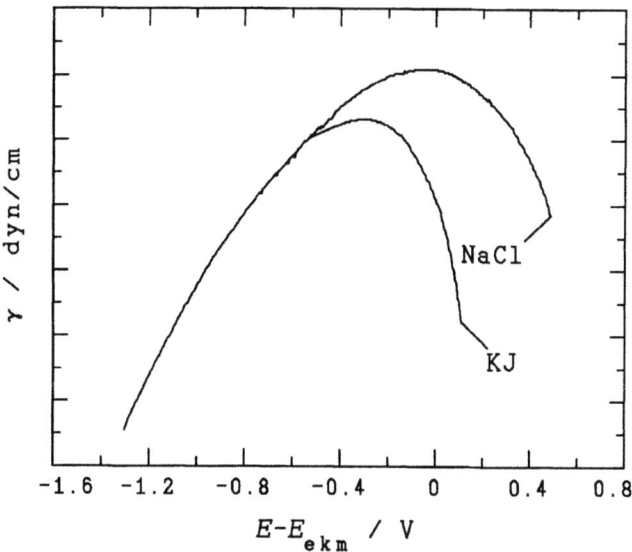

Bild 2.17 Elektrokapillarkurven für Quecksilber in 1 M Elektrolytlösungen.

Die experimentelle Kurve hat einen auf den ersten Blick parabelförmigen Verlauf. Für einen Vergleich experimenteller Daten mit den vorgestellten Modellen wird zunächst die Lippmann-Gleichung integriert:

$$\int d\gamma = -\int q_M \, dE \tag{2.41}$$

Für die Integration ist die Kenntnis der Ladung, ihrer räumlichen Verteilung und ihrer Potentialabhängigkeit nötig. Für das erste Modell von Helmholtz und Perrin nehmen wir entsprechend die Formeln für einen Plattenkondensator. Die Spannung U zwischen den Platten des mit einem Dielektrikum mit der Permittivität $\varepsilon = \varepsilon_0 \cdot \varepsilon_r$ gefüllten Kondensators im Abstand d entspricht unserem Elektrodenpotential.

$$E = \frac{4 \cdot \pi \cdot d}{\varepsilon} q \tag{2.42}$$

Differentiell geschrieben lautet die Formel

$$dE = \frac{4 \cdot \pi \cdot d}{\varepsilon} dq \tag{2.43}$$

Diese Formel setzen wir in Gl. (2.41) ein, dabei entspricht die Ladung q der Ladung auf dem Metall q_M und der Lösung $|q_s|$:

$$\int d\gamma = -\frac{4\cdot\pi\cdot d}{\varepsilon}\int q_M \, dq_M \tag{2.44}$$

Das Ergebnis der Integration ist

$$\gamma + \text{const.} = -\frac{4\cdot\pi\cdot d}{\varepsilon}\frac{1}{2}q_M^2 \tag{2.45}$$

Aus dem Experiment folgt, daß die Oberflächenspannung einen maximalen Wert γ_{max} bei einer Ladung annimmt, die $q_M = 0$ C sein muß. Damit kann die Gleichung neu geschrieben werden:

$$\gamma = \gamma_{max} - \frac{4\pi d}{\varepsilon}\frac{1}{2}q_M^2 \tag{2.46}$$

Mit Gl. (2.42) können wir auch schreiben

$$\gamma = \gamma_{max} - \frac{\varepsilon}{4\cdot\pi\cdot d}\frac{1}{2}E^2 \tag{2.47}$$

Dies ist eine schlichte Parabelgleichung, die den Kurvenverlauf in Bild 2.17 gut wiederzugeben scheint. Eine genaue Betrachtung von Bild 2.17 zeigt, daß vor allem in der Kaliumjodidlösung bei positiven Potentialen rechts vom elektrokapillaren Maximum die Kurve asymmetrisch steiler abfällt.

Dies ist der Bereich, wo bei positiven Potentialen intuitiv eine verstärkte Wechselwirkung der schwach solvatisierten Anionen mit der Elektrode vermutet werden kann. Bild 2.18 zeigt für den idealen und den realen Verlauf die Kurvenverläufe von Oberflächenspannung und den damit zusammenhängenden Größen Ladung und Kapazität. Die bisher nicht erwähnte Kapazität C ist eine wesentliche Eigenschaft des Plattenkondensators und mit Ladung und Spannung nach $C = dq/dU$ verknüpft. Da der Versuch, die mikroskopischen Einflüsse der vermuteten spezifischen Anionenadsorption in das makroskopische Modell des Plattenkondensators einzubauen, recht schwierig ist, überprüfen wir zunächst die Richtigkeit der Modellvorstellungen. Im Helmholtz-Perrin-Modell war angenommen, daß die Ladungen q_M und q_s jeweils wohlsortiert an der Phasengrenze geordnet sind. Wegen der guten elektronischen Leitfähigkeit des Metalls kommt es im Metall tatsächlich zu keiner Ladungstrennung, die Ladung q_M wird wie bereits festgestellt, als Oberflächenladung an der Phasengrenze vorliegen. Das Gouy-Chapman-Modell trug der thermischen Bewegung bereits Rechnung. Hier ist die Formulierung einer Gleichung, die den Zusammenhang zwischen dem Elektrodenpotential und einer anderen meßbaren Größe wie Oberflächenspannung, Ladung oder Doppelschichtkapazität nicht so einfach.

2.3 Potentiale und Strukturen an Phasengrenzen

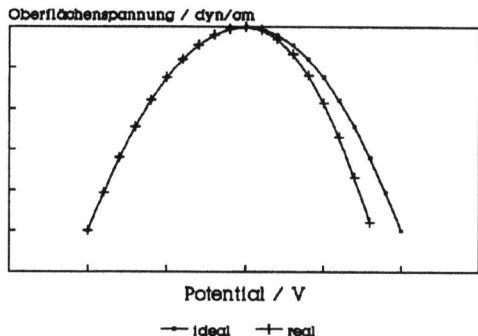

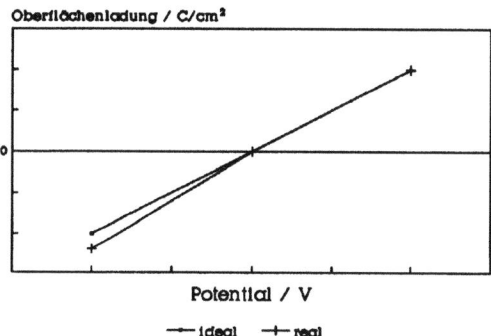

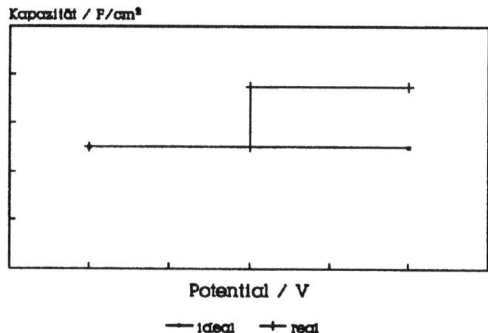

Bild 2.18 Oberflächenspannung, Oberflächenladung und Doppelschichtkapazität für den idealen und den realen Fall.

Eine mathematisch umfassende Ableitung, die die wirkenden Kräfte berücksichtigt, führt zu einem Potentialverlauf in der diffusen Doppelschicht gemäß $E(x) = E_0 \exp(x/a_i)$ mit der Entfernungskoordinate x, dem Potential E_0 auf der Elektrode und der Debye-Länge a_i. Die Ladung q_d in der diffusen Doppelschicht ist dem Integral des Potentialverlaufs über x entsprechend. Die Ermittlung der Ladung führt zu

$$q_d = -2 \left(\frac{\varepsilon \cdot n_0 \cdot k \cdot T}{2 \cdot \pi} \right)^{1/2} \sinh \left(\frac{z \cdot e_0 \cdot E_M}{2 \, k \cdot T} \right) \qquad (2.48)$$

mit der Teilchenzahldichte n_0 und der Annahme, daß das Potential E im Lösungsinneren $E = 0$ V sowie E_M im Metall sei.

Wie in der Debye-Hückel-Theorie gibt die Debye-Länge eine fiktive Distanz an, in der die Ladung - hier die Ladung der diffusen Doppelschicht - versammelt gedacht werden kann. Damit kommen wir dem Kondensatormodell wieder nahe. Allerdings ist die Distanz zwischen den Platten jetzt die Debye-Länge. Die Ladung hängt vom Potential E ab. Mit der Voraussetzung $q_M = |q_d|$ und der Distanz $d = a_i$ erhalten wir für die Kapazität durch Differentiation die daher als differentielle Doppelschichtkapazität bezeichnete Kapazität C_{diff}

$$C_{diff} = -\frac{\partial q_d}{\partial E_M} = \left(\frac{\varepsilon \cdot z^2 \cdot e_0^2 \cdot n_0}{2 \cdot \pi \cdot k \cdot T} \right)^{1/2} \cosh \left(\frac{z \cdot e_0 \cdot E_M}{k \, T} \right) \qquad (2.49)$$

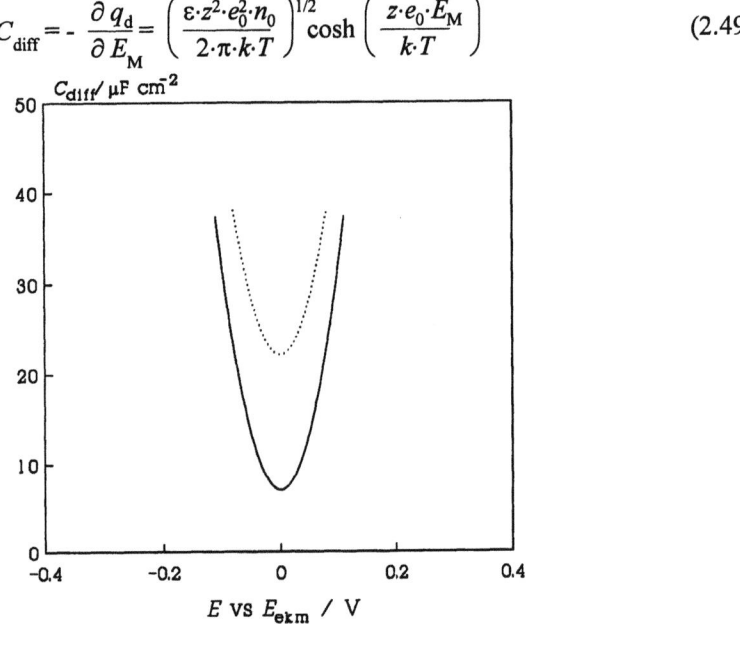

Bild 2.19 Berechnete Doppelschichtkapazität für zwei Ionenkonzentrationen $c_1 < c_2$.

2.3 Potentiale und Strukturen an Phasengrenzen

Diese Gleichung beschreibt eine Parabel, in der die differentielle Doppelschichtkapazität nicht nur vom Potential, sondern auch von der Ionenkonzentration abhängig ist. Bild 2.19 zeigt für zwei Konzentrationen ($c_1 < c_2$) typische Kurvenverläufe. Eine weitere Kapazität, die allerdings nicht die praktische Bedeutung der differentellen Doppelschichtkapazität hat, ist die integrale Doppelschichtkapazität C_{int}. Sie kann aus der bei einem Potentialsprung ΔE umgesetzten Ladung Δq ermittelt werden: $C_{int} = \Delta q / \Delta E$.

Bild 2.20 zeigt die experimentelle Überprüfung für C_{diff} in einem Bereich nahe um das elektrokapillare Maximum. Es wird - da hier die Ladung q_M auf der Elektrode gleich Null ist - auch als Nulladungspotential E_{pzc}^* bezeichnet. Schon bei etwas höheren Konzentrationen weicht der Kurvenverlauf massiv von der Rechnung ab; außerdem sind die berechneten Werte von C_{diff} weitaus zu groß im Vergleich zu den Meßwerten. Eine mögliche Schwachstelle ist die Permittivität. Sie wurde mangels anderer Informationen zunächst mit dem für Wasser in homogener Phase gemessenen Wert $\varepsilon_r = 87,5$ angenommen. Die Messung bezog sich auf völlig ungeordnetes, in seiner Struktur ungestörtes Wasser. Die erste Wasserschicht auf einer Elektrodenoberfläche entspricht dieser Vorstellung allerdings kaum. Für eine vollständig orientierte, elektrostatisch gesättigte Lage ist der Wert $\varepsilon_r \approx 6$. Selbst für die zweite Lage ist der berechnete Wert von $\varepsilon_r \approx 40$ vom Wert im Flüssigkeitsinneren weit entfernt. Ähnliches hatten wir bei der Untersuchung der Schwachstellen der Debye-Hückel-Theorie festgestellt. Die naheliegende abschließende Konsequenz ist der Rückgriff auf das Stern-Modell.

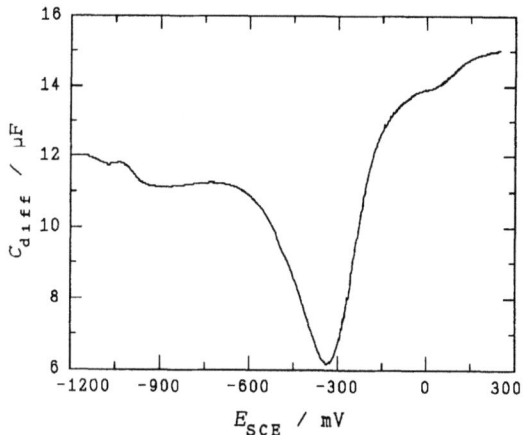

Bild 2.20 Gemessene Doppelschichtkapazität C_{diff} einer Quecksilberelektrode in wäßriger 0,001 M KClO$_4$-Lösung.

---

* E_{pzc} = potential of zero charge.

So wie formal die gesamte Ladung auf der Lösungsseite q_s in zwei Anteile q_{HP} und q_{GC} aufgeteilt wurde, teilen wir auch die Kapazität in zwei Beiträge auf, die elektrisch - wie räumlich - in Reihe geschaltet sind. Bild 2.21 zeigt dies schematisch.

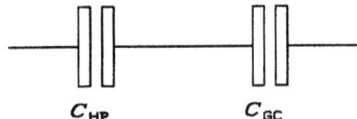

Bild 2.21 Ersatzschaltbild der Doppelschichtkapazität nach dem Modell von Stern.

Eine Abschätzung zeigt, daß die bei großen Ionenkonzentrationen falsch berechnete differentielle Kapazität nun besser wiedergegeben wird. Große Werte von C_{GC} führen hier nur dazu, daß ihr Beitrag wegen der Eigenart der Serienschaltung von Kondensatoren verschwindet, C_{diff} also gleich C_{HP} wird. Dies ist auch anschaulich korrekt, da eine hohe Ionenkonzentration zu einer räumlichen Kompression der Ladung q_s in der Nähe der Elektrode und damit zur Annäherung an das Helmholtz-Perrin-Modell führt.

Nachdem wir die unterschiedlichen elektrochemischen Potentiale geladener Teilchen in den beiden kondensierten Phasen Elektrode und Elektrolytlösung mit dem Elektrodenpotential in Verbindung gebracht und als Ursache der Strukturbildung an der Phasengrenze erkannt haben, wollen wir abschließend der Frage nachgehen, ob die genannten Potentiale einer Messung zugänglich sind. Unser besonderes Interesse wird dabei dem Potentialverlauf an der Phasengrenze gelten, der nach dem Stern-Modell der Doppelschicht einen typischen Verlauf haben soll.

In einem Gedankenexperiment stellt sich die Messung eines elektrischen Potentials einfach dar. Man bringt dazu eine Testladung aus wechselwirkungsfreier unendlicher Entfernung in die zu untersuchende Phase und mißt die dabei aufgebrachte Arbeit. Bei der Annäherung aus dem Inneren einer Elektrolytlösung an eine Elektrode wird sich das Potential kontinuierlich verändern. In unmittelbarer Nähe der Elektrode bei ca 10^{-8} m Abstand, jedoch noch nicht unter Wirkung irgendwelcher Kräfte von der Elektrodenseite (chemische Wechselwirkung wie bei Kontaktadsorption etc.), wird es eine maximale Veränderung erreicht haben. Die bis hier überwundene Differenz nennen wir die Volta-Potentialdifferenz oder, nach der bei der Entwicklung der Nernst-Gleichung verwendeten vereinfachenden Konvention, Volta-Potential oder äußeres Potential φ. Da wir die Probeladung nur innerhalb einer Phase bewegt haben, ist dieses Potential prinzipiell bestimmbar. Diese Potentialdifferenz wird häufig auch als Zeta-Potential ζ (vgl. Bild 2.14) bezeichnet. Sie ist bei elektrokinetischen Erscheinungen (elektroosmotischer Druck, Flotation etc.) von großer Bedeutung. Um in das Innere des Metalls zu gelangen muß die Probeladung noch durch die Dop-

2.3 Potentiale und Strukturen an Phasengrenzen

pelschicht, die nach der Vorstellung der Modelle aus Ionen und Dipolen besteht und auch als Dipolschicht bezeichnet wird, gebracht werden. Die dabei von ihm abgetastete Potentialdifferenz nennt man Oberflächenpotentialdifferenz oder Oberflächenpotential χ.

Bild 2.22 zeigt anschaulich den Zusammenhang für eine positiv geladene Elektrode. Da das Teilchen von einer Phase in eine andere wechselt und so neben die Veränderung des elektrischen Potentials zusätzliche Veränderungen der Umgebung treten, ist diese Differenz nicht meßbar. Das Potential im Lösungsinneren ist dabei gleich Null gesetzt.

Das Potential E_M des Metalls relativ zum Lösungsinneren setzt sich additiv aus den beiden Beiträgen $\chi + \varphi$ zusammen. Die Summe wird auch als Galvani-Potential bezeichnet. Die Frage nach der Meß- und Abtastbarkeit dieser Verläufe und Differenzen muß zunächst doppelt verneint werden. Da die Messung eines elektrischen Potentials mit einem Spannungsmeßgerät (Voltmeter) stets auf eine Potentialdifferenzmessung (Spannungsmessung) zurückgeführt wird, muß neben dem metallischen Anschluß der Elektrode eine Anbindung des zweiten Pols des Meßgerätes an die Lösung erfolgen. Schon das Eintauchen eines weiteren Metallkörpers in die Lösung führt zur Ausbildung einer weiteren Phasengrenze mit allen Konsequenzen. Die gemessen Spannung können wir ohne weitere Informationen nicht auf die beiden Phasengrenzen aufteilen. Als Ausweg aus diesem Dilemma hatten wir einer Phasengrenze (Elektrode) willkürlich den Wert Null zugeordnet. Dies war -in enger Verbindung zur Thermodynamik - eine Elektrode, bei der Protonen und Wasserstoffgas eine zentrale Rolle spielen. Diese als Normalwasserstoffelektrode bereits vorgestellte bezeichnete Referenz (s.u.) wird in den folgenden Abschnitten näher betrachtet.

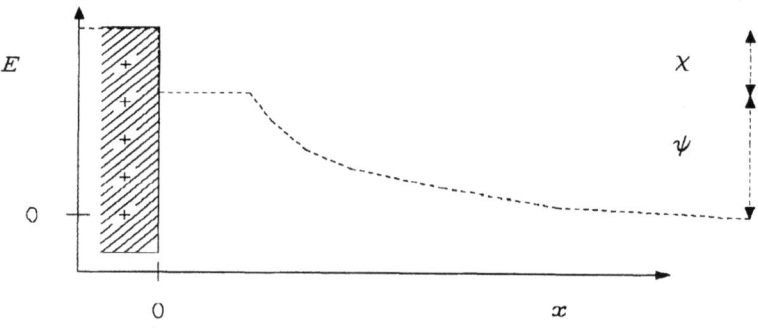

Bild 2.22 Potentialdifferenzen und -verläufe in der elektrochemischen Doppelschicht, χ = Oberflächenpotential, ψ = Volta-Potential.

Das zweite Nein bezieht sich auf die nicht mögliche Abtastung des Potentialverlaufs. Zwar war das Volta-Potential prinzipiell meßbar, nicht jedoch das Oberflächenpotential. Damit entzieht sich auch das Galvani-Potential der Messung.

Formal kann zwar festgestellt werden, daß die Arbeit für die Bewegung der Probeladung klar definiert sei und damit ihr Wert auch bestimmbar sein müßte. Da es in Wirklichkeit aber keine masselose Ladung gibt, sondern nur geladene Teilchen für unser Experiment zur Verfügung stehen, ist dieses Experiment mit stofflichen Veränderungen in den beteiligten Phasen und damit mit Änderungen in ihren Eigenschaften verbunden. Diese Ursachen und Wirkungen sind wechselseitig und nicht trennbar.

Stichworte: Phasengrenze, Doppelschicht, Oberflächenspannung

2.4 Elektroden

Bei der Ableitung der Nernst-Gleichung (vgl. Abschn. 2.3) hatten wir eine Elektrode betrachtet, die aus einem Metalldraht bestand, der in eine wäßrige Lösung von Ionen des gleichen Elements eintaucht. Für das Potential E_0 hatten wir gefunden

$$E_0 = E_{00} + (R \cdot T/z \cdot F) \ln a_{Ag^+} \tag{2.50}$$

Dieses auch als "einfache Elektrode" (Elektrode erster Art) bezeichnete Beispiel läßt sich auf andere Reaktionen an Elektrodenoberflächen, also auf andere Arten von Elektroden erweitern.

Gaselektroden

An einem inerten Metall (Platin, Gold), das nur als Elektronenquelle oder -senke dienen soll, stehen die atomare und die ionisierte Form eines Gases G_2, die beide in Lösung vorliegen, und die Elektronen des Metalls e^- im Gleichgewicht:

$$G^+ + e^- \rightleftarrows \tfrac{1}{2} G_2 \tag{2.51}$$

Entsprechend der aus der Gibbs-Duhem-Gleichung abgeleiteten allgemeinen Gleichgewichtsbedingung muß gelten

$$\sum_i \mu_i \cdot dn_i = 0 \tag{2.52}$$

Für das vorliegende Ionen enthaltende System ist statt des einfachen chemischen Potentials μ_i das elektrochemische Potential $\bar{\mu}_i$ einzusetzen. Für die angegeben Reaktionsgleichung lautet die Gleichgewichtsbedingung also

$$\bar{\mu}_{G^+} + \bar{\mu}_{e^-} = \tfrac{1}{2} \bar{\mu}_G \tag{2.53}$$

Für die Einzelbeiträge können wir schreiben

2.4 Elektroden

$$\bar{\mu}_{G+} = \mu_{G+} + F \cdot E_{\text{Lös}} = \mu_{G+}^{\circ} + R \cdot T \cdot \ln a_{G+} + F \cdot E_L \qquad (2.54)$$

$$\bar{\mu}_{e-} = \mu_{e-} - F \cdot E_{\text{Met}} \qquad (2.55)$$

$$\bar{\mu}_G = \mu_{G2} = \mu_{G2}^{\circ} + R \cdot T \cdot \ln a_{G2} \qquad (2.56)$$

Für die Differenz des elektrischen Potentials ΔE in Lösung ($E_{\text{Lös}}$) und im Metall (E_{Met}) erhalten wir aus den zusammengefaßten Gleichungen (2.53) – (2.56)

$$\Delta E = 1/F \cdot (\mu_{G+}^{\circ} + \mu_{e-} - 1/2\mu_{G2}^{\circ}) + (R \cdot T/F) \cdot \ln(a_{G+}/a_{G2}) \qquad (2.57)$$

oder weiter vereinfacht*

$$E_0 = E_{00} + \frac{R \cdot T}{F} \ln \frac{a_{G+}}{f_{G2}^{1/2}} \qquad (2.57)$$

Das Potential der Elektrode hängt also von der Aktivität der gelösten ionischen Form und vom Partialdruck des Gases (Fugazität $f_i = \gamma_i \, p_i$), der der Aktivität a_i entspricht, ab. Falls das Gas zur Bildung eines Anions neigt (z.B. Halogene), kann der Ausdruck vorzeichenrichtig entsprechend anders abgeleitet werden. In seiner allgemeinen Form mit z als Zahl der im potentialbestimmenden Prozeß übergehenden Elektronen (Reaktionswertigkeit) und a_i als Aktivität der reduzierten resp. der oxidierten Form erhalten wir

$$E_0 = E_{00} + \frac{R \cdot T}{z \cdot F} \ln \frac{a_{\text{ox}}}{a_{\text{red}}} \qquad (2.58)$$

Die Gleichung erlaubt zahlreiche allgemeine Aussagen. Auch ohne Kenntnis des Wertes von E_{00} für die Chlorelektrode mit der potentialbestimmenden Reaktion

$$\text{Cl}_2 + 2\,e^- \rightleftarrows 2\,\text{Cl}^- \qquad (2.59)$$

kann die Potentialveränderung bei einer Druckverdopplung des die Platinelektrode umspülenden Chlorgases von p_1 nach p_2 angegeben werden:

$$\Delta E_0 = E_{0,2} - E_{0,1} = E_{00} + \frac{R \cdot T}{z \cdot F} \ln \frac{f_{\text{Cl2,2}}^{1/2}}{a_{\text{Cl}^-}} - E_{00} - \frac{R \cdot T}{z \cdot F} \ln \frac{f_{\text{Cl2}}^{1/2}}{a_{\text{Cl}^-}} \qquad (2.60)$$

Vereinfachen und Zusammenfassen führt zunächst zu

---

* Zum Symbol Δ vgl. Abschn 2.3.

$$\Delta E_0 = E_{0,2} - E_{0,1} = \frac{R \cdot T}{z \cdot F}(\ln f^{1/2}_{Cl2,2} - \ln a_{Cl^-} - \ln f^{1/2}_{Cl2,1} + \ln a_{Cl^-}) \quad (2.61)$$

und weiter zu

$$\Delta E_0 = E_{0,2} - E_{0,1} = \frac{R \cdot T}{z \cdot F}(\ln (2/1)^{1/2}) = 8,9 \text{ mV} \quad (2.62)$$

Dieses Ergebnis kann plausibel nachvollzogen werden. Bei einer Erhöhung des Chlorgasdruckes verschiebt sich das Reaktionsgleichgewicht zum Chlorid (Prinzip des kleinsten Zwangs). Für seine Bildung werden Elektronen von der Elektrode abgezogen, die damit positiver geladen wird. Typische Bauformen von Gaselektroden zeigt schematisch Bild 2.23.

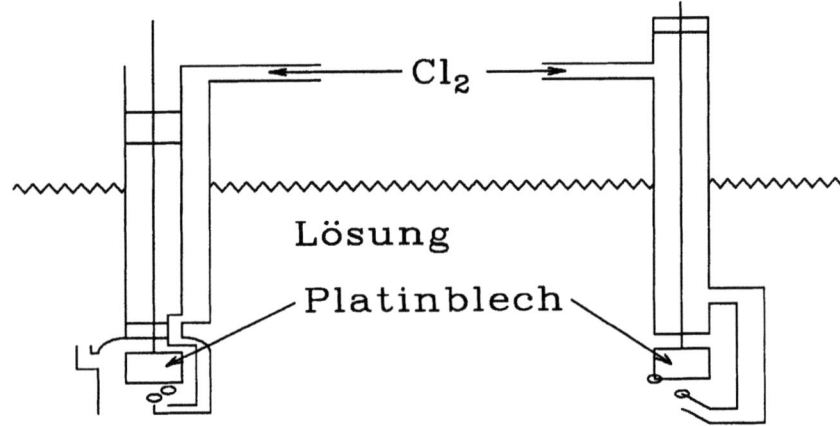

Bild 2.23 Typische Bauformen von Gaselektroden.

Redoxelektroden

Bei einem gelösten Redoxsystem wird an einer inerten, wiederum nur als Elektronenquelle/-senke dienenden Elektrode ein Potential eingestellt. Im Beispiel

$$Fe^{3+} + e^- \rightleftarrows Fe^{2+} \quad (2.63)$$

lautet die Gleichung für das Elektrodenpotential

$$E_0 = E_{00} + \frac{R \cdot T}{F} \ln \frac{a_{Fe,3+}}{a_{Fe,2+}} \quad (2.64)$$

Bei einer Aktivität der Eisenionen von $a_{Fe,2+} = 0,01$ M und $a_{Fe,3+} = 0,1$ M beträgt mit $E_{00} = 0,77$ [V] und mit dem dekadischen Logarithmus

2.4 Elektroden

$$E_0 = E_{00} + 0{,}059 \log \frac{0{,}1}{0{,}01} = 0{,}829 \ [V] \tag{2.65}$$

Dieser Wert ist auf die Normalwasserstoffelektrode bezogen (vgl. unten).

Elektroden zweiter Art

Neben der Möglichkeit, das Elektrodenpotential E_0 durch Vorgabe von Partialdrücken und Lösungsaktivitäten einzustellen, besteht die Möglichkeit, die Aktivität einer potentialbestimmenden Teilchensorte durch die Löslichkeit einer Verbindung einzustellen. Eine einfache Möglichkeit ist die Silber/Silberchlorid-Elektrode. Bei einem Silberdraht, der sich in einer Chloridlösung befindet, wird die Lösung mit Silberchlorid gesättigt sein. Das Potential dieser Silberelektrode hängt damit vom Löslichkeitsprodukt L und der Chloridionenaktivität nach

$$E_{0,\text{Ag/AgCl}} = E_{00,\text{Ag/AgCl}} + \frac{R \cdot T}{F} \ln L - \frac{R \cdot T}{F} \ln a_{\text{Cl}^-} \tag{2.67}$$

ab. Legt man die Aktivität der Chloridionen durch Sättigung der Lösung mit z.B. Kaliumchlorid fest, so ist das Potential dieser als Silberchloridelektrode bezeichneten Elektrode besonders konstant. Ein weiteres Beispiel von großer praktischer Bedeutung ist die Kalomelelektrode*. Bei ihr steht Quecksilbermetall als Elektrodenmaterial im Kontakt mit einer wäßrigen Lösung eines Alkalihalogenids, meist Natrium- oder Kaliumchlorid verschiedener Konzentration. Es bildet sich Hg_2Cl_2, das extrem schwer löslich ist (2,1 mg je Liter Wasser). Zur schnelleren Potentialeinstellung wird meist etwas festes Kalomel zugesetzt. Der potentialbestimmende Prozeß ist

$$2\ Hg \rightleftarrows Hg_2^{2+} + 2\ e^- \tag{2.68}$$

E_0 kann mit der Kenntnis des Löslichkeitsproduktes abgeleitet werden; nimmt man dies mit in den Wert des Standardpotentials E_{00} dieser Elektrode, so erhält man

$$E_{0,\text{Hg/Hg2Cl2}} = E_{00,\text{Hg/Hg2Cl2}} - \frac{R \cdot T}{F} \ln a_{\text{Cl}^-} \tag{2.69}$$

Die Chloridionenaktivität kann durch Zugabe einer definierten Menge des entsprechenden Salzes eingestellt werden. Sie kann ohne Wägung auch durch Sättigung der Elektrolytlösung mit dem Salz festgelegt werden. Dies erleichtert die

---

* *kalomel* (gr.-fr.) schönes Schwarz; *kalos* (gr.) schön, *melas* (gr.) schwarz, dies rührt von der intensiven Schwarzfärbung beim Übergießen von Kalomel (Hg_2Cl_2) mit Ammoniak her.

Herstellung einer solchen Elektrode beträchtlich und garantiert einen stabilen, von unkontrollierten Verdünnungseffekten ungestörten Gebrauch, da der vorhandene Chloridbodenkörper für definierte Verhältnisse sorgt. Nachteilig ist die erhebliche Temperaturabhängigkeit des Elektrodenpotentials. Neben dem Faktor T in der Nernst-Gleichung hängen die Löslichkeit sowohl des Hg_2Cl_2 wie auch des Alkalihalogenids von der Temperatur ab. Dies führt zu einer Temperaturdrift des Elektrodenpotentials von ca 1 mV/K, der vergleichbare Wert bei einer Elektrode mit einer Chloridaktivität, die nicht über die Sättigung eingestellt wird, beträgt ca. 0,1 mV/K. Gängige Bauformen der beiden Elektrodentypen zeigt Bild 2.24.

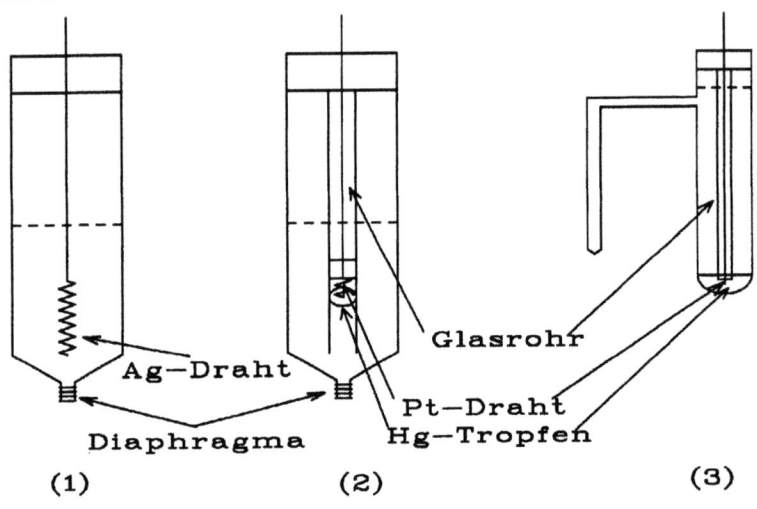

Bild 2.24 Schematische Schnittzeichnungen gängiger Bauformen von Ag/AgCl- (1) und Hg/Hg$_2$Cl$_2$-Elektroden (2, 3).

Elektroden dritter Art

Wenn das potentialbestimmende Ion der Lösungsphase mit zwei festen Salzphasen im Gleichgewicht steht, entsteht eine Elektrode dritter Art. Als Beispiel sei das System Zn/Zinkoxalat,Kalziumoxalat/Kalziumionen betrachtet. Das Potential der Zinkelektrode ist zunächst gegeben nach

$$E_{0,Zn} = E_{00,Zn} + \frac{R \cdot T}{2 \cdot F} \ln a_{Zn2+} \qquad (2.70)$$

Entsprechend dem Massenwirkungsgesetz gelten für die Lösungsaktivitäten der Ionen mit den zugehörigen Löslichkeitsprodukten

$$a_{Zn2+} = K_{ZnOx}/a_{Ox2-} \qquad (2.71)$$

und

$$a_{Ox2^-} = K_{CaOx}/a_{Ca2+} \tag{2.72}$$

Es stellt sich ein Gleichgewicht zwischen den beiden schwerlöslichen Salzen und den Kalziumionen ein. Durch Zusammenfassung der Gleichungen (2.70) – (2.72) erhalten wir für das Potential der Zinkelektrode

$$E_{0,Zn} = E_{00,Zn} + \frac{R \cdot T}{2 \cdot F} \ln \frac{K_{ZnOx}}{K_{CaOx}} + \frac{R \cdot T}{2 \cdot F} \ln a_{Ca2+} \tag{2.73}$$

Damit ist das Potential dieser Elektrode unmittelbar von der Aktivität der Kalziumionen abhängig. Dieses Prinzip wird in der Potentiometrie mit ionensensitiven Elektroden genutzt (vgl. Abschn. 2.5).

Bezugselektroden

Da das Potential einer Elektrode einer unmittelbaren Messung nicht zugänglich ist, muß stets eine zweite Elektrode, die mit der zu untersuchenden Elektrode zu einer elektrochemischen Zelle vereinigt wird (zwei Halbzellen (= Elektroden) ergeben eine Ganzzelle), benutzt werden. Der allgemeine Bezugspunkt aller Angaben von Standardelektrodenpotentialen ist die Normal- oder Standardwasserstoffelektrode. Ihr Potential ist $E_{00,NHE} = E_{00,SHE} = 0$ [V]. Sie ist auf den ersten Blick für praktische Messungen wegen der Notwendigkeit einer genauen Einstellung der Protonenaktivität $a_{H+} = 1$ M und wegen des Einsatzes von gasförmigem Wasserstoff wenig attraktiv. Die hierfür gängige Bauform ist die in Bild 2.23 gezeigte Ausführung der Gaselektrode. Für praktische Zwecke hat sich eine andere Form bewährt. Bild 2.25 zeigt einen vereinfachten Querschnitt.

In dem aus einem Glasrohr gebildeten Hohlraum befindet sich ein Platindrahtnetz (Palladium oder eine Palladiumlegierung, mit einem Platinmohrüberzug, sind noch besser geeignet). Der Hohlraum wird mit der Elektrolytlösung des zu untersuchenden Systems gefüllt. Elektrolytisch wird zunächst an dem Netz Wasserstoff entwickelt, bis das Netz zur Hälfte von Gas umgeben ist. An ihm herrschen nun folgende Bedingungen: Der Wasserstoffdruck entspricht dem Atmosphärendruck, damit ist $p_{H2} \approx f_{H2} \approx 1$. Die Protonenaktivität der Lösung geht mit a_{H+} in das Potential dieser Elektrode ein. Ist $a_{H+} = 1$, so liegt eine Normalwasserstoffelektrode vor. Bei abweichender Aktivität spricht man von einer relativen Wasserstoffelektrode. Diese Elektrode kann über längere Zeit bei befriedigend guter Potentialkonstanz eingesetzt werden. Im Gegensatz zu anderen Elektroden, vor allem Elektroden zweiter Art, enthält diese Elektrode keinerlei Fremdionen, die in das zu untersuchende System (elektrochemische Zelle) störend eindringen könnten.

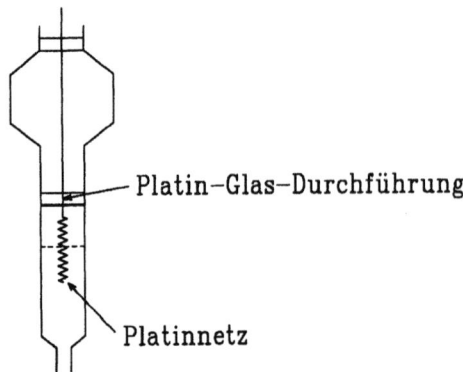

Bild 2.25 Schnittbild einer Wasserstoffbezugselektrode nach Will.

Daneben haben sich verschiedene Elektroden zweiter Art als Bezugselektroden etabliert. Die weit verbreiteten Kalomel- und Silberchloridelektroden wurden bereits vorgestellt. Analog können Systeme mit einer neutralen Quecksilber/Quecksilbersulfatelektrode sowie in alkalischer Lösung mit Quecksilber/Quecksilberoxid hergestellt werden. Die Potentiale dieser Bezugselektroden gegen die Normalwasserstoffelektrode gibt Tabelle 2.8 an.

Tabelle 2.8: Potentiale gängiger Bezugselektroden bei 298 K.

System	Lösung	E_{NHE}
Ag/AgCl	gesätt. KCl	0,197
	1 M KCl	0,236
	0,1 M KCl	0,289
	$a_{Cl^-} = 1$	0,222
Hg/Hg_2Cl_2	gesätt. KCl	0,241
	1 M KCl	0,280
	0,1 M KCl	0,333
	$a_{Cl^-} = 1$	0,268
Hg/Hg_2SO_4	gesätt. K_2SO_4	0,65
	1 N H_2SO_4	0,682
	$a_{Sulfat} = 1$	0,615
Hg/HgO	1 N NaOH	0,14
	0,1 N NaOH	0,165
	$a_{OH^-} = 1$	0,097

Von praktischer Bedeutung ist ebenfalls ein als Thalamid®-Elektrode bezeichnetes System. Hier steht ein Thalliumamalgam mit einer mit Thalliumchlorid gesättigten Lösung im Gleichgewicht. Das Potential dieser Elektrode ist ebenfalls temperaturabhängig, stellt sich aber sehr rasch nach Temperaturänderungen auf den neuen Wert ein.

Potentialmessung

Bei der Ableitung der Nernst-Gleichung wurden Konzepte der Mischphasenthermodynamik genutzt. Dies impliziert die Voraussetzung, daß die Betrachtung von einem Gleichgewichtszustand ausgeht. In elektrochemischen Systemen bedeutet dies das Fehlen eines außen, d.h. zwischen den beiden Elektroden fließenden, meßbaren Stroms. Diese Bedingung kann auf verschiedene Weisen eingehalten werden. In der Poggendorfschen Kompensationsschaltung, die als historisch älteste Möglichkeit gilt, wird dies durch eine umständliche elektrische Prozedur erreicht. In modernen elektronischen Schaltungen wird die Bedingung durch Halbleiterschaltkreise erreicht, die einen extrem kleinen, der Gleichgewichtsbedingung in guter Näherung Rechnung tragenden Strom fließen lassen. Einzelheiten zu den genannten Verfahren sind in Abschn. 4.1 zu finden.

Ein weiterer bei Potentialmessungen zu berücksichtigender Aspekt ist der Unterschied in der Lösungszusammensetzung der beiden Elektroden (Halbzellen). An der Berührungsstelle kann es zu erheblichen Konzentrationsunterschieden der Ionen, die in den beiden Halbzellen enthalten sind, kommen. Diese Unterschiede wirken als treibende Kraft der Diffusion. Da die Beweglichkeit der Ionen recht unterschiedlich ist (vgl. Abschn. 3.1) kommt es zu ungleichgewichtiger Verteilung der Ionen, dies hat wegen der elektrischen Ladung die Ausbildung von Potentialdifferenzen zur Folge. Diese als Diffusionspotential bezeichneten Beiträge zur Gesamtzellspannung werden im Abschn. 2.7 eingehend behandelt. Sie können durch dort näher erläuterte experimentelle Vorkehrungen weitgehend unterdrückt werden.

Stichworte: Redoxpotential, Bezugselektrode

2.5 Elektrochemische Analytik: Ionenselektive Elektroden

Neben der als Ionensensitivität bezeichneten Eigenschaft der Empfindlichkeit einer Meßelektrode für die Aktivität einer Ionensorte spielt bei der Ionenselektivität auch die gleichzeitige Unempfindlichkeit für alle anderen in der Lösung gleichzeitig vorhandenen Ionen eine entscheidende Rolle. Der Idealfall einer ionenselektiven und ionensensitiven Elektrode wäre ein System, das exakt entsprechend der Nernstgleichung auf die Meßionenaktivität anspricht und hierin auch von großen Fremdionenaktivitäten nicht beeindruckt wird (vgl. auch Abschn. 2.6).

Das Prinzip ionenselektiver Elektroden ist einfach. An der Meßelektrode steht eine Oberfläche mit der Lösung in Kontakt, die das zu bestimmende Ion mit der

Lösung austauschen kann. Für eine sulfidempfindliche Elektrode kann dies eine Metallsulfidschicht sein, die Sulfidionen auszutauschen vermag. Wird ein solches Material mit der Meßlösung in Kontakt gebracht, so findet entsprechend der in Kap. 2.3 dargestellten Beschreibung eine Gleichgewichtseinstellung statt, bei der je nach Zusammensetzung von Lösung und Feststoff Ionen der zu bestimmenden Sorte in den Festkörper übertreten oder von ihm freigesetzt werden. Durch den damit verbundenen Ladungstransport kommt es zur Ausbildung einer elektrischen Potentialdifferenz. Diese kann nicht direkt, sondern nur mit Hilfe einer Bezugselektrode gemessen werden. Die so aus zwei Elektroden entstehende Meßkette kann recht unterschiedlich aufgebaut sein. Häufig ist das ionenselektive Material ein elektronischer Nichtleiter. Für die pH-Messung ist dies Glas, das mit der Lösung Kationen austauschen kann. Es wird als Trennung zwischen zwei Halbzellen eingesetzt. In einer Halbzelle befindet sich eine Elektrode zweiter Art als Ableitelektrode in einer Lösung mit bekannter Aktivität der zu bestimmenden Ionen, auf der anderen Seite befindet sich die Lösung mit der unbekannten Aktivität und einer zweiten Ableitelektrode. Identische Ableitelektroden vorausgesetzt entspricht die als Spannung zwischen den beiden Elektroden gemessene Potentialdifferenz genau dem durch die Differenz der Aktivitäten der Meßionen auf beiden Seiten der Membran hervorgerufenen Potentialsprung.

Aus der großen Zahl praktisch bedeutsamer Systeme kommt die bereits erwähnte Glaselektrode für die Messung von pH-Werten diesem Ideal recht nahe. Als ionenselektives Material wird eine dünne Membran verwendet. Im Kontakt mit wäßriger Lösung quillt Glas oberflächlich leicht auf (Haber-Haugaard-Quellschicht). Während dieses, einige Stunden dauernden, Vorgangs werden bis zur Gleichgewichtseinstellung Kationen des Glases (eine erstarrte Schmelze aus SiO_2, CaO, Na_2O und anderen Bestandteilen) gegen Protonen ausgetauscht. Dieser Vorgang ist abgeschlossen und in den Gleichgewichtszustand übergegangen, wenn das elektrochemische Potential der Protonen im Glas gleich dem in der Lösung ist. Für die elektrische Potentialdifferenz ergibt sich

$$\Delta E = E_L - E_{Glas} = \frac{R \cdot T}{F} \ln \frac{a_{H^+,Glas}}{a_{H^+,L}} \qquad (2.74)$$

Setzt man die bekannten Größen in Gl. (2.74) ein, so erhält man für eine pH-Änderung auf der Lösungsseite um eine pH-Stufe eine Potentialveränderung von 59,16 mV. Dieser Wert ist temperaturabhängig (s.u.). Da diese Potentialdifferenz nicht direkt meßbar ist, wird sie in der weiteren Betrachtung vereinfacht als Potential bezeichnet. Für eine praktische Anordnung wird diese Membran als Trennwand zwischen zwei Lösungen verwendet. Eine Lösung (I) ist gepuffert und hat einen möglichst genau definierten pH-Wert. Die zweite Lösung (II) auf der anderen Seite der Membran ist die Lösung mit einem unbekannten pH-Wert. In beide Lösungen tauchen identische Ableitelektroden (zB. Silberchloridelektroden, s.o.) ein. Die zwischen beiden Elektroden gemessene Spannung gibt nun

2.5 Elektrochemische Analytik: Ionenselektive Elektroden

die Differenz der pH-Wert der beiden Lösungen wieder. Da diese Differenz aus den beiden mit Gl. 2.74 beschriebenen Potentialsprüngen zusammengesetzt ist, kann sie vereinfacht geschrieben werden als

$$\Delta E = E_I - E_{II} = \frac{R \cdot T}{F} \ln \frac{a_{H+,Glas,I}}{a_{H+,LI}} - \frac{R \cdot T}{F} \ln \frac{a_{H+,Glas,II}}{a_{H+,LII}} \quad (2.75)$$

Nach Übergang zum dekadischen Logarithmus und Einsetzen des bekannten pH-Wertes mit pH und des unbekannten Wertes mit pH_x kann die Gleichung zu

$$\Delta E = E_I - E_{II} = \frac{R \cdot T}{F} \ln \frac{a_{H+,Glas,I}}{a_{H+,Glas,II}} + 0{,}0591 \, (pH - pH_x) \quad (2.76)$$

vereinfacht werden. Da die potentialbestimmenden Ionen der beiden Ableitelektroden und die Ionen in den beiden Lösungen nicht unbedingt identisch sind, muß ihre unterschiedliche Mobilität in Form eines Diffusionspotentials E_{diff}, das sich additiv aus den beiden Beiträgen an den beiden Ableitelektroden zusammensetzt, berücksichtigt werden. Die Spannung zwischen den beiden Ableitelektroden U wird damit zu

$$U = E_I - E_{II} = \frac{R \cdot T}{F} \ln \frac{a_{H+,Glas,I}}{a_{H+,Glas,II}} + E_{diff} + 0{,}0591 \, (pH - pH_x) \quad (2.77)$$

Der in dem ersten Summanden ausgedrückte Potentialbeitrag der Differenz der Aktivitäten der Protonen in den beiden Quellschichten wird abgekürzt als Asymmetriepotential E_{As} bezeichnet. Es geht auf die unterschiedliche chemische Umgebung der Glasmembranoberfläche, auf die von der Membranform abhängigen Einflüsse mechanischer Spannungen sowie auf chemische Einflüsse während des Gebrauchs der Glasmembran zurück. Gl. (2.77) vereinfacht sich damit bei Raumtemperatur (25 °C) zu

$$U = E_{As} + E_{diff} + 0{,}0591 \, (pH - pH_x) \quad (2.78)$$

Da die beiden ersten Summanden als annähernd konstant angesehen werden können, ist ein direkter linearer Zusammenhang zwischen pH-Wert und meßbarer elektrischer Spannung zwischen den beiden Ableitelektroden hergestellt. Bild 2.26 zeigt diesen Zusammenhang mit der Annahme $E_{As} = 0$ und $E_{diff} = 0$.

Für eine praktische Messung, bei der die Temperatur vom Wert 25 °C abweicht und bei der die Werte von E_{As} und E_{diff} nicht gleich Null sind, wird eine entsprechende elektronische Kompensation am pH-Meter während der Eichung der Meßanordnung mit zwei Lösungen exakt bekannten pH-Wertes vorgenommen. Hierbei wird auch eine durch Alterung oder andere Veränderungen der Membranoberflächen verursachte Abnahme der Steilheit berücksichtigt. Für eine praktische Durchführung hat sich die Ausbildung der Glasmembran als Kugel oder ähnlicher Hohlkörper am Ende eines Glasrohres bewährt. Im Inneren taucht in die gepufferte pH-Lösung bekannten Wertes eine Ableitelektrode. Zusammen mit dieser Meßelektrode wird die zweite Ableitelektrode in die Lösung mit unbekanntem pH-Wert eingetaucht.

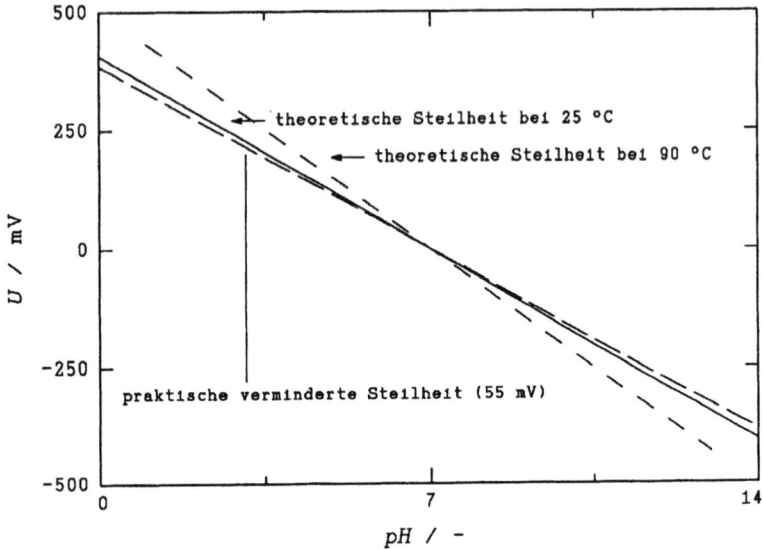

Bild 2.26 Abhängigkeit der Spannung zwischen den beiden Ableitelektroden von der Meßtemperatur und der Steilheit einer pH-Meßkette.

Da die Handhabung von zwei Elektroden unpraktisch ist, werden beide Systeme in einer Einstabmeßkette zusammengefaßt. Dazu wird um das erwähnte Glasrohr konzentrisch ein weiteres Glasrohr angeordnet. Im Spaltraum wird die Ableitelektrode untergebracht. Zur Meßlösung wird die Verbindung durch eine leicht flüssigkeitsdurchlässige Glasfritte oder ein Diaphragma hergestellt. Bild 2.27 zeigt eine Schnittzeichnung.

Da bei der Potentialeinstellung an der Phasengrenze Glas/Lösung Protonen aus der Lösung und Kationen aus dem Glas beteiligt sind, überrascht es nicht, daß in stark alkalischer Lösung mit einem hohen Gehalt von Alkaliionen die Gleichgewichtseinstellung gestört wird, es kommt zum "Alkalifehler". Durch geeignete Auswahl der Bestandteile der Glasmembran kann dieser zunächst unerwünschte Effekt in einer alkaliionensensitiven Glaselektrode zur Messung der Aktivität von Alkaliionen (Na^+, Li^+) genutzt werden.

2.5 Elektrochemische Analytik: Ionenselektive Elektroden

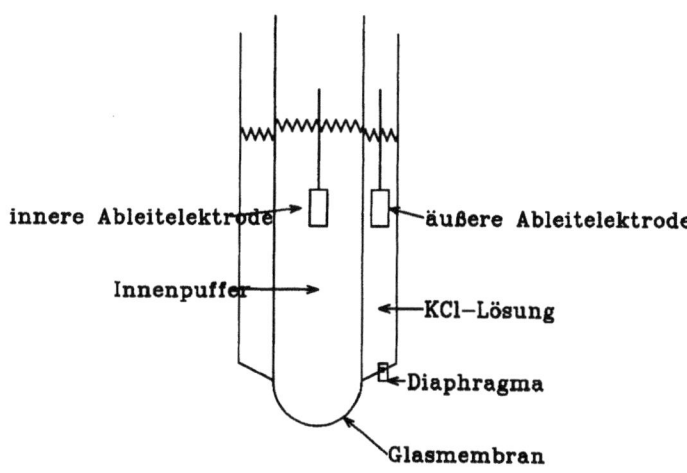

Bild 2.27 Schnittbild einer Einstabmeßkette zur pH-Messung.

Für weitere ionenselektive Elektroden ist stets das gleiche Prinzip zu beachten: Die Lösung bekannter Aktivität des zu bestimmenden Ions ist von der Lösung unbekannter Aktivität durch eine Membran getrennt, an der sich durch die bereits beschriebenen Austauschvorgänge eine meßbare und mit der Aktivität in einfacher Weise korrelierte Potentialdifferenz einstellt.

Die Vielzahl angebotener Elektroden für die Potentiometrie kann in verschiedenen Weisen geordnet werden. Zweckmäßig erscheint, zunächst zwischen primären Elektroden, deren Potential unmittelbar auf die Aktivität der zu bestimmenden Ionensorte anspricht, und sekundären Elektroden, bei denen chemische Schritte zwischen Aktivität und Potentialeinstellung vermitteln, zu unterscheiden. Das einfachste Beispiel einer Primärelektrode ist die bei der Ableitung der Nernst-Gleichung vorgestellte Metallelektrode; diese Elektroden werden auch als Elektroden erster Art bezeichnet (vgl. Abschn. 2.4). Ihr Aufbau ist naheliegend: Das Metall wird als Draht, Blech o.ä. in einem geeigneten Halter befestigt und in die zu untersuchende Lösung getaucht, gegen eine weitere als Bezug benutzte Referenzelektrode wird eine Spannung gemessen. Aus ihr kann das Elektrodenpotential der Meßelektrode und damit die gesuchte Aktivität a_M ermittelt werden. Der störende Einfluß anderer metallischer Ionen der Aktivität a_S kann bei Kenntnis ihres Standardpotentials mit der Nikolsky-Gleichung (vgl. Abschn. 2.6) leicht berechnet werden. Die Selektivitätskonstante $K_{M/S}$ (vgl. Abschn. 2.6) folgt nach $K_{M/S} = \exp{-((E_{0,M} - E_{0,S}/(R \cdot T/z \cdot F))}$. Für eine Kupferelektrode ergibt sich in Bezug auf störende Wismutionen ein Wert von $K_{M/S} = 0{,}011$. In Gegenwart edlerer Ionen ist eine Potentialmessung naturgemäß nicht möglich, da es zur Zementation der edleren Ionen unter Auflösung der Meßelektrode kommt (vgl. Abschn. 3.6). Da die Kinetik der Elektrodenreaktion meist sehr schnell ist, stellt sich das Elektrodenpotential rasch ein. Primärelektroden aus unedlen Metallen sind ungebräuchlich, da sie schnell korrodieren und meist nur zu ungenauer Potentialeinstellung führen. Metallelektroden sehr edler Elemente (Platin, Gold) sind weniger als Indikatorelektroden zur Bestimmung der Aktivität ihrer Ionen in Lösung interessant. Sie finden vielmehr als Elektroden zur Bestimmung von Redoxpotentialen Verwendung (vgl. Abschn. 2.4). Hier dienen sie als inerte Elektronenquelle/-senke.

Eine derartige inerte Elektrode kann auch aus Graphit oder einem ähnlich stabilen Material bestehen und wie bei der Einstabmeßkette mit der Bezugselektrode zu einem kompakten System (Bild 2.28) kombiniert werden.

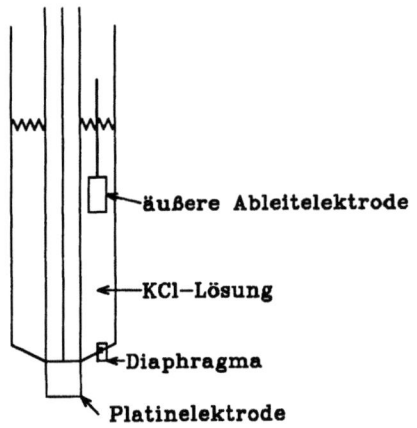

Bild 2.28 Vereinfachtes Schnittbild einer Einstabmeßkette zur Bestimmung von Redoxpotentialen.

Gängige Anwendungen dieser Redoxelektrode sind in der Prozeßkontrolle die Beobachtung von Umsetzungen, bei denen Redoxprozesse eine wichtige Rolle spielen. Dazu gehören die Überwachung der Chlordosierung in der Schwimmbadtechnik und Trinkwasseraufbereitung (hier handelt es sich im engeren Sinn um eine Gaselektrode); die Kontrolle der Abwasserreinigung (Chromsalzreduktion mit Fe^{II}-Ionen oder $NaHSO_3$, Cyanid- und Nitritoxidation mit NaOCl oder H_2O_2 (nur CN^-) in der industriellen Abwasserbehandlung; Denitrifizierung in der kommunalen Abwasserreinigung) und die Prozeßkontrolle des Ozongenerators sowie der Hypochloriterzeugung aus NaOH und Chlorgas.

Steht eine Metallelektrode im Kontakt mit einer Lösung, die mit einem schwerlöslichen Salz dieses Metalls gesättigt ist, so ist das Elektrodenpotential von der Aktivität des Anions aus dem Salz abhängig. Dies ist am Beispiel der Ag/AgCl-

2.5 Elektrochemische Analytik: Ionenselektive Elektroden

Elektrode aus einem Silberdraht in einer mit Silberchlorid gesättigten Lösung nachvollziehbar. Das Löslichkeitsprodukt für Silberchlorid berechnet sich aus der Gleichgewichtskonstante des Massenwirkungsgesetzes

$$K_{a,AgCl} = \frac{a_{Cl^-} \cdot a_{Ag^+}}{a_{AgCl}} \tag{2.79}$$

zu $L_{AgCl} = a_{Cl^-} \cdot a_{Ag^+}$, da die Aktivität von Festkörpern thermodynamisch mit $a_{AgCl} = 1$ festgelegt ist. Nach der Silberionenaktivität aufgelöst folgt $a_{Ag^+} = L_{AgCl}/a_{Cl^-}$. In die Nernst-Gleichung für das Potential der Silberelektrode in dieser Lösung eingesetzt folgt mit $z = 1$

$$E_0 = E_{00} + \frac{R \cdot T}{F} \ln \frac{L_{AgCl}}{a_{Cl^-}} \tag{2.80}$$

Damit erhält man eine Elektrode zur einfachen Bestimmung der Aktivität von Chloridionen, die auch als Elektrode zweiter Art bezeichnet wird. Die Silberchloridbelegung ist einfach herzustellen; die Nachweisgrenze ist durch die Löslichkeit des Silberchlorids gegeben. Eine Querempfindlichkeit besteht gegen Ionen, die mit Silber leichter lösliche Niederschläge bilden. Ionen, die schwerlöslichere Niederschläge bilden, dürfen nicht zugegen sein.

Eine analoge Behandlung des auf der Oberfläche einer Antimon- oder Wismutelektrode im Kontakt mit Wasser gebildeten Schicht schwerlöslichen Metallhydroxids führt zu einer Elektrode, die auf die Hydroxydionenaktivität anspricht. Diese Elektroden waren vor der weiten Verbreitung der Glaselektrode zur pH-Messung populär. Inzwischen werden sie nur noch zur pH-Messung in fluoridhaltigen Lösungen eingesetzt.

Als ionensensitives Material kann neben einem Metall auch ein anderer Stoff eingesetzt werden, an dessen Oberfläche sich im Kontakt mit der Elektrolytlösung ein definierter Potentialsprung wie an der Grenze Glas/Lösung (s.o.) einstellt. Hier kann zwischen kristallinen und flüssigen sowie zwischen kationen-, anionen- oder elektronenleitenden Membranen unterschieden werden.

Ein eindrucksvolles Beispiel einer anionenleitenden Festmembran bietet die für Fluoridionen selektive Elektrode mit einer LaF_3-Membran. Das als Einkristall verwendete Material der Membran hat den in Bild 2.29 schematisch gezeigten Schichtaufbau.

Die ionische Leitfähigkeit des sehr schwerlöslichen Kristalls ($L = 10^{-24,5}$) ist extrem anisotrop. Entlang der eingezeichneten Kristallebenen besteht eine, wenn auch geringe, Leitfähigkeit; senkrecht dazu ist diese Leitfähigkeit um Größenordnungen kleiner. Dotiert man LaF_3 mit EuF_2, so werden in den von den Fluoridionen aufgespannten Ebenen Fehlstellen erzeugt, da die Eu^{2+}-Ionen die Plätze des La^{3+} einnehmen, jedoch nur je zwei Fluoridionen zum Gitteraufbau beisteuern. Diese Fehlstellen erhöhen die ionische Leitfähigkeit erheblich. Eine senkrecht zu den Kristallebenen geschnittene Kristallscheibe kann nun als Membran zwischen zwei fluoridionenhaltige Lösungen gebracht werden. Die mit zwei Ableitelektroden meßbare Potentialdifferenz entspricht wiederum dem Unterschied der Fluoridionenaktivität der beiden Lösungen.

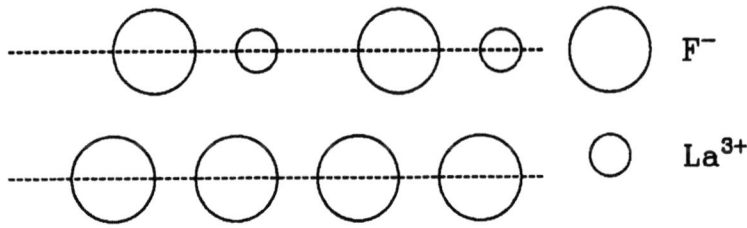

Bild 2.29 Schematische Schnittzeichnung des Kristallaufbaus von LaF_3.

Den vereinfachten Aufbau einer solchen Fluoridelektrode zeigt Bild 2.30. Als innere Ableitelektrode in der Lösung festgelegter Fluoridionenaktivität kann eine Silberchloridelektrode dienen. Diese Fluoridelektrode zeigt eine beträchtliche Querempfindlichkeit für Hydroxydionen ($K_{F^-/OH^-} = 1$). Dies ist in der gleichen Ladung, vor allem aber im sehr ähnlichen Ionenradius begründet. Bei der Anwendung ist daher ein pH-Wert von ca 5 .. 6,3 einzuhalten. In stärker saurer Lösung kommt es zur Bildung von Flußsäure.

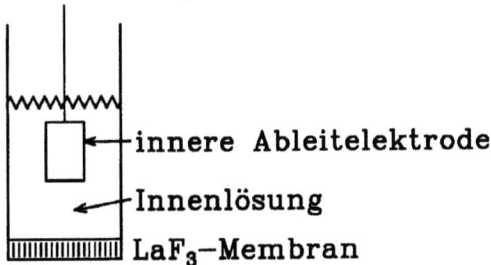

Bild 2.30 Schnittbild einer Fluoridelektrode.

Elektronenleitende einkristalline Stoffe werden vereinzelt als Elektrodenmaterial eingesetzt. FeS_2 dient als Indikatorelektrode für einige Redoxtitrationen.

Aus polykristallinem Material können bei isotropen Transporteigenschaften ebenfalls Membrane zur Verwendung in Elektroden hergestellt werden. Als Elektrode erster Art kann aus Pulver von α-Ag_2S (Akanthit) durch Verpressen und Sintern eine Scheibe hergestellt werden, die gute Leitfähigkeit für Silberionen hat. Auf der der Elektrolytlösung abgewandten Seite wird mit Silberleitkleber ein Kupferdraht aufgeklebt, die so erhaltene Elektrode verhält sich bezüglich der Silberionenaktivität in Lösung wie eine Silberelektrode. Als Vorteil zeigt sie keine Querempfindlichkeit für in der Lösung vorhandene Redoxsysteme. Bei einer Silberelektrode hätten diese Redoxsysteme zusammen mit der Silberionenaktivität zur Einstellung eines Mischpotentials geführt.

Entsprechend können Elektroden zweiter Art aus entsprechenden kationenleitenden Metallsalzpreßlingen hergestellt werden. Zur Bestimmung der Chloridaktivität in sehr verdünnter Lösung kann aus Hg_2Cl_2 und Hg_2S eine Membran hergestellt werden. Da das Löslichkeitsprodukt von Kalomel mit $L = 2 \cdot 10^{-18}$ deutlich kleiner als für Silberchlorid ist ($L = 10^{-10}$), ist die Chloridbestimung auch in sehr verdünnter Lösung (z.B. Kesselspeisewasser) noch möglich.

Die aktiven Komponenten der bisher vorgestellten Elektroden bestanden aus nur einem Material, es handelte sich um homogene Membrane. Heterogene Systeme, in denen neben einem Träger und Bindemittel das aktive Material nur noch einen Bruchteil der Gesamtmasse ausmacht, sind auch denkbar. Erfolgreich wurde Silikonkautschuk als Bindemittel eingesetzt. Die aus ihm mit entsprechenden Salzen hergestellten Membrane haben insgesamt eine geringere elektrische Leitfähigkeit und führen so zu einem höheren Widerstand der Meßkette. Anderseits sind damit auch aus kleinen Salzmengen ohne großen Aufwand Membrane herstellbar. Schließlich werden auch nichtkristalline Membrane benutzt. Mit der Glasmembran der pH-Elektrode ist das wichtigste Beispiel bereits vorgestellt. Die Selektivität des Glases ist durch Veränderung seiner Zusammensetzung und damit der Größe der Kationenplätze steuerbar. Größere Kationenplätze in Gläsern zur Aktivitätsbestimmung von Ag^+, Rb^+ oder Cs^+ führen allerdings auch zu erheblichen Querempfindlichkeiten gegen kleinere Kationen. Statt Glas sind auch polymere Ionenaustauschermembrane verwendbar. Für pH-Messung in flußsäurehaltiger Lösung kann eine perfluorierte Sulfonsäuremembran (Nafion®, vgl. Abschn. 3.6) als Ersatz für die Glasmembran verwendet werden.

Von kristallinen Membranmaterialien wird bei Ionophormembranen völlig abgegangen. In einer nur noch als mechanischem Träger wirkenden Membran (Filz, PVC-Folie) wird ein in Wasser unlöslicher organischer Komplexbildner, der die zu bestimmenden Ionen zu komplexieren und durch die Membran zu transportieren vermag, fixiert. Eine Vielzahl elektropositiver Ionophore zum Anionentransport (z.B. Nickel-tris-bathophenanthrolin zum Transport von Nitrationen), elektronegativer Ionophore zum Kationentransport (z.B. Dioctylphosphorsäureester in Dioctylphosphat als Lösungsmittel zum Kalziumionentransport) und elektroneutraler Ionophore (tertiäre Amine für Protonen) sind bekannt. Ihre Selektivität rührt von elektrostatischen Wechselwirkungen und der Größe der für die Koordination der zu transportierenden Ionen zur Verfügung stehenden Plätze her. Kronenether und Makrotetrolide sind beispielhafte Vertreter der größenempfindlichen Ionophore. Diese Elektroden können vorteilhaft als Mikroelektroden extrem kleiner Bauform hergestellt und für spezielle Anwendungen (Biologie, Medizin) wie auch zur ortsaufgelösten pH-Messung eingesetzt werden.

Bei sekundären Elektroden ist die Aufgabe der eigentlichen Meßelektrode die Bestimmung einer Ionenaktivität, die mit einer vorgelagerten chemischen Reaktion zusammenhängt. Wichtige Vertreter dieses Elektrodentyps sind Enzymelektroden. Durch die Wirkung einer auf der eigentlichen Meßelektrode, die ihrerseits eine Primärelektrode ist, durch ein Enzym bewirkten Reaktion wird aus der zu analysierenden Substanz ein Produkt erzeugt, das mit der Primärelektrode quantitativ bestimmt werden kann. Zahlreiche Dehydrogenasen erzeugen aus organischen Stoffen (Alkoholen, Lactaten, Malaten, Glucose, Glutamat) neben anderen Abbauprodukten auch Protonen, deren Aktivität mit einer pH-empfindlichen Elektrode leicht bestimmbar ist. Der Zusammenhang zwischen dem pH-Wert und der Konzentration des Eduktes erlaubt die erwünschte Konzentrationsangabe. Anwendungen dieser Elektrode sind vor allem in der Lebensmittelindustrie und Medizintechnik zu finden. Da die Fixierung der Enzyme in ihrer reinen Form nicht einfach ist und nur zu Elektroden mit begrenzter Lebensdauer führt, werden auch Zellfraktionen, lebende Organe (z.B. Bakterien) oder Organgewebe auf der Primärelektrode fixiert. Die Haltbarkeit der so gebildeten Systeme steigt in der genannten Reihenfolge.

Bei allen Potentialbestimmungen ist eine stromlose Messung selbstverständlich. Dies kann durch Halbleiterbauelemente in entsprechenden elektronischen Schaltungen (Elektrometerverstärker) erreicht werden. Die naheliegende Idee, die am elektrischen Eingang einer solchen Schaltung nahezu stets vorhandenen Feldeffekttransistoren in direkte räumliche Nähe zu den ionenselektiven Bestandteilen der Elektrode zu bringen, ist im CHEMFET[*] und ISFET[#] realisiert. Das ionensensitive Membranmaterial wird direkt auf die als Gate bezeichnete, den Stromfluß durch den Transistor steuernde Stelle des elektronische Halbleiterbausteins, aufgebracht. Bild 2.31 zeigt schematisch den Querschnitt eines ISFET, der die Verwandtschaft zum klassischen Feldeffekttransistor ebenso wie zur ionenselektiven Elektrode erkennen läßt.

Von der aus n-dotiertem Silcium bestehenden Source-Zone des Transistors fließt unter dem Gate durch das dort p-dotierte Silicium zur wiederum n-dotierten Drain-Zone aus der äußeren Stromquelle U_D ein Strom I_D. Er wird rein elektro-

---

[*] Chemischer Feldeffekttransistor

[#] Ionensensitiver Feldeffekttransistor

statisch von den am als Gate bezeichneten Bereich des Halbleiters herrschenden Verhältnissen bestimmt. Anzahl und Polarität der Ladungsträger, die sich auf der aus hochisolierendem Siliciumdioxid bestehenden Isolatorschicht aufhalten, steuern elektrostatisch die Leitfähigkeit der Halbleiterzone unter dem Gate.

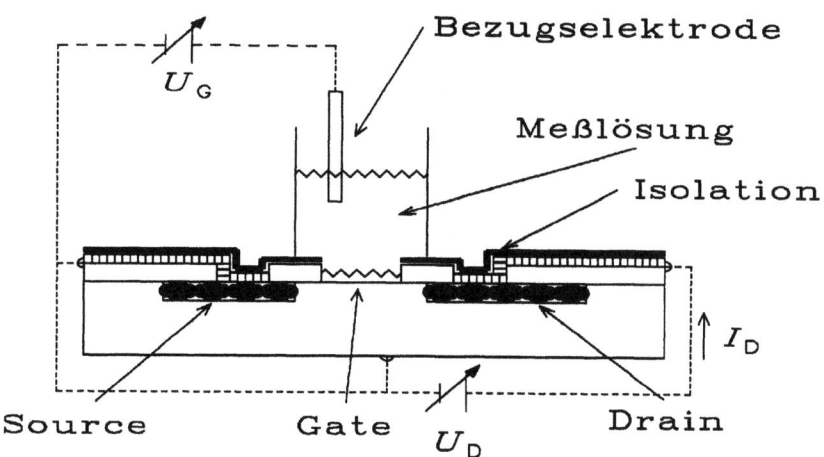

Bild 2.31 Schematische Schnittzeichnung eines ISFET.

Die Wechselwirkung dieser Ladungsträger, die beim Kontakt mit einer Lösung naheliegend Ionen sind, kann durch eine geeignete Beschichtung des Gates erzeugt werden. Eine Protonen entsprechend ihrer Aktivität in Lösung bindende Schicht führt zu einem pH-empfindlichen ISFET. Der Arbeitspunkt des Halbleiterbauelements wird durch Verwendung einer Referenzelektrode gesteuert, die mit einer Kontrollspannung U_G auf ein definiertes Potenial bezogen auf das Gate gebracht wird.

Stichworte: Elektroanalyse, Elektrochemische Analyse, pH-Messung

2.6 Einfache Anwendungen: Potentiometrie, Aktivitätsbestimmungen

Mit den beschriebenen ionenselektiven und -sensitiven Elektroden ist die gezielte quantitative Bestimmung der Aktivität ausgewählter Ionen in einer Elektrolytlösung möglich. Dies kann in zweifacher Weise praktisch genutzt werden. Bei der Direktpotentiometrie wird die zwischen Meß- und Bezugselektrode (resp. den beiden Ableitelektroden) gemessene Spannung direkt zur Angabe der Aktivität oder der Konzentration herangezogen. Häufig reicht die dabei erreichte Zuverlässigkeit der Bestimmung nicht aus. Bei der dann oft erforderlichen Titration der zu bestimmenden Ionensorte kann die Elektrode als Indikatorsystem eingesetzt werden. Das Verfahren wird potentiometrisch indizierte Titration (auch potentiometrische Titration) genannt. Einige ausgewählte Anwendungen wurden im vorangegangenen Abschnitt bereits kurz erwähnt. Intensiver genutzte Systeme sowie einige praktische Beispiele werden im folgenden Überblick vorgestellt.

Direktpotentiometrie mit der Glaselektrode ist in vielen Bereichen der Industrie zur Prozeßüberwachung und -steuerung unerläßlich. Gängige Anwendung ist die Überwachung von Trinkwasser, da für die anschließende Aufbereitung der pH-Wert ebenso wichtig ist wie für die Abschätzung der korrosiven Eigenschaften. Bei pH < 6,5 kommt es in den häufig verwendeten Kupferrohrleitungen zu verstärkter Korrosion. In der Abwasserüberwachung und -behandlung spielt die direkte pH-Messung eine Rolle bei der Steuerung von Neutralisationsanlagen und bei der Überwachung von Entgiftungsprozessen (Cyanidentgiftung mit Hypochlorit bei pH $\geq$ 10,5, bei kleineren Werten entsteht Blausäure; die Chromatreduktion mit Bisulfit erfolgt bei pH = 2,5, die Nitritoxidation mit Hypochlorit läuft bei pH = 4 ab). Fällungsreaktionen können durch einen optimalen pH-Wert mit möglichst geringer Salzfracht durch gezielte Zugabe der erforderlichen Laugemengen gesteuert werden. Ähnliche Aufgaben können bei der Überwachung der Versorgung von Kesselanlagen mit Speisewasser gelöst werden. In der Lebensmittelproduktion entscheidet bei der Marmeladeherstellung der pH-Wert über das erfolgreiche Gelieren. Nur bei pH < 3,5 gelingt der Prozeß. Ebenfalls bei erhöhter Temperatur werden pH-Werte bei den verschiedenen Schritten der Zuckerherstellung ermittelt. Dabei spielt die Temperaturabhängigkeit der Steilheit ($R \cdot T/n \cdot F$) eine wichtige Rolle. Sie kann durch eine entsprechende elektronische Kompensation vorteilhaft in Verbindung mit einer automatischen Messung der Temperatur der Meßlösung leicht berücksichtigt werden. Bei einer von der Raumtemperatur abweichenden Temperatur spielt die Temperaturabhängigkeit der den pH-Wert bestimmenden Gleichgewichtsreaktionen eine nicht mehr vernachlässigbare Rolle. Dies trifft auf das Gleichgewicht in reinstem Wasser ebenso zu wie auf Kalkmilch oder die pH-Werte von Pufferlösungen. Kalkmilch zeigt bei 10 °C einen Wert von pH = 13,00, bei 60 °C beträgt er pH = 11,45. Der übliche Neutralpuffer zeigt pH = 7 bei 25 °C, bei 10 °C beträgt der Wert pH = 7,06, während er bei 50 °C auf 6,97 sinkt. Bei Präzisionsmessungen muß diese Veränderung berücksichtigt werden.

Bei der direkten Bestimmung der Konzentration anderer Ionen kann auf eine Vielzahl von Elektroden recht unterschiedlicher Bauformen und Wirkungsweisen zurückgegriffen werden. Gemeinsam ist ihnen natürlich die Eigenschaft, eine Aktivitätsmessung zu ermöglichen, deren Ergebnis allerdings vor allem bei kleinen Werten der Konzentration entspricht. Entsprechend der Nernst-Gleichung (vgl. Abschn. 2.3)

2.6 Einfache Anwendungen: Potentiometrie, Aktivitätsbestimmungen

$$E = E_0 + \frac{R \cdot T}{n \cdot F} \ln \frac{a_{\text{ox}}}{a_{\text{red}}} \qquad (2.81)$$

wirken allerdings nur die freien Ionen an der Potentialeinstellung mit, nicht dagegen komplexierte oder in einem Niederschlag gebundene Ionen. Dies ist in der quantitativen Analytik ein wichtige Eigenschaft der Potentiometrie, da mit dieser Kenntnis Unterscheidungen möglich werden, die mit klassischen Analysenverfahren nicht so einfach möglich sind. Bei der allgemeinen Bezeichnung dieser Elektroden wird häufig nicht sehr genau zwischen "ionensensitiven" und "ionenselektiven" Elektroden unterschieden. Der erste Begriff weist nur darauf hin, daß das Potential dieser Elektrode von der Aktivität des damit bestimmten Ions entsprechend $E = f(a_M)$ bestimmt wird. Den störenden Einfluß weiterer Ionen, die die Potentialeinstellung mitbestimmen können, schließt dieser Begriff nicht ein. Der zweite Begriff meint die Fähigkeit der Elektrode, bei der Potentialeinstellung selektiv nur oder in bevorzugtem Ausmaß von der Aktivität dieser Ionensorte bestimmt zu sein. Diese Unterscheidungsfähigkeit wird in der ursprünglich für die Glaselektrode mit Blick auf die an der Glasoberfläche ablaufenden Ionenaustauschvorgänge abgeleitete Nikolsky-Gleichung ausgedrückt. Für den einfachen Fall einer Metallelektrode, die für Ionen des gleichen Elements empfindlich ist, vereinfacht sich die Nernst-Gleichung zu

$$E = E_0 + \frac{R \cdot T}{n \cdot F} \ln a_{M,\text{ox}} \qquad (2.82)$$

Der Beitrag eines störenden anderen Ions der Aktivität a_S wird mit einer Selektivitätskonstante $K_{M/S}$ berücksichtigt:

$$E = E_0 + \frac{R \cdot T}{n \cdot F} \ln (a_{M,\text{ox}} + K_{M/S} \cdot a_S) \qquad (2.83)$$

Bei mehreren störenden Ionen, die hier der Einfachheit halber alle als einwertige angenommen werden, erweitert sich der Ausdruck zu

$$E = E_0 + \frac{R \cdot T}{nF} \ln (a_{M,\text{ox}} + \sum_i K_{M/S,i} \cdot a_{S,i}) \qquad (2.84)$$

Ein kleiner Wert von $K_{M/S,i}$ entspricht einer hohen Selektivität. Die Gleichung gibt außerdem das Verhalten des Elektrodenpotentials in Abhängigkeit von a_M bei kleinen Konzentrationen wieder. Bild 2.32 zeigt neben dem idealen Verlauf den realen Verlauf in Gegenwart einer als konstant angenommenen Aktivität $a_{S,i}$ eines Störions bei einer Selektivitätskonstanten $K_{M/S}$ sowie in deren Abwesenheit bei sehr kleinen Aktivitäten.

Im Bereich "A" ist $a_{M,\text{ox}} \gg K_{M/S} \cdot a_{S,i}$, daher wirkt sich das Störion hier praktisch nicht aus. Wird dagegen $a_{M,ox} \ll K_{M/S} \cdot a_{S,i}$, so wird das Elektrodenpotential nur noch von $a_{S,i}$ bestimmt (Kurventeil "B"), eine Messung von $a_{M,ox}$ ist nicht mehr möglich. Bei sehr kleinen Werten von $a_{M,ox}$ werden Ionen aus der Meßelektrode in die Lösung abgegeben, dies führt ebenfalls zu einem konstanten Potentialwert (Kurventeil "C"). Untersucht man den Schnittpunkt (1) zwischen der Tangente am Kurventeil "B" und dem idealen Potentialverlauf, so muß für diesen Punkt gelten

$$E_{Sch.} = E_0 + \frac{R \cdot T}{n \cdot F} \ln a_{M,ox} \qquad (2.85)$$

und

$$E_{Sch.} = E_0 + \frac{R \cdot T}{n \cdot F} \ln (K_{M/S} a_S) \qquad (2.86)$$

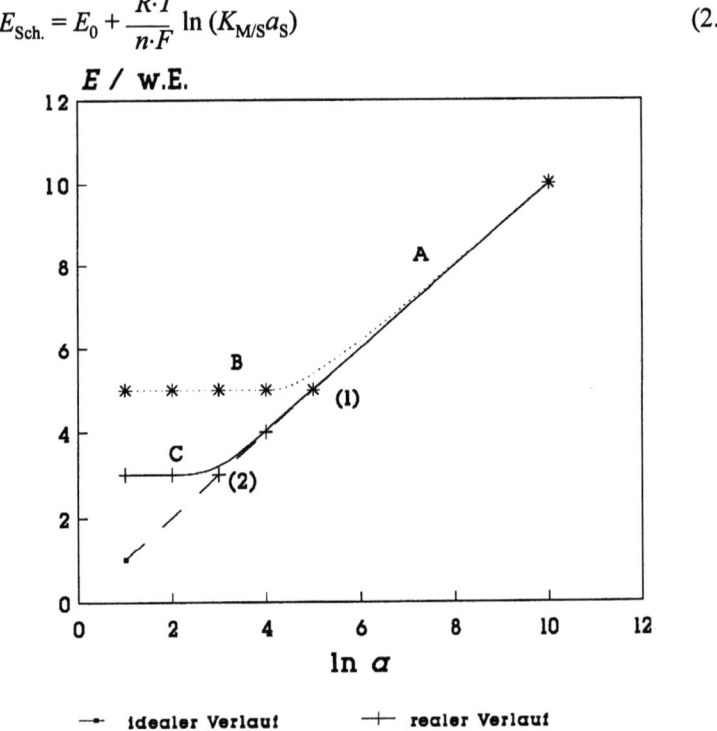

Bild 2.32 Idealer und realer Verlauf des Elektrodenpotentials E in Abhängigkeit von der Meßionenaktivität $a_{M,ox}$ bei kleinen Aktivitäten und in Gegenwart eines Störions.

Gleichsetzen führt zu $K_{M/S} = a_{M,ox}/a_S$. Damit ist die Selektivitätskonstante ermit-

2.6 Einfache Anwendungen: Potentiometrie, Aktivitätsbestimmungen

telt. Alternativ kann $a_{M,ox}$ konstant gehalten und a_S variiert werden. Die ermittelten Konstanten aus beiden Verfahren können experimentell voneinander abweichen, die Angabe des Bestimmungsverfahrens ist daher nötig. Entsprechend kann der Schnittpunkt (2) mit der Tangente am Kurventeil "C" ermittelt werden, er führt ganz analog zur Nachweisgrenze $a_{M,ox,N}$. Für die praktische Anwendung der Direktpotentiometrie hat dieses nichtideale Verhalten zur Folge, daß die Messung von Kalibrierkurven, die Anwendung von Standardadditionsverfahren oder des Verfahrens nach Gran erforderlich werden. Bei den im vorhergehenden Abschnitt vorgestellten Elektroden wurden zahlreiche Beispiele der Direktpotentiometrie bereits angesprochen.

Daneben wird die Potentiometrie als Indizierungsverfahren in Titrationen häufig eingesetzt. Bei der Bestimmung der Chloridionenkonzentration ist die Fällungstitration mit Zusatz von Silberionen ein Standardverfahren. Der Äquivalenzpunkt ist durch eine drastische Erhöhung der Konzentration freier Silberionen bei nur kleiner Zugabe weiterer Titrationsmittellösung gekennzeichnet. Diese Veränderung kann potentiometrisch einfach erfaßt werden. Dazu wird eine silberionenempfindliche Elektrode, im einfachsten Fall ein Silberdraht, als Meßelektrode in die zu titrierende Lösung getaucht. Als zweite Elektrode vervollständigt eine Bezugselektrode zweiter Art die elektrochemische Zelle. Vorteilhaft ist die Verwendung einer halogenidfreien Bezugselektrode, die Quecksilber/Quecksilbersulfatelektrode ist eine mögliche Wahl. Zu Beginn ist die Konzentration der Silberionen gleich Null. Sie nimmt bei Zugabe der Titriermittellösung (z.B. wäßrige $AgNO_3$-Lösung) auch zunächst nicht zu, da alle zugesetzten Silberionen als Silberhalogenid ausgefällt werden. Die darin enthaltenen Silberionen tragen nicht zur Potentialeinstellung der Silberelektrode bei. Am Äquivalenzpunkt ändert sich die Situation schlagartig. Die rasche Zunahme der freien Silberionenkonzentration macht sich durch eine als Änderung der Zellspannung erfaßte Veränderung des Potentials der Silberelektrode bemerkbar. Bild 2.33 zeigt einen typischen Verlauf der erhaltenen Titrationskurve.

Während im Beispiel die Erkennung des Äquivalenzpunktes eindeutig möglich ist, kann bei einem undeutlicheren Kurvenverlauf die Ermittlung der ersten Ableitung der Titrationskurve hilfreich sein. Sie zeigt den gesuchten Äquivalenzpunkt nicht als Wendepunkt, sondern als Maximum an. Diese Ableitung ist in Bild 2.33 mit eingezeichnet. Sie kann leicht elektronisch im Titrationsgerät aus der vom Gerät vorgegebenen Titrationsmittelzugabe und der gemessenen Veränderung der Zellspannung ermittelt werden. Die simultane Titration verschiedener Halogenide (Chlorid neben Bromid etc.) ist ebenfalls möglich, wenn die Löslichkeitsprodukte der gebildeten Silberhalogenide hinreichend verschieden sind. Die Titrationskurve weist entsprechend mehrere Stufen auf, die jeweils den Abschluß der Titration des geringer löslichen Silberhalogenids anzeigen.

Die Titration mehrbasiger Säuren und Laugen ist mit nichtelektrochemischen

Methoden wegen der komplizierten Auswahl geeigneter Indikatoren etc. ein umständlicher Prozeß. Die pH-Messung mit einer Glaselektrode erlaubt die Beobachtung des pH-Wertes in der zu titrierenden Lösung als Funktion der Zugabe von Titrationsmittel.

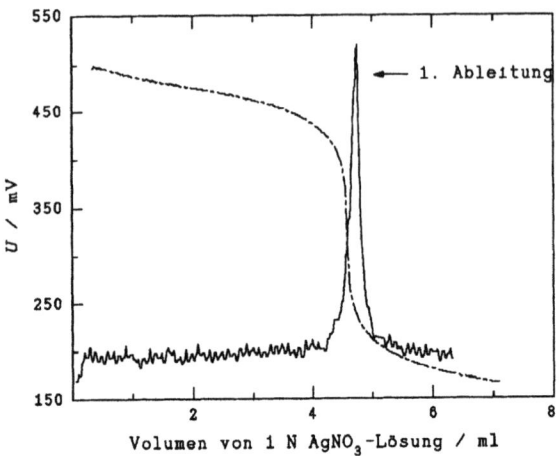

Bild 2.33 Titrationskurve von 5 mL Salzsäure (0,1 M) in 50 mL Wasser mit einer wäßrigen Lösung von $AgNO_3$ (0,1 M).

Liegen die dabei eintretenden pH-Werte im Meßbereich der eingesetzten pH-Elektrode (vgl. Abschn. 2.5), so können aus der Titrationskurve die Äquivalenzpunkte der Titration der einzelnen Stufen der Säure/Base ermittelt werden. Bild 2.34 zeigt die Titrationskurve für Phosphorsäure.

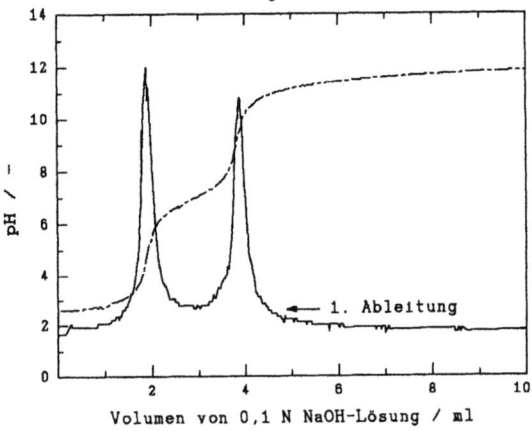

Bild 2.34 Titrationskurve von 5 mL Phosphorsäure (0,1 N) in 50 mL Wasser mit einer wäßrigen Lösung von NaOH (0,1 N).

2.6 Einfache Anwendungen: Potentiometrie, Aktivitätsbestimmungen

Die beiden ersten Äquivalenzpunkte bei pH = 4,4 und pH = 9,6 sind aus den Wendepunkten der Titrationskurve, leichter noch aus den Maxima der ersten Ableitung, zu entnehmen. Eine dritte Stufe ist nicht wahrnehmbar, da die Dissoziationskonstante K_c der dritten Stufe mit $10^{-12,32}$ zu klein ist, der Äquivalenzpunkt liegt zu weit im Basischen.

Die Messung eines Redoxpotentials kann ebenfalls zur Beobachtung des Verlaufs einer Titration benutzt werden. Setzt man Fe^{3+}-Ionen mit Fluoridionen um, so wird ein Fluorokomplex gebildet:

$$Fe^{3+} + 6\ F^- \rightarrow [FeF_6]^{3-} \tag{2.87}$$

In Gegenwart eines Überschusses freier Fluoridionen ist die potentiometrisch bestimmbare Konzentration von Fe^{3+}-Ionen recht klein; werden Fe^{3+}-Ionen im Überschuß zugesetzt, so steigt das Potential rasch an. Für die Messung wird eine inerte Indikatorelektrode (z.B. Platinblech, FeS_2, vgl. Abschn. 2.5) verwendet, deren Potential gegen eine Bezugselektrode gemessen wird. Durch Zugabe von reichlich Natriumchlorid und Ethanol wird dafür gesorgt, daß der gebildete Komplex als Salz $Na_3[FeF_6]$ ausfällt. Da Fe^{3+}-Ionen allein zu keiner stabilen Potentialeinstellung führen, wird zu Beginn wenig $FeSO_4$ zugefügt. Ständige Sättigung der zu titrierenden Lösung mit Stickstoff sorgt dafür, daß keine unerwünschte Oxidation dieses Eisenzusatzes durch Luftsauerstoff stattfindet.

Neben diesen analytischen Anwendungen können potentiometrische Messungen auch zur Bestimmung elektrochemischer wie thermodynamischer Daten herangezogen werden. Die Bestimmung von Standardpotentialen und Aktivitätskoeffizienten soll dies zeigen.

Das Standardpotential einer Elektrode E_{00} ist der für Standardbedingungen ($a = 1, p = 1$ etc.) gültige Wert des Elektrodenpotentials. Er ist vom Ruhepotential E_0 zu unterscheiden, das ebenfalls ohne Stromfluß, aber nicht bei Standardbedingungen, gemessen wird. Da diese Bedingungen nicht immer einfach zu realisieren sind, ist eine Bestimmung unter Nichtstandardbedingungen mit anschließender Extrapolation ein Ausweg. Am Beispiel der Silber/Silberchlorid-Elektrode soll dies gezeigt werden. Die Elektrodenreaktion lautet

$$AgCl + e^- \rightleftarrows Ag^+ + Cl^- \tag{2.88}$$

Mit einer Wasserstoffelektrode in Salzsäure als Bezugspunkt ergibt sich für die nun vollständige Zelle

$$+ Ag/AgCl/HCl/H_2/Pt\ -$$

Da beide Elektroden eine gemeinsame Elektrolytlösung benutzen, stören Diffusionspotentiale, die von Konzentrationsunterschieden zwischen den beiden Halbzellen verursacht werden können, die Messung nicht. Entsprechend Gl. (2.80) (Abschn. 2.3, 2.4) ist das Potential $E_{0,\text{Ag/AgCl}}$ der Silber/Silberchloridelektrode von der Chloridionenaktivität abhängig:

$$E_{0,\text{Ag/AgCl}} = E_{00,\text{Ag/AgCl}} - (R \cdot T/F) \ln a_{\text{Cl}^-} \qquad (2.89)$$

Das Potential der Wasserstoffelektrode hängt bei $p = p_0 = 101325$ Pa nur von der Aktivität der Protonen ab:

$$E_{0,\text{H2}} = E_{00,\text{H2}} + (R \cdot T/F) \ln a_{\text{H3O}^+} \qquad (2.90)$$

Die Zellspannung ergibt sich zu

$$U_0 = E_{0,\text{Ag/AgCl}} - E_{0\text{H2}} = E_{00,\text{Ag/AgCl}} - E_{00,\text{H2}} - \frac{R \cdot T}{F}(\ln a_{\text{Cl}^-} + \ln a_{\text{H3O}^+}) \qquad (2.91)$$

Mit $E_{00,\text{H2}} = 0$ [V] und $a_{\pm} = (a_{\text{H}^+} a_{\text{Cl}^-})^{1/2}$ vereinfacht sich Gl. (2.91) zu

$$U_0 = E_{00,\text{Ag/AgCl}} - \frac{2R \cdot T}{F} \ln a_{\text{HCl}} \qquad (2.92)$$

Da $a = \gamma \cdot c$ ergibt sich mit $c \approx a$ für kleine Werte von c und dem dekadischen Logarithmus nach Separieren

$$U_0 + 0{,}1182 \log c_{\text{HCl}} = E_{00,\text{Ag/AgCl}} - 0{,}1182 \log \gamma_{\text{HCl}} \qquad (2.93)$$

Entsprechend der Debye-Hückel-Theorie ist bei kleinen Konzentrationen $\gamma_{\text{HCl}} \approx c^{1/2}$. Trägt man den linken Term von Gl. (2.93) über $c^{1/2}$ auf, so erhält man eine Kurve, die für unendliche Verdünnung (mit $\gamma = 1$ und $\log \gamma = 0$) extrapoliert einen Achsenabschnitt $E_{0,\text{Ag/AgCl}}$ ergibt. Den gesuchten Wert $E_{00,\text{Ag/AgCl}} = 0{,}2224$ [V] erhält man daraus unter Berücksichtigung von $\log c = 0$ für Standardbedingungen.

Eine Auflösung der Gl. (2.93) nach dem Aktivitätskoeffizienten führt zu

$$0{,}1182 \log \gamma_{\text{HCl}} = E_{00,\text{Ag/AgCl}} - U_0 - 0{,}1182 \log c_{\text{HCl}} \qquad (2.94)$$

Mit einer gegebenen Konzentration der Salzsäure und der gemessenen Zellspannung ist der Wert des Aktivitätskoeffizienten leicht zugänglich. Andere Wege zur Bestimmung dieser thermodynamisch wichtigen Größe mit nichtelektrochemischen Verfahren sind meist bedeutend aufwendiger.

Ebenfalls sind auf elektrochemischem Weg Werte des Löslichkeitsproduktes L und der Gleichgewichtskonstante K_c zugänglich. Mit $K_{c,\text{AgCl}} = (a_{\text{Ag}^+} \cdot a_{\text{Cl}^-})/a_{\text{AgCl}}$

können wir die Aktivität der Silberionen leicht angeben, da $a_{AgCl} = 1$ ist: $a_{Ag^+} = K_{c,AgCl}/a_{Cl^-} = L_{AgCl}/a_{Cl^-}$. Das Potential einer in die mit Silberchlorid gesättigte Lösung eintauchende Elektrode ist damit angebbar:

$$E_{0,Ag/Ag^+} = E_{00,Ag/Ag^+} + (R \cdot T/F) \ln a_{Ag^+} \tag{2.95}$$

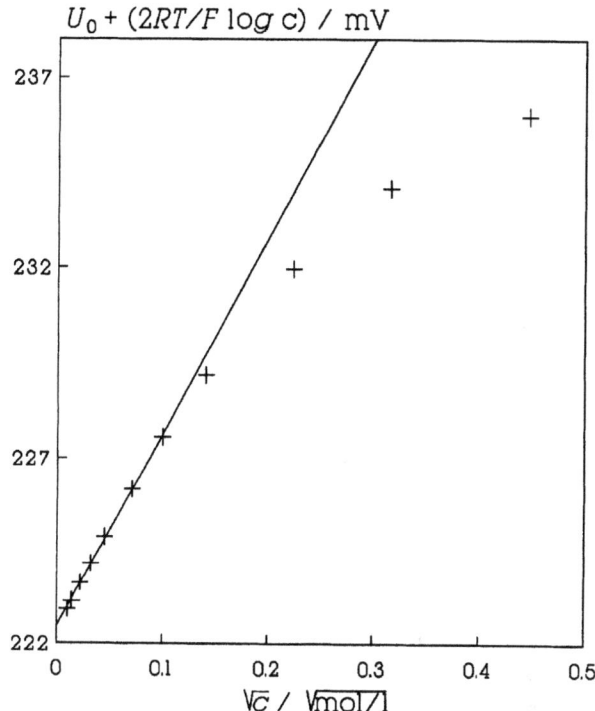

Bild 2.35 Auftragung zur Ermittlung des Standardpotentials $E_{00,Ag/AgCl}$ der Silber/Silberchloridelektrode.

Die so entstandene Elektrode entspricht der vorstehend beschriebenen Silber/Silberchloridelektrode. Zusammengefaßt erhält man

$$E_{0,Ag/AgCl} = E_{00,Ag/Ag^+} + (R \cdot T/F) \ln L_{AgCl} - (R \cdot T/F) \ln a_{Cl^-} \tag{2.96}$$

Mit $a_{Cl^-} = 1$ wird aus $E_{0,Ag/AgCl}$ der Standardwert $E_{00,Ag/AgCl}$, Gl. (2.96) vereinfacht sich zu

$$E_{00Ag/AgCl} - E_{00,Ag/Ag^+} = (R \cdot T/F) \ln L_{AgCl} \tag{2.97}$$

Aus den beiden Standardpotentialwerten kann L_{AgCl} berechnet werden. Mit $E_{00,Ag/AgCl}$ = 0,2224 [V] und $E_{00,Ag}$ = 0,7996 [V] folgt $K_{c,AgCl}$ = 1,768·10^{-10}. Dies stimmt mit auf anderem Weg bestimmten Literaturdaten gut überein.

2.7 Elektrochemische Zellen

Eine elektrochemische Zelle besteht aus zwei Elektroden. Elektroden sind - der Definition von W. Nernst folgend - elektronenleitende Phasen* (Metalle, Kohlenstoff etc.), die mit einer ionenleitenden kondensierten Phase im Kontakt stehen. Oft wird nur die elektronenleitende Phase als Elektrode bezeichnet. Dies ist eine unvollständige Sicht, da das Verhalten dieser Phase auch unter elektrochemischen Gesichtspunkten in entscheidender Weise von den Eigenschaften der ionenleitenden Phase abhängt. Als Kompromiß wird die Kombination aus den beiden Phasen auch als Halbzelle bezeichnet. Die naheliegend einfache Vorstellung, daß das problemlose Zusammenfügen zweier Halbzellen zu einer elektrochemischen Zelle führt, deren Eigenschaften leicht vorhergesagt werden können, ist vorschnell. Dies ist an einem einfachen Beispiel erkennbar. Fe^{3+}-Ionen vermögen zweiwertige Vanadiumionen V^{2+} zu oxidieren:

$$Fe^{3+} + V^{2+} \to Fe^{2+} + V^{3+} \tag{2.98}$$

Eine elektrochemische Führung der Reaktion ist nach den bisherigen Aussagen einfach möglich, indem die beiden Teilreaktionen - die Reduktion der Eisenionen und die Oxidation der Vanadiumionen - räumlich getrennt an zwei inerten Metallblechen (z.B. Platin), die als Redoxelektroden wirken, ablaufen. Diese Richtung des Prozesses ist aus der Kenntnis der Standardpotentiale, die im folgenden Abschnitt in Form der elektrochemischen Spannungsreihe vorgestellt werden, vorhersagbar. Im gewählten Beispiel war die Richtung auch aus der Erfahrung homogen ablaufender Redoxreaktionen der anorganischen Chemie ableitbar. Die Fähigkeit eines Ions, reduzierend oder oxidierend zu wirken, kann mit der Lage der höchsten besetzten und der niedrigsten unbesetzten Energieniveaus in Verbindung gebracht werden. Offensichtlich verfügt Fe^{3+} über ausreichend niedrig liegende unbesetzte Niveaus, die als Elektronenakzeptorniveau wirken können, im Vergleich zum entsprechenden besetzten Elektronendonorniveau des V^{2+}-Ion. Eine analoge Betrachtung erklärt die ausbleibende Reaktion des Fe^{2+}-Ions mit dem V^{3+}-Ions. Die Energie eines Elektrons in der Platinelektrode, die mit einem der beiden Redoxsystem in Kontakt steht, ist von der Lage der entsprechenden Donor- und Akzeptorniveaus der Ionen bestimmt. Aus thermodynamischer Sicht hatten wir diese Energie mit dem elektrochemischen Potential bezeichnet. Für ein Einzelelektron im Metall wird diese Energie, deren

---

* Bei Halbleitern kann die Leitfähigkeit auch von beweglichen Löchern (fehlende Elektronen) herrühren.

2.7 Elektrochemische Zellen

Wert auch als Fermi-Energie bezeichnet wird, zwischen den beiden von den Ionen vorgegebenen Grenzwerten liegen. Wenn die Durchführung der bisher als homogene Redoxreaktion betrachteten Reaktion in räumlich getrennter, heterogener Form als Kombination von zwei Elektrodenreaktionen gelingt, so wird der Ablauf einer Oxidation an einer Elektrode (der Anode) und einer Reduktion an der anderen Elektrode (der Kathode) mit ihren zugehörigen Fermi-Energien zusammenhängen. Die naheliegende Vorstellung der direkten Messung dieses Wertes, die gleichbedeutend mit einer Messung des Elektrodenpotentials wäre, hatten wir bereits in Abschn. 2.3 und 2.4 als nicht einfach erkannt. Immerhin sollte die Messung der Differenz der Elektrodenpotentiale (Fermi-Energien) im genannten Beispiel einfach sein. Zwei Platinelektroden tauchen in eine Lösung ein, die die genannten Komponenten Fe^{3+}-Ionen und V^{2+}-Ionen enthält. Zwischen den beiden Elektroden wird die gesuchte Größe als Spannung, als Elektrodenpotentialdifferenz also, gemessen. Dieser Ansatz ist jedoch erfolglos. Zwar haben wir eine elektrochemische Zelle zusammengesetzt, aber da beide Elektroden aus identischem Material bestehend in eine schließlich identische Lösung eintauchen, ist die Potentialdifferenz $\Delta E = U = 0$ V. Offenbar ist eine veränderte Vorgehensweise erforderlich, die eine homogene Reaktion - wie sie in unserem erfolglosen Ansatz offenbar abgelaufen ist - verhindert. Dies kann durch eine räumliche Trennung der beiden Elektroden erreicht werden. Eine schematische Darstellung der verfeinerten Anordnung könnte so aussehen:

$$Pt \mid Fe^{3+} \mid ?? \mid V^{2+} \mid Pt \tag{2.99}$$

Der senkrechte Strich symbolisiert dabei eine Phasengrenze. Die Fragezeichen symbolisieren eine weitere Trennung der beiden Lösungen, die eine ungehemmte Vermischung der beiden Lösungen verhindern soll. Entsprechend der Stockholmer Konvention steht links die Elektrode, an der Elektronen freigesetzt werden (Anode). Diese Elektronen werden im äußeren Stromkreis von links nach rechts fließen. Dort werden sie an der Kathode verbraucht. Etwas verwirrend betrachtet die Elektrotechnik den Fluß der positiven Ladung, die dem Elektronenfluß gerade entgegengesetzt ist. Der Elektrotechniker beobachtet also einen Ladungsfluß im äußeren Kreis von rechts nach links. Damit hängt auch die etwas verwirrende Bezeichnung der Kathode einer Batterie als Pluspol zusammen. Innerhalb der Zelle fließen Ionen. In unserem Beispiel muß dies einen positiven Ladungsfluß von links nach rechts bedeuten. Die Zellspannung setzt sich nach dieser Konvention additiv aus den Potentialdifferenzen an den verschiedenen Phasengrenzen zusammen. Dabei werden die Galvani-Spannungen an den einzelnen Phasengrenzen addiert. Die Potentialdifferenzen werden von rechts nach links gebildet. Da die beiden Elektroden aus identischem Metall bestehen, entfallen Kontaktpotentialdifferenzen, die wir bei unterschiedlichen Metallen (s. Beispiel Daniell-Element) berücksichtigen müssen. Bei der Ableitung des Elektrodenpotentials und damit der Nernst-Gleichung hatten wir bereits einen vereinfachenden Ausdruck für die Potentialdifferenz an der Phasengrenze

Metall/Lösung gefunden und diesen Wert als Elektrodenpotential bezeichnet. Damit läßt sich die Spannung U_0 unserer Zelle angeben:

$$U_0 = E_{V^{3+}/^{2+}} - E_{Fe^{2+}/^{3+}} \tag{2.100}$$

Ohne Angaben zur Aktivität aller beteiligten Ionen ist eine Berechnung zunächst nicht möglich. Nehmen wir alle Aktivitäten als Standardwerte $a = 1$ an, so ist der Wert $U = -0{,}255 - 0{,}75$ V. Der negative Wert bedeutet, daß Fe^{3+}/Fe^{2+} ein stärkeres Oxidationsmittel als V^{3+}/V^{2+} ist.

In der Mitte unserer schematischen Zellbeschreibung in Gl. (2.99) war eine vorläufig nicht genau beschriebene weitere Phase eingefügt, die eine Vermischung der ionischen Lösungen der beiden Redoxelektroden verhindern sollte. Im einfachsten Fall würde eine poröse Platte aus Glas oder Keramik diesen Zweck erfüllen. Besser wäre allerdings eine mit einer ionischen Lösung gefüllte Salzbrücke, die mit ihren Enden jeweils in die Lösung einer Halbzelle eintaucht. Neben der Verhinderung einer Vermischung der beiden Lösungen erfüllt diese Salzbrücke einen weiteren Zweck. Sie bringt beide Flüssigkeiten auf das praktisch gleiche elektrische Potential, indem sie sogenannte Flüssigkeitspotentiale aufhebt.

Diese auch als Diffusionspotential* bezeichnete Größe tritt immer auf, wenn zwei Lösungen unterschiedlicher Zusammensetzung in Kontakt gebracht werden. Da dieses Potential nicht nur bei der Betrachtung einfacher elektrochemischer Zellen, sondern auch beim korrekten Gebrauch von Bezugselektroden von großer praktischer Bedeutung ist, sollen seine Wirkung und seine Unterdrückung mit Blick auf eine Bezugselektrode in einer elektrochemischen Anordnung diskutiert werden. Für die Übertragung auf die als Ausgangspunkt genommene einfache elektrochemische Zelle genügt der Hinweis, daß aus einer Bezugselektrode in Kombination mit der zu untersuchenden Elektrode einer elektrochemischen Anordnung formal natürlich auch eine elektrochemische Zelle gebildet wird. An der Grenze zwischen der Lösung in einer Bezugselektrode und der äußeren Lösung, die meist durch eine poröses Material (Glas, Keramik) gebildet wird, treffen praktisch immer Lösungen unterschiedlicher Zusammensetzung und Konzentration aufeinander. Die in ihnen enthaltenen Ionen werden oft recht unterschiedliche Beweglichkeiten aufweisen. Der wegen des Konzentrationsgefälles der beteiligten Ionen an der Grenze einsetzende diffusive Stofftransport wird nun durch die poröse Trennwand gehemmt, er kann jedoch nicht völlig

---

* Die Ableitung zeigt, daß diese Größe die Differenz des elektrischen Potentials angibt. Der eigentlich korrekte Name "Diffusionspotentialdifferenz" hat sich aber nicht durchgesetzt. Ähnlich wie beim Elektrodenpotential bezeichnen wir das Diffusionspotential daher auch nicht als ΔE_{diff}, sondern nur als E_{diff}.

2.7 Elektrochemische Zellen

unterdrückt werden. Da die wandernden Ionen solvatisiert sind, kommt es zudem zu einem Flüssigkeitstransport. Besteht zwischen den beiden Lösungen außerdem eine Druckdifferenz, so wird dieser Fluß noch verstärkt. Typische Lösungsflüsse belaufen sich für poröse Stifte als Trennung auf 10 µl/h, bei größere porösen Tennflächen (Ringfläche in der Gefäßwand) kann der Wert auf 100 µl/h ansteigen, während bei einem Schliffdiaphragma bis zu 1 ml/h beobachtet werden. Die unterschiedliche Beweglichkeit der beteiligten Ionen kann nun zu einer räumlichen Ungleichverteilung führen, bei der die stärker beweglichen Ionen in die angrenzende Phase weiter hineinwandern als die weniger beweglichen. Das Geschehen ist in Bild 2.36 schematisch dargestellt. Dabei ist angenommen, daß eine Elektrolytlösung von Lithiumsulfat mit einer Lösung von Kaliumhydrogenkarbonat im Kontakt steht. Die zugehörigen Ionenbeweglichkeiten sind in Tabelle 2.9 enthalten.

Tabelle 2.9: Beweglichkeit von Ionen in Wasser, 298 K.

Ion	$u/\text{cm}^2 \cdot \text{s}^{-1} \cdot \text{V}^{-1}$	Ion	$u/\text{cm}^2 \cdot \text{s}^{-1} \cdot \text{V}^{-1}$
H^+	$36{,}23 \cdot 10^{-4}$	OH^-	$20{,}64 \cdot 10^{-4}$
Li^+	$4{,}01 \cdot 10^{-4}$	NO_3^-	$7{,}40 \cdot 10^{-4}$
Na^+	$5{,}19 \cdot 10^{-4}$	Cl^-	$7{,}91 \cdot 10^{-4}$
K^+	$7{,}62 \cdot 10^{-4}$	Br^-	$8{,}09 \cdot 10^{-4}$
Ba^{2+}	$6{,}59 \cdot 10^{-4}$	HCO_3^-	$4{,}61 \cdot 10^{-4}$
Zn^{2+}	$5{,}47 \cdot 10^{-4}$	SO_4^{2-}	$8{,}29 \cdot 10^{-4}$

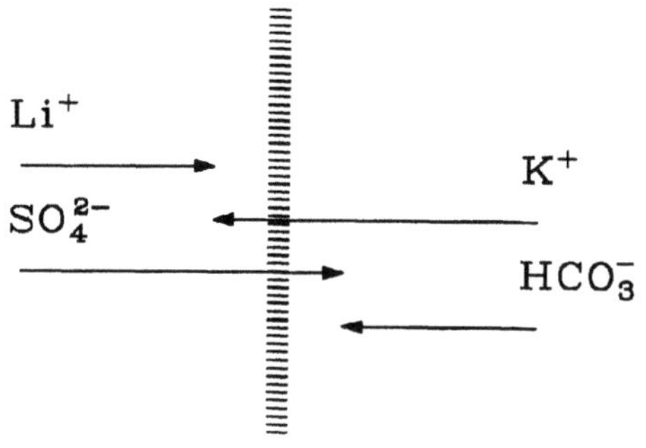

Bild 2.36 Entstehung des Diffusionspotential durch unterschiedliche Mobilität von Ionen.

Insgesamt wird eine räumliche Trennung des Schwerpunktes der positiven Ladungen, der nach links wandert, vom nach rechts wandernden Schwerpunkt negativer Ladung eintreten. Dieser räumlichen Trennung entspricht ein Unterschied des elektrischen Potentials in der Lösung - damit ist das Diffusionspotential entstanden. In seiner Wirkung sorgt diese Potential dafür, daß die Ladungstrennung nicht unbegrenzt weitergeht. Die voraneilenden Ionen werden gebremst, die nachlaufenden beschleunigt. Es kommt zur Einstellung eines dynamischen Gleichgewichts. Schon aus der Abbildung wird deutlich, daß an der Grenze zwischen Lösungen mit Ionen sehr ähnlicher Beweglichkeit die Ausbildung des Diffusionspotentials viel weniger drastisch ist. Genauer betrachtet fällt auf, daß ein Diffusionspotential bereits entsteht, wenn zwei Lösungen gleicher Zusammensetzung, jedoch verschiedener Konzentration aneinandergrenzen.

Typische Werte von E_{diff} für Systeme, in denen an eine Kaliumchloridlösung verschiedene Lösungen angrenzen, sind in Tabelle 2.10 zusammengestellt.

Tabelle 2.10: Diffusionspotentiale

System		Diffusionspotential/mV
ges. KCl-Lösung/	1 M HCl	14,1
	0,1 M HCl	4,6
	0,01 M HCl	3,0
	0,1 M KCl	1,8
	pH 1,68 Puffer	3,3
	pH 4,01 Puffer	2,6
	pH 7,00 Puffer	1,9
	pH 10,01 Puffer	1,8
	0,01 M NaOH	2,3
	0,1 M NaOH	-0,4
	1 M NaOH	-8,6
0,1 M KCl-Lösung/	0,1 M HCl	-28,0

Für diesen Fall kann das Diffusionspotential zwischen zwei Orten 1 und 2 mit einer einfachen Gleichung mit der Überführungszahl t_+ (vgl. Absch. 3.1) angegeben werden:

$$E_{diff} = \frac{z_+ - (z_+ - z_-)t_+}{z_+ z_-} \frac{R \cdot T}{F} \ln \frac{c_1}{c_2} \qquad (2.101)$$

Bei zwei Lösungen unterschiedlicher Zusammensetzung wird der Zusammenhang wesentlich komplizierter. In Näherung kann die recht unhandliche Henderson-Gleichung zur Berechnung verwendet werden. Hier spricht man auch von einem Flüssigkeitspotential, da seine Entstehung nicht nur auf die Diffusion eines Paars von Ionensorten zurückzuführen ist. Im relativ einfachen Fall von zwei Lösungen 1 und 2 mit verschiedenem Elektrolyt, jedoch einem gemeinsamen Ion, kann die Gleichung in vereinfachter Form als Lewis-Sargent-Gleichung angegeben werden:

$$E_{diff} = \pm \frac{R \cdot T}{F} \ln \frac{\Lambda_2}{\Lambda_1} \qquad (2.102)$$

2.7 Elektrochemische Zellen

mit Λ als der molaren Leitfähigkeit (s. Abschn. 3.1) bei den entsprechenden Konzentration der Elektrolyte auf beiden Seiten 1 und 2. Bei gemeinsamem Kation gilt das positive Vorzeichen, bei gemeinsamem Anion das negative. Für die oben angegebenen experimentellen Beispiele ist eine gute Übereinstimmung mit berechneten Werten feststellbar. Für die Phasengrenze 0,1 M KCl-Lösung/0,1 M HCl-Lösung wird ein Wert von -26,85 mV berechnet, der sehr nahe am experimentellen liegt.

Verwendet man als Füllung der Salzbrücke in unserer Zelle nach Gl. (2.99) eine Lösung von KNO_3, so wird der Wert von E_{diff} auf ein Minimum wegen der sehr ähnlichen Beweglichkeiten der Kationen und Anionen dieses Salzes gedrückt. Der noch verbleibende Rest von E_{diff} an der Grenze der Salzbrücke zu den beiden Halbzellen wird sich im günstigsten Fall kompensieren. Durch eine möglichst große Salzkonzentration eines Überschußelektrolyten mit Ionen gleicher Beweglichkeit in beiden Halbzellen findet der Stromtransport überwiegend durch dessen Ionen statt. Der Beitrag zu E_{diff} ist so ebenfalls vermindert.

Zellen, bei denen durch eine Salzbrücke oder durch eine andere Maßnahme das Diffusions- bzw. Flüssigkeitspotential unterdrückt wird, nennt man Zellen ohne Überführung. Im anderen Fall spricht man von einer Zelle mit Überführung. Ihre Zellspannung wird von der thermodynamisch berechenbaren Spannung um den Wert von E_{diff} abweichen.

Neben einer chemischen Reaktion, deren Triebkraft (die freie Reaktionsenthalpie ΔG) mit der Zellspannung bei elektrochemischer Führung der Reaktion in unmittelbarem Zusammenhang steht, können auch andere Triebkräfte zu Zellspannungen in elektrochemischen Systemen führen. Hierzu betrachten wir eine Zelle, die aus zwei Halbzellen mit identischen Elektroden und identischen Elektrolytbestandteilen in unterschiedlicher Konzentration zusammengesetzt ist. Da dieser Konzentrationsunterschied das Wesensmerkmal ist bezeichnet man solche Zellen auch als Konzentrationszellen. Der Unterschied in der Konzentration kann sich auf die Lösungen beziehen - dann sind es Elektrolytkonzentrationszellen - oder auf die Elektroden - dann sind es Elektrodenkonzentrationszellen. Die zweite Form wird in einem Beispiel rasch klar. In eine Lösung von Salzsäure tauchen zwei Platinbleche, die von Wasserstoff mit unterschiedlichem Druck p_1 und p_2 umspült werden. Dies kann durch Gasmischungen mit entsprechenden Partialdrücken eingestellt werden. Die Zelle wird schematisch beschrieben mit

$$Pt\,|\,H_2(p_1)\,|\,HCl\text{-Lösung}\,|\,H_2(p_2)\,|\,Pt \qquad (2.103)$$

An der linken Elektrode findet die Reaktion

$$1/2\,H_2(p_1) \rightarrow H_{aq}^+ + e^- \qquad (2.104)$$

statt, an der rechten Elektrode

$$H_{aq}^+ + e^- \rightarrow 1/2 H_2(p_2) \tag{2.105}$$

Die Zellreaktion

$$1/2 H_2(p_1) \rightarrow 1/2 H_2(p_2) \tag{2.106}$$

entspricht der Expansion des Wasserstoffs vom höheren Druck p_1 auf den niedrigeren Wert p_2. Die Zellspannung können wir mit der Formel für die Gaselektrode berechnen:

$$U_0 = E_2 - E_1 = E_{00,H2} + \frac{R \cdot T}{F} \ln \frac{a_{H+}}{f_{2,H2}^{1/2}} - E_{00,H2} - \frac{R \cdot T}{F} \ln \frac{a_{H+}}{f_{1,H2}^{1/2}} \tag{2.107}$$

Zusammenfassen und Anwenden der Logarithmenregeln führt mit der Annahme, daß die Fugazität f des Wasserstoffs gleich dem Partialdruck ist, zu

$$U_0 = - \frac{R \cdot T}{F} \ln \frac{p_2}{p_1} \tag{2.108}$$

Ebenfalls eine Elektrodenkonzentrationszelle erhalten wir, wenn zwei Amalgamelektroden unterschiedlichen Metallgehaltes ($a_1 > a_2$) in eine Lösung tauchen:

$$Cd(a_1), Hg \mid CdSO_4\text{-Lösung} \mid Cd(a_2), Hg \tag{2.109}$$

Als Zellspannung erhalten wir ganz analog

$$U_0 = - \frac{R \cdot T}{F} \ln \frac{a_2}{a_1} \tag{2.110}$$

Zur Überprüfung nehmen wir an, daß in verdünntem Cadmiumamalgam die Aktivität gleich dem Molenbruch ist. Wenn wir den Gehalt der beiden Amalgamelektroden um den Faktor 10 verschieden machen, erwarten wir eine Zellspannung von 29,5 mV. Tabelle 2.11 zeigt experimentelle Resultate.

Tabelle 2.11: Zellspannungen von Cadmiumamalgam-Konzentrationszellen

Elektrode 1	Elektrode 2	$U_{gemessen}$/mV
g Cd je 100 g Hg		
1,0	0,1	29,66
0,1	0,01	26,6
0,01	0,001	29,56
0,001	0,0001	29,5

2.7 Elektrochemische Zellen

Erst bei großer Verdünnung finden wir eine befriedigende Übereinstimmung. Dies läßt auf nichtideales Verhalten des Cadmiumamalgams bereits bei kleinen Cadmiumgehalten schließen. Die Triebkraft, die hier zum Entstehen der Zellspannung führt, ist das unterschiedliche chemische Potential des Cadmiums in den beiden Amalgamelektroden.

Als Beispiel einer Elektrolytkonzentrationszelle betrachten wir zwei Silber/ Silberchlorid-Elektroden, die in zwei Halbzellen unterschiedlicher Salzsäurekonzentration tauchen.

$$Ag \mid AgCl \mid Cl^-(a_1) \mid Cl^-(a_2) \mid AgCl \mid Ag \qquad (2.111)$$

Um eine befriedigende Übereinstimmung von Rechnung und Experiment zu finden, müssen wir eine Zelle ohne Überführung zusammensetzen. Dies kann wie bereits dargestellt mit einer geeigneten Salzbrücke oder durch Zusatz von Überschußelektrolyt geschehen. Zur Ermittlung der Zellspannung können wir die beiden Elektrodenpotentiale unter Verwendung der für die Ag/AgCl-Elektrode (vgl. Abschn. 2.6) hergeleiteten Gleichung entsprechend kombinieren. Als Zellspannung erhalten wir ganz analog zum Beispiel der Elektrodenkonzentrationszelle

$$U_0 = - \frac{R \cdot T}{z \cdot F} \ln \frac{a_2}{a_1} \qquad (2.112)$$

Bei Verzicht auf die Salzbrücke erhalten wir eine Zelle mit Überführung. Zum berechneten Wert der Zellspannung müssen wir das Diffusionspotential hinzurechnen. Für den Fall eines einwertigen Ions mit der Annahme, daß die Konzentrationen den Aktivitäten entsprechen, gilt mit den Überführungszahlen t_+ und t_- (vgl. Abschn 3.1)

$$E_{\text{diff}} = - (t_+ - t_-) \frac{R \cdot T}{z \cdot F} \ln \frac{a_1}{a_2} \qquad (2.113)$$

Für eine Zusammenfassung werden in Gl. (2.113) die Aktivitäten in Zähler und Nenner vertauscht, dies führt zu einem Vorzeichenwechsel. Die Zellspannung mit Überführung U'_0 lautet

$$U'_0 = - \frac{R \cdot T}{F} \ln \frac{a_2}{a_1} + (t_+ - t_-) \frac{R \cdot T}{z \cdot F} \ln \frac{a_2}{a_1} \qquad (2.114)$$

Da $t_+ + t_- = 1$ (vgl. Abschn. 3.1) kommt man schließlich mit $z = 1$ zu

$$U'_0 = - 2\, t_+ \frac{R \cdot T}{F} \ln \frac{a_2}{a_1} \qquad (2.115)$$

Bei einer von 0,5 verschiedenen Überführungszahl des Anions (analog ist auch eine Ableitung möglich, die mit der Überführungszahl des Kations endet) wird die Zellspannung größer oder kleiner als die Zellspannung ohne Überführung ausfallen.

Zur Überprüfung dieser Ableitung wollen wir anhand einer Stoffbilanz der Zellreaktion das Ergebnis nachvollziehen.

Bei der betrachteten Zelle wird die linke Elektrode als Anode wirken, der Elektrodenvorgang ist

$$Ag + Cl^- \rightarrow AgCl + e^- \qquad (2.116)$$

während die rechte Elektrode entsprechend

$$AgCl + e^- \rightarrow Ag + Cl^- \qquad (2.117)$$

als Kathode wirkt. Bei elektronischem Stromfluß im äußeren Stromkreis werden im Inneren der Zelle entsprechend den Überführungszahlen Protonen aus der verdünnten Lösung (2) in die konzentrierte wandern, Chloridionen werden aus der rechte in die linke Halbzelle wandern, in der sie zur Silberchloridbildung verbraucht werden. Wir betrachten die stofflichen Veränderungen bei Fluß von 1 F durch Elektrodenvorgang und Ionenwanderung:

	linke Halbzelle	rechte Halbzelle
durch Elektrodenvorgang	-1 mol Cl$^-$	$+1$ mol Cl$^-$
durch Ionenwanderung	$-t_+$ mol H$^+$	$+t_+$ mol H$^+$
	$+t_-$ mol Cl$^-$	$-t_-$ mol Cl$^-$
	$-(1-t_-)$ mol Cl$^-$	$+(1-t_-)$ mol Cl$^-$
	$-t_+$ mol H$^+$	$+t_+$ mol H$^+$
oder	$-t_+$ mol HCl	$+t_+$ mol HCl

Es findet insgesamt eine Verdünnung statt. Mit thermodynamischen Größen kann die reversible Verdünnungsarbeit angegeben werden:

$$\Delta G = t_+ [\mu_{\infty,HCl} + R \cdot T \cdot \ln a_{HCl(2)}] - t_+ [\mu_{\infty HCl} + R \cdot T \cdot \ln a_{HCl(1)}] \qquad (2.118)$$

μ_∞(HCl) beschreibt darin das chemische Potential der Salzsäure bei unendlicher Verdünnung. Zusammengefaßt erhält man

$$\Delta G = t_+ \cdot R \cdot T \ln \frac{a_{HCl(2)}}{a_{HCl(1)}} \qquad (2.119)$$

2.7 Elektrochemische Zellen

Da $a_{HCl} = a_{H^+} \cdot a_{Cl^-} = a^2$ erhalten wir mit $\Delta G = -z \cdot F \cdot U_0$

$$U_0'' = -2 t_+ \frac{R \cdot T}{F} \ln \frac{a_2}{a_1} \tag{2.120}$$

Eine weitere Ergänzung unserer Betrachtung wird erforderlich, wenn die beiden Elektroden nicht mehr aus dem gleichen Metall bestehen. Ein Daniell-Element besteht aus einer Zink/Zn^{2+}-Elektrode, die mit einer Cu/Cu^{2+}-Elektrode gekoppelt wird. Auch hier muß eine Vermischung der beiden Lösungen verhindert werden. Dies kann einfach durch eine poröse Platte erreicht werden. Schematisch beschreiben wir das Element mit

$$Zn \mid Zn^{2+} \mid Cu^{2+} \mid Cu \tag{2.121}$$

Da nach der Stockholmer Konvention die Zellspannung zwischen gleichen Metallen zu messen ist, müssen wir unsere Zelle und damit unser Schema um einen weiteren metallischen Kontakt ergänzen:

$$Zn \mid Zn^{2+} \mid Cu^{2+} \mid Cu \mid Zn \tag{2.121a}$$

Die Zellspannung ergibt sich zu

$$U_0 = \Delta E_{Cu \mid Zn} + E_{Cu^{2+} \mid Cu} - E_{Zn \mid Zn^{2+}} \tag{2.122}$$

Während die beiden Elektrodenpotentiale, ihre konzentrationsabhängige Berechnung und ihr vorzeichenrichtiges Einsetzen keine Neuigkeit darstellen, stellt der Beitrag $\Delta E_{Cu \mid Zn}$ eine Ergänzung dar. Er geht auf den metallischen Kontakt zweier verschiedener Stoffe zurück, er wird auch Kontaktpotentialdifferenz oder Kontaktspannung genannt. Seine Ursache ist die unterschiedliche Energie von Elektronen in verschiedenen Metallen. Dieser Unterschied drückt sich experimentell in stoffspezifischen Werten der Austrittsarbeit ϕ aus. Diese Größe gibt die Energie an, die zur Entfernung eines Elektrons aus dem Festkörper ins Vakuum nötig ist. Da die Elektronen aus dem höchsten besetzten Niveau des Metalls entnommen werden, bedeutet eine niedrige Austrittsarbeit, daß die entsprechenden Elektronen des Metalls relativ energiereich sind. Beim Kontakt zweier Metalle mit verschiedenen Werten von ϕ werden Elektronen aus dem Metall mit kleinerer ϕ in das andere Metall übertreten. Es kommt zu einer Ungleichverteilung der Ladung, das erstgenannte Metall lädt sich positiv auf. Der Prozeß wird durch die entstehende Ausbildung einer Potentialdifferenz gebremst und kommt zum Erliegen, wenn das elektrochemische Potential der Elektronen in beiden Metallen gleich groß ist. Dieser Beitrag wird zwar stillschweigend stets mitgemessen, wegen seiner relativen Größe in der weiteren Auswertung praktisch immer vernachlässigt.

Eine letzte elektrochemische Zelle soll abschließend betrachtet werden, die verschiedene Aspekte bsonderer Elektroden- und Zellausführungen zusammenfaßt. Es ist das Westonsche Normalelement. Bild 2.37 zeigt schematisch seinen Aufbau.

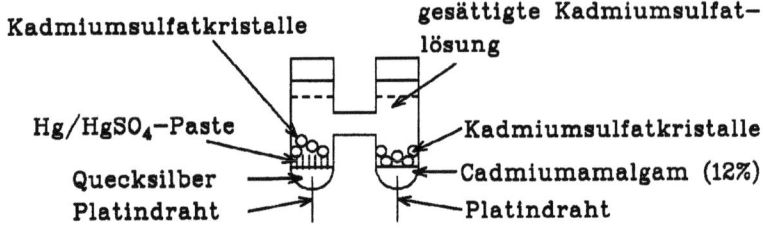

Bild 2.37 Schematischer Aufbau eines Westonschen Normalelements.

Das Potential der beiden Elektroden hängt von zahlreichen Parametern ab. Die Aktivität des Kadmiums im Kadmiumamalgam bestimmt zusammen mit der Kadmiumionenaktivität in der gesättigten Lösung (Elektrode zweiter Art) das Potential der Kadmiumelektrode. Das Potential der Quecksilberelektrode wird von der Quecksilberionenaktivität in der Lösung bestimmt, die Aktivität des reinen Quecksilbers ist definitionsgemäß 1. Unabhängig vom Temperaturgang der Einzelelektrodenpotentiale ergibt sich für die Zellspannung ein sehr konstanter und nur wenig temperaturabhängiger Wert von 1,01807 V bei 298,15 K. Diese hochkonstante Spannung kann für Kalibrierzwecke, zum Beispiel für die in Abschn. 4.1 beschriebene Poggendorfsche Kompensationsschaltung, verwendet werden.

Stichworte: Bezugselektroden, Redoxpotentiale

2.8 Elektrochemie und Thermodynamik, die Spannungsreihe

In den im ersten Kapitel beschriebenen einfachen Versuchen wurde dem exakten Wert der an die Elektroden angelegten Spannung noch keine Bedeutung beigemessen. Wenn wir in einer genaueren Untersuchung den Zusammenhang zwischen anliegender Spannung U und fließendem Strom I analysieren und dazu den Strom durch die Fläche der Elektroden dividieren und damit eine Stromdichte j ermitteln, so erhalten wir den in Bild 2.38 gezeigten typischen Verlauf für die mit Salzsäure gefüllte Zelle.

Der durch Extrapolation des steil ansteigenden Astes der Stromdichte-Spannungskurve gewonnen Spannungswert U_z wird als Zersetzungsspannung be-

2.8 Elektrochemie und Thermodynamik, die Spannungsreihe

zeichnet (als alternative Bezeichnung wird E_z^* verwendet), da bei ihm unter gleichgewichtsnahen (d.h. stromlosen), im Experiment allerdings nur schlecht erreichbaren Bedingungen, die Zersetzung des Elektrolyten beginnt. Wird eine Lösung von Salzsäure der Konzentration $c = 1{,}184$ mol/l verwendet, so ist der Wert 1,359 V.

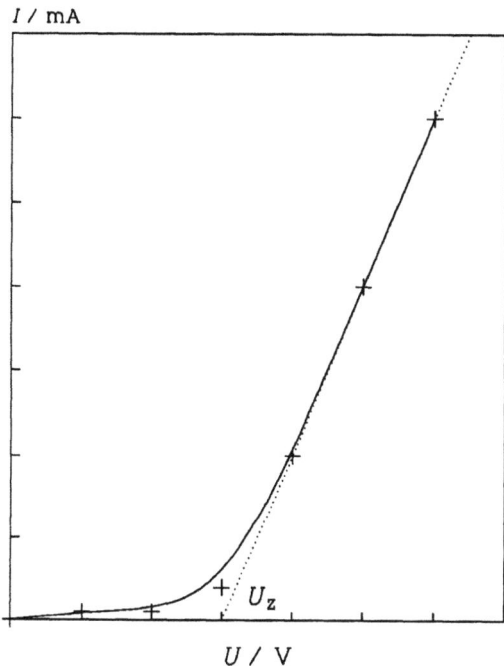

Bild 2.38 Auftragung des Zellstroms als Funktion der Zellspannung.

Betrachtet man dagegen die Reaktion

$$2\,H_2O + H_2 + Cl_2 \rightarrow 2\,H_3O^+ + 2\,Cl^- \tag{2.123}$$

unter thermodynamischen Aspekten, so erhält man als freie Reaktionsenthalpie $\Delta G = -262{,}4$ kJ pro Formelumsatz: Die dabei von der Zelle maximal geleistete elektrische Arbeit W_{el} ist das Produkt aus der Zellspannung U und der geflossenen Ladung. Sie ist das Produkt aus der pro Formelumsatz übertragenen Zahl von Elektronen n und der Faradaykonstante F. $W_{el} = n \cdot F \cdot U$ wurde von Helmholtz als die freie Enthalpie ΔG bezeichnet. Eine einfache Anordnung zur

---

* Das Symbol "E" wird in diesem Buch nur für das Potential einer Elektrode verwendet.

Durchführung dieses Experimentes zeigt Bild 2.11. Vergleicht man den Wert der freien Reaktionsenthalpie mit der Klemmenspannung ohne Stromfluß (U_0) und berücksichtigt, daß bei gleichgewichtsnaher Führung der Reaktion in einer elektrochemischen Zelle, die von ihrer Funktion her die Umkehrung der Elektrolysezelle darstellt, die geleistete elektrische Arbeit $W_{el} = I \cdot t \cdot U_0$ mit $I \cdot t = 192964$ A·s ist, so ist $W_{el} = 192964 \cdot 1{,}359$ V·A·s $= 262{,}4$ V·A·s $= 262{,}4$ kJ. Die elektrochemische Durchführung der Umwandlung von Chlor und Wasserstoff in Chlorwasserstoff erlaubt also im theoretischen Grenzfall die vollständige Umwandlung der chemischen Energie in elektrische Energie. Die aus der Thermodynamik bekannte Begrenzung des Wirkungsgrades thermischer Kraftmaschinen mit dem Carnot-Wirkungsgrad gilt hier nicht.

Jede Zustandsänderung eines Systems (eines Volumens mit Gas oder einer Flüssigkeit, eines Festkörpers) ist von einem Austausch von Energie begleitet. Dies gilt ebenso für chemische Reaktionen. Der Austausch kann dabei zu einer Energiezunahme des Systems führen, wie dies bei endothermen Reaktionen beobachtet wird. Andererseits wird bei exothermen Reaktionen eine Energieabgabe durch Erwärmung der Umgebung, Leistung von Volumenarbeit etc. festgestellt. Für den Einzelfall wird zwischen den beiden Möglichkeiten durch Angabe des Vorzeichens unterschieden. Da in den folgenden Überlegungen reine Zustandsänderungen (Volumen-, Druck- und Temperaturänderungen) nicht betrachtet werden, benötigen wir bei der Unterscheidung beider Möglichkeiten nur das Kriterium

$\Delta H > 0$ für eine endotherme Reaktion

und

$\Delta H < 0$ für eine exotherme Reaktion.

Diese allgemeinen Überlegungen gelten auch für elektrochemische Prozesse. Sie sind von allgemeinen chemischen Reaktionen vor allem dadurch unterschieden, daß Reduktions- und Oxidationsprozeß, die in ihrer Summe die Reaktion ausmachen, räumlich getrennt stattfinden. Die naheliegende Vermutung, daß die bei solchen Reaktionen auftretenden Elektronenübertragungsschritte bereits zur Unterscheidung einer elektrochemischen von einer chemischen Reaktion ausreicht, ist unzutreffend. Zahlreiche Redoxprozesse finden homogen, d.h. in einer Phase (flüssig, gasförmig oder fest) unter Elektronenübertragung statt. Erst ihre räumliche Aufteilung macht sie zu einer elektrochemischen Reaktion.

Während die Betrachtung der Reaktionsenthalpie nur einen Rückschluß auf die bei einer Reaktion umgesetzten Wärmebeträge liefert, ist nach Berücksichtigung der Reaktionsentropie eine Angabe der maximalen Nutzarbeit in Form der freien Reaktionsenthalpie ΔG möglich. Dieser Wert gibt die bei reversibler Prozeßfüh-

2.8 Elektrochemie und Thermodynamik, die Spannungsreihe

rung, das heißt in der Nähe der Gleichgewichtslage, maximal entnehmbare Nutzarbeit bei einer exothermen Reaktion ($\Delta G < 0$) oder die mindestens bei einer endothermen Reaktion ($\Delta G > 0$) aufzuwendende Arbeit an. Betrachten wir für eine Reaktion, die wir in geeigneter Weise in einer elektrochemischen Anordnung durchführen, nur die Leistung elektrischer Arbeit als einzige Form genutzter Arbeit, so ist ein mathematischer Zusammenhang zwischen der freien Reaktionsenthalpie und der umgesetzten elektrischen Arbeit von Interesse. Dazu betrachten wir als Beispiel eine Brennstoffzelle (Bild 2.52; vgl. auch Kap. 2.9). In ihr wird durch Umsatz eines Brennstoffs (z.B. Wasserstoff) mit einem Oxidationsmittel (z.B. Sauerstoff) elektrische Energie erzeugt. Die Reaktionsgleichung lautet

$$H_2 + 1/2 \, O_2 \rightarrow H_2O + \Delta G \tag{2.124}$$

Für einen Formelumsatz kann man eine freie Reaktionsenthalpie von $\Delta G = -237{,}5$ kJ·mol^{-1} aus der Reaktionsenthalpie $\Delta H = -285{,}5$ kJ·mol^{-1} und der Reaktionsentropie $\Delta S = -162{,}4$ J·mol^{-1}·K^{-1} berechnen. Bei diesem Formelumsatz fließen durch den äußeren Stromkreis zwei Mol Elektronen, dies entspricht einer Ladung von $2\,F$. Entsprechend der Annahme, daß nur elektrische Arbeit entnommen wird, muß die freie Reaktionsenthalpie der geleisteten Arbeit entsprechen:

$$\Delta G = -z \cdot F \cdot U_0 \tag{2.125}$$

Dabei bezeichnet z die Zahl der in der elektrochemischen Reaktion entsprechend der Zellreaktionsgleichung umgesetzten Elektronen, während U_0 die bei reversibler Führung der Reaktion entnehmbare Zellspannung bezeichnet. Man berechnet den Wert $U_0 = 1{,}229$ V. Dies steht mit den Ergebnissen sorgfältiger elektrochemischer Untersuchungen an Brennstoffzellen im Einklang.

Eine Umkehrung der Zellreaktion ist ebenfalls denkbar. Bei ihr wird Wasser in seine Bestandteil zerlegt, dies ist ein einfaches Beispiel einer Elektrolyse. Die Zellreaktion lautet nun

$$H_2O \rightarrow H_2\uparrow + 1/2\,O_2\uparrow + \Delta G \tag{2.126}$$

Die freie Reaktionsenthalpie ist dabei $\Delta G = 237{,}5$ kJ·mol^{-1}. Nun muß elektrische Arbeit aufgewendet werden, um die elektrochemische Reaktion durchführen zu können. Mit diesem einfachen Beispiel haben wir die beiden Wege der elektrochemischen Energieumwandlung, die für elektrochemische Energiespeicher von besonderem Interesse sind, kennengelernt. Die folgende Übersicht faßt wichtige Aspekte nochmals zusammen.

elektr. Anschluß	Reaktionstyp	Elektrodenbezeichnung	
Minuspol	Reduktion	Kathode	Elektrolysezelle
Pluspol	Oxidation	Anode	
Minuspol	Oxidation	Anode	galvanische Zelle
Pluspol	Reduktion	Kathode	

Bei der Umkehr der Prozesse wird also die elektrische Polarität der Zellanschlüsse vertauscht, während weiterhin an der Anode eine Oxidation und an der Kathode eine Reduktion ablaufen.

Eine genauere Betrachtung der verschiedenen Zustandsgrößen, die wir bereits bei der thermodynamischen Bilanzierung verwendet haben, eröffnet den Zugang zu thermodynamischen Daten, die mit anderen Methoden nur schwer zugänglich sind. Außerdem werden die besonderen Eigenschaften elektrochemischer Energieumwandlungssysteme deutlich.

Ein erster Unterschied wird unmittelbar klar, wenn ein elektrochemischer Prozeß zur Umwandlung chemischer in elektrische Energie mit einem thermischen Prozeß, wie er in einem Verbrennungsmotor oder einem thermischen Kraftwerk abläuft, verglichen wird. Bild 2.36 gibt einen vereinfachten Überblick zu Wegen der Energieumwandlung mit dem Ziel der Gewinnung elektrischer Energie. In ihm sind die beiden hier verglichenen Wege hervorgehoben.

In einem thermischen Prozeß wird die bei der Umwandlung der im Brennstoff gespeicherten chemischen Energie unter Verbrennung mit einem Oxidationsmittel als Wärme unter Erzeugung von Verbrennungsprodukten freigesetzt. Die Reaktionsenthalpie ΔH entspricht dabei im Grenzfall der reversiblen Prozeßführung der gewinnbaren Wärmemenge Q. Die Umwandlung der Wärmeenergie in mechanische und weiter in elektrische Energie ist nicht vollständig möglich. Vielmehr wird die Wärmemenge Q nur zu einem Bruchteil in Nutzarbeit umgewandelt, während der Rest als Abwärme verlorengeht. Das Verhältnis der beiden Wärmemengen hängt dabei von der Temperatur, bei der die Wärme Q_{ein} in Form eines erhitzten Arbeitsmediums (z.B. Hochdruckdampf) in den Umwandlungsprozeß (z.B. eine Dampfturbine) eingespeist wird und bei welcher Temperatur die Abwärme Q_{ab} abgeführt wird (z.B. in einem Abdampfkondensator). Das Verhältnis der genutzten Wärme zur insgesamt zugeführten Wärme wird als Wirkungsgrad η bezeichnet. Carnot hat den maximalen Wirkungsgrad mit

2.8 Elektrochemie und Thermodynamik, die Spannungsreihe

$$\eta = (Q_{ein} - Q_{ab})/Q_{ein} \qquad (2.127)$$

abgeleitet. Für moderne thermische Kraftwerke wird bezogen auf den Heizwert des Brennstoffs und die gewonnene elektrische Arbeit ein Wert von $\eta \geq 0{,}4$ erreicht.

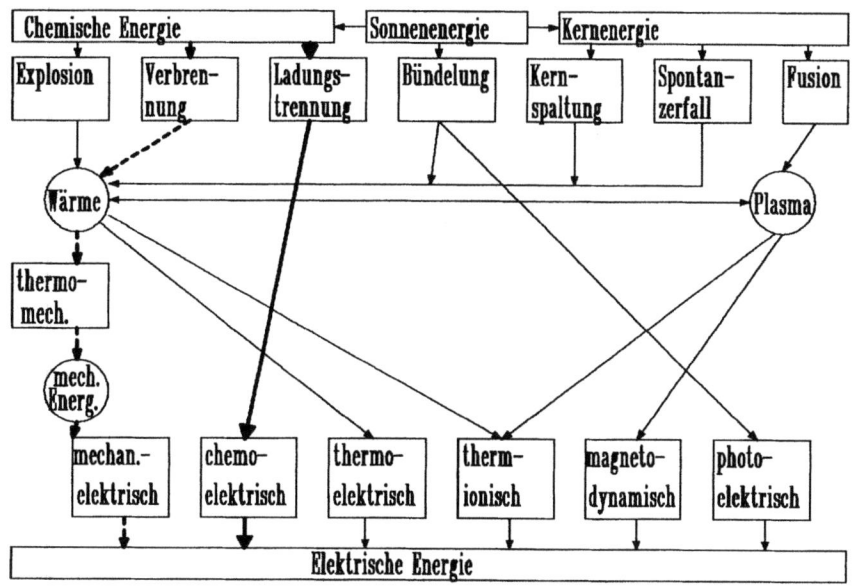

Bild 2.39 Wege der Energieumwandlung zur Erzeugung elektrischer Energie.

Im Gegensatz dazu ist die elektrochemischen Energieumwandlung von dieser prinzipiellen Begrenzung nicht betroffen. Allerdings muß bei einem Vergleich berücksichtigt werden, daß nicht die gesamte Reaktionsenthalpie ΔH für die Umwandlung in elektrische Nutzarbeit zur Verfügung steht, sondern nur die freie Reaktionsenthalpie ΔG. Da die beiden Zustandsgrößen selten übereinstimmen, kann nicht pauschal vorhergesagt werden, welcher Wert dem Betrag nach größer ist. Für einen allgemeinen Vergleich definieren wir daher einen idealen Wirkungsgrad eines elektrochemischen Energieumwandlungsprozesses nach

$$\eta_{id} = \Delta G/\Delta H \qquad (2.128)$$

Mit der Gibbs-Gleichung folgt

$$\eta_{id} = (\Delta H - T\Delta S)/\Delta H = 1 - (T\Delta S/\Delta H) \qquad (2.129)$$

Bei einer Reaktion unter Entropieabnahme wie z.B. für die Knallgasreaktion ist

$|\Delta G| < |\Delta H|$, damit ist $\eta_{id} < 1$. Bei Standardbedingungen ist für sie ein Wert von $\eta = 0{,}83$ zu berechnen. Der Anteil $T\Delta S$ wird in der Zelle als Wärme freigesetzt. Bei einer Reaktion mit Entropiezunahme (z.B. die Entladung eines Bleiakkumulators, vgl. auch Abschn. 2.9) wird zumindest theoretisch ein entsprechender Wärmebetrag der Umgebung entzogen und in elektrische Arbeit umgewandelt. Praktisch laufen die Prozesse irreversibel, d.h. nicht in Gleichgewichtsnähe ab. Bei verschiedenen Teilschritten wird Abwärem erzeugt. Damit ist der reale Wirkungsgrad η stets kleiner als η_{id}.

Ein alternativer Weg des Vergleichs ergibt sich, wenn die aus dem Wert von ΔG berechnete Zellspannung U_0 mit der analog aus der Reaktionsenthalpie ΔH berechneten Wert der Spannung U_0^H verglichen wird:

$$\Delta H = -z \cdot F \cdot U_0^H \tag{2.130}$$

Für den idealen Wirkungsgrad folgt damit

$$\eta_{id} = U_0 / U_0^H \tag{2.131}$$

Die Spannung U_0^H wird entsprechend ihrer Definition als thermoneutrale Zellspannung bezeichnet. Für den Wirkungsgrad η_{id} folgt damit wie bereits oben anders gezeigt:

$$\eta_{id} = 1{,}229 / 1{,}478 = 0{,}83 \tag{2.132}$$

Da bei einer elektrochemischen Reaktion meist die aktiven Massen (im Fall der Knallgaszelle Sauerstoff und Wasserstoff) nicht vollständig umgewandelt werden und da bei einer praktischen Nutzung unter Stromfluß die gefundene Zellspannung U kleiner als der Gleichgewichtswert U_0 ist, wird der tatsächliche Wirkungsgrad η kleiner als der ideale Wert η_{id}. Mit einem Faktor η_U, der die unvollständige Umwandlung wiedergibt, folgt

$$\eta = \eta_{id} (U/U_0) \eta_U \tag{2.133}$$

Für eine praktische Knallgasbrennstoffzelle wird ein Wert von ca. $\eta = 0{,}6$ realistisch sein, für diese Abschätzung wurde $U = 0{,}9$ V angenommen. Damit ist zwar ein erheblicher Verlust im Vergleich zum idealen Wert eingetreten, im Vergleich zum Wirkungsgrad eines thermischen Umwandlungsprozesses ergeben sich potentiell jedoch immer noch günstigere Perspektiven. Die Ursachen für die im Vergleich zu U_0 deutlich schlechtere Größe von U folgt vor allem aus der kinetischen Hemmung der Elektrodenreaktionen (vgl. Kap. 3.4) und dem Innenwiderstand der Brennstoffzelle.

Eine weitergehende Analyse der bisher betrachteten und miteinander ver-

2.8 Elektrochemie und Thermodynamik, die Spannungsreihe

knüpften thermodynamischen und elektrochemischen Größen führt zu anderen Beziehungen. Die partielle Ableitung der freien Reaktionsenthalpie nach der Temperatur liefert mit der Gibbs-Gleichung den Zusammenhang

$$(\partial \Delta G/\partial T)_p = (\partial \Delta H/\partial T_p) - (\partial T\Delta S/\partial T)_p \qquad (2.134)$$

Nimmt man ΔH in einem kleinen Temperaturintervall als temperaturunabhängig an und vereinfacht die Gleichung, so erhält man

$$(\partial \Delta G/\partial T)_p = -\Delta S \qquad (2.135)$$

Mit dem bereits bekannten Zusammenhang zwischen Zellspannung und ΔG kann man schreiben

$$(\partial U_0/\partial T)_p \cdot z \cdot F = \Delta S \qquad (2.136)$$

Experimentell ist damit die Bestimmung der Reaktionsentropie einer elektrochemische Reaktion auf die Messung der Temperaturabhängigkeit der Zellspannung zurückgeführt. Dies ist praktisch meist einfach möglich, damit ist der Weg zu einer thermodynamischen Größe frei, die mit anderen Methoden oft nur schwer zugänglich ist. Für die Knallgaszelle wird ein Wert von $-0{,}841 \cdot 10^{-3}$ V·K^{-1} ermittelt. Mit der abgeleiteten Gleichung folgt $\Delta S = -162$ J·K^{-1}·mol^{-1}, dies entspricht dem oben bereits angegebenen Wert. Bild 2.40 zeigt für eine Reihe elektrochemischer Prozesse, die für die Energieumwandlung von Interesse sind, entsprechende Temperaturabhängigkeiten auf.

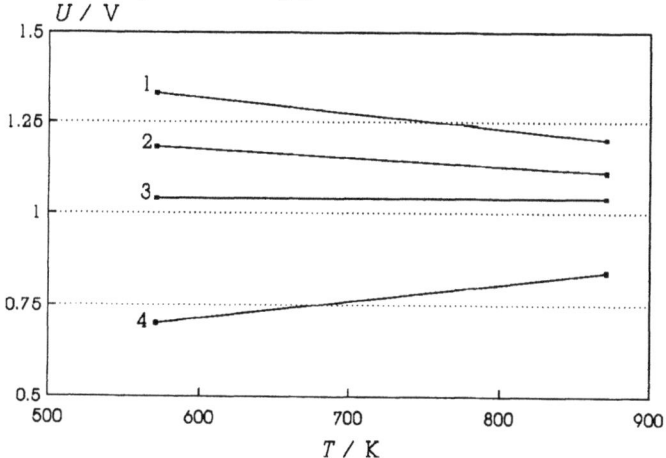

Bild 2.40 Temperaturabhängigkeit der Zellspannung elektrochemischer Energieumwandlungsreaktionen: (1) $CO + 1/2\ O_2 \rightarrow CO_2$; (2) $H_2 + 1/2\ O_2 \rightarrow H_2O$ (3) $CH_4 + 2\ O_2 \rightarrow CO_2 + 2\ H_2O$; (4) $C + 1/2\ O_2 \rightarrow CO$

Eine Verknüpfung des Zusammenhangs zwischen der freien Reaktionsenthalpie und der beim Ablauf der Reaktion maximal gewinnbaren elektrischen Arbeit mit einer grundlegenden Gleichung der Mischphasenthermodynamik

$$\Delta G = \sum_i \nu_i \mu_i \tag{2.137}$$

erlaubt uns schließlich die Überprüfung der bereits abgeleiteten Nernst-Gleichung. Dazu wird Gl. (2.137) in einen Standardanteil und einen von den Aktivitäten der Reaktanden (Ionen etc.) abhängigen Anteil zerlegt:

$$\Delta G = \sum_i \nu_i \mu_i^0 + \sum_i \nu_i R \cdot T \cdot \ln a_i \tag{2.138}$$

Der erste Summand entspricht der freien Standardreaktionsenthalpie

$$\sum_i \nu_i \mu_i^0 = \Delta G^0 \tag{2.139}$$

Ersetzen wir ΔG durch die Zellspannung und ΔG^0 durch $-z \cdot F \cdot U_{00}$, so folgt

$$U_0 = U_{00} - R \cdot T / n \cdot F \sum_i \nu_i R \cdot T \cdot \ln a_i \tag{2.140}$$

Hier entspricht U_{00} der Standardzellspannung, die zwischen den beiden Elektroden bei Standardbedingungen gemessen werden kann. Am Beispiel der Chlorknallgasreaktion

$$2\,H_2O + H_2 + Cl_2 \rightarrow 2\,H_3O^+ + 2\,Cl^- \tag{2.141}$$

berechnet man so für die Ruhezellspannung U_0

$$U_0 = U_{00} + R \cdot T / 2 \cdot F \cdot \ln(p_{H2} \cdot p_{Cl2}) - R \cdot T / F \cdot \ln(a_{H^+} \cdot a_{Cl^-}) \tag{2.142}$$

In dieser Gleichung wird die Abhängigkeit der Zellspannung von den Aktivitäten der Reaktanden, insbesondere dem Druck der gasförmigen Reaktionspartner, deutlich.

Aus der Nernst-Gleichung hatten wir die Ruhezellspannung als die Differenz der beiden Elektrodenpotentiale berechnet:

$$U_0 = E_{0,Cl2} - E_{0,H2} \tag{2.143}$$

$$= E_{00,Cl2} + R \cdot T / F \cdot \ln(p_{Cl2}^{1/2} / a_{Cl^-}) - E_{00,H2} - R \cdot T / F \cdot \ln(a_{H^+} / p_{H2}^{1/2}) \tag{2.144}$$

Vereinfachen und Umstellen führt zu

2.8 Elektrochemie und Thermodynamik, die Spannungsreihe

$$= E_{00,Cl2} + R \cdot T/2F \cdot \ln(p_{H2} \cdot p_{Cl2}) - R \cdot T/F \cdot \ln(a_{H^+} \cdot a_{Cl^-}) \quad (2.145)$$

da $E_{00,H2} = 0$ [V] ist. Mit

$$U_{00} = E_{00,Cl2} - E_{00,H2} \quad (2.146)$$

erhalten wir aus der Nernst-Gleichung ein mit dem obigen Ergebnis in Gl. (2.142) identisches Resultat

$$U_0 = U_{00} + R \cdot T/2 \cdot F \cdot \ln(p_{H2} \cdot p_{Cl2}) - R \cdot T/F \cdot \ln(a_{H^+} \cdot a_{Cl^-}) \quad (2.142)$$

Die Verbindung zwischen der freien Reaktionsenthalpie und der Gleichgewichtskonstante K_c einer chemischen Reaktion einerseits und der Zellspannung andererseits kann für direkte Berechnungen von K_c benutzt werden. Dies soll am Beispiel des Daniell-Elements gezeigt werden. In ihm wird die Reaktion

$$Cu^{2+} + Zn \rightarrow Cu + Zn^{2+} \quad (2.147)$$

zur Stromerzeugung genutzt (Das System ist technisch von nur noch historischem Interesse). Entsprechend der van't Hoff'schen Reaktionsisotherme

$$\Delta G^0 = -R \cdot T \cdot \ln K_c \quad (2.148)$$

können wir nach Umformen und Einsetzen der elektrochemischen Daten ($U_{00} = 1{,}103$ [V]) berechnen

$$K_c = \exp(-\Delta G^0/R \cdot T) = \exp(n \cdot F \cdot U_{00}/R \cdot T) = 2{,}15 \cdot 10^{37} \quad (2.149)$$

Das Gleichgewicht liegt also ganz überwiegend auf Seite der Produkte. Die freie Standardreaktionsenthalpie ΔG^0 kann aus den gegebenen Daten zu $-212{,}867$ [kJ·mol^{-1}] ermittelt werden. Die Kenntnis des Temperaturkoeffizienten der Zellspannung $(\partial U_0/\partial T)_p = -0{,}83 \cdot 10^{-4}$ [V·K^{-1}] erlaubt die schon bekannte Berechnung der Standardreaktionsentropie gemäß

$$\Delta S^0 = 2 \cdot 96494 \cdot (-0{,}83 \cdot 10^{-4}) = -16{,}02 \text{ [J·K}^{-1}\cdot\text{mol}^{-1}] \quad (2.150)$$

Die Standradreaktionsenthalpie ΔH^0 ist mit Hilfe der Gibbs-Gleichung für diese Reaktion ebenfalls zugänglich:

$$\Delta H^0 = \Delta G^0 + T\Delta S^0 = -212867 - (298 + 16{,}02)$$
$$= -217641 \text{ [J·mol}^{-1}] \quad (2.151)$$

Die elektrochemische Spannungsreihe

Aus den thermodynamischen Angaben zu zahlreichen Reaktionen, die auch elektrochemisch durchführbar sind (Metallauflösung, -abscheidung, heterogene Reduktions- und Oxidationsprozesse) wie auch aus experimentellen elektrochemischen Messungen sind Werte von Standardelektrodenpotentialen E_{00} zugänglich, die einen weiten Bereich von ca. sechs Volt übergreifen. Dabei zeichnen sich die als besonders elektronegativ gekennzeichneten Halogene durch besonders positive Zahlenwerte aus, während die durch große Werte der Ionisierungsenergie ausgezeichneten Alkalielemente recht negative Werte zeigen. Eine auch als elektrochemische Spannungsreihe bezeichnete Übersicht vermittelt Tabelle 2.12[*]. Die aufgelisteten Werte stammen teilweise aus thermodynamischen Berechnungen. Wege zur experimentellen Überprüfung sind in Abschn. 2.6 aufgezeigt. Für einige Elektroden, bei denen im potentialbestimmenden Prozeß Protonen oder Hydroxylionen eine zentrale Rolle spielen, ist das Standardpotential bereits für verschiedene pH-Werte angegeben. Auch bei anderen Elektroden zeigt sich, daß das Standardpotential in seinem Wert von der Lösungszusammensetzung abhängt. Tabelle 2.13 zeigt einige Beispiele.

Neben dem über die Reaktionsgleichung zur Potentialeinstellung noch leicht nachvollziehbaren Einfluß der Protonenkonzentration der Lösung spielen auch die Anionen eine Rolle. Im Unterschied zu den Standardpotentialen, die diesen Einfluß nicht wiedergeben, werden die Potentiale aus Tab. 2.13 auch als Realpotentiale bezeichnet.

Selbst sorgfältige Ausführung der Messung führt mitunter zu erheblichen Abweichungen. So wurde für das System $1/2\ O_2 + 2\ H^+ + 2\ e^- \rightleftarrows H_2O$ lange Zeit ein Wert deutlich unter ein Volt ermittelt. Dies lag vor allem an der parallel zur Sauerstoffreduktion zum Wasser ablaufenden Bildung des Peroxids, die durch ein völlig anderen Wert von E_{00} gekennzeichnet ist. Dies führt zur Ausbildung eines Mischpotentials und eines entsprechend veränderten Wertes der Zellspannung. Bei sehr sorgfältiger Ausführung wurde zunächst ein korrekter Wert registriert; er mußte wegen der Beteiligung von bei der Meßvorbereitung unfreiwillig erzeugten Verunreinigungen der Lösung, die ihn bewirkt hatten, verworfen werden.

Die Zahlenwerte erlauben die Berechnung, zumindest die Abschätzung, von Zellspannungen elektrochemischer Systeme (Ganzzellen) die aus zwei Elektroden (Halbzellen) zusammengesetzt werden. Für das bereits eingehend betrachtete Daniell-Element unter Standardbedingungen ergibt sich unter Berücksichti-

---

[*] Die Tabelle enthält ausgewählte Daten für wäßrige Systeme; komplette Datenlisten sind Handbüchern (z.B.: Landolt-Börnstein: Elektrochemische Daten) zu entnehmen.

gung der Regel, daß das Potential der unedleren, durch einen negativeren Wert des Standardpotentials ausgezeichneten Elektrode abgezogen wird:

$$U_{Daniell} = E_{00,Cu} - E_{00,Zn} = 0{,}34 - (-0{,}763) = 1{,}103 \text{ [V]} \qquad (2.152)$$

Dieser Wert stimmt mit dem aus den thermodynamischen Angaben zur Zementationsreaktion berechenbaren Wert gut überein.

Tabelle 2.12: Standardelektrodenpotentiale

Halbzellreaktion	E_{00}/V
Metallelektroden	
$Li^+ + e^- \rightleftarrows Li$	−3,045
$Rb^+ + e^- \rightleftarrows Rb$	−2,925
$K^+ + e^- \rightleftarrows K$	−2,924
$Cs^+ + e^- \rightleftarrows Cs$	−2,923
$Ca^{2+} + 2\,e^- \rightleftarrows Ca$	−2,76
$Na^+ + e^- \rightleftarrows Na$	−2,711
$Mg^{2+} + 2\,e^- \rightleftarrows Mg$	−2,375
$Al^{3+} + 3\,e^- \rightleftarrows Al$	−1,66
$Zn^{2+} + 2\,e^- \rightleftarrows Zn$	−0,763
$Fe^{2+} + 2\,e^- \rightleftarrows Fe$	−0,409
$Cd^{2+} + e^- \rightleftarrows Cd$	−0,403
$Ni^{2+} + 2\,e^- \rightleftarrows Ni$	−0,23
$Pb^{2+} + 2\,e^- \rightleftarrows Pb$	−0,126
$Cu^{2+} + 2\,e^- \rightleftarrows Cu$	0,34
$Ag^+ + e^- \rightleftarrows Ag$	0,799
$Au^+ + e^- \rightleftarrows Au$	1,68
Gaselektroden	
$H^+ + e^- \rightleftarrows 1/2\,H_2$	0,00
$O_2 + 2\,H_2O + 4\,e^- \rightleftarrows 4\,OH^-$	0,401
$J_2 + 2\,e^- \rightleftarrows 2\,J^-$	0,535
$1/4\,O_2 + 2\,H^+ + 2\,e^- \rightleftarrows H_2O$	1,229
$Cl_2 + 2\,e^- \rightleftarrows 2\,Cl^-$	1,3583
$F_2 + 2\,e^- \rightleftarrows 2\,F^-$	2,87
Elektroden zweiter Art	
$PbSO_4 + 2\,e^- \rightleftarrows Pb + SO_4^{2-}$	−0,356
$AgJ + e^- \rightleftarrows Ag + J^-$	−0,1519
$AgCl + e^- \rightleftarrows Ag + Cl^-$	0,222
$Hg_2Cl_2 + e^- \rightleftarrows 2\,Hg + 2\,Cl^-$	0,2682
Redoxelektroden	
$Cr^{3+} + e^- \rightleftarrows Cr^{2+}$	−0,41
$Fe(CN)_6^{3-} + e^- \rightleftarrows Fe(CN)_6^{4-}$	0,356
$O_2 + 2\,H^+ + 2\,e^- \rightleftarrows H_2O_2$	0,68
$Fe^{3+} + e^- \rightleftarrows Fe^{2+}$	0,770
$Ce^{4+} + e^- \rightleftarrows Ce^{3+}$	1,443
$ClO_3^- + 6\,H^+ + 6\,e^- \rightleftarrows Cl^- + 3\,H_2O$	1,45

Tabelle 2.13: Elektrodenpotentiale in Abhängigkeit von der Lösungszusammensetzung

Elektrode	E_0 [V]	Lösung	E [V]	Lösung
$Fe^{2+/3+}$	0,7	1 N $HClO_4$		
	0,76	1 N H_2SO_4		
	0,67	1 N HCl		
Cr^{3+}/CrO_4^{2-}	1,27	1 N HNO_3		
	1,07	1 N H_2SO_4		
	1,09	1 N HCl		
Cl^-/Cl_2	1,36	pH=0	1,36	pH = 14
Cl^-/ClO^-	1,63	pH=0	0,94	pH = 14
Cl^-/ClO_3^-	1,45	pH = 0	0,64	pH = 14
Cl^-/ClO_4^-	1,34	pH = 0	0,53	pH = 14

Die Beziehungen zwischen freier Standardreaktionsenthalpie ΔG^0 und Gleichgewichtskonstante K_c einer Reaktion sowie der Zellspannung einer elektrochemischen Zelle, in der diese Reaktion an zwei Elektroden abläuft, erlaubt schließlich wichtige Aussagen über Ablauf und Gleichgewichtslage bei Kenntnis der Werte der Elektrodenpotentiale. Dies soll wiederum am Beispiel der Zementationsreaktion diskutiert werden. Die Gleichung der Reaktion ist

$$\nu_{Fe}Fe + \nu_{Cu}Cu^{2+} \rightleftarrows \nu_{Fe}Fe^{2+} + \nu_{Cu}Cu \qquad (2.153)^*$$

Die Gleichgewichtskonstante des Massenwirkungsgesetzes für diese Reaktion berechnet sich zu

$$K_c = \frac{[Fe^{2+}]^{\nu(Fe)} \cdot [Cu]^{\nu(Cu)}}{[Fe]^{\nu(Fe)} \cdot [Cu^{2+}]^{\nu(Cu)}} \qquad (2.154)$$

Wir können die Gesamtreaktion in zwei Einzelreaktionen zerlegen, die den Elektrodenreaktionen bei Durchführung des Prozesses in einer elektrochemischen Zelle entsprechen:

$$\nu_{Fe}Fe \rightleftarrows \nu_{Fe}Fe^{2+} + \nu_{Fe}z_{Fe}\,e^- \qquad (2.155)$$

und

$$\nu_{Cu}Cu^{2+} + \nu_{Cu}z_{Cu}\,e^- \rightleftarrows \nu_{Cu}Cu \qquad (2.156)$$

---

* Die stöchiometrischen Koeffizienten der Reaktion sind jeweils gleich 1, der Allgemeingültigkeit der abgeleiteten Beziehung wegen werden sie explizit ausgeschrieben.

2.8 Elektrochemie und Thermodynamik, die Spannungsreihe

Für beide Reaktionen läßt sich das zugehörige Elektrodenpotential mit der Nernst-Gleichung formulieren:

$$E_{0,Fe} = E_{00,Fe} + \frac{R \cdot T}{v_{Fe} \cdot z_{Fe} \cdot F} \ln \frac{[Fe^{2+}]^{v(Fe)}}{[Fe]^{v(Fe)}} \qquad (2.156)$$

und

$$E_{0,Cu} = E_{00,Cu} + \frac{R \cdot T}{v_{Cu} \cdot z_{Cu} \cdot F} \ln \frac{[Cu^{2+}]^{v(Cu)}}{[Cu]^{v(Cu)}} \qquad (2.157)$$

Im Gleichgewichtszustand der Reaktion ist $E_{Fe} = E_{Cu}$ oder $E_{Fe} - E_{Cu} = 0$. Wir können die abgeleiteten Beziehungen für die Elektrodenpotentiale einsetzen und dabei wegen $v_{Cu} \cdot z_{Cu} = v_{Fe} \cdot z_{Fe} = z_r$ vereinfachen:

$$E_{0,Fe} - E_{0,Cu} = E_{00,Fe} - E_{00,Cu} + \frac{R \cdot T}{z_r \cdot F} \ln \frac{[Fe^{2+}]^{v(Fe)}}{[Fe]^{v(Fe)}} - \frac{R \cdot T}{z_r \cdot F} \ln \frac{[Cu^{2+}]^{v(Cu)}}{[Cu]^{v(Cu)}} = 0 \qquad (2.158)$$

Nach Zusammenfassung der Brüche, die Konzentrationen der Edukte oder Produkte enthalten, erscheint der Bruch des Massenwirkungsgesetzes, den wir durch die Gleichgewichtskonstante ersetzen können. Gl. (2.158) vereinfacht sich mit dem dekadischen Logarithmus damit zu

$$E_{00,Fe} - E_{00,Cu} + \frac{2{,}303 \cdot R \cdot T}{z_r F} \cdot \lg K_c = 0 \qquad (2.159)$$

oder

$$\frac{(E_{00,Cu} - E_{00,Fe}) \cdot z_r \cdot F}{2{,}303 \cdot R \cdot T} = \lg K_c \qquad (2.160)$$

In logarithmischer Darstellung der Gleichgewichtskonstante können wir auch schreiben:

$$\frac{(E_{00,Fe} - E_{00,Cu}) \cdot z_r \cdot F}{2{,}303 \cdot R \cdot T} = - \lg K_c = pK_c \qquad (2.161)$$

Setzen wir probeweise die entsprechenden Standardpotentiale der Eisenelektrode $E_{00,Fe} = -0{,}44$ V und der Kupferelektrode $E_{00,Cu} = 0{,}34$ V ein, so erhalten wir

$$\frac{[(-0{,}44) - (+0{,}34)] \cdot 2}{0{,}059} = pK_c = -26{,}4 \qquad (2.162)$$

Dieser pK_c-Wert verdeutlicht, daß das Gleichgewicht wie experimentell beobachtet überwiegend auf der Produktseite liegt. Der hier dargestellte Zusammenhang kann für die Beurteilung auch komplizierter Redoxreaktionen noch weiter entwickelt und genutzt werden.

Stichworte: Redoxpotentiale, Standardpotentiale

2.9 Elektrochemische Energiespeicher: Batterien, Akkumulatoren und Brennstoffzellen

Historisch gesehen waren die ersten Quellen elektrischer Energie elektrochemische Systeme zur Energieumwandlung. Während der Froschschenkelversuch von Luigi Galvani (1790) bereits eine Anwendung verschiedener elektrochemischer Prinzipien darstellte (Korrosion, Kurzschlußelement), war mit der von Allesandro Volta 1800 beschriebenen Voltaschen Säule die erste leistungsfähige Quelle elektrischen Stroms vorhanden. Dennoch ist der Name Galvanis mit elektrochemischen Stromquellen in ihrer Bezeichnung als galvanische Elemente verbunden geblieben, während der Name Volta's in der Spannungseinheit "Volt" weiterlebt.

In den folgenden Jahren wurden weitere, zum Teil sehr leistungsfähige elektrochemische Stromquellen erfunden (Daniell: Zink-Kupfer-Element, Grove: Knallgas-Element, Bunsen: Zink-Luft-Batterie), die die elektrochemische Forschung und die Anwendung elektrochemischer Verfahren auf die Darstellung vor allem metallischer Elemente und organischer Verbindungen rasch voranbrachten. Einer breiten Anwendung der Elektrizität verhalf allerdings erst der von Werner von Siemens 1866 auf der Grundlage des dynamoelektrischen Prinzips entwickelte Stromerzeuger mit Selbsterregung (Dynamo) zum Durchbruch; die elektrochemischen Stromquellen waren zu teuer und zu umständlich.

Dennoch sind bis heute elektrochemische Systeme zur Umwandlung chemischer in elektrische Energie und zu ihrer Speicherung von zentraler Bedeutung in vielen Bereichen der Technik. Dies gilt vor allem für folgende Anwendungen

- Versorgung ortsunabhängiger Verbraucher (Anlasser in Kraftfahrzeugen, batteriebetriebene Geräte aller Art)
- Versorgung von Verbrauchern außerhalb bestehender Stromleitungsnetze (Bojen in der Seefahrt, abgelegene Funk- und Relaisstationen, andere Kleinverbraucher im Inselbetrieb)
- Unterbrechungsfreie Stromversorgung und Notstromversorgung (Krankenhäuser, Bahnstellwerke, Flugsicherung, Rechenanlagen)

Die große wirtschaftliche Bedeutung wird durch einige typische Stückzahlen

2.9 Elektrochemische Energiespeicher

verdeutlicht. Weltweit wurden 1995 27 Milliarden Primärbatterien hergestellt, hinzu kommen zwei Milliarden Kleinakkumulatoren. Über die genannten Einsatzgebiete hinaus gewinnen elektrochemische Energiewandler und -speicher an Bedeutung für Anwendungen, bei denen ihre saubere und geräuscharme Betriebsweise und ihre hohen Wirkungsgrade wichtig sind. Als Energiequelle für Fahrzeuge (Schienen- und Straßenfahrzeuge) waren wiederaufladbare Batterien vor der Durchsetzung von Verbrennungsmotoren als Antriebsquelle von hoher Bedeutung. Die Notwendigkeit eines effizienten und abgasarmen Antriebs wird der Elektrotraktion möglicherweise eine Renaissance bescheren. Das zum Teil ausgezeichnete Speicherverhalten einiger elektrochemischer Systeme macht sie zu aussichtsreichen Kandidaten für Anwendungen als zentrales System zur Energieumwandlung und -speicherung in energieautarken Häusern und anderen Anlagen zur Nutzung regenerativer Energien.

Die zentrale Rolle elektrochemischer Systeme zur Energieumwandlung und Speicherung wird aus dem Schema in Bild 2.41 deutlich.

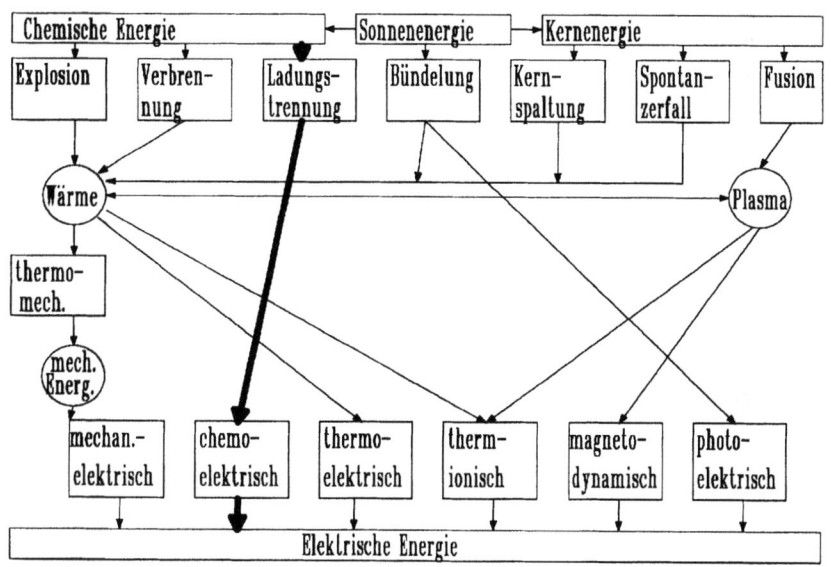

Bild 2.41 Energieformen, ihre Umwandlung und Speicherung.

Grundlage aller elektrochemischen Stromquellen ist die Umwandlung chemischer Energie in elektrische Energie. Im Fall der wiederaufladbaren Systeme (Sekundärelemente, Akkumulatoren) kann dieser Vorgang umgekehrt werden. Allgemein kann man den Ablauf einer chemischen Reaktion formulieren

$$A + B \rightarrow C \tag{2.163}$$

Läßt sich dieser Prozeß in einen kathodischen Vorgang

$$A + e^- \rightarrow A^- \tag{2.164}$$

und einen anodischen Vorgang

$$B + A^- \rightarrow C + e^- \tag{2.165}$$

zerlegen und räumlich getrennt an zwei Elektroden durchführen, so kann die Reaktion für die Umwandlung chemischer in elektrische Energie genutzt werden.

Betrachtet man die Vorgänge an den beiden Elektroden in dieser als galvanische Zelle bezeichneten Anordnung und vergleicht sie mit denen in der vorher erörterten Elektrolysezelle (Kap. 1), so ergibt sich folgende Übersicht:

elektr. Anschluß	Reaktionstyp	Elektroden- bezeichnung	
Minuspol	Reduktion	Kathode	Elektrolysezelle
Pluspol	Oxidation	Anode	
Minuspol	Oxidation	Anode	galvanische Zelle
Pluspol	Reduktion	Kathode	

Bei der Umkehr der Prozesse wird also die elektrische Polarität der Zellanschlüsse vertauscht, während weiterhin an der Anode eine Oxidation und an der Kathode eine Reduktion ablaufen.

Wenn der freiwillig ablaufende Vorgang (Gl. 2.163) eine negative freie Reaktionsenthalpie ΔG hat, so kann am galvanischen Element maximal eine Spannung U_0

$$\Delta G = -z \cdot F \cdot U_0 \tag{2.125}$$

gemessen werden (vgl. Kap. 2.8). Diese Spannung wird vom Element allerdings nur unter Gleichgewichtsbedingungen, das heißt bei verschwindend kleinem elektrischem Strom, abgegeben. In praktischen Anwendungen ist der Strom dagegen stets $I > 0$, damit ist die gemessene Klemmenspannung U kleiner als der Maximalwert U_0. Die Verluste gehen auf die meist gehemmten Elektrodenreaktionen, Transporthemmungen von an den Elektrodenreaktionen beteiligten

2.9 Elektrochemische Energiespeicher

Stoffen in der Zelle und den endlichen Innenwiderstand der Zelle zurück. Das allgemeine Prinzip einer Zelle folgt zwanglos aus dieser Darstellung (s. Bild 2.42).

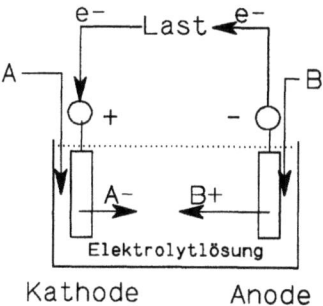

Bild 2.42 Allgemeines Prinzip einer galvanischen Zelle.

Grundsätzlich wäre damit eine unüberschaubare Vielzahl chemischer Reaktionen in einem solchen System durchführbar. Praktisch haben sich allerdings nur wenige Kombinationen von Stoffen, die als Anode und Kathode dienen können oder an diesen umgesetzt werden können, durchgesetzt.

Der besondere Erfolg einiger denkbarer Systeme liegt an den Anforderungen, die an einen elektrochemischen Energiewandler zu stellen sind:

- Die beiden Elektrodenreaktionen müssen hinreichend rasch und ungehemmt ablaufen, um die Verluste durch Elektrodenüberspannungen (s. Abschn. 3.4) in Grenzen zu halten und die Zelle für die jeweilige Anwendung ausreichend belastbar zu machen.

- Die Reaktanden müssen gut handhabbar sein; dies schließt einige attraktive Reaktandenpaare (Halogene und Alkalimetalle) zunächst aus. Nach Möglichkeit sollten die Reaktanden in fester Form vorliegen; Zellen für die Verwendung flüssiger und gasförmiger Reaktanden (Brennstoffzellen, s.u.) sind denkbar, allerdings bis auf wenige Ausnahmen (Metall-Luft-Batterien) nicht in kleinen und kleinsten Zellen realisierbar. Falls einer oder beide Reaktanden mit Wasser als dem am häufigsten verwendeten Lösungsmittel zur Herstellung einer Elektrolytlösung reagieren (vor allem bei Verwendung von Alkalimetallen), müssen geeignete nichtwäßrige Elektrolytsysteme zur Verfügung stehen.

- Auch im entladefertigen, anwendbaren Zustand müssen die Reaktanden chemisch stabil sein, die Zelle sollte sich ohne äußere elektrische Belastung nach Möglichkeit nicht oder nur sehr langsam entladen. Diese Selbstentladung vermindert die nutzbare Kapazität, sie verringert die Zuverlässigkeit vor allem bei Anwendungen, in denen elektrochemische Systeme nur in unvorhersehbaren Notfällen mit hohen Erwartungen an die Zuverlässigkeit zur Anwendung kommen sollen.

- Das System sollte eine technisch attraktive Spannung liefern. Während die Klemmenspannung ohne Last im wesentlichen vom Wert der freien Reaktionsenthalpie abhängt und möglichst größer als 1 Volt sein sollte, hängt der Wert unter Last von der Größe der verschiedenen Überspannungen (s.o., vgl. auch Kap. 3) ab. Er sollte 0,5 Volt nicht unterschreiten.

Entsprechend dem allgemeinen Schema eines elektrochemischen Energiewandlers gibt es für seine Arbeitsweise verschiedene Konzepte:

Die Reaktanden (aktiven Massen) sind als Anode und Kathode in der Zelle untergebracht. Sie werden bei der Entladung verbraucht. Wenn sie nicht in geeigneter Weise ersetzt oder in der Zelle regeneriert werden können, kann die Zelle nur einmal benutzt werden. Man spricht von einer Primärzelle, umgangssprachlich auch von einer Batterie. (Das Wort stammt aus dem Französischen und beschreibt korrekt eine Serienschaltung mehrerer Elemente; es hat sich allerdings zur Beschreibung auch eines aus nur einer Zelle bestehenden Systems durchgesetzt.)

Wenn die aktiven Massen nach Verbrauch elektrochemisch in der Zelle wieder in ihren Ursprungszustand versetzt werden können, spricht man von einem Sekundärelement (umgangssprachlich: Akkumulator, vgl. allerdings auch: Autobatterie). Die Zelle wird dazu mit einer äußeren Spannungsquelle verbunden, die eine höhere Spannung als die dem Element entnehmbare ihm aufzwingt und so den Entladevorgang umkehrt, es findet eine Elektrolyse statt. Dabei wird naturgemäß elektrische Energie in chemische umgewandelt und in den aktiven Massen des Akkumulators gespeichert.

Wenn die Zelle die aktiven Massen nicht enthält, sondern nur die beiden Elektroden und den Elektrolyten, während die Reaktanden als Gase oder Flüssigkeiten zugeführt werden und die Zelle nur Strom liefert, solange dieser Nachschub aufrechterhalten wird, spricht man von einer Brennstoffzelle.

Weitere Systeme, die nicht klar in eine der drei Kategorien passen, sind bekannt. Die von Bunsen beschriebene Zink-Kohlenstoff/Luft-Zelle verwendet als Anode metallisches Zink, während an der Kathode der in der porösen Kohle reichlich vorhandene Luftsauerstoff reduziert wird. Metall-Luft-Batterien stellen also einen Zwitter aus Brennstoffzelle und Primärbatterie dar. Führt man die Zinkelektrode wiederaufladbar aus oder ermöglicht ihren mechanischen Ersatz (mechanische statt elektrochemische Regenerierung der Zelle), so ist das System

2.9 Elektrochemische Energiespeicher

ebenfalls keiner Einzelkategorie zuzuordnen.

Zur Charakterisierung der Eigenschaften eines Systems aus aktiven Massen und Elektrolyt sowie einer speziellen Zelle können eine Vielzahl von Parametern herangezogen werden.

Für die Abschätzung der Klemmenspannung einer Zelle ist die Kenntnis der freien Reaktionsenthalpie der angenommenen Zellreaktion hilfreich, die zur Berechnung der Zellspannung verwendet werden kann. Ersatzweise ist auch die Angabe der Standardpotentiale der beiden als Elektroden vorgesehenen Stoffe geeignet, aus ihnen kann durch Differenzbildung ebenfalls die Zellspannung ermittelt werden. Die pro Gewichts- oder Volumeneinheit der aktiven Masse umsetzbare elektrische Ladung geht aus der Elektrodenreaktionsgleichung hervor. Im Fall der Oxidation des Aluminiums in einer Aluminium-Luft-Batterie lautet sie für die Anode

$$Al \rightarrow Al^{3+} + 3\ e^- \tag{2.166}$$

Pro Mol Aluminium werden drei Mol Elektronen (drei Farad) umgesetzt. Bezogen auf das Gewicht des Aluminiums sind dies 2980 Ah/kg, bezogen auf sein Volumen 8040 Ah/l. Typische Werte für andere Substanzen sind der Literatur zu entnehmen.

Betrachtet man eine Kombination aus Anoden- und Kathodenmasse, so kann für sie die Energiedichte (Wh/kg oder Wh/l) angegeben werden. Dazu ist die Kenntnis der bei einem Formelumsatz der Zellreaktionsgleichung umgesetzten Massen oder Volumina sowie der umgesetzten Ladungsmenge erforderlich. Geht man von der Reaktion

$$Pb + PbO_2 + 2\ H_2SO_4 \rightarrow 2\ PbSO_4 + 2\ H_2O \tag{2.167}$$

aus, so erhält man daraus eine Energiedichte von 171 Wh/kg; unter der Annahme üblicher spezifischer Gewichte der Reaktanden kann eine volumenbezogene Energiedichte von ca. 1157 Wh/l ermittelt werden.

Die praktischen Werte liegen stets bedeutend niedriger als die errechneten. Dies ist auf unvollständige Nutzung der aktiven Massen, Verluste bei der Umwandlung durch Nebenreaktionen, Selbstentladung und Überspannungen sowie auf das zum Teil beträchtliche Gewicht nicht-aktiver Komponenten (Gehäuse, Ableiter) zurückzuführen. Die Optimierung dieser Komponenten führt auch bei bekannten Systemen (z.B. Bleisammler) noch immer zu weiteren Verbesserungen der Leistungskenndaten.
Treibende Kraft der laufenden Entwicklung sind veränderte Bedürfnisse und völlig neue, vor allem durch die rasante Miniaturisierung elektrischer und elek-

tronischer Geräte mögliche Verwendungen. Die Entwicklung neuer wie die Verbesserung bekannter Systeme verfolgte dabei zwei wesentliche Ziele:

- Verbesserung der Eigenschaften wie: Kapazität (gespeicherte elektrische Arbeit), Belastbarkeit (hohe Ströme auch unter ungünstigen Betriebsbedingungen), hohe Betriebssicherheit und Zuverlässigkeit, lange Lagerzeit, geringe Selbstentladung etc.

- Ersatz unerwünschter Materialien wie Zink, Quecksilber oder Blei durch möglichst unbegrenzt und preiswert verfügbare, nichttoxische Stoffe

Diese Ziele konnten mit einigen neuen Systemen zumindest teilweise erreicht werden. Der Weg läßt sich auf der Grundlage einiger allgemeiner Vorüberlegungen leicht nachvollziehen.

Betrachtet man die Mehrzahl gebräuchlicher Primärsysteme, so begegnet man nahezu stets dem Element Zink als dem Material der Anode. Ein Vergleich mit anderen Metallen zeigt, daß Zink eine Reihe interessanter Konkurrenten hat. Die nachfolgende Tabelle zeigt dies deutlich.

Tabelle 2.14: Elektrochemische Daten wichtiger Anodenmaterialien*

Metall	Ladungsinhalt /Ah/kg	Ladungsdichte /Ah/l	Standardpotential /V
Zink	820,0	5849,0	-0,762
Lithium	3861,0	2062,0	-3,045
Natrium	1166,0	1132,0	-2,710
Aluminium	2980,0	8046,0	-1,660
Kalzium	2144,0	3323,3	-2,760

Einige andere Metalle vor allem aus der ersten, zweiten und auch dritten Hauptgruppe des periodischen Systems sind Zink zumindest in einem der beiden folgenden Aspekte deutlich überlegen: Ihre Stellung in der elektrochemischen Spannungsreihe weist sie als noch bedeutend unedler als Zink aus. Diese Metalle werden in einer elektrochemischen Zelle automatisch zu einer größeren Potentialdifferenz zur Kathode, also auch zu einer größeren Zellspannung, führen. Die in einem Mol des Metalls gespeicherte Ladung bei Bildung eines einwertigen Kations in der Elektrodenreaktion ist natürlich für alle vergleichbaren Metalle (z.B. Alkalimetalle oder Erdalkalimetalle) gleich. Berücksichtigt man jedoch die recht unterschiedlichen Dichten der Materialien, so ist die in einer Gewichts- oder Volumeneinheit gespeicherte Ladung deutlich verschieden. Hier ist das Aluminium ein besonders verlockender Werkstoff. Als Leichtmetall zeichnet es

---

* Alle Angaben sind auf eine wäßrige Elektrolytlösung bezogen.

2.9 Elektrochemische Energiespeicher

sich durch eine niedrige Dichte aus, darüberhinaus bildet es ein dreiwertiges Kation. Mit diesen Überlegungen sind Lithium und Aluminium als besonders aussichtsreiche Anodenwerkstoffe leicht auszumachen.

Es hat nicht an Versuchen gefehlt, diese vorteilhaften Eigenschaften praktisch zu nutzen. Ihrer problemlosen Auswertung stehen jedoch Schwierigkeiten im Weg, die bei anderen bekannten Systemen kaum eine Rolle spielen und die mit den aus der Tabelle bereits erkennbaren extremen elektrochemischen Eigenschaften zusammenhängen. Je unedler ein Metall ist, um so größer ist seine chemische Reaktivität. Dies führt dazu, daß sich Lithium und Aluminium an Luft mit dichten Schichten von Oxiden oder Nitriden überziehen, die die Metalle vor weiterer Reaktion mit den Medien der Umgebung schützen. In einer Batterie ist diese Eigenschaft von zweifelhaftem Nutzen. Zwar schützt die genannte Passivschicht die Anode bei unbelasteter Zelle vor unerwünschter Selbstentladung durch Korrosion, unter Last wirkt die Schicht jedoch wie ein hoher Ohmscher Widerstand, der den Stromfluß hemmt oder gar unterbricht. Dieser Nachteil kann durch chemisch aggressive Zusätze, die die Passivschicht angreifen und durchdringen, vermindert werden. Naheliegend führt dies jedoch zu erhöhter Korrosion und damit Selbstentladung. Zellen mit einer Aluminiumelektrode werden daher nur wenig benutzt, vorzugsweise werden sie so ausgeführt, daß die Elektrolytlösung erst bei Einsatz der Batterie in die Zelle gepreßt wird (aktivierbare Zelle). In der Metall-Luft-Batterie ist dieses Prinzip nachvollziehbar.

Lithium ist noch reaktiver als Aluminium, es vermag Wasser zu zersetzen. Da die auf ihm gebildete Schicht aus LiOH wasserlöslich ist und keinen Schutz vor weiterer Korrosion bietet, muß man in Zellen mit einer Lithiumanode auf wasserfreie und aprotische Lösungsmittel und Elektrolytsysteme übergehen, aus denen Lithium keinen Wasserstoff freisetzen kann. Zahlreiche anorganische und organische Lösungsmittel, die diese Voraussetzung erfüllen, wurden in der Vergangenheit auf ihre Eignung hin untersucht. In einigen Fällen ($SOCl_2$, SO_2Cl_2, SO_2) ist das Lösungsmittel gleichzeitig der an der Kathode umgesetzte Reaktionspartner, während organische Flüssigkeiten wie Propylencarbonat ($C_4H_6O_3$), Butyrolacton ($C_4H_6O_2$) oder Acetonitril (CH_3CN) nur als Lösungsmittel für einen Elektrolyten dienen. Die hohe Reaktivität führt jedoch auch mit den genannten aprotischen Lösungsmitteln zur Bildung von Passivschichten, die je nach Art des Lösungsmittels aus Lithiumcarbonat oder zahlreichen anderen, meist nur ungenau definierten Verbindungen bestehen. Sie schützen die Anode vor weiterer Korrosion, sind jedoch in der Regel unter elektrischer Belastung der Zelle rasch abgebaut und begrenzen den durch die Zelle fließenden Strom nur für eine sehr kurze Zeit nach Anschalten der Last.

Diese Nachteile der Verwendung flüssiger Lösungselektrolyte versucht man durch die Verwendung von geschmolzenen Salzen als Elektrolyt oder durch keramische Festelektrolyte zu umgehen. Zellen mit den letztgenannten Werkstoffen enthalten Metalloxide komplizierter Zusammensetzung, die bei erhöhter Temperatur (einige Hundert °C) eine ausreichende Leitfähigkeit durch bewegliche Sauerstoffionen oder bewegliche Natriumionen zeigen. Damit ist eine Zelle denkbar, in der schmelzflüssiges Natrium als Anode einer als Kathode dienenden Schmelze von Natriumpolysulfid gegenübersteht. Die vorteilhaften technischen Daten eines solchen Systems, die eine Wiederaufladbarkeit einschließen, werden durch einen erheblichen technischen Aufwand, eine komplizierte Fertigungstechnik und eine notwendige thermische Steuerung der Batterie erkauft.

Schließlich hat die Weiterentwicklung bekannter Systeme zu technisch wichtigen Erfolgen geführt. So war schon lange die Möglichkeit bekannt, in einer Zelle Wasserstoff unter Druck zu speichern und bei Bedarf anodisch an einem geeigneten Katalysator umzusetzen, während als Kathode ein Metalloxid dient. Die Notwendigkeit einer Speicherung unter Druck und die bekannte Fähigkeit des Wasserstoffs, durch zahlreiche Werkstoffe zu diffundieren, hat dieses System jedoch nicht sehr erfolgreich werden lassen. Die Entdeckung verschiedener Metalle und Metallegierungen, die mit Wasserstoff rasch und in umkehrbarer Weise Metallhydride bilden, hat die Druckspeicherung weitgehend überflüssig gemacht und das inzwischen am Markt erfolgreich eingeführte NiH-System als Sekundärbatterie erfolgreich werden lassen.

Aus der Vielzahl der bekannten Systeme sollen typische Vertreter der drei Kategorien in Aufbau und Wirkungsweise vorgestellt werden. Komplette Übersichten aktueller Systeme, ihrer Ausführung, Verbreitung, typischen Anwendung und Weiterentwicklung sind in der weiterführenden Literatur enthalten.

Primärzellen

Das älteste, noch immer benutzte System mit weiterhin sehr beträchtlichem Marktanteil ist die von Leclanché 1866 beschriebene Zelle, in der Zink und Braunstein (MnO_2) in Gegenwart einer Lösung von Ammoniumchlorid in Wasser umgesetzt werden.

Ihre begrenzte Belastbarkeit vor allem wegen der elektrisch nur mäßig gut leitenden Elektrolytlösung und ihre rasche Selbstentladung haben der konkurrierenden Zink-Braunstein-Zelle mit einem alkalischen Elektrolyten einen großen Erfolg beschert, diese Zelle ist derzeit der Hauptkonkurrent der Leclanché-Zelle. In der Alkali-Mangan-Zelle (Bild 2.43) dient eine aus Zinkpulver unter Zusatz von Bindemittel und Feuchtigkeit hergestellte Paste als Anode, die um einen metallischen Stromableiter im Zentrum der Zelle gepreßt wird.

2.9 Elektrochemische Energiespeicher

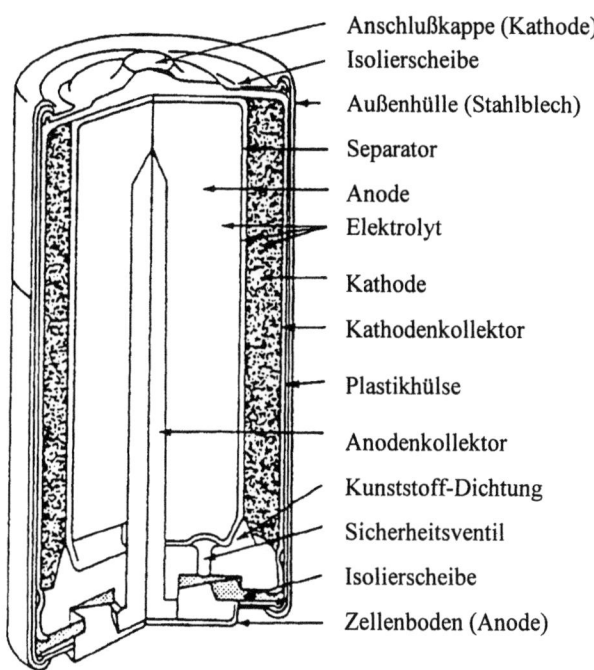

Anschlußkappe (Kathode)
Isolierscheibe
Außenhülle (Stahlblech)
Separator
Anode
Elektrolyt
Kathode
Kathodenkollektor
Plastikhülse
Anodenkollektor
Kunststoff-Dichtung
Sicherheitsventil
Isolierscheibe
Zellenboden (Anode)

Bild 2.43 Schnittbild einer Alkali-Managanzelle (Duracell International Inc.).

Ein aus Zellstoffasern und Bindemitteln bestehendes Gewebe trennt die als Mantel an die Innenwand der Batterie gepreßte aus Braunstein (MnO_2) bestehende Kathode von der zentralen Anode. Die hochporösen Elektroden und der Separator sind mit einer konzentrierten zinkoxidhaltigen Kalilauge (ca. 50%) getränkt. Zusätzliche Kalilauge befindet sich im Inneren des hohlen zentralen Stromsammlers. Der Stahlblechmantel der Zelle dient als Stromsammler für die Kathode und als elektrischer Pluspol für den äußeren Anschluß. Der äußere Minuspol wird über den zentralen Stromableiter mit der Zinkelektrode verbunden.

Unter Last läuft als Zellreaktion

$$Zn + MnO_2 + 2\,H_2O + 2\,OH^- \rightarrow Mn(OH)_2 + Zn(OH)_4^{2-} \qquad (2.168)$$

ab. Dabei wird bei der anodischen Teilreaktion als Zwischenprodukt Zinkhydroxid gebildet:

$$Zn + 2\,OH^- \rightarrow Zn(OH)_2 \qquad (2.169)$$

Dieses reagiert mit einem Überschuß an Hydroxidionen zum Zinkat weiter:

$$Zn(OH)_2 + 2\ OH^- \rightarrow Zn(OH)_4^{2-} \tag{2.170}$$

Ebenfalls in Stufen verläuft die kathodische Reduktion des Mangandioxids, das übrigens nicht in seiner natürlich vorkommenden Form, sondern als wesentlich kostspieliger synthetischer Braunstein (s. Kap. 3.7) eingesetzt werden muß. Zunächst wird es in einem Einelektronen-Schritt reduziert:

$$MnO_2 + e^- + H_2O \rightarrow MnOOH + OH^- \tag{2.171}$$

In dieser Form ist das gebildete Reduktionsprodukt reoxidierbar, die technische Möglichkeit einer wiederaufladbaren Alkali-Mangan-Zelle wird daher seit längerer Zeit intensiv untersucht.

In einem weiteren Einelektronenschritt erfolgt die Reduktion zum Manganhydroxid:

$$MnOOH + e^- + H_2O \rightarrow MnO_2 + OH^- \tag{2.172}$$

Dieses Hydroxyd ist nicht mehr reoxidierbar. Einige Autoren nehmen an, daß auch bei der normalen, nicht im Hinblick auf eine Wiederaufladung kontrollierten Zellentladung die Umsetzung des Braunsteins nur bis zu dieser Stufe erfolgt.

Zink ist unter den gegebenen Bedingungen thermodynamisch nicht stabil, eine Selbstentladung der Zinkelektrode unter Wasserstoffentwicklung wäre die natürliche Folge. Die ohnehin schon vorhandene kinetische Hemmung der Wasserstoffentwicklung (s. Abschn. 3.4, 3.5) wird im Interesse einer langen Lagerfähigkeit und noch weiter reduzierten Selbstentladung der Zelle durch Amalgamierung der Zinkelektrode (Zugabe von ca 0,4 .. 8 % Quecksilber zur Anodenmasse) weiter drastisch vermindert. Alkali-Mangan-Zellen zeichnen sich daher im Gegensatz zu Leclanché-Zellen durch eine sehr gute Lagerfähigkeit bei geringer Selbstentladung aus. Der Quecksilbergehalt stellt allerdings eine erhebliche Umweltbelastung dar, da die meisten Zellen nicht als Sondermüll entsorgt, sondern dem Hausmüll beigegeben werden. Neben der Möglichkeit des Recycling wird daher intensiv nach anderen Möglichkeiten der Korrosionsinhibierung gesucht. Außer der Verwendung hochreinen Zinks (Metallverunreinigungen verringern die Wasserstoffüberspannung) und der Verwendung eines im Hinblick auf die Korrosionsanfälligkeit in der Konzentration der Kalilauge optimierten Elektrolyten mit geringstem Sauerstoffgehalt werden auch organische Inhibitoren zur Unterdrückung der Wasserstoffentwicklung eingesetzt. Da sie in einigen Fällen auch die unter elektrischer Last erwünschte Zinkoxidation hemmen und damit die Belastbarkeit der Zelle herabsetzen, ist eine sorgfältige Auswahl und Festlegung der Anwendungsparameter nötig.

2.9 Elektrochemische Energiespeicher

Die attraktiven thermodynamischen Daten weiterer Kombinationen aktiver Massen haben zu zahlreichen weiteren Entwicklungen geführt, von denen sich bisher nur wenige und oft auch nur in speziellen Marktnischen durchsetzen konnten. Dazu gehört die Quecksilberoxid-Zink-Zelle. Im Vergleich zur Alkali-Mangan-Zelle ist lediglich der Braunstein durch Quecksilber(II)oxid HgO ersetzt. Die Entladereaktion verläuft nach

$$Zn + HgO + H_2O + 2\,OH^- \rightarrow Hg + Zn(OH)_4^{2-} \qquad (2.173)$$

Die im Vergleich zu Braunstein höhere Ladungsdichte des Quecksilber(II)oxid verschafft dem System eine höhere Energiedichte. Wegen des hohen Preises ist die Anwendung auf hochwertige Systeme (Herzschrittmacher, Meßgeräte) beschränkt geblieben. Aus ökologischen Gründen ist der Ersatz dieser Zellen durch in vielen Anwendungsfällen (Uhren, Fotogeräte) gleichwertige Alkali-Mangan-Zellen anzustreben.

Ein weiteres, mit noch höherer Energiedichte ausgestattetes System erhält man, wenn statt Quecksilber(II)oxid Silber(I)oxid Ag_2O verwendet wird. Die Zellreaktion entspricht der für Quecksilber(II)oxid bereits vorgestellten Reaktion. Der noch höhere Preis der Rohmaterialien und die aufwendige Herstellung haben den Anwendungsbereich dieser Zellen beschränkt.

Die für eine Verwendung als Anoden wegen ihrer negativen Standardpotentiale besonders attraktiven Alkalimetalle haben wegen ihrer heftigen Reaktion mit Wasser zunächst keine Verwendung in Batterien gefunden. Vor allem Lithium wird seit einiger Zeit in Primärzellen mit aprotischen organischen Elektrolytlösungen verwendet. In Zellen üblicher Bauformen laufen dabei Umsetzungen mit zahlreichen verschiedenen, meist anorganischen, reduzierbaren Verbindungen ab, z.B.:

$$2\,Li + MoO_3 \rightarrow Li_2O + MoO_2 \qquad (2.174)$$
$$2\,Li + FeS \rightarrow Li_2S + Fe \qquad (2.175)$$
$$5\,Li + PbO_2 \rightarrow 2\,Li_2O + LiPb \qquad (2.176)$$

Daneben haben sich Zellen, in denen an einer Kohleelektrode Thionylchlorid ($SOCl_2$) oder in einem organischen Elektrolyten gelöstes Schwefeldioxid (SO_2) reduziert wird, als sehr belastbar erwiesen. Trotz der vergleichsweise preiswerten Rohstoffe sind die Kosten dieser Zellen wegen noch kleiner Stückzahlen, vor allem aber wegen der aufwendigen Herstellung unter Feuchtigkeitsausschluß (wegen der sonst eintretenden Reaktion des Lithiums mit Luftfeuchtigkeit), noch sehr hoch.

Allen Lithiumzellen ist die Verwendung eines aprotischen Lösungsmittels in der Elektrolytlösung gemeinsam. Eine Ausnahme bildet das als Zelle extremer

Belastbarkeit und Leistung konzipierte Lithium-Sauerstoff-System. Bei ihm wird Lithium in einem wäßrigen stark alkalischen Elektrolytsystem bei so hoher Stromdichte umgesetzt, daß die konkurrierende Wasserstoffentwicklung nicht erheblich stört. An der Kathode wird Sauerstoff reduziert.

Als Lösungsmittel bieten sich eine Vielzahl organischer sowie einige anorganische Flüssigkeiten an. Bei den anorganischen Flüssigkeiten Thionylchlorid ($SOCl_2$) Sulfurylchlorid (SO_2Cl_2) sowie komprimiertem verflüssigtem Schwefeldioxid (SO_2) kann das Lösungsmittel auch die Funktion des Reaktanden an der Kathode erfüllen. Die genannten Stoffe werden an einer als poröser Kohlekörper ausgebildete Kathode zu chlorid- und schwefelhaltigen Lithiumverbindungen reduziert. Eine Leitsalzzusatz von $LiAsF_6$ oder LiBr dient zur Steigerung der elektrolytischen Leitfähigkeit. Diese Zellen zeigen bemerkenswerte technische Eigenschaften, sie werden in verschiedenen Bauformen hergestellt.

Tabelle 2.15: Technische Daten von Lithiumzellen mit anorganischem Elektrolytsystem

System	Energieinh. Wh/l	Energiedichte Wh/kg
Li/SO_2	450,0	270,0
$Li/SOCl_2$	900,0	480,0
Li/SO_2Cl_2	900,0	410,0

Da diese Zellen für Anwendungen im Konsumbereich nur selten benötigte hochwertige Eigenschaften zeigen, die unter extremen Anwendungsbedingungen zu internem Druckaufbau und latent unsicherer Reaktionsführung ausreichen, sind sie von derzeit noch beschränkter Bedeutung.

Größere Anwendungsbreite haben Zellen mit einem organischen Lösungsmittel und darin gelöstem Leitsalz und anorganischen Verbindungen als Kathodenmaterial erreicht. Bild 2.44 zeigt den Querschnitt einer Lithium/Chromoxid-Zelle. Als Anode dient ein aus massivem Lithium stranggepreßter Körper, der im Beispiel zylindrisch ausgeführt ist. Ein Edelstahlstift wird als elektrischer Anschluß eingepreßt. Die Kathode wird aus Chromoxiden unterschiedlicher Stöchiometrie $CrO_{2,05..3,08}$ unter Zusatz von Graphitpulver zur Verbesserung der elektrischen Leitung und von PTFE[*] zur mechanischen Festigung gepreßt. Die Elektrolytlösung enthält als Leitsalz Lithiumperchlorat $LiClO_4$ in einer Lösungsmittelmischung von ca. 70 % Propylencarbonat und 30 % Dimethoxiethan. Sie wird von einem als Separator zwischen die Elektroden gelegten Faservlies aus Polypropylen aufgenommen. Diese Lösung ist nicht korrosiv oder chemisch

---

[*] PTFE ist ein Akronym für den Kunststoff Polytetrafluorethylen (vgl. auch Kap. 3.6).

2.9 Elektrochemische Energiespeicher

aggressiv, ihr niedriger Dampfdruck verhindert internen Druckaufbau bei Betrieb unter erhöhter Belastung oder Außentemperatur. Das System wird in einem aufwendig abgedichteten Edelstahlbecher eingeschlossen, um auch bei langen Betriebszeiten das Eindringen unerwünschter Feuchtigkeit zu verhindern. Die relativ schlechte elektrolytische Leitfähigkeit der Lösung führt zu einem hohen Zellinnenwiderstand, der den Entladestrom selbst bei größeren Zellen auf einige Milliampere begrenzt.

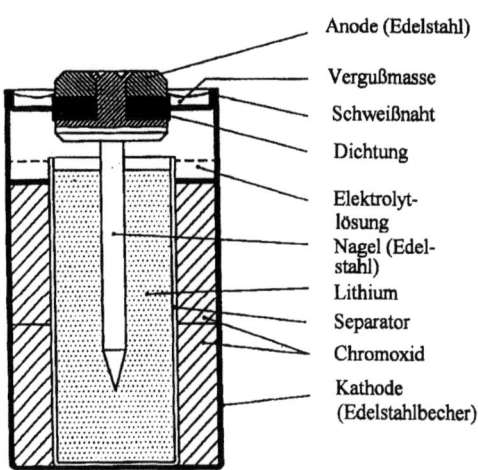

Bild 2.44 Schnittbild einer Lithium/Chromdioxid-Zelle (VARTA AG).

Die chemischen Reaktionen bei der Entladung sind an der Anode:

$$Li \rightarrow Li^+ + e^- \qquad (2.177)$$

und an der Kathode:

$$Cr_3O_8 + x\ Li^+ + x\ e^- \rightarrow Li_xCr_3O_8 \qquad (2.178)$$

Die Kathodenreaktion entspricht einer Einlagerung von Lithiumkationen in das Wirtsgitter des Chromoxids, dies wird als Interkalation bezeichnet. Zahlreiche andere anorganische Verbindungen ($AgCrO_4$, FeS, FeS_2 etc.) zeigen ähnliche Eigenschaften und werden als Kathodenmaterial verwendet oder untersucht.

Ein ähnliches System verwendet Mangandioxid, daß durch elektrochemische Reaktion oder durch chemische Fällung hergestellt wird, als Kathode. Bild 2.45 zeigt den Querschnitt durch eine weitverbreitete Knopfzellenbauform. Während Elektrolyt und Separator wie im bereits vorgestellten Chromoxid-System aufgebaut sind, wird als Anode eine Lithiumfolie verwendet. Die elektrischen Eigenschaften des MnO₂ machen einen Graphitzusatz entbehrlich; seine mechanischen Eigenschaften erlauben die Herstellung zusammenhängender Kathodenschichten ohne Bindemittelzusatz.

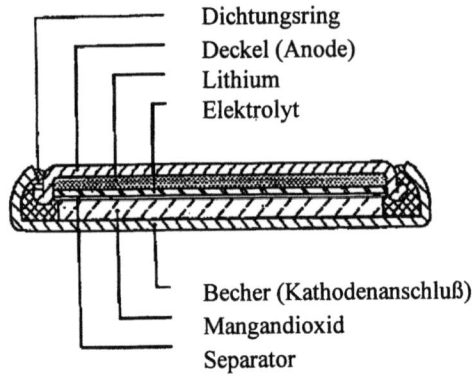

Bild 2.45 Schnitt durch eine Lithium/Mangandioxid-Knopfzelle (Renata S.A.).

Die Elektrodenreaktionen sind an der Anode wiederum:

$$Li \rightarrow Li^+ + e^- \tag{2.179}$$

und an der Kathode:

$$MnO_2 + Li^+ + e^- \rightarrow LiMnO_2 \tag{2.180}$$

Auch hier findet eine Interkalation der Lithiumionen in das Oxidgitter statt. Wenn es gelingt, diese Reaktion entsprechend dem in Bild 2.46 dargestellten Schema umkehrbar auszuführen, so wäre ein wiederaufladbares System mit attraktiven Eigenschaften verfügbar.

Die Schwachstelle dieses Systems ist vor allem die kathodische Abscheidung. Bei ihr kommt es zu einer ungleichmäßigen Belegung der Lithiumkathode bei der Wiederaufladung. Im Extremfall wachsen metallische Dendriten durch den Separator und verursachen einen Kurzschluß der Zelle. Ersatz der reinen Lithiumelektrode durch eine Legierung (Lithium-Aluminium) entschärft dieses Problem, die bisher erreichten Lebensdauern befriedigen jedoch nicht. Die Ausbildung der Lithiumelektrode als Graphitmasse mit eingelagertem Lithiummetall scheint einen Durchbruch darzustellen. Da in diesem Konzept bei der Entladung Lithiumionen das Graphit verlassen und bei der Auflagung in das Graphit zurückkehren, wird das Konzept als "Swing"-System charakterisiert.

2.9 Elektrochemische Energiespeicher

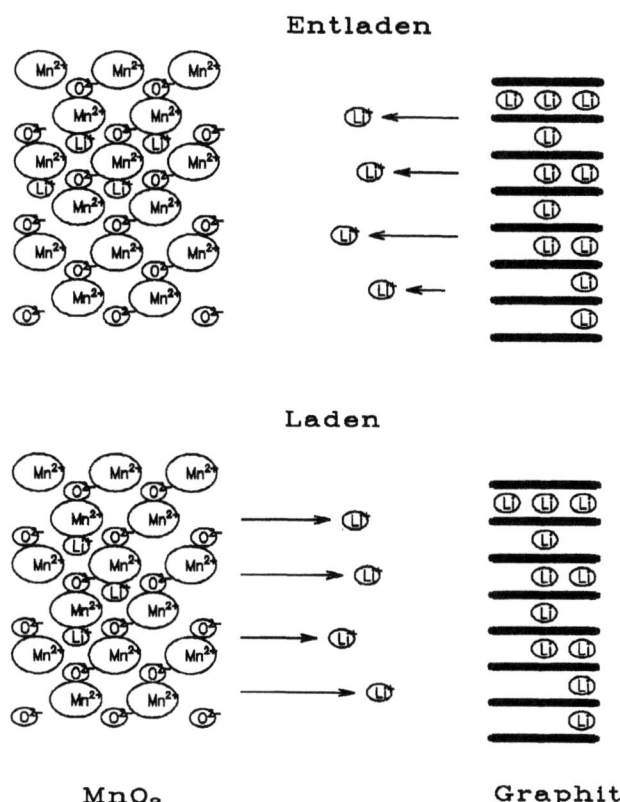

Bild 2.46 Prinzip wiederaufladbarer Zellen nach dem "Swing"-Verfahren.

Der Sicherheitsgewinn durch den Verzicht auf elementares Lithium wirkt bei Überladung der Zelle nicht mehr. Das dann auf der Kohlenstoffelektrode fein verteilt abgeschiedene Lithium reagiert heftig mit den Bestandteilen der Elektrolytlösung.

Ganz ohne einen flüssigen Elektrolyten und den damit verbundenen Problemen, vor allem der erhöhten Selbstentladung, kommen Festkörperzellen aus. Bild 2.47 zeigt eine Lithium/Jod-Zelle, die als Stromquelle in Herzschrittmachern dient.

Als Anode dient eine Lithiumfolie. Zur Kathode wird ein Gemisch aus elementarem Jod (90 .. 95%) und Poly-2-Vinylpyridin verpreßt. Die dabei entstehende organische Verbindung ist ein Charge-Transfer-Komplex, sie erlaubt den Transport von Jod durch den Festkörper. Der Elektrolyt wird bei der erstmaligen

Berührung der Elektrodenmaterialien gebildet. Es kommt durch Reaktion von Lithium und Jod zur Ausbildung einer LiJ-Schicht, die anschließend als Lithium-Ionenleiter wirkt. Die geringe Leitfähigkeit begrenzt die Belastbarkeit der Zelle auf ein für den Verwendungszweck noch ausreichendes Maß, andererseits verhindert sie unerwünschte Selbstentladung durch Hemmung des Elektrolytschichtwachstums.

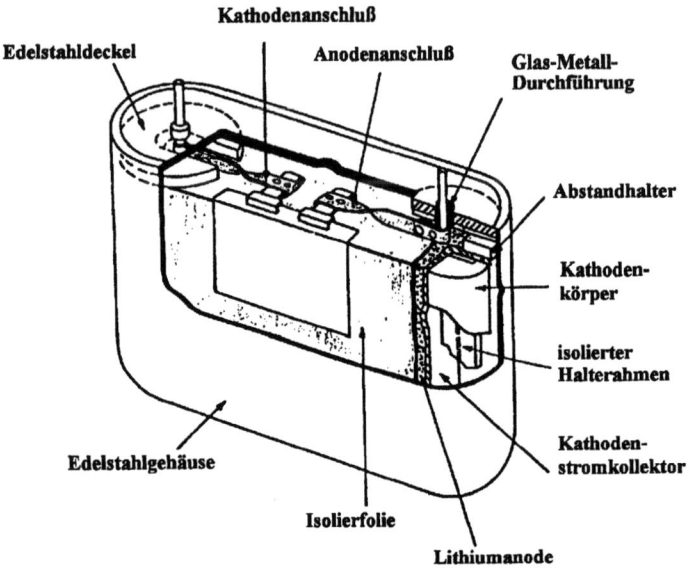

Bild 2.47 Schnittbild einer Lithium/Jod-Zelle für Herzschrittmacher (Catalyst Research).

Sekundärelemente

Der 1859 von Planté erstmalig beschriebene Bleisammler (Bleiakkumulator) ist trotz zahlreicher neu vorgeschlagener Systeme und umfangreicher Entwicklungsarbeiten noch heute das vom Anwendungsvolumen her vorherrschende Sekundärsystem.

Die Zellreaktionsgleichung lautet für den Entladevorgang:

$$Pb + PbO_2 + 2\,H_2SO_4 \rightarrow 2\,PbSO_4 + 2\,H_2O \qquad (2.181)$$

Bei der Wiederaufladung wird der Vorgang umgekehrt. Schematisch ist der Vorgang in Bild 2.48 dargestellt.

2.9 Elektrochemische Energiespeicher

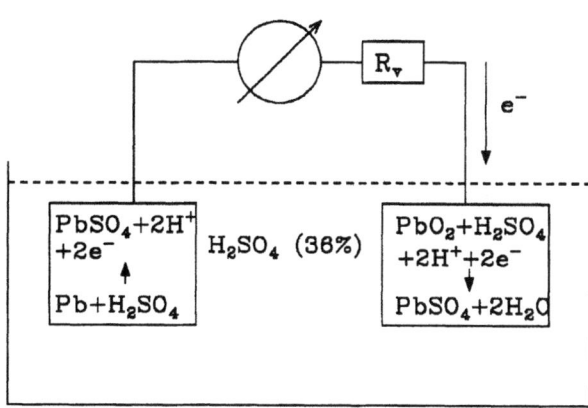

Bild 2.48 Schema der beim Entladen im Bleiakkumulator ablaufenden Vorgänge.

Die nach den thermodynamischen Daten zu erwartende Instabilität der Bleielektrode gegen Säurekorrosion wird experimentell nicht beobachtet, dies geht auf die außerordentlich hohe Wasserstoffüberspannung des Bleis zurück (vgl. Abschn. 3.4).

In seiner praktischen Ausführung werden allerdings nicht Bleiplatten und mit Bleidioxid überzogene Bleche als Elektroden verwendet. Da sie nur über eine sehr geringe elektrochemisch aktive Oberfläche verfügen würden, die ungefähr der geometrischen Oberfläche entspräche, wären bei entsprechender Belastung der Zelle die Stromdichten j sehr groß. Mit ihnen würden die Elektrodenüberspannungen steigen und die nutzbare Klemmenspannung der Zelle sinken (vgl. Abschn. 3.4). Man verarbeitet stattdessen poröse Pasten, die aus Bleischwamm und Bleidioxid mit Schwefelsäure angeteigt hergestellt und in als mechanische Stütze und Stromableiter dienende Bleigitter eingestrichen werden, zu porösen Elektroden. Um bei der Wiederaufladung eine weiterhin möglichst poröse Elektrodenstruktur zu erhalten, werden der Schwefelsäure organische Komplexbildner (Expander) zugefügt. Im Interesse eines geringen Innenwiderstandes der Zelle wird der Abstand der Elektrodenplatten minimiert, zur Vermeidung von Kurzschlüssen werden Faserplatten als Separatoren zwischengelegt.

Bei der Entladung muß darauf geachtet werden, daß die elektrochemische Umsetzung auf die aktiven Massen beschränkt bleibt, eine sogenannte Tiefentladung also vermieden wird. Anderenfalls kommt es vor allem durch die anodische Auflösung des Gitters in der Bleianode zu ihrer unwiderruflichen Schädigung und zur Zerstörung des Akkumulators. Die Aufladung des Akkumulators ist dann abgeschlossen, wenn alles bei der Entladung erzeugtes Bleisulfat wieder in Blei und Blei(IV)dioxid auf den Elektroden umgewandelt worden ist. Wegen der nur geringen Löslichkeit des Sulfats ist die gelöste Konzentration von Bleiionen entsprechend gering, die Abscheidung also transportgehemmt. Während dies zu Beginn der Entladung unwesentlich ist, wird der Einfluß der Transporthemmung mit zunehmender Wiederaufladung immer größer. Da meist mit einem konstanten Strom geladen wird, muß dieser gegen Ende der Ladezeit von einem anderen elektrochemischen Prozeß neben der Bleisulfatzersetzung getragen werden. Dies ist im Bleiakku die Zersetzung des Wassers unter Entwicklung von Wasserstoff und Sauerstoff (Knallgas). Beim Einsetzen dieser Gasung kommt es wegen der Überspannungen an der Bleielektrode vor allem für die Wasserstoffentwicklung zu einem merklichen Spannungsanstieg. Neben den mit den Eigenschaften dieses Gases verbundenen Risiken stellt die für die Gasung verwendete elektrische Leistung einen Verlust dar. Man versucht daher, das Ende der Ladezeit durch geeignete Meßverfahren festzustellen und den Ladestrom pünktlich abzustellen oder auf einen kleinen, zur Ladeerhaltung nötigen Wert zu vermindern. Andere Möglichkeiten schließen die katalytische Rekombination des Knallgases zu Wasser und die Rückführung in die Zelle ein. Alternativ kann durch eine Festlegung der Elektrolytlösung als Gel oder durch Zusatz von porösen Feststoffen erreicht werden, daß im Elektrolytsystem gasdurchlässige Risse und Kanäle entstehen, die eine direkten Transfer des entstandenen Gases zur jeweils anderen Elektrode ermöglichen. Das Gas wird dort bei dem zur Entstehung komplementären elektrochemischen Vorgang wieder umgesetzt. Derartige Zellen werden als wartungsarm oder wartungsfrei angeboten.

Weitere Sekundärsysteme sind entwickelt worden, insbesondere der Nickel-Cadmiumakkumulator hat sich beträchtliche Marktanteile bei kleinen Zellen und hochwertigen Anwendungen erobert.

Seine Zellreaktion ist

$$Cd + 2\ NiOOH + 2\ H_2O \rightarrow Cd(OH)_2 + 2\ Ni(OH)_3 \qquad (2.182)$$

Den Aufbau der Zelle als gasdichte Knopfzelle zeigt Bild 2.49.

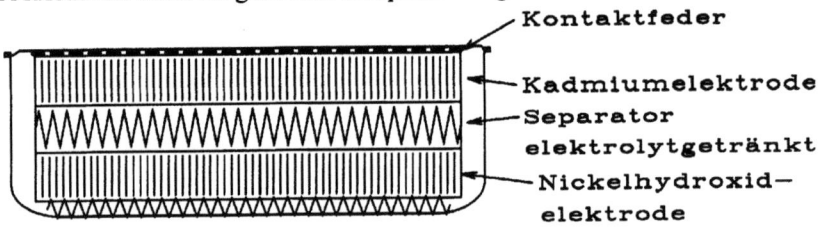

Bild 2.49 Schnitt durch einen gasdichten Nickel-Kadmium-Akkumulator (Knopfzelle).

Die bei Überladung zu erwartende Gasung kann durch geschickte Dimensio-

2.9 Elektrochemische Energiespeicher

nierung der aktiven Massen verhindert werden; dabei wird die Cadmiumelektrode mit etwas größerer Kapazität als die Nickelelektrode hergestellt, außerdem wird der Nickelektrode etwas vom Material der Cadmiumelektrode zugefügt. Der bei Überladung der Nickelelektrode (hier tritt sie wegen der ungleichen Auslegung zuerst ein) entstehende Sauerstoff wird in der Zelle zur Cadmiumelektrode transportiert und dort wieder reduziert, die Zelle hat also einen inneren chemischen Kurzschluß, der Gasentwicklung und Überdruckaufbau verhindert.

Bei der Suche nach leistungsfähigen Sekundärsystemen, die das weitverbreitete Nickel-Cadmium-System ersetzen können, hat eine Fortentwicklung des Nickel-Wasserstoff-Systems zu einem Markterfolg geführt. Beschleunigt durch in einigen Ländern bereits wirksame Verbote des NiCd-Akkumulators wegen seines toxischen Cadmiumgehalts wurde die technisch in kleinen Zellen problematische Druckspeicherung des Wasserstoffs durch seine Speicherung in Metallhydriden ersetzt. Bild 2.50 zeigt den Aufbau einer solchen als NiH-Akku bezeichneten Zelle.

Als Kathode wird ein Nickeloxid (NiOOH) in ein poröses Nickelskelett einpastiert. Der Separator aus Kunstfaservlies wird mit 30%iger Kalilauge als Elektrolyt getränkt. Die Anode besteht aus Metallegierungen wie Ti-Ni oder La-Ni, die große Mengen hydridischen Wasserstoffs drucklos zu speichern befähigt sind. Als Zellreaktion folgt für die Anode

$$NiOOH + e^- + H^+ \rightarrow Ni(OH)_2 \qquad (2.183)$$

und für die Kathode

$$MeH \rightarrow Me + H^+ + e^- \qquad (2.184)$$

Die technischen Eigenschaften ähneln bis auf die noch geringere Hochstrombelastbarkeit denen des NiCd-Systems, trotzdem dürfen Zellen der beiden Typen nicht gemischt verwendet oder geladen werden.

Der mit diesem System erreichte Energieinhalt von 160 Wh/l und die Energiedichte von 55 Wh/kg stellen zwar einen Fortschritt gegenüber dem NiCd-System dar, für viele Anwendungen und die Herstellung in großen Mengen ist das System jedoch wenig geeignet. Andere Sekundärsysteme, die aus gut verfügbaren Rohstoffen bei noch attraktiveren technischen Daten hergestellt werden, sind für Anwendungen wie z.B. die Elektrotraktion in Betracht zu ziehen.

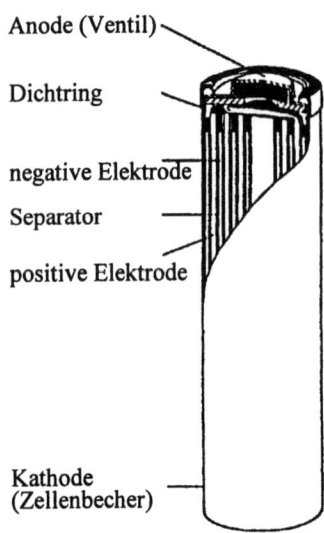

Bild 2.50 Schnittbild eines Nickelhydrid-Akkumulators (VARTA AG).

Von den eingangs erwähnten Elektrodenmaterialien sind unter diesen Gesichtspunkten die Alkalimetalle besonders attraktiv. Neben der Verwendung in Systemen mit aprotischen flüssigen Elektrolyten ist mit der Lithium/Jod-Zelle bereits eine Zelle mit Festelektrolyt vorgestellt worden. Der durch den schlechtleitenden LiJ-Festelektrolyten verursachte hohe Innenwiderstand verhindert jedoch eine breite Anwendung. Ionenleitende Festelektrolyte zeigen jedoch bei erhöhter Temperatur eine rapide Zunahme der Leitfähigkeit; dies geht auf den Mechanismus der Ionenwanderung im Festkörper zurück. Bildet man außerdem den Festelektrolyt als dünne Schicht aus, so steht der Anwendung in einer Hochtemperaturzelle nichts mehr im Weg. Bild 2.51 zeigt den Querschnitt einer Na/S-Zelle zum Betrieb bei erhöhter Temperatur.

Als Kathode dient bei der Betriebstemperatur von ca. 350 °C flüssiges Natrium, in das ein rohrförmiger Metalleinsatz als Stromsammler eintaucht. Bei Beschädigung der Zelle begrenzt das Loch am unteren Ende des Zylinders den Austritt flüssigen Natriums. Als Anode dient Schwefel, der in einen als Stromsammler dienenden Graphitfilz eingepreßt wird und der bei der Betriebstemperatur flüssig vorliegt. Ein aus ß-Al_2O_3 gepreßter und hartgesinterter Hohlzylinder dient als natriumionenleitender Festelektrolyt. Zur Stabilisierung wird das Material mit MgO oder Li_2O dotiert. Andere komplexe Mischoxide werden ebenfalls als Festelektrolyt vorgeschlagen. Das keramische Material hat typische Eigenschaften wie Sprödigkeit, geringe Elastizität, Bruchanfälligkeit, die für die Herstellung der Zellen und ihren Betrieb zahlreiche Probleme aufwerfen.

2.9 Elektrochemische Energiespeicher

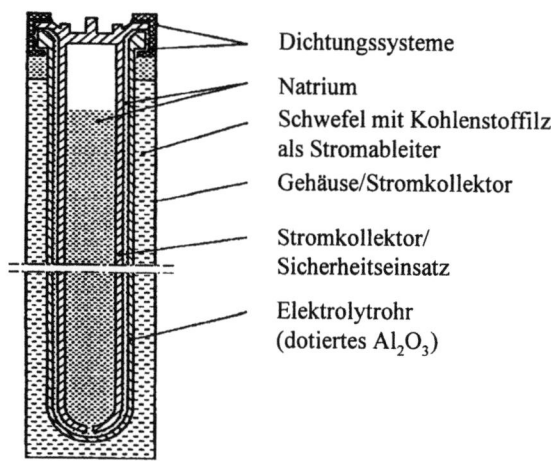

Bild 2.51 Querschnitt einer wiederaufladbaren Natrium/Schwefel-Zelle.

Bei der Entladung wandern Natriumionen durch den Festkörper und reagieren mit dem Schwefel unter Bildung von Natriumpolysulfid, bei der Auflading wird dieser Vorgang rückgängig gemacht. Der mit diesem System erreichte Energieinhalt von 160 Wh/l und die Energiedichte von 140 Wh/kg erlaubte die Verwendung in einem Demonstrationsfahrzeug. Technische Probleme im Zusammenhang mit dem Festelektrolyten stellen ein wichtiges Hindernis der weiteren Entwicklung dar. Die Notwendigkeit einer guten thermischen Isolierung und der Beheizung nach längeren Betriebspausen verursachen zusätzliche Ansprüche.

In einem als "Zebra"-Zelle bezeichneten System wird die Schwefelelektrode durch eine $NiCl_2$-Elektrode ersetzt. Da dieses Material einen porösen Festkörper bildet, muß neben dem Festelektrolyt und Separator aus ß-Al_2O_3 schmelzflüssiges $NaAlCl_4$ zwischen Festelektrolyt und Kathodenkörper eingebracht werden. Der erreichte Energieinhalt beträgt 189 Wh/l, die Energiedichte 113 Wh/kg.

Brennstoffzellen

Im Gegensatz zu den bisher vorgestellten Zellen ist in einer Brennstoffzelle das aktive Material nicht gespeichert. Es wird während des Betriebes zugeführt; die Zelle enthält nur die beiden Elektroden, an denen Brennstoff und Oxidationsmittel umgesetzt werden, sowie den Elektrolyt oder die entsprechend festgelegte Elektrolytlösung und weitere zur Funktion nötige Komponenten.

Bei der Umsetzung der Reaktanden muß ähnlich wie beim Bleisammler durch Ausbildung der Elektroden als poröse Körper auf eine möglichst große aktive

Oberfläche geachtet werden. Dies kann durch die Verwendung von Sintermetallen, Raneymetallen oder kunststoffgebundenen Aktivkohlen geschehen. Zusätzlich sind in vielen Fällen spezifische Katalysatoren erforderlich, die auf die Oberfläche der porösen Elektrode aufgetragen die erwünschte Elektrodenreaktion beschleunigen. Wird ein gasförmiger Reaktand umgesetzt, so muß sich in der Elektrode nicht nur eine Zweiphasengrenze Elektrode/Elektrolyt, sondern eine Dreiphasengrenze Gas/Elektrolyt/Elektrode ausbilden und während des Betriebes stabil erhalten. Dies erfordert besondere Maßnahmen wie lokal unterschiedliche Porositäten der Schicht oder Hydrophobierung. Das Schema einer Wasserstoff-Sauerstoff-Zelle zeigt Bild 2.52.

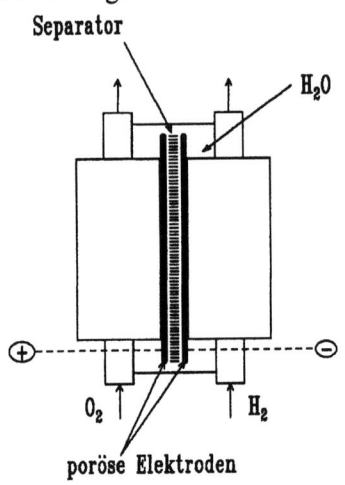

Bild 2.52 Prinzipbild einer Wasserstoff-Sauerstoff-Brennstoffzelle.

Die Zellreaktion der vorgestellten Brennstoffzelle ist

$$2 H_2(g) + O_2(g) \rightarrow H_2O(l) \tag{2.185}$$

Dabei diffundiert Wasserstoff in die poröse Anode, trifft dort auf einen die Oberfläche teilweise bedeckenden Elektrolytfilm, wird darin gelöst und diffundiert weiter zur Elektrodenoberfläche, wo die Oxidation stattfindet. Der letztgenannte Diffusionsweg ist wegen der geringen Gaslöslichkeit und kleinen Diffusionskoeffizienten besonders hemmend. Durch einen möglichst dünnen Flüssigkeitsfilm und eine große innere Oberfläche, an der die Umsetzung mit kleiner lokaler Stromdichte erfolgt, ist dieser Einfluß zu vermindern. Analog verläuft der Weg des Sauerstoffs zu seiner Reduktion. Das gebildete Reaktionswasser muß aus der Zelle entfernt werden, da es den Elektrolyten verdünnt und seinen Leitwert vermindert. Zahlreiche verschiedene Bauformen mit sehr unterschiedlichen Elektrolyten, Elektroden, Betriebstemperaturen, Zellbauformen etc. sind

2.9 Elektrochemische Energiespeicher

in der Literatur beschrieben. Als Oxidationsmittel wird meist Sauerstoff benutzt. An der Anode wird eine Vielzahl oxidierbarer Stoffe umgesetzt, dies schließt Metalle (Zink, Aluminium) ein.

Als Ersatz für den in der Zelle aus Bild 2.52 vorgesehenen Separator sind ionenleitende Polymermembrane (Ionenaustauscher) möglich (vgl. Abschn. 3.7). Mit ihnen als polymerem Festelektrolyt vereinfacht sich die Zellkonstruktion beträchtlich. Da der Polymerfilm recht dünn (< 0,5 mm) hergestellt werden kann, verringert sich der Innenwiderstand der Zelle. Damit sind beträchtliche Leistungsdichtesteigerungen ohne gleichzeitig steigende Leistungsverluste denkbar. Außerdem kann eine solche Zelle leicht als Elektrolyse- wie als Brennstoffzelle betrieben werden. Bild 2.53 zeigt sie im Betriebszustand als Elektrolysezelle.

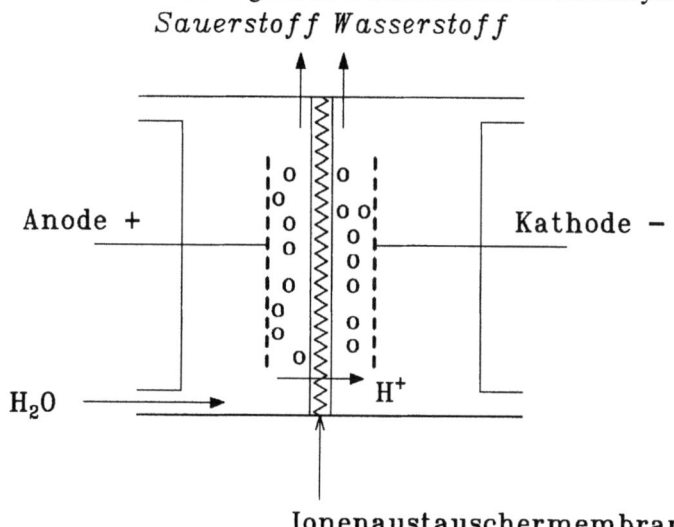

Bild 2.53 Elektrolysezelle mit polymerer Festelektrolytmembran.

Ein ähnliches Funktionsprinzip wird in Redoxbatterien verwirklicht. An den beiden Elektroden (Graphit o.ä.) finden bei der Entladung Redoxreaktionen entsprechend

$$Cr^{2+} \rightarrow Cr^{3+} + e^- \tag{2.186}$$

an der Anode und

$$Fe^{3+} + e^- \rightarrow Fe^{2+} \tag{2.187}$$

statt. Bei der Wiederaufladung werden die beiden Reaktionen umgekehrt. Die entsprechenden Ionen liegen in einer wässrigen Lösung ihrer Chloride vor. Die Lösungen werden im Kreislauf durch die Zelle an den Elektroden vorbeigepumpt. Um einen inneren Kurzschluß der Zelle zu verhindern, bei dem die Redoxkomponenten in direkter, homogener Reaktion miteinander umgesetzt würden, ist die Zelle durch eine für Chloridionen durchlässige Ionenaustauschermembran getrennt. Bild 2.54 zeigt den schematischen Aufbau einer Redoxbatterie. Die Zellen sind wegen des erheblichen Aufwandes für Lagerung und Umwälzung der Lösungen relativ voluminös und gewichtig. Sie werden daher vor allem für stationäre Anwendungen in Betracht gezogen.

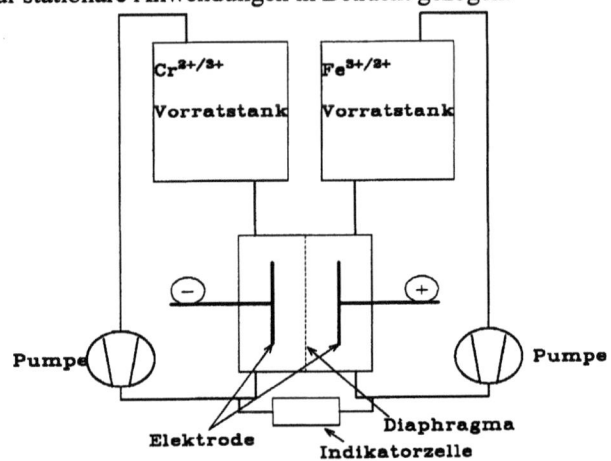

Bild 2.54 Schematischer Aufbau einer Redoxbatterie.

Die mit einigen der kurz beschriebenen Sekundärsystemen erreichbaren Energie- und Leistungsdichten können übersichtlich in einem Ragone-Diagramm dargestellt werden. Da beide Parameter für ein gegebenes System von der Belastung abhängen, ergeben sich Bereiche, in denen typische Daten für ein System zu finden sind.

Mit zunehmender Belastung, hier ausgedrückt als kürzere Entladungszeit (0,1 h ... 100 h), sinkt die spezifische Energie, während die spezifische Leistung wegen der höheren entnommenen Ströme zunimmt. Während die zweitgenannte Veränderung offenkundig ist, wird die Abnahme der spezifischen Energie erst verständlich, wenn man die mit wachsender Stromdichte zunehmenden Verluste durch größere Überspannungen (s. Abschn. 3.4) und die damit kleiner werdende Zellspannung berücksichtigt. Die rasche technische Entwicklung elektrochemischer Systeme zur Energiespeicherung und -umwandlung führt dazu, daß eine wie in Bild 2.55 gezeigte Darstellung nur eine Momentaufnahme darstellen kann und der ständigen Veränderung und Verbesserung unterliegt.

2.9 Elektrochemische Energiespeicher

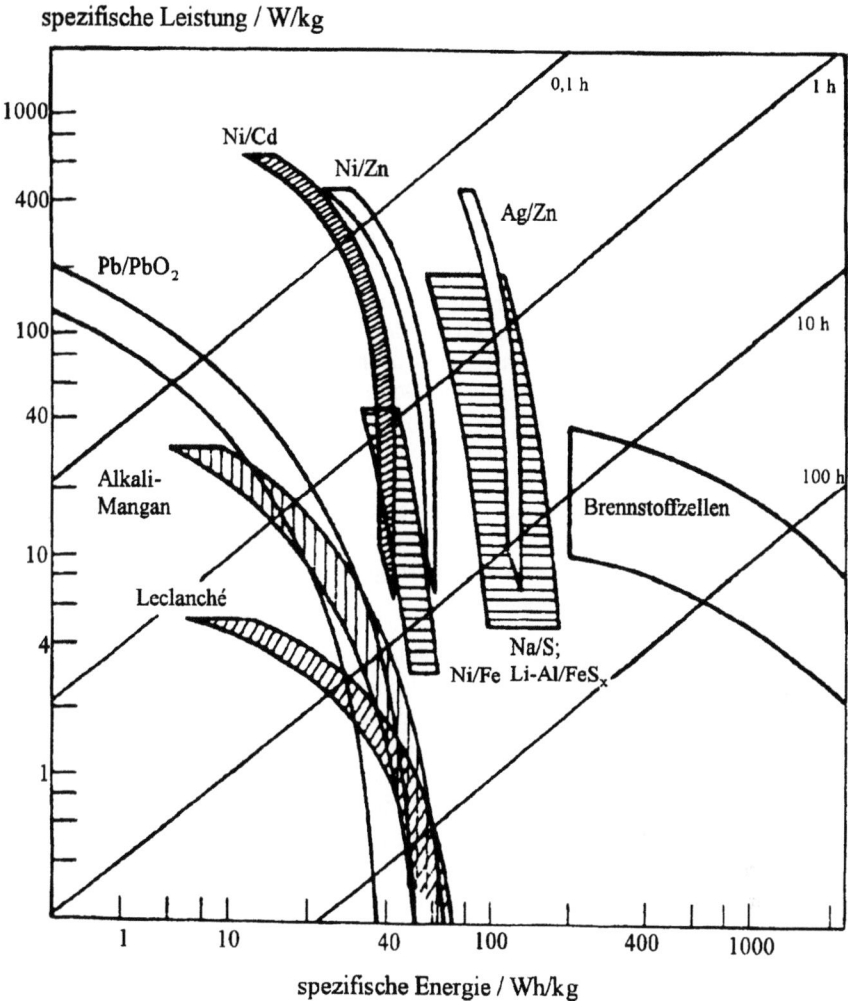

Bild 2.55 Ragone-Diagramm für ausgewählte Primär- und Sekundärsysteme.

Stichworte: Akkumulatoren, Batterien, Brennstoffzellen.

3 Stofftransport und elektrochemische Kinetik

In den vorangegangenen Abschnitten haben wir das Verhalten von Ionen in Lösung und an einer Phasengrenze zwischen Ionenleiter und Elektronenleiter sowie die zugehörigen thermodynamischen und energetischen Aspekte stets unter Gleichgewichtsbedingungen betrachtet. Aus der Erfahrung der Thermodynamik war zu vermuten, daß es sich meist um dynamische Gleichgewichte handelt, bei denen in entgegengesetzter Richtung oder mit gegensätzlicher Wirkung ablaufende Prozesse in einem solchen Ausmaß ablaufen, daß sich für den außenstehenden Beobachter ein scheinbar statisches Bild ergibt. Dies traf für den Fall des schwerlöslichen Salzes, das in einem dynamischen Auflösungs-/Abscheidungsgleichgewicht mit der Lösung stand, ebenso zu wie für die Ionenwolke oder die elektrochemische Doppelschicht, wo ordnende elektrostatische Kräfte mit Unordnung und Gleichverteilung schaffenden thermischen Wirkungen im Gleichgewicht standen.

Bereits in den einfachen Versuchen des ersten Kapitels wurde deutlich, daß die Vorgänge an den als Elektroden bezeichneten Metallflächen, die sich in stofflichen Veränderungen unübersehbar anzeigten, mit dynamischen Prozessen im Lösungsinneren verknüpft sein müssen.

Unter dem Einfluß eines elektrischen Feldes, wie es in einer elektrochemischen Zelle als Gradient des Potentials zwischen den beiden Elektroden besteht, werden geladene Teilchen entsprechend der Polarität ihrer Ladung und der Richtung des Gradienten wandern. Dieser Vorgang wird als Migration bezeichnet. Die Geschwindigkeit ihrer Wanderung hängt dabei von einer Vielzahl von Parametern ab. Diese Wanderung ist die Ursache der elektrischen Leitfähigkeit von Lösungen, die in einem Lösungsmittel einen dissoziierten Elektrolyten enthalten. Da das Phänomen der elektrolytischen Leitfähigkeit schon lange bekannt ist, stützen sich die Modelle der Ionenwanderung im elektrischen Feld auf eine Vielzahl experimenteller Befunde. Diese Untersuchungen beruhen auf der allgemein als Konduktometrie bezeichneten Messung der Leitfähigkeit.

Ausgehend von einem einfachen mechanischen Modell sollen die Zusammenhänge zwischen wirkendem Feld, Konzentration der Ladungsträger und fließendem Strom so genau wie möglich betrachtet werden. Anschließend wird die praktische Bedeutung der dabei gewonnenen Kenntnisse in der Analytik und der Prozeßüberwachung aufgezeigt.

Der in einer Lösung von Ionen transportierte elektrische Strom findet seine Entsprechung in der elektronischen Leitung in Metallen. An der Elektrode, die sich an der Phasengrenze Lösung/Metall befindet, müssen diese beiden unterschiedlichen Arten des Ladungstransports verknüpft werden. Der als Ladungsdurchtritt

3 Stofftransport und elektrochemische Kinetik

bezeichnete zentrale Schritt, bei dem Elektronen und Ionen beteiligt sind, unterliegt ebenfalls wie die Leitfähigkeit äußeren Einflüssen.

Eine quantitative Beschreibung des Einflusses der an der Phasengrenze wirkenden Kräfte auf die Geschwindigkeit des Ladungsübergangs steht im Mittelpunkt der darauf folgenden Darstellung. Da die dem Ladungsdurchtritt vor- und nachgelagerten Schritte oft entscheidend langsam sind und den durch die elektrochemische Zelle fließenden Strom begrenzen, werden auch sie im Detail betrachtet. Zu diesen Schritten gehört die Diffusion. Stofftransport unter der Wirkung eines Konzentrationsgradienten ist neben der Migration das wichtigste Mittel des Stofftransports in elektrochemischen Systemen. Durch Zusammensetzung der Elektrolytlösung können die Beiträge von Migration und Diffusion gesteuert werden. Ein großer Zusatz von Ionen, die an der elektrochemischen Reaktion nicht teilnehmen (Leitelektrolyt) vermindert den Feldgradienten in der Lösung und unterdrückt so die Migration. Darauf wird auch in Kap. 4 bei verschiedenen experimentellen Methoden im Detail eingegangen. In Flüssigkeiten wird allgemein von planarer oder linearer Diffusion ausgegangen. Dies setzt voraus, daß sowohl Quelle wie Senke für den diffusiven Stofftransport sehr groß im Vergleich zu den sich ausbildenden Konzentrationsprofilen sind. Dies ist bei den üblicherweise verwendeten Elektroden aus Draht, Blech etc. gegeben. Erst bei extrem kleinen Elektroden (Mikroelektroden) sind Abweichungen zu erwarten. Hier tritt sphärische Diffusion auf. Da in der Elektrochemie diese spezielle Form der Diffusion nur bei Mikroelektroden bedeutsam ist, wird sie kurz in Abschn. 4.2 im Zusammenhang mit der Anwendung von Mikroelektroden vorgestellt. Ein dritter Weg des Stofftransports, die Konvektion, wird in diesem Kapitel nicht behandelt. Konvektion ist Stofftransport unter der Einwirkung mechanischer Kräfte. Diese Kräfte können systemimmanent auftreten. Wird bei einer Elektrolyse (z.B. Metallabscheidung) die Konzentration der Elektrolytlösung nahe der Elektrode deutlich vermindert, so wird auch ihre Dichte absinken. Entsprechend wird die leichtere Lösung an der Elektrode aufsteigen, schwerere und höher konzentriertere Lösung wird aus dem Inneren der Zelle nachströmen. Neben dieser "natürlichen Konvektion" kann erzwungene Konvektion ebenfalls eine Rolle spielen. Bei einem elektrochemischen Untersuchungsverfahren mit einer rotierenden Elektrode (vgl. Abschn 4.1) wird durch eine gezielte Bewegung ein berechenbarer Stofftransport ausgelöst. In zahlreichen technischen Anwendungen der Elektrochemie wird durch vielfältige Methoden ebenfalls eine Bewegung der Elektrolytlösung mit dem Ziel des Konzentrationsausgleichs und des beschleunigten Nachschubs von Reaktanden oder Abtransport von Edukten erreicht. Das so entwickelte Bild der Dynamik elektrochemischer Phasengrenzen und der Kinetik von Ladungstransportprozessen im Lösungsinneren und an Elektroden wird auf die Korrosion und die technische Elektrochemie von Produktionsverfahren abschließend angewendet.

3.1 Ionenwanderung im elektrischen Feld und elektrolytische Leitfähigkeit

In den vorangehenden Kapiteln wurde dargestellt, wie ein Elektrolyt in einem geeigneten Lösungsmittel unter Bildung solvatisierter Ionen in Lösung geht. Als die treibende Kraft ist dabei die durch die Bildung von Lösungsmittelmolekülhüllen (Solvathüllen, Hydrathülle) um die Ionen, freiwerdende Energie identifiziert worden. Diese muß vergleichbar groß wie die die Substanz zusammenhaltenden Kräfte (bei Salzen entspricht dies der Gitterenergie) sein, anderenfalls würde die Lösung unterbleiben. Das Verhalten der so gebildeten solvatisierten Ionen unter der Einwirkung eines äußeren elektrischen Felds soll nun eingehender betrachtet werden.

Liegt an den Elektroden unserer einfachen Meßanordnung (Bild 1.1) eine Spannung U an, so besteht zwischen den im Abstand l aufgehängten Elektroden ein elektrisches Feld E

$$E = U/l \tag{3.1}$$

das auch in differentieller Schreibweise mit der Abstandskoordinaten x formuliert werden kann:

$$E = dU/dx \tag{3.2}$$

Auf die Ionen in diesem elektrischen Feld wirkt eine Kraft F_{el}

$$F_{el} = z \cdot e_0 \cdot E \tag{3.3}$$

die entsprechend der Ladung der Ionen und der Richtung des Feldes so orientiert ist, daß Kationen zur Kathode und Anionen zur Anode wandern. Da die Kraft ständig einwirkt, müßten die Ionen ständig beschleunigt werden. Das sie umgebende Medium setzt ihnen einen durch die Viskosität gegebenen Widerstand entgegen. Diese Reibungskraft F_r ist nach dem Stokesschen Gesetz

$$F_r = 6 \cdot \pi \cdot r \cdot \eta \, v \tag{3.4}$$

mit r = Radius des wandernden Teilchens, v = seine Geschwindigkeit und η = Viskosität des Mediums. Die Kraft ist der beschleunigenden Kraft des Feldes entgegengesetzt. Wenn beide Kräfte gleich sind, stellt sich eine konstante Wanderungsgeschwindigkeit ein:

$$v = (z \cdot e_0 \cdot E)/(6 \cdot \pi \cdot r \cdot \eta) \tag{3.5}$$

3.1 Ionenwanderung im elektrischen Feld und elektrolytische Leitfähigkeit

Diese Geschwindigkeit wird auch Driftgeschwindigkeit genannt. Sie sollte mit dem Leitwert der Lösung in einem Zusammenhang stehen, der im folgenden näher betrachtet wird. Schon hier ist absehbar, daß eine steigende Viskosität des Lösungsmittels und ein größerer Ionenradius zu einer kleineren Geschwindigkeit führen. Dies wird auch Konsequenzen für den Leitwert haben.

Die Proportionalität zwischen dem wirkenden Feld E und der Wanderungsgeschwindigkeit kann mit der Ionenbeweglichkeit u einfacher ausgedrückt werden:

$$v = u \cdot E \tag{3.6}$$

Entsprechend der Ableitung gilt ausgeschrieben

$$u = z \cdot v/E = z \cdot e_0 / 6 \cdot \pi \cdot \eta \cdot r \tag{3.7}$$

Mit typischen Werten für die Ladungszahl z und den Ionenradius r (z.B. K$^+$: r = 152 pm) folgt $u = 5{,}6 \cdot 10^{-8}$ m$^2 \cdot$V$^{-1} \cdot$s^{-1}. Mit einer angelegten Spannung $U = 1$ V bei einer Distanz der Elektroden von 1 cm folgt damit die recht bescheiden wirkende Wanderungs- oder Driftgeschwindigkeit $v = 5{,}6 \cdot 10^{-6}$ m s^{-1}. Aus der Sicht des Ions ist diese Geschwindigkeit beachtlich: es passiert pro Sekunde viele Tausend Lösungsmittelmoleküle. Mit der Beweglichkeit kann außerdem eine Brücke zwischen der dargelegten theoretischen Ableitung der Ionenwanderung im elektrischen Feld und den nun näher betrachteten experimentellen Resultaten hergestellt werden.

Experimentell leichter zugänglich als einige der in Gl. (3.7) enthaltenen Größen sind der Leitwert (oftmals traditionell als die Leitfähigkeit bezeichnet) oder der Widerstand einer Lösung. Man mißt dazu den Strom durch die Zelle und die anliegende Spannung, der Quotient ist der Leitwert. Entgegen der Erwartung ist der Zusammenhang zwischen Strom und Spannung nicht entsprechend der Ohmschen Regel linear (Bild 3.1).

Dies ist nach den beschriebenen Beobachtungen auf die Prozesse an den beiden Elektroden zurückzuführen, die mit einfachen Strom-Spannungs-Beziehungen nicht erklärbar sind (s. Kap. 3.4). Verwendet man statt der bisher benutzten Gleichspannung eine Wechselspannung, so erhält man den erwarteten linearen Verlauf (Bild 3.1). Offenbar verhält sich die Phasengrenze bei Wechselstrom wie ein Kondensator relativ großer Kapazität, dessen Scheinwiderstand klein im Vergleich zum Widerstand der Lösung ist.

Das Ersatzschaltbild der Meßzelle, das die einzelnen Komponenten des elektrochemischen Systems mit ihren angenäherten elektrotechnischen Äquivalenten wiedergibt, zeigt Bild 3.2.

Auf die Eigenschaft und die Struktur der Phasengrenzschicht, die sich im Kontakt von Elektrode und Elektrolytlösung ausbildet, wurde bereits eingegangen (Abschn. 2.3). Überzieht man die Elektrode mit einer hochporösen Metallschicht (z.B. feinverteiltes Platin auf einer Platinelektrode), so werden die aktive Oberfläche und damit die Kapazität noch weiter erhöht; der Wechselstromscheinwiderstand verringert sich.

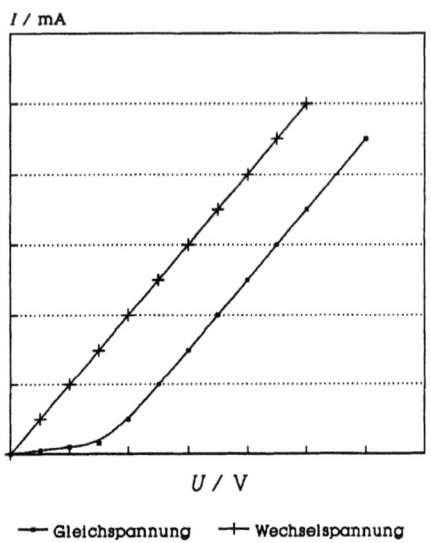

Bild 3.1 Abhängigkeit des Stroms durch eine Leitfähigkeitsmeßzelle von der anliegenden Gleich- und Wechselspannung.

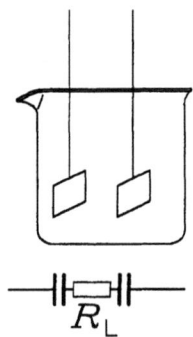

Bild 3.2 Ersatzschaltbild (unten) einer Leitfähigkeitsmeßanordnung (oben).

Wenn man den Leitwert einer Elektrolytlösung in einer kubischen Zelle von

1 cm³ Volumen mißt, in der sich die beiden Meßelektroden als je 1 cm² große Flächen an zwei gegenüberliegenden Wänden befinden, so erhält man den spezifischen Leitwert κ der Lösung, der mit dem spezifischen Widerstand entsprechend $\rho = 1/\kappa$ verbunden ist. Während der Widerstand in Ohm (Ω), der spezifische Widerstand in $\Omega \cdot$cm angegeben werden, ist die Maßeinheit des Leitwertes κ Siemens (S) oder Ω^{-1}. Die Einheit des spezifischen Leitwertes S/cm oder Ω^{-1}/cm resp. S·cm^{-1} oder $\Omega^{-1} \cdot$cm^{-1}. Betrachtet man die für wäßrige Lösungen beobachteten Werte, so fällt die mehr als sieben Größenordnungen umfassende Bandbreite der Meßwerte (Bild 3.3) auf.

Zweckmäßigerweise bezieht man den Leitwert auf eine bestimmte Konzentration, dies erreicht man mit

$$\Lambda = \kappa/c \tag{3.8}$$

Λ wird als der molare Leitwert bezeichnet. Da Ionen unterschiedliche Zahlen z von Elementarladungen je Ion transportieren, ist auch die Berücksichtigung dieser Größe sinnvoll:

$$\Lambda_{eq} = \kappa/(c \cdot z) \tag{3.9}$$

Damit ergibt sich der etwas andere, in Bild 3.4 dargestellte Verlauf der Äquivalentleitfähigkeit in Abhängigkeit von der Konzentration.

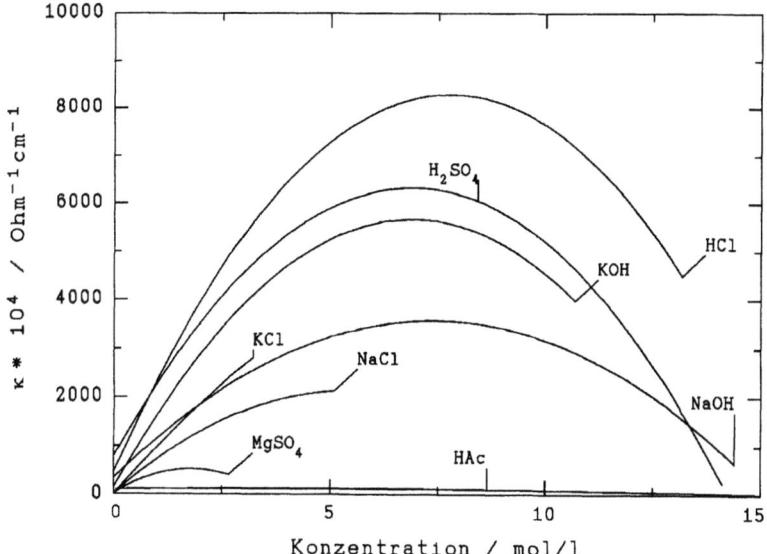

Bild 3.3 Spezifische Leitfähigkeit κ ausgewählter Elektrolyte in wäßriger Lösung.

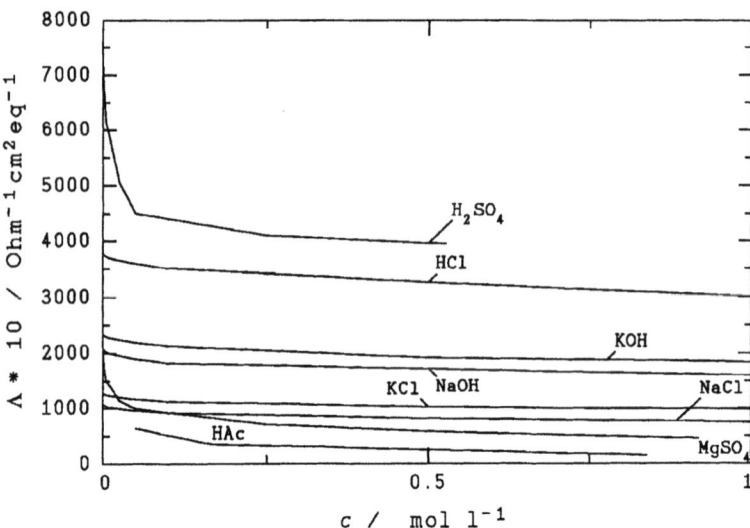

Bild 3.4 Äquivalentleitfähigkeiten verschiedener Elektrolytlösungen.

Aus vergleichenden Untersuchungen der Leitwerte von Lösungen verschiedener Elektrolyte, bei denen Stoffe mit einem gemeinsamen Anion oder Kation untersucht wurden, hat Kohlrausch das Gesetz von der unabhängigen Wanderung der Ionen gefunden. Dementsprechend addieren sich die Leitwerte der Ionen zum Gesamtleitwert:

$$\Lambda = \lambda_+ + \lambda_- \qquad (3.10)$$

Mit der abgeleiteten Beweglichkeit u der Ionen kann zwischen dem molaren Leitwert eines Ions $\lambda^\pm$ und den für die Herleitung der Beweglichkeit eingesetzten Größen ein Zusammenhang gezeigt werden:

$$\lambda^\pm = z \cdot u \cdot F \qquad (3.11)$$

Der Gesamtleitwert ist entsprechend

$$\Lambda = (z_+ \cdot u_+ \cdot \nu_+ + z_- \cdot u_- \cdot \nu_-) \cdot F \qquad (3.12)$$

mit $\nu_\pm$ als stöchiometrischen Koeffizienten.

Mit einem typischen Wert der Beweglichkeit $u = 5{,}6 \cdot 10^{-8}$ m$^2 \cdot$V$^{-1} \cdot$s^{-1} (s.o.) folgt für einen einfachen 1:1 Elektrolyten (z.B. KCl) ein Grenzwert (bei dem die Wechselwirkungen zwischen den Ionen verschwinden, diese hatten wir in unserem einfachen Modell unberücksichtigt gelassen) von 100 $\Omega^{-1} \cdot$cm$^2 \cdot$mol^{-1}.

3.1 Ionenwanderung im elektrischen Feld und elektrolytische Leitfähigkeit

Dies stimmt mit typischen experimentellen Werten recht gut überein (z.B. für KCl $\Lambda = 150\ \Omega^{-1}\cdot cm^2\cdot mol^{-1}$, s. auch unten).

Eine Betrachtung der Konzentrationsabhängigkeit der Leitfähigkeit zeigt, daß mit zunehmender Elektrolytkonzentration der Leitwert zunächst erwartungsgemäß zunimmt, dann aber nach einem Maximum rasch wieder abfällt. Dies kann auf gegenseitige Behinderung der Ionen und unvollständige Auflösung des Salzes, allgemeiner also auf unvollständige Dissoziation des Elektrolyten, zurückgeführt werden. In einer Auftragung der molaren Leitfähigkeit in Abhängigkeit von der Konzentration zeigt sich dies ebenfalls deutlich, durch die Normierung mit der Konzentration haben die Kurven nun einen anderen Verlauf (Bild 3.4). Der bei Extrapolation auf unendliche Verdünnung gefundene Leitwert wird als Grenzleitwert Λ_0 bezeichnet. Gl. (3.10) kann damit anders formuliert werden:

$$\Lambda_0 = \lambda_0^+ + \lambda_0^- \tag{3.13}$$

Empirisch hat Kohlrausch für die Konzentrationsabhängigkeit gefunden

$$\Lambda = \lambda_0 - k\cdot c^{1/2} \tag{3.14}$$

Die Konstante k in diesem Kohlrauschschen Quadratwurzelgesetz ist stoffspezifisch. Eine entsprechende Auftragung in Bild 3.5 zeigt, daß die Konzentrationsabhängigkeit der molaren Äquivalentleitwerte gut mit dem Gesetz beschrieben wird, lediglich Essigsäure bildet eine Ausnahme.

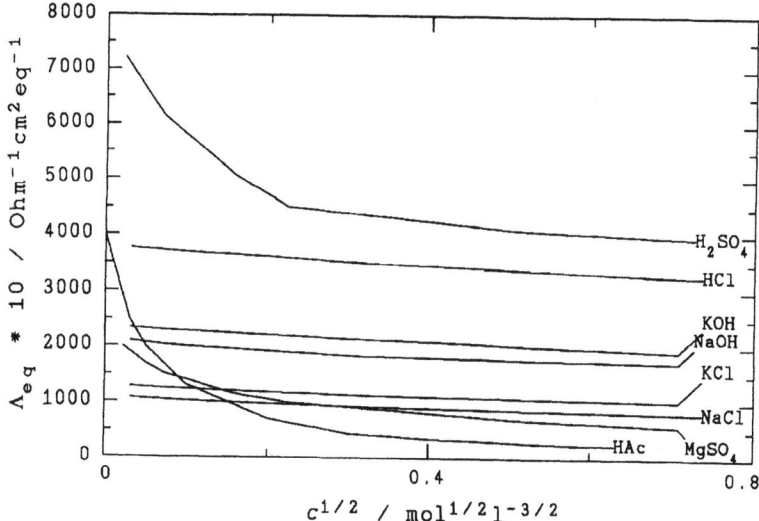

Bild 3.5 Auftragung molarer Äquivalentleitwerte nach Kohlrausch.

Die Aufteilung der so ermittelten Werte von Λ auf die Kationen mit λ_+ und die Anionen mit λ_- ist durch Experimente möglich. Ihre Deutung nimmt eine Überführungszahl t an, die mit t_+ den Anteil der Kationen und mit t_- den Anteil der Anionen am Gesamtstrom beschreibt. Entsprechend gilt

$$t_+ + t_- = 1 \tag{3.15}$$

Der Wert der Äquivalentleitfähigkeit wird sich nach

$$\lambda_+ = t_+ \cdot \Lambda \tag{3.16}$$

und

$$\lambda_- = t_- \cdot \Lambda \tag{3.17}$$

auf die kationischen und anionischen Beiträge aufteilen. Hittorf hat für die Bestimmung eine nach ihm benannte "Hittorfsche Überführungszelle" vorgeschlagen. In einem dem Hoffmannschen Wasserzersetzungsapparat ähnlichen Aufbau wird eine Elektrolyse einer Elektrolytlösung vorgenommen. Aus der Veränderung der stofflichen Zusammensetzung im Anoden- und Kathodenraum und der Kenntnis der geflossenen Ladungsmenge sind die Überführungszahlen zugänglich.

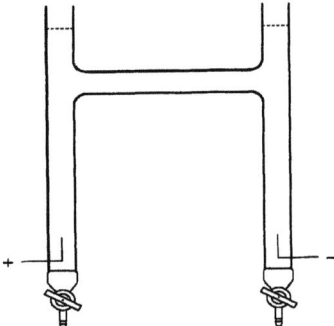

Bild 3.6 Meßzelle nach Hittorf zur Ermittlung der Überführungszahlen.

Als Beispiel sei die Untersuchung einer Salzsäurelösung betrachtet. Nach einem Ladungsfluß von einem Faraday (96494 C oder 96494 A·s) haben sich im Anoden- und im Kathodenraum die in folgender Tabelle zusammengestellten Vorgänge und Veränderungen eingestellt:

3.1 Ionenwanderung im elektrischen Feld und elektrolytische Leitfähigkeit

Anodenraum	Kathodenraum	Vorgang
$-t_+$ mol H$^+$	$+t_+$ mol H$^+$	mit dem Ladungstransport verbundene Überführung von Kationen aus dem Anoden- in den Kathodenraum
$+t_-$ mol Cl$^-$	$-t_-$ mol Cl$^-$	mit dem Ladungstransport verbundene Überführung von Anionen aus dem Kathoden- in den Anodenraum
-1 mol Cl$^-$	-1 mol H$^+$	Gasabscheidung an den Elektroden
$(t_- - 1)$ mol Cl$^-$ $-t_+$ mol H$^+$ = $-t_+$ mol HCl	$(t_+ - 1)$ mol H$^+$ $-t_-$ mol Cl$^-$ = $-t_-$ mol HCl	

Aus der Analyse der Zusammensetzung der Elektrolytlösungen im Anoden- und im Kathodenraum vor und nach der Elektrolyse können die benötigten Werte der genannten Stoffmengen und damit die Überführungszahlen direkt ermittelt werden. Eine Verfälschung der Werte durch Vermischung oder Diffusion während des Experimentes verhindern die langen Diffusionswege der dargestellten Zelle. Tabelle 3.1 zeigt einige Überführungszahlen.

Tabelle 3.1: Überführungszahlen von Ionen in wäßriger Lösung bei unendlicher Verdünnung

Elektrolyt	t_+	t_-
HCl	0,821	0,179
NaCl	0,3962	0,599
KCl	0,4906	0,5094
CaCl$_2$	0,438	0,562
LaCl$_3$	0,477	0,523
NH$_4$Cl	0,4909	0,5091
KOH	0,247	0,726
KCl	0,4906	0,5094
KBr	0,484	0,516
KJ	0,489	0,511
K$_2$SO$_4$	0,477	0,523

Eine weitere Anwendungsmöglichkeit dieser Methode liegt in der Bestimmung der Hydratationszahl. Dazu wird neben dem zu untersuchenden Elektrolyt noch eine andere Neutralsubstanz aufgelöst, die mit den Bestandteilen des Elektrolyten nicht in Wechselwirkung tritt (z.B. Rohrzucker). Zu Beginn des Experiments herrscht in der Meßzelle überall die gleiche Konzentration. Bei der Wanderung der Ionen im elektrischen Feld schleppen die Ionen entsprechend ihrer Hydratationszahl unterschiedliche Zahlen von Wassermolekülen mit. In den von den stärker solvatisierten Ionen aufgesuchten Elektrodenraum wird mehr Wasser eingebracht; die Zuckerlösung wird also etwas verdünnt. Die Konzentrationsänderung kann analytisch (Refraktionsindex, Polarisation) ausgewertet werden. Aus den übrigen Meßdaten kann zumindest auf eine relative Hydratationszahl geschlossen werden.

Die Tabelle zeigt deutlich, daß die Überführungszahl eine relative Größe ist, die stets von der Identität der beteiligten Ionen und Gegenionen abhängt. Mit den gefundenen Werten der Überführungszahlen können die gesuchten Ionengrenzleitwerte bei unendlicher Verdünnung berechnet werden. Ein Vergleich der für verschiedene Ionen gefunden Werte von $\lambda_0^\pm$ (Tabelle 3.2) zeigt, daß die Werte für verschiedene Ionen erheblich voneinander abweichen.

Berücksichtigt man die Zahl der Ladungen der Ionen, so fällt auf, daß mehrwertige Ionen kleinere Grenzleitfähigkeiten als einwertige Ionen zeigen. Der entsprechende Wert für La^{3+} beträgt $139{,}4/3\ \Omega\cdot cm^2\cdot mol^{-1} = 46{,}5\ \Omega\cdot cm^2\cdot mol^{-1}$. Dies ist auf eine verstärkte Solvatation und damit verbunden eine größere Solvathülle mit einem entsprechenden vergrößerten effektiven Teilchenradius zurückzuführen.

Tabelle 3.2: Molare Ionengrenzleitwerte λ_0^+ und λ_0^- von Ionen in wäßriger Lösung bei 298 K

Ion	λ_0^+ $\Omega^{-1}\cdot cm^2\cdot mol^{-1}$	Ion	λ_0^- $\Omega^{-1}\cdot cm^2\cdot mol^{-1}$
H^+	349,8	OH^-	198,6
Li^+	38,7	F^-	55,4
Na^+	50,1	Cl^-	76,4
K^+	73,5	Br^-	78,1
Rb^+	77,8	J^-	76,8
Cs^+	77,2		
Ag^+	61,9		
NH_4^+	73,6	NO_3^-	71,5
Be^{2+}	90,0	SO_4^{2-}	160,0
Mg^{2+}	106,2	CO_3^{2-}	138,6
Ca^{2+}	119,0		
Sr^{2+}	119,0		
Ba^{2+}	127,2		
La^{3+}	139,4	$Fe(CN)_6^{3-}$	302,7
Ce^{3+}	139,6		

Besonders fällt der hohe Leitwert der Wasserstoff- und Hydroxidionen auf. Er ist auf einen für diese Ionen abweichenden Transportmechanismus zurückzuführen. Während die übrigen Ionen mit einer durch elektrostatische Wechselwir-

3.1 Ionenwanderung im elektrischen Feld und elektrolytische Leitfähigkeit

kungen an sie gebundenen Solvathülle im elektrischen Feld wandern, ist das Verhalten der beiden besonderen Ionen durch einen Sprungmechanismus zu beschreiben. Er berücksichtigt die in Bild 3.7 dargestellte Struktur des Oxoniumions, das in wäßriger Lösung nach weiterer Solvatation in noch höher koordinierten Hydroniumionen (z.B. $H_9O_4^+$) vorliegt.

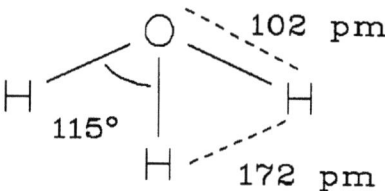

Bild 3.7 Struktur des Oxoniumions.

Entsprechend Bild 3.8 wandern die Teilchen nicht tatsächlich, vielmehr wird durch eine Folge von O-H-Bindungsbrüchen und -neubildungen der Ladungstransport bewirkt. Da bei diesem Mechanismus nur ein Proton von einem Molekül auf ein Nachbarmolekül springt, wird er als "Grotthusscher Sprungmechanismus" bezeichnet.

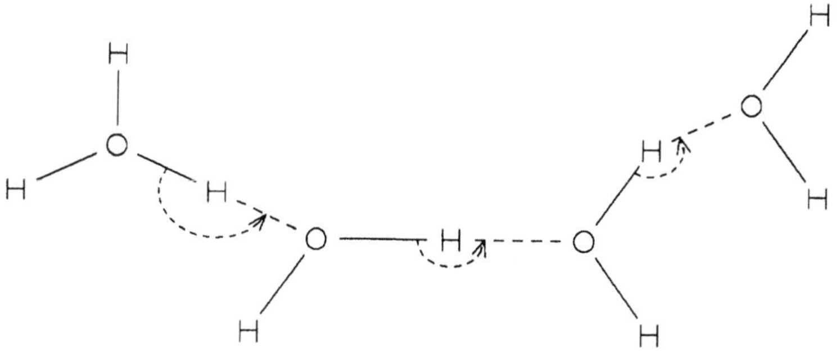

Bild 3.8 Prinzip der Wanderung von Wasserstoff- und Hydroxidionen in wäßriger Lösung, positive Ladung nicht eingezeichnet.

Aus der Untersuchung der Temperaturabhängigkeit des Leitwertes sowie einem Vergleich von H_2O/H_3O^+ und D_2O/D_3O^+ folgt, daß diese klassische Beschreibung nicht zutrifft. In der klassischen Form muß das Proton eine Energiebarriere überwinden. Nimmt man allerdings an, daß das Proton in einem quantenmechanischen Tunnelprozeß in seine neue Bindung übergeht, so ist die Übereinstimmung von Rechnung und Experiment deutlich besser, die berechneten Leitwerte liegen allerdings nun zu hoch. Dies wird verständlich, wenn man berücksichtigt, daß dieses einfache Modell die für einen erfolgreichen Tunnelprozeß nötige korrekte räumliche Ausrichtung der Reaktionspartner noch nicht einschließt. Sie wird durch die zwischen Oxoniumion und polarem Wassermoleküle wirksamen elektrischen Kräfte erreicht. Schließt man die dieser Orientierung entgegenwirkende thermische Teilchenbewegung noch mit ein, so sind Rechung und Experiment in befriedigender Übereinstimmung.

Das abweichende Verhalten der Essigsäure ist auf ihre unvollständige und konzentrationsabhängige Dissoziation zurückzuführen. Bei einer schwachen Säure bzw. einer schwachen Base stehen die undissoziierten und die dissoziierten Anteile in einem durch das Massenwirkungsgesetz beschriebenen Gleichgewicht:

$$K_c = ([A^-] \cdot [H^+])/[HA] \tag{3.18}$$

Entsprechend der Konzentration der Säure variiert die Konzentration der Ionen. Bezeichnet man mit c die Konzentration der eingesetzten Säure, so ist mit einem Dissoziationsgrad α der Anteil der Ionen und der undissoziierten Säure:

$$[A^-] = \alpha \cdot c \tag{3.19}$$
$$[H^+] = \alpha \cdot c \tag{3.20}$$
$$[HA] = (1-\alpha) \cdot c \tag{3.21}$$

Das Massenwirkungsgesetz kann nun anders geschrieben werden:

$$K_c = \alpha^2 \cdot c^2/(c \cdot (1-\alpha)) = \alpha^2 \cdot c/(1-\alpha) \tag{3.22}$$

Da Λ_0 auf unendliche Verdünnung, Λ dagegen auf eine endliche Konzentration bezogen ist und da die undissoziierte Säure nicht zur Leitfähigkeit beiträgt, muß gelten:

$$\alpha = \Lambda/\Lambda_0 \tag{3.23}$$

Eingesetzt folgt damit das Ostwaldsche Verdünnungsgesetz

$$K_c = \Lambda^2 \cdot c/(\Lambda_0 \cdot (\Lambda_0 - \Lambda)) \tag{3.24}$$

Für kleine Werte des Dissoziationsgrads α kann diese Gleichung vereinfacht werden:

$$K_c = \alpha^2 \cdot c \tag{3.25}$$

oder

$$K_c^{1/2} = \alpha \cdot c^{1/2} \tag{3.26}$$

Mit $\alpha = \Lambda/\Lambda_0$ folgt

$$K_c^{1/2} = (\Lambda/\Lambda_0)\, c^{1/2} \tag{3.27}$$

oder

$$\Lambda = K_c^{1/2} \cdot \Lambda_0 / c^{1/2} \tag{3.28}$$

Diese Gleichung einer Hyperbel gibt den in Bild 3.5 beobachteten Kurvenverlauf für die Essigsäure qualitativ gut wieder.

Die auch für starke Elektrolyte beobachtete Konzentrationsabhängigkeit des Leitwertes ist allerdings nicht auf unvollständige Dissoziation zurückzuführen. Sie kann durch elektrostatische Wechselwirkungen in der Debye-Hückel-Theorie erklärt werden. Die ihr zugrunde liegende Modellvorstellung (vgl. Abschn. 2.2) gibt die Konzentrationsabhängigkeit bei kleinen Konzentrationen wieder und liefert Werte des Aktivitätskoeffizienten der Ionen, die in der Thermodynamik der Mischphasen hilfreich sind. Das Modell der Debye-Hückel-Theorie kann beim Verständnis der elektrolytischen Leitfähigkeit ebenfalls mit Gewinn benutzt werden.

Bisher wurde die elektrische Leitung des Stroms durch wandernde Ionen in einer Elektrolytlösung mit der treibenden Kraft des elektrischen Feldes zwischen den Ionen und der bremsenden Stokeschen Reibungskraft des viskosen Mediums in Zusammenhang gebracht. Eine quantitative Darstellung fehlte dazu ebenfalls wie zum Kohlrauschschen Quadratwurzelgesetz. Die von Debye, Hückel und Onsager entwickelte Theorie der elektrolytischen Leitfähigkeit schließt diese Lücke, sie knüpft unmittelbar an das Modell von Debye und Hückel an. Sie begründet sich auf die beiden den Ionenfluß bremsenden Einflüsse des elektrophoretischen Effekts und des Relaxationseffekts.

Betrachtet man zunächst wieder das Modell eines Zentralions in einer Ionenwolke, so wird diese Wolke bei Anlegen einer elektrischen Spannung an die beiden Elektroden das entstehende elektrische Feld das Zentralion aus seiner Ausgangslage auslenken. Die Ladungsverteilung wird augenblicklich unsymmetrisch. Da die Wolke aus entgegengesetzt geladenen Ionen besteht, werden diese in die entgegengesetzte Richtung beschleunigt, dies verstärkt den Effekt. Er wird als elektrophoretischer Effekt bezeichnet[*]. Da beide Ionensorten die sie umgebenden Solvatmoleküle mitzuziehen bestrebt sind, kommt es zu einem bremsenden

---

[*] Elektrophorese ist in der analytischen Chemie ein Verfahren zur Trennung geladener Teilchen unter Einwirkung eines elektrischen Feldes in einer geigneten Meßanordnung.

Effekt. Daneben hat die Verzerrung der Ionenwolke zur Folge, daß das effektive Feld am Ort des Zentralions, wie in Bild 3.9 gezeigt, vermindert wird.

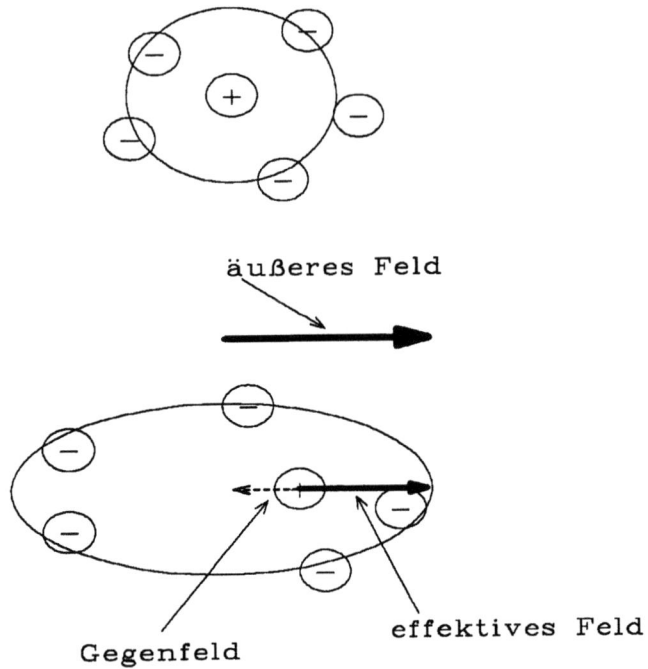

Bild 3.9 Verzerrung der Ionenwolke im äußeren elektrischen Feld.

Diese Verminderung wird durch die Wiederherstellung der Symmetrie aufgehoben, für sie benötigt das System eine als Relaxationszeit bezeichnete Zeitdauer. Beide Effekte vermindern die Geschwindigkeit des wandernden Ions. Die Konzentrationsabhängigkeit des Äquivalentleitwertes Λ_{eq} kann mit

$$\Lambda_{eq} = \Lambda_0 - (B_1 \cdot \Lambda_0 + B_2) \cdot c^{1/2} \tag{3.29}$$

angegeben werden. Darin gibt B_1 den Einfluß des elektrophoretischen Effekts wieder:

$$B_1 = F^3 / (12 \cdot \pi \cdot (1+2^{1/2})(\varepsilon_0 \cdot \varepsilon_r \cdot R \cdot T)^{3/2}) \tag{3.30}$$

Den Beitrag des Relaxationseffektes gibt B_2 wieder:

$$B_2 = (F^3 \cdot 2^{1/2})/(3 \cdot \pi \cdot N_L \cdot \eta \cdot (\varepsilon_0 \varepsilon_r \cdot R \cdot T)^{1/2}) \tag{3.31}$$

Der Leitfähigkeitskoeffizient γ_L als das Verhältnis der molaren Leitfähigkeit bei mäßiger und bei unendlicher Verdünnung ($\gamma = \Lambda/\Lambda_0$) ist damit berechenbar nach

$$\gamma_L = 1 - (B_1 + B_2/\Lambda_0) \cdot c^{1/2} \tag{3.32}$$

Unter Verwendung des Dissoziationsgrades α kann das Grenzgesetz für schwache Elektrolyte modifiziert werden:

$$\Lambda_{eq} = \alpha \cdot [\Lambda_0 - (B_1 \cdot \Lambda_0 + B_2)] \cdot (\alpha \cdot c)^{1/2} \tag{3.33}$$

Der Leitfähigkeitskoeffizient wird entsprechend modifiziert:

$$\alpha \cdot \gamma_L = \Lambda/\Lambda_0 \tag{3.34}$$

Damit sind die in Gl. (3.23) angegebene Proportionalität $\alpha \approx \Lambda / \Lambda_0$ und das Ostwaldsche Verdünnungsgesetz präzisierbar.

Die Migration wurde als eine Möglichkeit des Stofftransports vorgestellt. Als treibende Kraft wurde der Gradient des elektrischen Potentials identifiziert. Daneben spielt die Diffusion eine wichtige Rolle. Beiden Formen des Stofftransports ist gemeinsam, daß eine treibende Kraft eine Wirkung auslöst. Daher ist eine Verallgemeinerung des Zusammenhangs in Form einer Transportgleichung denkbar. Eine solche Verallgemeinerung ist ausgehend vom 1. Fickschen Gesetz rasch zugänglich:

$$J = -D \cdot (dc/dx) \tag{3.35}$$

Zwischen der Teilchenflußdichte J, der Konzentration c und der Driftgeschwindigkeit v besteht der Zusammenhang

$$J = v \cdot c \tag{3.36}$$

Gleichsetzen ergibt nach der Driftgeschwindigkeit aufgelöst

$$v = -\frac{D \cdot dc}{c \cdot dx} \tag{3.37}$$

Die Bewegung der Ionen mit der Driftgeschwindigkeit v ist auf eine wirkende Kraft zurückzuführen. Für die Diffusion ist diese treibende Kraft der Konzentrationsgradient, genauer der Gradient des chemischen Potentials. Damit kann die Kraft analog zur Betrachtung der Migration formuliert werden:

$$F = -\left(\frac{\partial \mu}{\partial x}\right)_{p,T} \tag{3.38}$$

Für ausreichend verdünnte Lösungen kann das chemische Potential aus seinem

Standardwert und einem konzentrationsabhängigen Term zusammengesetzt werden:

$$\mu = \mu^\circ + R \cdot T \cdot \ln c \tag{3.39}$$

In Gl. (3.38) eingesetzt folgt, da das Standardpotential nicht ortsabhängig ist:

$$F = -\frac{R \cdot T}{c} \left(\frac{\partial c}{\partial x} \right)_{p,T} \tag{3.40}$$

Der Aktivitätsgradient in Gl. (3.37) kann durch die so abgeleitete thermodynmaischen Kraft ersetzt werden. Mit der Kenntnis der Kraft und des Diffusionskoeffizienten ist die Berechnung der Driftgeschwindigkeit unabhängig von der Art der wirkenden Kraft möglich. In Gl. 3.40 ergeben sich nach Einsetzen der wirkenden elektrischen Kraft $F_{el} = z \cdot e_0 \cdot E$ und der verursachten Driftgeschwindigkeit bei Migration $v = u \cdot E$ eingesetzt

$$u \cdot E = \frac{D}{R \cdot T} z \cdot F \cdot E \tag{3.41}$$

Vereinfachen führt zu

$$u = \frac{z \cdot F \cdot D}{R \cdot T} \tag{3.42}$$

Den damit hergestellten Zusammenhang zwischen der ionischen Beweglichkeit und dem Diffusionskoeffizienten können wir in der Einstein-Beziehung noch deutlicher erkennen

$$D = \frac{u \cdot R \cdot T}{z \cdot F} \tag{3.43}$$

Einsetzen der bereits abgeschätzten Beweglichkeit des Kaliumions $u = 5{,}6 \cdot 10^{-8}$ m$^2 \cdot$V$^{-1} \cdot$s^{-1} führt zu einem Wert des Diffusionskoeffizienten von $D \approx 10^{-5}$ cm$^2 \cdot$s^{-1}. Eine Weiterentwicklung dieser Beziehung ist unter verschiedenen Aspekten möglich. Der Zusammenhang zwischen dem Einzelionenleitwert $\lambda^\pm$ und der Beweglichkeit war $\lambda^\pm = z \cdot u \cdot F$. Einsetzen der neu gefundenen Beziehung für die Beweglichkeit (Gl. 3.42) führt zu

$$\lambda^\pm = \frac{z^2 \cdot D \cdot F^2}{R \cdot T} \tag{3.44}$$

Der Gesamtleitwert läßt sich nach Gl. (3.12) zur Nernst-Einstein-Gleichung zusammensetzen:

3.1 Ionenwanderung im elektrischen Feld und elektrolytische Leitfähigkeit

$$\Lambda = (z_+ \cdot u_+ \cdot v_+ + z_- \cdot u_- \cdot v_-) \cdot F = \frac{F^2}{R \cdot T} (z_+^2 \cdot D_+ \cdot v_+ + z_-^2 \cdot D_- \cdot v_-) \qquad (3.45)$$

Diese Beziehung kann zur Bestimmung von Diffusionskoeffizienten von Ionen benutzt werden.

Kombinieren wir dagegen die Beziehung für die Beweglichkeit eines Ions $u = z \cdot e_0 / 6 \cdot \pi \cdot \eta \cdot r$ mit der Einstein-Beziehung, so erhalten wir nach dem Diffusionskoeffizienten aufgelöst die Stokes-Einstein-Gleichung

$$D = \frac{k \cdot T}{6 \cdot \pi \cdot \eta \cdot r} \qquad (3.46)$$

Damit haben wir einen Zusammenhang zwischen dem Diffusionskoeffizienten und der Viskosität hergestellt. Für die Anwendung dieser Gleichung muß allerdings berücksichtigt werden, daß die bremsende Reibungskraft der Geschwindigkeit proportional bleibt. Ein einfaches Rechenbeispiel illustriert die Anwendung. Die Beweglichkeit des Sulfations beträgt $8{,}29 \cdot 10^{-4}$ cm$^2 \cdot$s$^{-1} \cdot$V^{-1}. Sein molarer Grenzleitwert 160 $\Omega \cdot$cm$^2 \cdot$mol^{-1}. Mit der Viskosität des Wassers $\eta = 0{,}89$ cP $= 0{,}89 \cdot 10^{-3}$ kg$\cdot$m$^{-1} \cdot$s^{-1} kann ein Radius $r = 200$ pm berechnet werden. Da er auf der Grundlage des Verhaltens des Ions in wäßriger Lösung ermittelt wurde, wird er auch als hydrodynamischer Radius bezeichnet. Aus den Längen der S-O- und der S=O-Bindung mit durchschnittlich 148 pm ergibt sich ein Ionenradius, der nicht sehr viel kleiner als der hydrodynamische Radius ist. Dies läßt auf eine geringe Solvatation des Anions schließen. In Abschn. 2.2 hatten wir dies für Anionen wegen ihrer vergleichsweise geringen Ladungsdichte bereits festgestellt.

Eine weitere Bestätigung der bisherigen Überlegungen folgt aus einer Untersuchung des Zusammenhangs zwischen Viskosität und Leitwert. Nach der Nernst-Einstein-Beziehung war der Leitwert dem Diffusionskoeffizienten proportional: $\Lambda \approx D$; nach der Stokes-Einstein-Beziehung ist $D \approx \eta^{-1}$. Zusammengaßt erwarten wir, daß der Leitwert mit der Viskosität zusammenhängt: $\Lambda \approx \eta^{-1}$ bzw. $\Lambda \cdot \eta = $ const. Dieser auch als Waldensche Regel bezeichnete Zusammenhang wird experimentell bestätigt gefunden. Für das Tetrabutylammoniumion wurde gefunden:

	Wasser	Methanol	Ethanol	Aceton	Nitrobenzol
$\eta / 10^{-3}$ kg$\cdot$m^{-1}s^{-1}	0,89	0,53	1,09	0,306	1,85
$\lambda_+ / \Omega^{-1} \cdot$cm$^2 \cdot$mol^{-1}	17,5	-	-	62,8	11,9
$\eta \cdot \lambda_+ / 10^{-3}$ $\Omega^{-1} \cdot$cm$\cdot$mol$^{-1} \cdot$kg$\cdot$s^{-1}	0,156	-	-	0,192	0,22

Für das Pikration ergaben sich:

	Wasser	Methanol	Ethanol	Aceton	Nitrobenzol
$\eta/10^{-3}\,kg\cdot m^{-1}s^{-1}$	0,89	0,53	1,09	0,306	1,85
$\lambda_-/\Omega^{-1}\cdot cm\cdot mol^{-1}$	30,8	49	27	84,5	15
$\eta\cdot\lambda_-/10^{-3}\cdot\Omega^{-1}\cdot cm\cdot mol^{-1}\cdot kg\cdot s^{-1}$	0,268	0,26	0,294	0,259	0,278

Stichworte: Elektrolytlösungen, Leitfähigkeit, Konduktometrie.

3.2 Eine Anwendung: Konduktometrie

Die nachvollziehbare Abhängigkeit der Leitfähigkeit einer Elektrolytlösung von der Konzentration legt die Idee nahe, Leitfähigkeitsmessungen zur Konzentrationsbestimmung in der quantitativen Analytik heranzuziehen. Da die Leitfähigkeit einer Lösung jedoch stets auf den gemeinsamen Einfluß von mindestens zwei, meist jedoch noch mehr Ionensorten zurückgeht, ist eine direkte konduktometrische Messung (Direktkonduktometrie, vgl. Direktpotentiometrie) nur in Ausnahmefällen sinnvoll. Sehr viel häufiger wird die Konduktometrie zur Überwachung von Prozessen und Titrationsvorgängen eingesetzt, bei denen die Kenntnis einer relativen Veränderung des Leitwerts ausreichend ist. Bild 3.10 zeigt zulässige Bereiche von Leitwerten von Speisewasser für unterschiedliche Verwendungen.

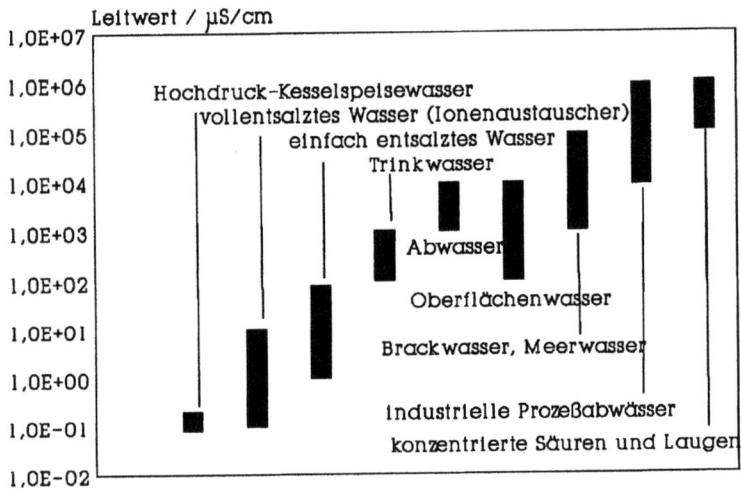

Bild 3.10 Typische Leitwerte verschiedener Wasserqualitäten.

3.2 Eine Anwendung: Konduktometrie

Bei Wasser zur Versorgung von Kesselanlagen etc. kann eine Messung der Leitfähigkeit zur Reinheitskontrolle benutzt werden, da die Leitfähigkeit nur von einer überschaubaren Zahl von gängigen Ionen verursacht wird, die insgesamt die zur Beurteilung wichtige Wasserhärte verursachen.

Die Wasserhärte ist vor allem durch den Gehalt des Wassers an gelösten Kalzium- und Magnesiumverbindungen gegeben. Sie wird in verschiedenen Einheiten angegeben. Neben der Verwendung der Härtegrade (1 °dH = 10 mg/l CaO) soll zur besseren internationalen Vergleichbarkeit die Einheit Millival (1 °dH = 0,36 mval = 7,19 mg/l MgO = 10 mg/l CaO) verwendet werden. Je nach den beteiligten Anionen verhalten sich die härtebildenden Bestandteile des Wassers beim Erhitzen unterschiedlich. Hydrogencarbonate des Magnesiums und des Kalziums zersetzen sich unter Wasserabspaltung und fallen als schwerlösliche Karbonate (Kesselstein) aus. Die von diesen Verbindungen bewirkte Wasserhärte wird als temporäre Härte bezeichnet. Andere Salze (Chloride, Sulfate, Silikate, Nitrate etc.) werden nicht ausgefällt, sie bleiben auch beim Erhitzen in Lösung. Ihr Beitrag wird als permanente Härte bezeichnet. Die große Bedeutung beider Komponenten für technische Prozesse, in denen Wasser als Reaktionsmedium benutzt wird, begründet das Interesse auch an aufwendigen Messungen zur Härtebestimmung.

Wegen des hohen Extraleitwertes von Wasserstoff- und Hydroxidionen kann in einem engen pH-Wertebereich vom Leitwert auf die Alkalinität/Acidität einer Lösung geschlossen werden.

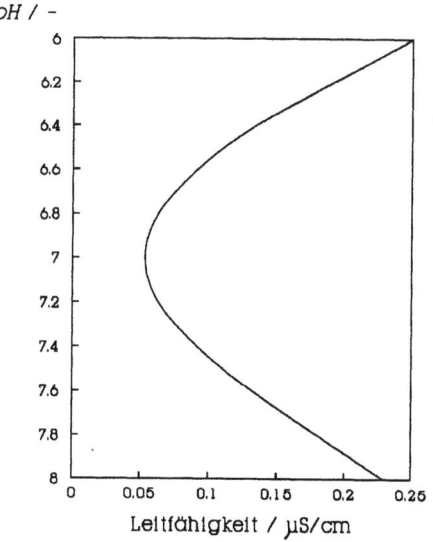

Bild 3.11 Abhängigkeit des Leitwerts vom pH-Wert wäßriger Lösungen.

Diese Anwendungen der direkten Konduktometrie sind außerhalb der Überwachung von Speisewassern und Wasseraufbereitungsanlagen allerdings nur von geringer allgemeiner Bedeutung. Bei der Prozeßkontrolle findet die Konduktometrie Anwendung, wenn drastische Änderungen des Leitwertes zur Steuerung ausreichen. Bei der Reinigung von Rohranlagen in der Lebensmittelprodukion mit Lösungen von NaOH, HNO_3 oder Peressigsäure kann der unzulässige Verbleib von Resten der gut leitenden Reinigungslösung im ansonsten mit eher mäßig leitenden Prozeßflüssigkeiten gefüllten Rohrsystem zur Alarmauslösung verwendet werden. Die Verminderung der Laugekonzentration in Entfettungsbädern, der Salzkonzentration in Bädern zur Käseherstellung oder der Konservenfabrikation oder das Auftauchen unzulässig großer Salzfrachten im Zu- oder Ablauf von Kläranlagen kann mit Konduktometrie erkannt werden.

In der Analytik können Leitwertänderungen bei der Untersuchung chemischer Reaktionen während eines Titrationsvorgangs genutzt werden. Bei der Titration einer Säure mit einer Base werden die besonders gut leitenden Wasserstoffionen durch Zugabe der Base verbraucht, an ihre Stelle treten weniger gut leitende Kationen. Verfolgt man daher die Titration mit einer kontinuierlichen Leitwertmessung, so wird am Äquivalenzpunkt der Leitwert minimal sein, da praktisch alle Wasserstoffionen verbraucht sind. Bei Übertitration werden Hydroxidionen mit ihrem hohen Extraleitwert zugegeben und der Leitwert der Lösung steigt wieder rasch an. Der Beitrag der Chloridionen bleibt während der Titration konstant. Entsprechend der Zugabe von Natriumionen steigt deren Beitrag zum Gesamtleitwert langsam an. Bild 3.12 zeigt die Beiträge und ihre Summe in vereinfachter, idealisierter Form.

Eine reale Meßkurve zeigt vor allem im Bereich des Leitwertminimums meist einen nicht so deutlich ausgeprägten Kurvenverlauf wie die idealisierte Kurve in Bild 3.12. Einen Vergleich mit einer typischen experimentellen Kurven zeigt Bild 3.13. Durch Extrapolation oder Tangentenbildung kann das Minimum jedoch leicht ermittelt werden. Die erhaltenen Leitwerte können leicht für eine automatische Prozeßsteuerung herangezogen werden.

Die Messung des Leitwertes einer zu titrierenden Lösung in Abhängigkeit vom Volumen der zugefügten Titriermittellösung wird als konduktometrische Titration bezeichnet, korrekter müßte der Begriff "konduktometrisch indizierte Titration" lauten. Das beschriebene Beispiel läßt sich auch auf die Untersuchung sehr verdünnter Lösungen erweitern, hier ist wegen des Beitrags der Dissoziationsprodukte von Kohlendioxid zum Leitwert in den verwendeten wäßrigen Lösungen die Verwendung hochreinen kohlendioxidfreien Wassers erforderlich.

3.2 Eine Anwendung: Konduktometrie

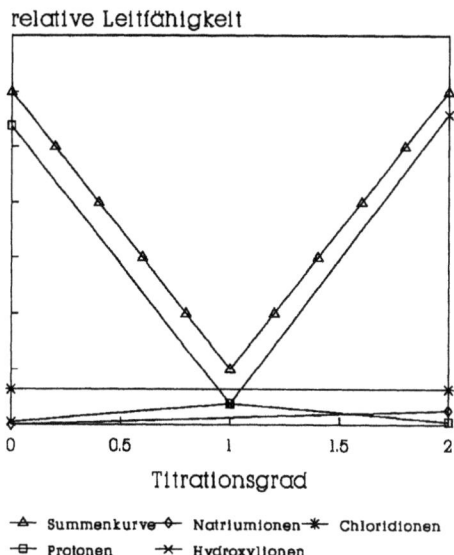

Bild 3.12 Beiträge der verschiedenen Ionen zum Leitwert einer wäßrigen Lösung bei der Titration einer starken Säure mit einer starken Lauge.

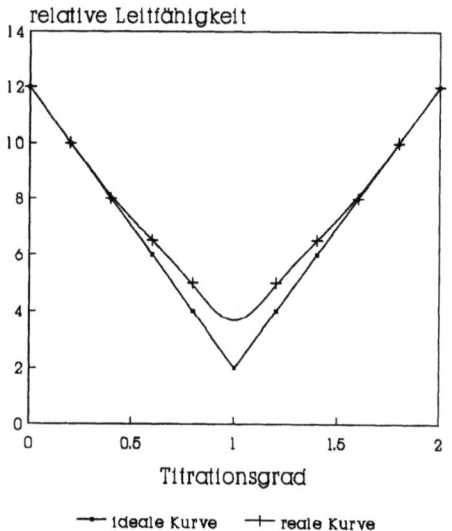

Bild 3.13 Theoretische und praktische Titrationskurven bei der Titration einer starken Säure mit einer starken Lauge.

Bei der Titration einer schwachen Säure mit einer starken Base (oder umgekehrt) folgt der in Bild 3.14 gezeigte veränderte Verlauf der Titrationskurve. Der Kurvenverlauf läßt sich bei Berücksichtigung des Dissoziationsverhaltens schwacher, unvollständig dissoziierter Elektrolyte verstehen. Der anfänglich geringe Leitwert geht auf die schwach dissoziierte Essigsäure zurück. Durch Neutralisation der ohnehin geringen Konzentration freier Protonen kommt es zu einer raschen Abnahme, die die Zugabe von Kationen der als Titrationsmittel verwendeten Base nicht verhindern kann.

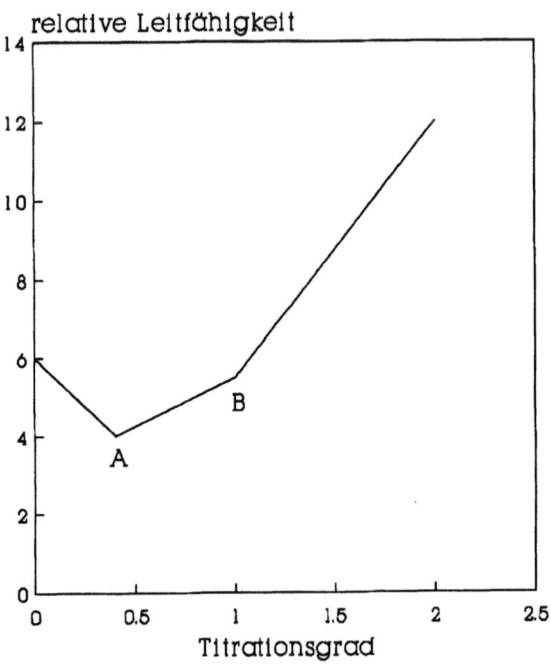

Bild 3.14 Titrationskurve für die Titration einer schwachen Säure mit einer starken Base.

Vielmehr drängen die gebildeten Acetationen die Dissoziation der Essigsäure zurück. Im Bereich "A - B" wird undissoziierte Essigsäure mit der Base zum entsprechenden dissoziierten Salz und Wasser umgesetzt, die Konzentration freier Ionen und damit der Leitwert nehmen zu. Nach dem Äquivalenzpunkt "B" kommt es wegen der rasch steigenden Konzentration freier Hydroxylionen mit ihrer hohen Extraleitfähigkeit zu einem raschen Anstieg des Leitwerts.

Das unterschiedliche Verhalten starker und schwacher Elektrolyte kann zur Simultanbestimmung einer schwachen und einer starken Säure (resp. Base) genutzt werden. Falls die Dissoziationskonstanten der beiden Elektrolyte hinreichend verschieden sind, folgt der in Bild 3.15 schematisch gezeigte Verlauf.

3.2 Eine Anwendung: Konduktometrie

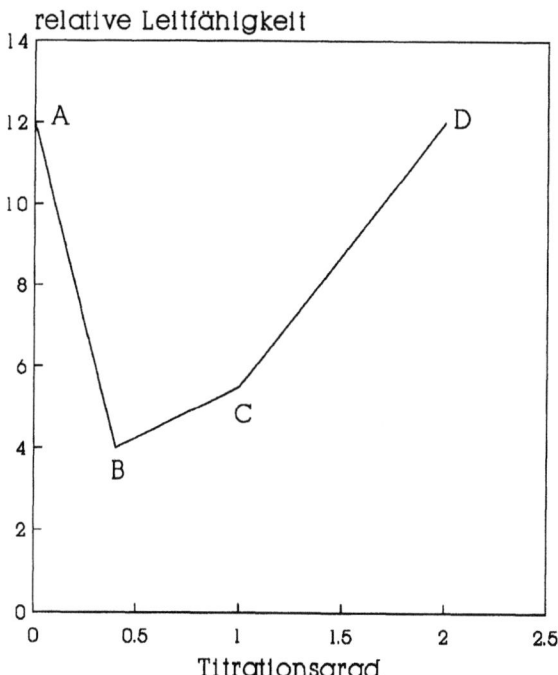

Bild 3.15 Titrationskurve für die Titration einer Mischung einer schwachen und einer starken Säure mit einer starken Base.

Die Interpretation des Kurvenverlaufs folgt den dargelegten Argumenten. Im Bereich "A - B" wird die starke Säure titriert, im Bereich "B - C" die schwache Säure.

Aus Salzen schwacher Basen mit starken Säuren (z.B. NH_4Cl) kann mit einer starken Base die im Salz gebundene Base (resp. umgekehrt) bestimmt werden, wenn wiederum die Dissoziationskonstanten der beteiligten Elektrolyte hinreichend verschieden sind. Der beobachtete Verlauf der Titrationskurve hängt vom Verhältnis der Äquivalentleitfähigkeiten der beteiligten Ionen (im Beispiel: der Kationen) ab. Wird eine Lösung von NH_4Cl mit Kalilauge oder mit Natronlauge titriert, so gilt

$$\Lambda_0(Na^+) < \Lambda_0(NH_4^+) \leq \Lambda_0(K^+)$$
$$(50{,}1 < 74 \leq 73{,}6 \ \Omega \cdot cm^2 \cdot mol^{-1}).$$

Bei Titration mit NaOH tritt an die Stelle des Ammoniumions gemäß der Reaktionsgleichung

$$NH_4^+ + Cl^- + Na^+ + OH^- \rightarrow NH_3\uparrow + Cl^- + Na^+ + H_2O \qquad (3.47)$$

das etwas schlechter leitende Natriumion, die Kurve fällt leicht ab. Bei Titration mit Kalilauge ist wegen der sehr ähnlichen Werte von Λ_0 die Kurve nicht geneigt. Bild 3.16 zeigt die bei dieser Verdrängungstitration beobachteten Kurvenverläufe.

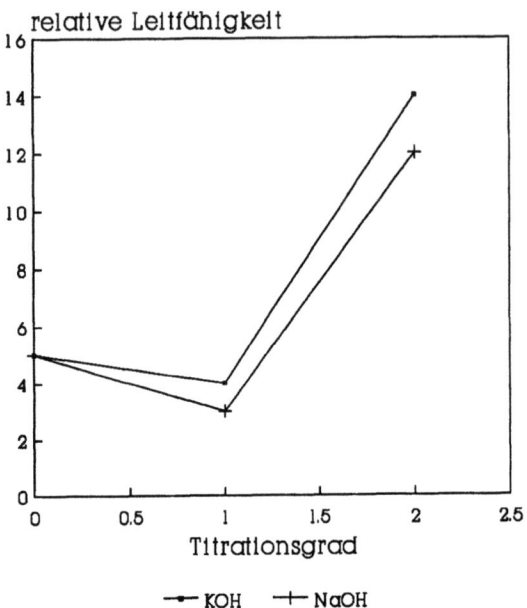

Bild 3.16 Titrationskurve für die Titration der Lösung eines Salzes aus einer schwachen Base und einer starken Säure mit einer starken Base.

Schließlich kann eine konduktometrische Indizierung die Bestimmung des Äquivalentpunktes bei Titrationen erlauben, deren Endpunkt mit anderen Methoden nur schlecht erkennbar ist. So ist die bei einer Fällungstitration ablaufende Reaktion

$$Na^+ + Br^- + Ag^+ + Ac^- \rightarrow AgBr + Na^+ + Ac^- \qquad (3.48)$$

leicht zu verfolgen. Während die Natriumionenkonzentration und damit deren Beitrag zum Leitwert der Lösung konstant bleibt, entzieht der gebildete Niederschlag der Lösung freie Ionen. Da bis zum Äquivalenzpunkt die besser leitenden Bromidionen durch schlechter leitende Acetationen ersetzt werden, fällt die Kurve zunächst ab. Derartige Titrationen sind auch leicht bei erhöhter Temperatur möglich, wenn dies für eine rasche Bildung des Niederschlags in korrekter Stöchiometrie erforderlich ist. Bei der Bestimmung von Sulfationen gemäß

$$2\,Na^+ + SO_4^{2-} + Ba^{2+} + 2\,Ac^- \rightarrow BaSO_4 + 2\,Na^+ + 2\,Ac^- \tag{3.49}$$

ist bei 100 °C bereits nach einer Minute ein konstanter Leitwert, d.h. eine vollständige Umsetzung, erreicht, während bei Raumtemperatur eine wesentlich längere Zeit bis zur Konstanz des Leitwertes verstreicht. Für alle genannte Verfahren gilt als gemeinsamer Vorteil die Möglichkeit, die Leitwertmessung in ein automatisches Meßsystem zu integrieren.

In chemisch oder mechanisch sehr aggressiven Lösungen ist der Einsatz von Meßelektroden, die bei der Konduktometrie in das Medium eintauchen, nicht zweckmäßig. Außen an das Meßgefäß anliegende Elektroden und die Verwendung einer hochfrequenten Meßwechselspannung anstelle der bei den bisher dargestellten Verfahren benutzten niederfrequenten Spannungen bieten einen Ausweg. Der ohmsche Widerstand der Lösung führt zusammen mit den bei hohen Frequenzen nicht mehr vernachlässigbaren kapazitiven Eigenschaften der Meßanordnung zu einem komplizierteren Verhalten der Zelle. Die etwas umständlichere Messung mit der Hochfrequenzkonduktometrie und ihrer Auswertung wird vom Vorteil der berührungslosen Messung jedoch aufgewogen.

Stichworte: Analytik, Elektroanalytik.

3.3 Stoffbilanzen elektrochemischer Prozesse

Im ersten Kapitel wurden einige einfache elektrochemische Experimente beschrieben, bei denen neben visuellen Beobachtungen stofflicher Veränderungen auch Zusammenhänge zwischen dem Fließen elektrischen Stromes, den damit transportierten elektrischen Ladungen, und dem quantitativen Ausmaß der stofflichen Veränderung beobachtet wurden. Eine genauere Gewichtsanalyse der beim fünften Versuch (vgl. Abschn. 1) beobachteten Gewichtsveränderungen zeigt, daß die Masse der elektrolytischen Zersetzungsprodukte (Gewichtsverlust an der Anode, Gewichtsgewinn an der Kathode) der durchgeflossenen Elektrizitätsmenge (der elektrischen Ladung als Produkt aus Zeit und Stromstärke) proportional ist.

$$m \approx Q = t \cdot I \tag{3.50}$$

Dieser Zusammenhang wurde erstmalig von M. Faraday 1833 beobachtet, er stellt das 1. Faradaysche Gesetz dar. Schalten wir die in den letzten vier Versuchen benutzten Elektrolysezellen elektrisch hintereinander, indem wir jeweils Anoden und Kathoden benachbarter Zellen verbinden und die an den Enden dieser Kette verbleibenden Elektroden mit einer Spannungsquelle ausreichend großer Spannung verbinden, so können wir in den Zellen die jeweils beschriebenen Vorgänge beobachten. Vergleichen wir die Massen m des in den beiden ersten Zellen in jeweils gleicher Menge kathodisch entstandenen Wasserstoffs mit der Masse abgeschiedenen Kupfers und Silbers in den übrigen Zellen, so beobachten wir ein Verhältnis $m_\text{H} : m_\text{Cu} : m_\text{Ag}= 1 : 31,8 : 107,9$. Dies entspricht dem Verhältnis der durch die Ionenladungszahl z dividierten molaren Massen: (2/2) : (63,6/2) : (107,9/1), diese Quotienten wurden früher auch Äquivalentgewichte genannt. Der Zusammenhang wird als das zweite Faradaysche Gesetz formuliert: Die durch gleiche Elektrizitätsmengen aus verschiedenen Elektrolyten abgeschiedenen Stoffmengen sind den durch die Ionenladungszahl dividierten molaren Massen proportional.

Bezeichnet man die transportierte elektrische Ladung mit Q, so hängt sie von der Elektrolysezeit t und der Stromstärke I nach

$$Q = t \cdot I \tag{3.51}$$

ab (1. Faradaysches Gesetz). Wenn in dieser Zeit m Gramm Ionen entladen werden, so sind dies mit der molaren Masse M (m/M) Mol Ionen, bei einer Ionenladungszahl z werden $(m/M) \cdot z$ Mol Elektronen oder $(m/M) \cdot z \cdot N_A$ Elektronen umgesetzt. Mit der elektrischen Elementarladung q_e, auch e_0 genannt, ist ein Mol Elektronen

$$N_A \cdot e_0 = N_A \cdot q_e = 96484 \text{ A} \cdot \text{s} = 96484 \text{ C} \tag{3.52}$$

Diese Ladungsmenge wird als 1 Farad bezeichnet. Mit diesen Begriffen ist das 1. Faradaysche Gesetz

$$m \approx I \cdot t \tag{3.50}$$

und das 2. Gesetz lautet:

$$m_1/m_2 = (M_1/z_1)/(M_2/z_2) \tag{3.53}$$

Diese Zusammenhänge wurden lange Zeit zur Messung der durch einen elektrischen Stromkreis fließenden Ladung genutzt, mit dem Coulometer ermöglichten sie die Vorläufer der heutigen "Elektrizitätszähler". Noch heute werden einfache Quecksilbercoulometer verwendet (Stiazähler), die über die Messung einer Elektrizitätsmenge die Einschaltdauer elektrischer Geräte erfassen. Bei ihnen wandert ein Flüssigkeitsmeniskus zwischen den beiden Elektroden, An einer Elektrode wird Quecksilber aufgelöst, an der anderen entsprechend abgeschieden. Das Ausmaß der Meniskusverschiebung entspricht direkt der geflossenen Gleichstromladung.

3.4 Struktur und Dynamik elektrochemischer Phasengrenzen

Auf der Grundlage der in Kap. 2 vorgestellten experimentellen Befunde und der unter ihrer Berücksichtigung entwickelten und verfeinerten Modelle ist eine Vorstellung von der Struktur der elektrochemischen Doppelschicht, vor allem der in ihr herrschenden außerordentlich großen elektrischen Feldstärken, entstanden. Dieses zunächst statisch wirkende Bild wurde bereits durch die Berücksichtigung der thermischen Ionenbewegung in der Debye-Hückel-Theorie mit einer dynamischen Komponente versehen, die auch unmittelbar in das Bild der Doppelschicht hineinwirkte. Mehrfach wurde außerdem angenommen, daß an der Phasengrenze elektrochemische Prozesse ablaufen, bei denen chemische Oxidations- und Reduktionsvorgänge mit dem Übergang von elektrischen Ladungen zwischen Teilchen aus der Lösung und dem elektronenleitenden Material der Elektrode verknüpft sind. Diese zunächst thermodynamische Betrachtung in Abschn. 2.8 wurde im darauf folgenden Abschnitt über die Möglichkeiten der elektrochemischen Energieumwandlung und -speicherung um Hinweise auf kinetische Aspekte der Elektrodenreaktionen ergänzt. In den ersten Abschnitten dieses Kapitels wurde zunächst die Dynamik des Ionentransports in heterogener Phase betrachtet. Auf das zwangsläufig mit einer Bewegung in der Lösung verknüpfte dynamische Geschehen an den zugehörigen Phasengrenzen wurde nicht eingegangen; ein möglicher Einfluß auf die experimentellen Ergebnisse konduktometrischer Untersuchungen wurde durch Verwendung entsprechender Meßverfahren und -geräte minimiert. Unter Berücksichtigung weiterer Befunde der experimentellen Elektrochemie wie anderer auf Elektroden angewendete Meßverfahren sollen die Vorgänge an der Phasengrenze nun genauer betrachtet werden.

3.4.1 Teilschritte elektrochemischer Prozesse: die Überspannungen

Die Geschwindigkeit der heterogenen elektrochemischen Reaktion an der Phasengrenze Elektrode/Elektrolytlösung hängt von einer Vielzahl äußerer Parameter ab. Dies eröffnet zahlreiche Möglichkeiten der Beeinflussung der Reaktionsgeschwindigkeit, erschwert andererseits aber auch die rasche Zuordnung einer Veränderung der Reaktionsgeschwindigkeit bei der Veränderung eines Parameters. Einen Überblick der verschiedenen denkbaren Hemmungen der Reaktion, die die Reaktionsgeschwindigkeit begrenzen, läßt sich aus der schrittweisen Analyse eines elektrochemischen Reaktionsablaufes gewinnen. Eine beliebige elektrochemische Reaktion entsprechend

$$S + e^- \rightarrow S^- \tag{3.54}$$

setzt sich aus einer Reihe von Teilschritten zusammen, die in Bild 3.17 allgemein dargestellt sind.

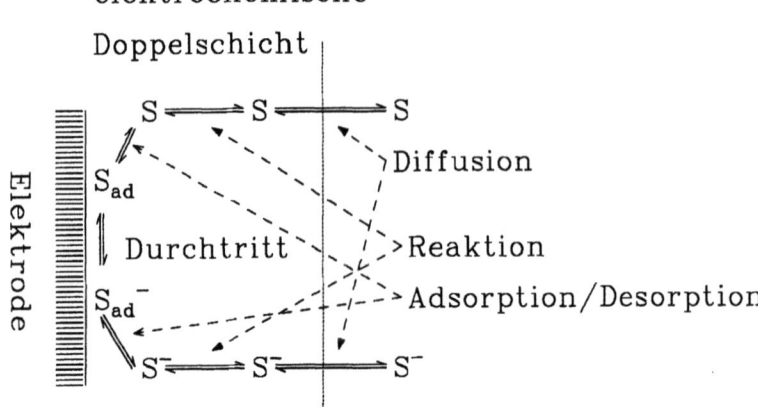

Bild 3.17 Teilschritte einer elektrochemischen Reaktion.

Wir betrachten als Beispiel die kathodische Reaktion der Abscheidung von Silberionen auf einer Silberelektrode aus einer wäßrigen Lösung von Silbernitrat. Die allgemeine Reaktionsgleichung lautet

$$Ag^+_{solv} + e^- \to Ag^0 \qquad (3.55)$$

Der tatsächliche Reaktionsablauf setzt sich aus einer Folge von Teilschritten zusammen:

- Andiffusion der solvatisierten Silberkationen zur Elektrodenoberfläche
- Adsorption der Ionen auf der Elektrodenoberfläche bei teilweisem Verlust der Solvathülle
- Ladungsdurchtritt, hier also Aufnahme eines Elektrons durch das Kation
- Oberflächenwanderung (Diffusion) des Metallatoms zu einer energetisch günstigen Stelle für die Einbindung in das Kristallgitter

oder

- Keimbildung am Ort der Adsorption

oder

- Einlagerung in das Kristallgitter unmittelbar am Ort des Ladungsdurchtritts

Theoretisch könnten alle Schritte mit sehr großer, praktisch unendlicher Geschwindigkeit verlaufen. Praktisch geschieht dies nicht. Bereits in den einfachen Versuchen des ersten Kapitels zeigte sich, daß bei Anlegen einer Spannung, die größer als die zur Zersetzung des Elektrolyten in der Zelle nötige Spannung ist, der Strom zwar zunahm, aber durchaus nicht auf unendlich große Werte. Wie in der chemischen Reaktionskinetik können wir vermuten, daß mindestens ein Teilschritt mit nur endlicher Geschwindigkeit abläuft. Handelt es sich um eine Kette

3.4 Struktur und Dynamik elektrochemischer Phasengrenzen

von Teilschritten dürfen wir außerdem annehmen, daß ein Schritt der relativ langsamste ist; er wird als geschwindigkeitsbestimmender Schritt die Gesamtreaktionsgeschwindigkeit kontrollieren.

Der erste Schritt, die Andiffusion, und sein Beitrag zur Gesamthemmung der Reaktionsgeschwindigkeit läßt sich mit den Gleichungen des diffusiven Stofftransportes und der sich dabei einstellenden Konzentrationsgradienten beschreiben. Die folgende Adsorption ist ähnlich der chemischen Reaktion ein Prozeß, der sich kinetisch mit Gleichungen und Modellen heterogener Reaktionen fassen läßt. In jüngster Zeit sind aus spektroskopischen Untersuchungen der Elektrodenoberfläche zahlreiche Einzelheiten zugänglich geworden, die eine mikroskopische Vorstellung des Adsorbates, seiner im Vergleich zum Zustand des solvatisierten Ions in der Lösung veränderten Eigenschaften und seiner Wechselwirkung mit der Elektrodenoberfläche ermöglichen. Modelle der theoretischen Chemie, die Wechselwirkungen zwischen Metallatomen und Liganden am Beispiel einfacher Metallcluster und Metallkomplexe zu berechnen und damit zu beschreiben vermögen, haben ebenfalls zu einem tieferen Verständnis der Adsorption beigetragen. Der auf die Adsorption folgende Ladungsdurchtritt ist das zentrale Phänomen der Elektrochemie; dementsprechend umfangreich und intensiv sind Untersuchungen und Modelle dazu. Die anschließende Oberflächendiffusion und Anlagerung des Metallatoms an eine energetisch günstige Stelle auf der Oberfläche (Stufe, Terasse, Fehlstelle) oder alternativ die Keimbildung können für ein mikroskopisches Verständnis der Reaktion und ihrer Geschwindigkeit aus der Festkörperphysik und -chemie betrachtet werden.

Weitere mögliche Hemmungen einer Elektrodenreaktion werden bei der Betrachtung der Wasserstoffentwicklung aus einer schwachen Säure als einer anderen kathodischen Reaktion deutlich:

$$CH_3COOH + e^- \rightarrow CH_3COO^- + 1/2\, H_2\uparrow \qquad (3.56)$$

Die Teilschritte sind bei dieser Reaktion:

- Andiffusion der Essigsäure
- Dissoziation der Essigsäure
- Adsorption des Protons
- Übertritt eines Elektrons zum Proton
- Rekombination von zwei Wasserstoffatomen zu einem Wasserstoffmolekül oder
  Reaktion eines Protons mit einem adsorbierten Wasserstoffatom unter Aufnahme eines Elektrons und Bildung des adsorbierten Wasserstoffmoleküls
- Desorption des Wasserstoffmoleküls
- Abdiffusion des gelösten Wasserstoffs

Die Andiffusion der Essigsäure, die entsprechend ihrem Charakter einer schwachen Säure überwiegend undissoziiert vorliegt, wird durch den Konzentrationsgradienten, der sich bei Verbrauch der Essigsäure durch die anschließende Wasserstoffentwicklung ergibt, angetrieben. Das elektrische Feld in der Doppelschicht und vor der Elektrode hat hier - anders als bei der Diffusion der geladenen Silberkationen - keine Wirkung. Es folgt die chemische Reaktion der homogenen Dissoziation. Ihre Geschwindigkeit begrenzt die Konzentration von Protonen, die für die folgende Elektroreduktion zur Verfügung stehen. Die folgenden Teilschritte entsprechen denen des ersten Beispiels.

Im Experiment machen sich alle Hemmungen als ein Unterschied zwischen dem Ruhepotential der Elektrode E_0 und dem Potential $E(I)$ bei Stromfluß bemerkbar. Die Differenz

$$\Delta E = E_0 - E(I) \tag{3.57}$$

wird als Überspannung* η bezeichnet. So wie sich die Gesamthemmung einer Reaktion aus den Beiträgen der Hemmungen der einzelnen Schritte zusammensetzt, wird die Gesamtüberspannung sich additiv aus Überspannungen, die den verschiedenen Teilschritten zukommen, zusammensetzen. Daher werden die Überspannungen auch entsprechend benannt.

Ein Versuch, die verschiedenen Überspannungen unter allgemeinen Gesichtspunkten zusammenzufassen, führt zur

- Diffusionsüberspannung durch gehemmten Stofftransport η_{diff}
- Reaktionsüberspannung durch eine vor- oder nachgelagerte chemische Reaktion η_R
- Adsorptionsüberspannung η_{ad}
- Durchtrittsüberspannung durch einen gehemmten Ladungsdurchtritt η_D
- Kristallisationsüberspannung η_{krist}

Da die beiden ersten Hemmungen zu einer Abweichung der Konzentration der beteiligten Teilchen an der Elektrode von der Konzentration im Lösungsinneren führt, faßt man die beiden Hemmungen in der Konzentrationsüberspannung η_{Konz} zusammen:

---

* Der Begriff ist mißverständlich. Zwar ist nach der Definition die Differenz zwischen zwei Potentialwerten eine Spannung. Hier beziehen sich die Potentialangaben jedoch auf zwei verschieden Zustände einer Elektrode. Im Englischen wird die Differenz daher konsequent als "overpotential" bezeichnet, während "overvoltage" den Unterschied zwischen der Spannung einer Zelle im Ruhezustand und bei Stromfluß bezeichnet.

3.4 Struktur und Dynamik elektrochemischer Phasengrenzen

$$\eta_{Konz} = \eta_{diff} + \eta_R \qquad (3.58)$$

Ausgangspunkt der Untersuchung experimenteller Ergebnisse zur Zuordnung und Quantifizierung der verschiedenen Überspannungen für einen elektrochemischen Prozeß ist die in einer elektrochemischen Meßanordnung (s. Kapitel 4) ermittelte *Stromdichte-Potentialkurve*, die das Elektrodenpotential in Abhängigkeit von Betrag und Richtung des Stromflusses erkennen läßt. Trägt man statt des gemessenen Elektrodenpotentials E die Differenz zwischen dem Ruhepotential E_0 und dem gemessenen Potential $E(I)$ auf, so wird die Stromdichte als Funktion der Überspannung η (vgl. Gl. (3.57)) erhalten. Bild 3.18 zeigt als Beispiel diesen Zusammenhang für eine Silberelektrode in einer silberionenhaltigen Lösung.

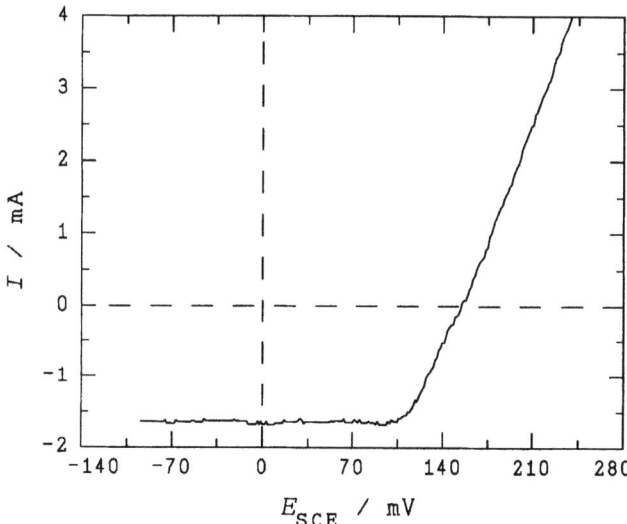

Bild 3.18 Stromdichte-Potential-Kurve einer Silberelektrode in einer wäßrigen Lösung von 0,1 M AgNO$_3$.

Der anodische Strom ($I > 0$ mA) entspricht der Silberauflösung, der kathodische Strom ($I < 0$ mA) der Silberabscheidung. Bei $E_{SCE} = 160$ mV ist $I = 0$ mA, dieser Wert von E entspricht also E_0. Während in der Nähe von E_0 der anodische und der kathodische Kurvenverlauf sehr ähnlich sind, ist bei größerer Entfernung von E_0 - entsprechend größeren Werten von η - der deutliche Unterschied in den Kurvenformen Anlaß zur Vermutung, daß die Einzelüberspannungen, die jeweils zur kathodischen (negativen) und anodischen (positiven) Überspannung beitragen und die sehr verschiedenen Kurvenverläufe bewirken, nach Art und Betrag recht verschieden sein dürften.

In den folgenden Abschnitten werden diese Überspannungen diskutiert. Neben ihrer formalen Definition und ihrem Zusammenhang mit kinetischen Größen werden Modellvorstellungen zu ihrem Verständnis beschrieben. Experimentelle Methoden zu ihrer Untersuchung werden im Kapitel 4 ausführlich vorgestellt, dort werden auch praktische Hinweise zur raschen Unterscheidung verschiedener Überspannungen gegeben.

3.4.2 Der Ladungsdurchtritt: die Butler-Volmer-Gleichung und die Durchtrittsüberspannung

Der Ladungsdurchtritt an der Phasengrenze Elektrode/Elektrolytlösung steht im Mittelpunkt aller Betrachtungen zur Kinetik elektrochemischer Prozesse. In ihm werden elektronischer Stromfluß in der Elektrode und ionischer Teilchenfluß in der Lösung miteinander verknüpft; bei ihm werden die extremen elektrischen Feldstärken (vgl. Abschn. 2.3) an der Phasengrenze wirksam. Im folgenden Abschnitt wollen wir zunächst annehmen, daß alle vor- und nachgelagerten Teilschritte der Elektrodenreaktion sehr schnell seien und nicht zur Hemmung der Elektrodenreaktion beitragen. Bei einer solchen Reaktion, die in ihrer Geschwindigkeit nur vom Ladungsdurchtritt begrenzt ist, spricht man von einer durchtrittsgehemmten Reaktion; die einzige beobachtete Überspannung ist η_D. Die scheinbar naheliegende Antwort auf die Frage nach der Identität der beim Ladungsdurchtritt übergehenden Teilchen, die Elektronen als die sich bewegenden Teilchen angibt, trifft nicht für alle Reaktionen korrekt zu. Bei Redoxreaktionen, wie wir sie an Redoxelektroden (vgl. Abschn. 2.4) beobachtet haben, ist diese Angabe sicher korrekt. Bei der Entwicklung von Gasen kann diese Antwort bereits abweichen. Sicher muß aus der Elektrode auf das Proton zur Bildung von Wasserstoff ein Elektron übergehen, und ebenso notwendig ist die Abgabe eines Elektrons aus dem Chloridion. Vor allem bei dem extrem leichten Proton, das selbst wie ein Elektron zu Tunnelprozessen mit beträchtlicher Rate in der Lage ist, könnte jedoch der Transfer des Protons aus der Lösung auf die Elektrode die eigentliche Durchtrittsreaktion sein. Ähnlich ist die Situation bei der Metallabscheidung oder -auflösung. Die Auswertung experimenteller Ergebnisse vor allem zur Wasserstoffentwicklung legt also Vorsicht bei der Verallgemeinerung der folgenden Betrachtung vom reinen Elektronentransfer allgemein auf alle Durchtrittsreaktionen nahe.

Beim Gleichgewichtspotential E_0 der Elektrode fließt kein meßbarer äußerer Strom. Dies bedeutet allerdings nicht, daß an der Phasengrenze kein Ladungsdurchtritt stattfindet. Vielmehr stellt sich ganz in Analogie zu dynamischen Gleichgewichten an anderen Phasengrenzen wie beim dynamischen Verdampfungs-/Kondensationsgleichgewicht zwischen flüssiger und dampfförmiger Phase ein Zustand ein, bei dem die Geschwindigkeit v der Hin- und der Rückreaktion gleich groß sind.

Betrachten wir das Beispiel

3.4 Struktur und Dynamik elektrochemischer Phasengrenzen

$$Ag^+_{solv} + e^- \underset{v_{rück}}{\overset{v_{hin}}{\rightleftarrows}} Ag^0 \qquad (3.59)$$

so ist

$$v_{hin} = v_{rück} \qquad (3.60)$$

Dies entspricht einem ständigen Stoffaustausch an der Phasengrenze. Experimentell konnte dies zuerst durch die Untersuchung der Radioaktivität einer Silberelektrode gezeigt werden. Selbst zunächst nicht radioaktiv tauchte sie in eine wäßrige Lösung von Silbernitrat, die ein radioaktives Silberisotop enthielt. Mit zunehmender Zeitdauer wuchs die Radioaktivität der Silberelektrode an, die jeweils nach Entnahme aus der Lösung ermittelt wurde. Vor allem die langsame Diffusion der Silberatome im Festkörper behindert eine völlige Angleichung der Radioaktivität in Metallelektrode und Lösung.

Wird das Potential der Silberelektrode durch Anlegen einer äußeren Spannung verschoben, so wird je nach Richtung der Verschiebung ein anodischer oder kathodischer Strom meßbar sein (vgl. Bild 3.18). Verschiebt man das Potential in positiver (anodischer) Richtung, so wird ein anodischer Strom meßbar, der der Silberauflösung entspricht. Bei Umkehrung ist ein kathodischer Strom meßbar, der zur Silberabscheidung gehört.

Die Herleitung eines Zusammenhangs zwischen dem eingestellten Elektrodenpotential und dem beobachteten Strom kann auf den Grundlagen der chemischen Reaktionskinetik aufbauen. In einer homogenen Reaktion, bei der einem Fe^{3+}-Ion ein Elektron unter Bildung des Fe^{2+}-Ions übertragen wird, ist der eigentliche Elektronentransfer sehr schnell. Es handelt sich in der Regel um einen quantenmechanischen Tunnelvorgang, bei dem sich die Lage des Metallions und der Teilchen in seiner Umgebung allenfalls sehr langsam im Vergleich zum Elektronenübergang ändert (adiabatische Näherung). Vergleichen wir die beiden Ionen miteinander, so fällt auf, daß das Fe^{3+}-Ion eine höhere Ladungsdichte hat. Dementsprechend werden seine Liganden in der Solvathülle dem Metallion etwas näher als im Fe^{2+}-Ion sein. Ein Elektronentransfer in diese energetisch ungünstige Lage wäre höchst unwahrscheinlich. Der Abstand zwischen Liganden und Zentralion ist allerdings zeitlich nicht konstant. Entsprechend der thermischen Vibration des solvatisierten Ions verändern sich die Abstände und damit die Energie U des Systems ständig. Eine graphische Auftragung für beide Ionen führt zu Bild 3.19.

Der Schnittpunkt beider Kurven entspricht dem Abstand zwischen Liganden und Zentralion, bei dem der Elektronentransfer am wahrscheinlichsten ist. Die Höhe des Schnittpunkts über den beiden Kurvenminima entspricht den Aktivierungsenergien für ΔU_{red} für die Hin- und ΔU_{ox} für die Rückreaktion, während ΔU_e

der Änderung der Systemenergie bei Ablauf der Reaktion entspricht.

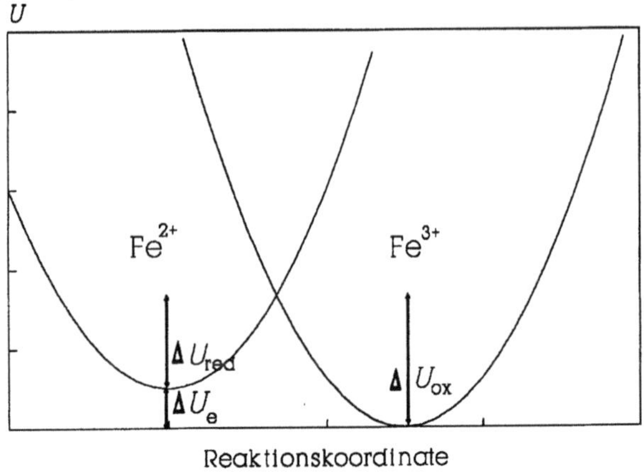

Bild 3.19 Energie U der solvatisierten Fe^{3+}- und Fe^{2+}-Ionen als Funktion der Reaktionskoordinate, die beiden Parabeln geben die Energie der beiden Ionen in Abhängigkeit der Abstände zwischen Zentralion und Solvatmolekül an.

Eine Geschwindigkeitskonstante k kann entsprechend der Arrhenius-Beziehung allgemein als

$$k_{red} = k_{0,red} \cdot \exp\left\{-\frac{\Delta E_a}{R \cdot T}\right\} \tag{3.61}$$

angegeben werden. Die Reaktionsgeschwindigkeit ist

$$v = k_{red} \cdot c_{ox} \tag{3.62}$$

Ist ein Reaktionspartner ein Elektron, das für die als Beispiel bereits diskutierte Reduktion des Silberions aus der Elektrode auf das Silberion übertreten muß, so ist seine Energie und damit auch die Lage der zugehörigen Kurve in einer Bild 3.19 entsprechenden Darstellung vom Elektrodenpotential abhängig. Diese durch eine einfache Veränderung der angelegten Spannung mögliche Veränderung der Oxidations- oder Reduktionskraft macht die große Attraktivität elektrochemischer Synthesen aus.

Betrachten wir nur den zentralen Teil um die Energiebarriere von Bild 3.19 in einem vereinfachten Auschnitt (Bild 3.20) und berücksichtigen nur die Energie des Elektrons, so entspricht eine Verschiebung des Potentials um ΔE einer Veränderung der Energie des Elektrons in der Elektrode um $n \cdot F \cdot \Delta E$.

3.4 Struktur und Dynamik elektrochemischer Phasengrenzen 161

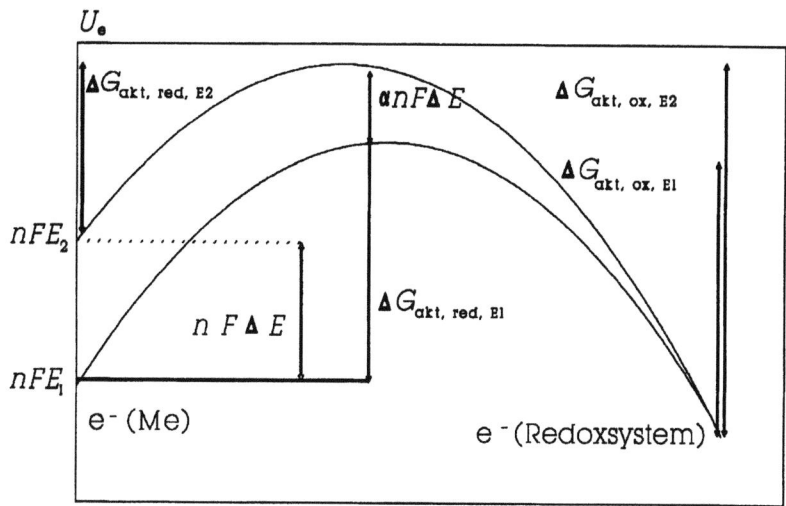

Bild 3.20 Energie des Elektrons beim Ladungstransfer in Abhängigkeit von der Reaktionskoordinate für zwei verschiedene Elektrodenpotentiale E_1 und E_2.

Die freie Aktivierungsenthalpie ΔG_{akt} wird sich dabei vermutlich auch ändern, in einem Extremfall wird sie um $n \cdot F \cdot \Delta E$ wachsen, im anderen wird sie sich gar nicht ändern. Diese Auswirkung der Potentialveränderung auf ΔG_{akt} wird mit dem Durchtrittsfaktor α beschrieben, die tatsächliche Veränderung ist damit $\alpha \cdot n \cdot F \cdot \Delta E$ für die anodische Teilreaktion (den Übertritt des Elektrons zur Elektrode). Für die kathodische Reaktion gilt entsprechend $(1 - \alpha)n \cdot F \cdot \Delta E$, die Summe der Durchtrittsfaktoren für Hin- und Rückreaktion ist stets eins.

Der elektrische Strom I_{red}, der bei der Reduktion der Silberionen fließt, kann mit der Reaktionsgeschwindigkeit nach

$$I_{red} = v \cdot n \cdot F = n \cdot F \cdot k_{red} \cdot c_{ox} \tag{3.63}$$

verknüpft werden. Berücksichtigt man außerdem die Aktivierungsenergie und ihre Veränderung und nimmt wegen der leichteren Vergleichbarkeit der Daten statt dem Strom die flächenspezifische Stromdichte j ($j = I / A$), so erhalten wir für die betrachtete Reduktion

$$j_{red,E1} = -n \cdot F \cdot k_{0,red} \cdot c_{ox} \cdot \exp\left\{-\frac{\Delta G_{akt,E1}}{R \cdot T}\right\} \tag{3.64}$$

Da diese Stromdichte den Ladungsdurchtritt beschreibt, wird sie auch Durchtrittsstromdichte j_D genannt. Eine Veränderung des Elektrodenpotentials um ΔE zum Wert E_2 führt zu

$$j_{D,red,E2} = -n \cdot F \cdot k_{0,red} \cdot c_{ox} \cdot \exp\left\{-\frac{\Delta G_{akt,E1} + (1-\alpha) \cdot n \cdot F \cdot \Delta E}{R \cdot T}\right\} \quad (3.65)$$

Setzen wir das Elektrodenpotential E_1 willkürlich gleich Null und beziehen den dort wirkenden Wert $\Delta G_{akt,red,E1}$ in die Geschwindigkeitskonstante ein, so wird aus der Potentialänderung ΔE ein Potential E und es folgt mit einer neuen Konstante $k'_{0,red}$,

$$j_{D,red,E2} = -n \cdot F \cdot k'_{0,red} \cdot c_{ox} \cdot \exp\left\{-\frac{(1-\alpha) \cdot n \cdot F \cdot E}{R \cdot T}\right\} \quad (3.66)$$

Entsprechend gilt für die anodische Durchtrittsstromdichte $j_{D,ox}$

$$j_{D,ox,E2} = n \cdot F \cdot c_{red} \cdot k'_{0,ox} \cdot \exp\left\{+\frac{\alpha \cdot n \cdot F \cdot E}{R \cdot T}\right\} \quad (3.67)$$

Im Gleichgewichtsfall sind beide Durchtrittsstromdichten dem Betrag nach gleich groß, der Richtung nach aber entgegengesetzt. Es gilt daher

$$j_{D,ox} = |j_{D,red}| \quad (3.68)$$

oder

$$j_{D,ox} - j_{D,red} = 0 \quad (3.69)$$

Die bei E_1 beobachteten Stromdichten $j_{D,red} = n \cdot F \cdot k'_{0,red} \cdot c_{ox}$ und $j_{D,ox} = n \cdot F \cdot k'_{0,ox} \cdot c_{red}$ bezeichnet man als Austauschstromdichten j_0, ihre Größe ist entsprechend der Ableitung ein Maß für die Geschwindigkeit der Elektrodenreaktion.

Wenn wir das Elektrodenpotential E aus dem Ruhepotential E_0 und einem der Durchtrittsüberspannung η_D entsprechenden Wert zusammengesetzt sehen, so lassen sich die kathodische und die anodische Teilstromdichte vereinfachen zu

$$j_{D,red}(\eta_D) = -n \cdot F \cdot k'_{0,red} \cdot c_{ox} \cdot \exp-\left\{\frac{(1-\alpha) \cdot n \cdot F \cdot E_0}{R \cdot T} - \frac{(1-\alpha) \cdot n \cdot F \cdot \eta_D}{R \cdot T}\right\}$$
$$(3.70)$$

und

$$j_{D,ox}(\eta_D) = n \cdot F \cdot k'_{0,ox} \cdot c_{red} \cdot \exp\left\{\frac{\alpha \cdot n \cdot F \cdot E_0}{R \cdot T} + \frac{\alpha \cdot n \cdot F \cdot \eta_D}{R \cdot T}\right\} \quad (3.71)$$

3.4 Struktur und Dynamik elektrochemischer Phasengrenzen

Unter Verwendung der Austauschstromdichte j_0 können wir die beiden Gleichungen weiter vereinfachen:

$$j_{D,red}(\eta_D) = -j_0 \cdot \exp\left\{\frac{(1-\alpha) \cdot n \cdot F \cdot \eta_D}{R \cdot T}\right\} \tag{3.72}$$

und

$$j_{D,ox}(\eta_D) = j_0 \exp\left\{\frac{\alpha \cdot n \cdot F \cdot \eta_D}{R \cdot T}\right\} \tag{3.73}$$

Der in einem äußeren Stromkreis meßbare Strom ist die Summe der beiden Durchtrittsstromdichten

$$j_D = j_{D,ox} - j_{D,red} = j_0 \left\{\exp\frac{\alpha \cdot n \cdot F}{R \cdot T}\eta_D - \exp-\frac{(1-\alpha)\,n \cdot F}{R \cdot T}\eta_D\right\} \tag{3.74}$$

Diese als Butler-Volmer-Gleichung bezeichnete Beziehung stellt den Zusammenhang zwischen den kathodischen und anodischen Teilstromdichten, der gesamten meßbaren Stromdichte und der Durchtrittsüberspannung her. Methoden zur experimentellen Überprüfung werden in Kapitel 4 vorgestellt, dort werden auch einige für die Auswertung von Ergebnissen dieser Methoden hilfreiche Näherungen der Gleichung vorgestellt.

Logarithmiert man und löst nach der Durchtrittsüberspannung, so folgt

$$\eta_D = \frac{R \cdot T}{\alpha \cdot n \cdot F} \ln \frac{j_D}{j_0} \tag{3.75}$$

Zunächst sollen die beiden Größen j_0 und α und ihr Einfluß auf die Form der durch die Gleichung beschriebenen Durchtrittsstromdichte-Potential-Kurve diskutiert werden.

Dazu betrachten wir die in Bild 3.21 dargestellten Kurvenverläufe für einen kleinen und einen großen Wert von j_0 und verschiedene Werte von α. Der Anstieg der Kurve wird durch j_0 und α beschrieben; die Symmetrie zum Nullpunkt bei $\eta_D = 0$ mV wird durch α kontrolliert. Eine Zunahme von j_0 führt zu einem wesentlich steileren Anstieg, ein von 0,5 abweichender Wert α hat einen asymmetrischen Kurvenverlauf zur Folge.

Die Austauschstromdichte j_0 ist ein Maß für die elektrokatalytische Aktivität eines Elektrodenmaterials. In der Ableitung wurde deutlich, daß beim Ladungsübertritt eine Aktivierungsenergie zu überwinden ist. Für eine bestimmte Elektrodenreaktion wird je nach verwendetem Elektrodenmaterial diese Energie unterschiedlich sein. Das Elektrodenmaterial spielt hier die Rolle des Katalysators in einer chemischen Reaktion.

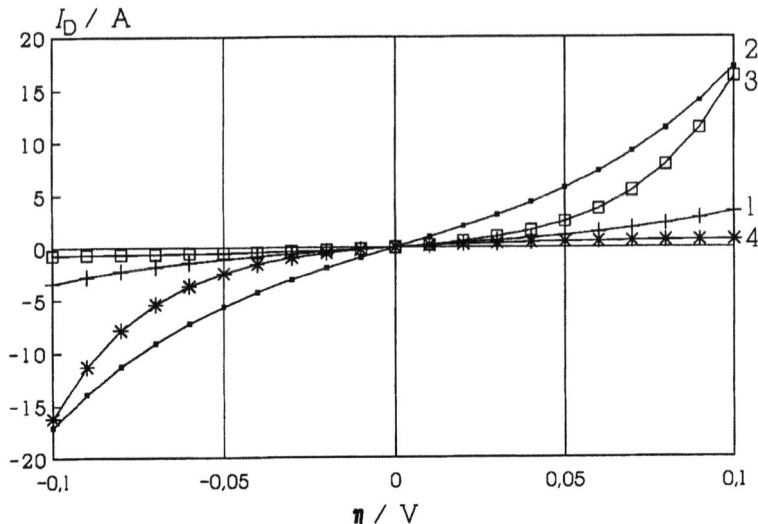

Bild 3.21 Stromdichte-Potential-Kurven entsprechend der Butler-Volmer-Gleichung, 1: $j_0 = 0,5$ A cm^{-2}, $\alpha = 0,5$; 2: $j_0 = 2,5$ A cm^{-2}, $\alpha = 0,5$; 3: $j_0 = 2,5$ A cm^{-2}, $\alpha = 0,9$; 4: $j_0 = 2,5$ A cm^{-2}, $\alpha = 0,1$.

Zum Vergleich der katalytischen Wirkung verschiedener Metalle und der Geschwindigkeit unterschiedlicher Elektrodenreaktionen ist j_0 noch nicht geeignet, da die Konzentration der Reaktanden nicht vereinheitlicht ist. Wir definieren für diesen Vergleich eine Standardaustauschstromdichte j_{00}. Dazu setzen wir an Stelle des Elektrodenpotentials E in die Gleichungen (3.66) und (3.67) die Nernst-Gleichung ein, bei $E = E_{00}$ gilt dabei $j_0 = j_{D,ox} = |j_{D,red}|$:

$$j_0 = n \cdot F \cdot k'_{0,ox} \cdot c_{red} \cdot \exp\left\{\frac{\alpha \cdot n \cdot F \cdot E_{00}}{R \cdot T} + \alpha \cdot \ln\frac{c_{ox}}{c_{red}}\right\} \tag{3.76}$$

und mit $e^{\ln x} = x$

$$j_0 = n \cdot F \cdot k'_{0,ox} \cdot \exp\left\{\frac{\alpha \cdot n \cdot F \cdot E_{00}}{R \cdot T}\right\} c_{red} \left[\frac{c_{ox}}{c_{red}}\right]^{\alpha} \tag{3.77}$$

sowie

$$-j_0 = n \cdot F \cdot k'_{0,red} \cdot c_{ox} \cdot \exp\left\{-\frac{(1-\alpha) n \cdot F \cdot E_{00}}{R \cdot T} + (1-\alpha) \ln\frac{c_{ox}}{c_{red}}\right\} \tag{3.78}$$

3.4 Struktur und Dynamik elektrochemischer Phasengrenzen

und wiederum

$$-j_0 = n \cdot F \cdot k'_{0,\text{red}} \cdot \exp\left\{-\frac{(1-\alpha)\, n \cdot F \cdot E_{00}}{R \cdot T}\right\} c_{\text{ox}} \left[\frac{c_{\text{ox}}}{c_{\text{red}}}\right]^{1-\alpha} \quad (3.79)$$

Da

$$c_{\text{red}} \left[\frac{c_{\text{ox}}}{c_{\text{red}}}\right]^{\alpha} = c_{\text{ox}}^{\alpha} \cdot c_{\text{red}}^{(1-\alpha)} = c_{\text{ox}} \left[\frac{c_{\text{red}}}{c_{\text{ox}}}\right]^{(1-\alpha)} \quad (3.80)$$

können wir mit $n = 1$ die jeweils übrigen Teile von (3.77) und (3.79) gleichsetzen

$$F \cdot k'_{0,\text{ox}} \cdot \exp\left\{\frac{\alpha \cdot F \cdot E_{00}}{R \cdot T}\right\} = F \cdot k'_{0,\text{red}} \cdot \exp\left\{-\frac{(1-\alpha)\, F \cdot E_{00}}{R \cdot T}\right\} \quad (3.81)$$

Fassen wir die Gleichungen (3.78) - (3.81) zusammen, so erhalten wir zunächst einen einfachen Zusammenhang zwischen der Austauschstromdichte und der Geschwindigkeitskonstanten k'_0 der Durchtrittsreaktion

$$j_0 = n \cdot F \cdot k'_0 \cdot c_{\text{ox}}^{\alpha} \cdot c_{\text{red}}^{(1-\alpha)} \quad (3.82)$$

Den darin enthaltenen konzentrationsunabhängigen Term $n \cdot F \cdot k'_0$ können wir als die Standardaustauschstromdichte j_{00} bezeichnen. Um jedoch einen formal korrekten Zusammenhang zwischen j_0 und j_{00} zu erhalten, dividieren wir durch eine Einheitskonzentration c^* und erhalten

$$j_0 = j_{00} \frac{c_{\text{ox}}^{\alpha} \cdot c_{\text{red}}^{(1-\alpha)}}{c^*} \quad (3.83)$$

und außerdem

$$j_{00} = n \cdot F \cdot k'_0 \, c^* \quad (3.84)$$

mit der Geschwindigkeitskonstanten k'_0 in den Einheiten cm·s^{-1}.

Die Werte der Standardaustauschstromdichte reichen von extrem kleinen bis zu beträchtlich großen Werten. Tabelle 3.3 gibt einen kleinen Überblick.

Der Wert der Austauschstromdichte wurde oft als Maß für die "Reversibilität" der Elektrodenreaktion angenommen. Abgesehen von der aus streng thermodynamischer Sicht recht unangemessenen Begriffswahl hält dieses Kriterium einer genaueren Prüfung nicht stand. Als reversibel wurden Elektrodenreaktionen mit großen Werten von j_{00} bezeichnet, bei denen oxidierte und reduzierte Teilchenform wegen der hohen Reaktionsgeschwindigkeit stets miteinander angenähert im Gleichgewicht stehen und so die Gesamtgeschwindigkeit nicht beeinflussen. Langsame Durchtrittsreaktionen werden dagegen als irreversibel bezeichnet. Eine als Kriterium zu benutzende Grenzgeschwindigkeit wurde nie angegeben. Die mit der Entwicklung der experimentellen Methoden immer weiter erhöhten noch korrekt meßbaren Werte von j_{00} lassen dies auch wenig sinnvoll erscheinen. Das Kriterium der "Reversibilität" wird daher hier nicht benutzt.

Tabelle 3.3: Austauschstromdichten und Standardaustauschstromdichten ausgewählter elektrochemischer Systeme

System	Lösung*	Elektrode	j_{00} / A·cm^{-2}	a
H_2/H^+	1 M H_2SO_4	Hg	10^{-12}	0,5
H_2/H^+	1 M H_2SO_4	Au	10^{-5}	-
H_2/H^+	1 M H_2SO_4	Mn	10^{-11}	-
H_2/OH^-	1 M KOH	Pt	10^{-3}	0,5
Fe^{2+}/Fe^{3+}	1 M $HClO_4$	Pt	0,4	0,58
$K_3Fe(CN)_6/K_4Fe(CN)_6$	0,5 M K_2SO_4	Pt	5,0	0,49
Ag/Ag^+	1 M $HClO_4$	Ag	13,4	0,65

Der Zusammenhang zwischen der Durchtrittsüberspannung und der Durchtrittsstromdichte läßt bei technischen Anwendungen von Reaktionen, die durch kleine Werte von j_0 ausgezeichnet sind, bei größeren Stromstärken erhebliche Verlust durch unerwünscht hohe Werte von η_D befürchten. Durch Ausbildung der Elektrode als Komponente mit möglichst großer aktiver Oberfläche (dreidimensionale Elektrode, poröse Elektrode) kann die tatsächliche Stromdichte bei großer Stromstärke klein gehalten werden. Dies ist sowohl bei Systemen zur elektrochemischen Energieumwandlung und -speicherung (vgl. Abschn. 2.9) wie in der technischen Elektrochemie (vgl. Abschn. 3.6) von großer praktischer Bedeutung.

Zwischen der Eduktkonzentration, der feststellbaren Durchtrittsstromdichte und der Geschwindigkeitskonstante k_0 der Elektrodenreaktion besteht bei einer sehr einfachen Elektrodenreaktion, wie sie in der vorstehenden Ableitung angenommen wurde, ein einfacher Zusammenhang. Experimentell werden jedoch häufig komplizierte Zusammenhänge gefunden, die auf die Hemmung anderer Teilschritte der Elektrodenreaktion oder auf einen mehrfachen, schrittweise erfolgenden Elektronenübertritt zurückzuführen sind. Zur Aufklärung solcher Prozesse, vor allem zur Bestimmung ihres Mechanismus, wurde die elektrochemische

---

* alle Lösungen mit Wasser als Lösungsmittel, alle Werte bei Raumtemperatur.

3.4 Struktur und Dynamik elektrochemischer Phasengrenzen

Reaktionsordnung für die Durchtrittsreaktion eingeführt. Zu ihrer Herleitung betrachten wir eine vereinfacht aus einem Ladungsdurchtritt sowie aus einer vor und einer nachgelagerten chemischen Reaktion bestehende Gesamtreaktion:

$$S_{sol} \rightleftarrows S_{red} \tag{3.85}$$

$$S_{red} \rightarrow S_{ox} + e^- \tag{3.86}$$

$$S_{ox} \rightarrow S'_{sol} \tag{3.87}$$

Wenn wir annehmen, daß die beiden vor- und nachgelagerten Reaktionen schnell im Vergleich zur Durchtrittsreaktion sind, so können wir die Aktivitäten a des Edukts und a des Produkts mit dem Massenwirkungsgesetz ausdrücken:

$$a_{red} = K_{red} \cdot \Pi a_j^{\nu(red)} \tag{3.88}$$

mit den Akttivitäten a_j der Teilchen im vorgelagerten Gleichgewicht mit den zugehörigen stöchiometrischen Koeffizienten ν_{red} sowie analog für das nachgelagerte Gleichgewicht

$$a_{ox} = K_{ox} \cdot \Pi a_j^{\nu(ox)} \tag{3.89}$$

Für die experimentelle Untersuchung sind Messungen bei Elektrodenpotentialen besonders sinnvoll, bei denen die elektrochemische Reaktion soweit entfernt vom Ruhepotential verläuft, daß die Rückreaktion vernachlässigt werden kann ($I_{ox} \gg I_{red}$ oder $I_{red} \gg I_{ox}$). In diesem auch als Tafel-Näherung bezeichneten Fall kann die Butler-Volmer-Gleichung vereinfacht geschrieben werden für den ersten Fall

$$I_{red} = k_{red} \cdot \Pi a_j^{\nu, red, j} \cdot \exp\left\{\frac{(1-\alpha)z \cdot F \cdot E}{R \cdot T}\right\} \tag{3.90}$$

und für den zweiten Fall

$$I_{ox} = -k_{ox} \cdot \Pi a_j^{\nu, ox, j} \cdot \exp\left\{-\frac{\alpha \cdot z \cdot F \cdot E}{R \cdot T}\right\} \tag{3.91}$$

In beiden Gleichungen wurde die Eduktaktivität durch die Ausdrücke aus Gl. (3.88) und (3.89) ersetzt, dabei wurde die Gleichgewichtskonstante jeweils mit in die Geschwindigkeitskonstante übernommen. Weitere Einzelheiten der Tafel-Näherung werden in Abschn. 4.1 erläutert. Für jede Substanz j, die an der Reaktion beteiligt ist, gibt es eine anodische Reaktionsordnung $n_{red,j}$ und eine kathodische Reaktionsordnung $n_{ox,j}$. Der Index verdeutlicht, daß sich die Ordnung jeweils auf die reduzierte oder oxidierte Komponente bezieht. Die Abhängigkeit des Stroms von der Aktivität einer Komponente erhält man durch Logarithmieren und partielles Differenzieren der Gl. (3.90) und (3.91):

$$\left(\frac{\partial \ln I_{red}}{\partial \ln a_k}\right)_{a(j \neq k)} = n_{red,k} \qquad (3.92)$$

und

$$\left(\frac{\partial \ln I_{ox}}{\partial \ln a_k}\right)_{a(j \neq k)} = n_{ox,k} \qquad (3.93)$$

Mit diesen Gleichungen ist der experimentelle Zugang bereits angedeutet. Eine Aktivität wird bei Festhalten aller übrigen Aktivitäten variiert. Eine Auftragung von ln I über ln a ergibt eine Gerade, aus deren Steigung die Reaktionsordnung bezüglich der Komponente k ermittelt werden kann. Die zunächst wenig anschaulich wirkenden Zusammenhänge werden an einem praktischen Beispiel rasch deutlicher.

Die Elektrodenreaktion

$$Mn^{3+} \rightleftarrows Mn^{4+} + e^- \qquad (3.94)$$

findet als Redoxreaktion an einer inerten Platinelektrode statt. Obwohl Mn^{4+}-Ionen reduziert werden, ist die kathodische Teilstromdichte von der Ionenaktivität unabhängig. Überraschend findet man dagegen, daß die kathodische Teilstromdichte von der Aktivität der Mn^{3+}-Ionen abhängt, obwohl diese kathodisch gebildet werden. Für die anodische Teilstromdichte findet man eine Reaktionsordnung 2 bezüglich der Aktivität der Mn^{3+}-Ionen und −1 bezüglich der Mn^{4+}-Aktivität. Die Annahme eines vorgelagerten Disproportionierungsgleichgewichts

$$2\,Mn^{3+} \rightleftarrows Mn^{2+} + Mn^{4+} \qquad (3.95)$$

erklärt die Beobachtungen, wenn gleichzeitig angenommen wird, daß die eigentliche Durchtrittsreaktion

$$Mn^{2+} \rightleftarrows Mn^{3+} + e^- \qquad (3.96)$$

ist. Aus dieser Gleichung ergibt sich direkt $n_{ox3} = 1$* bezüglich der Mn^{3+}-Ionen und $n_{ox4} = 0$ bezüglich der Mn^{4+}-Ionen. Das vorgelagerte Gleichgewicht kann man entsprechend dem Massenwirkungsgesetz formulieren

---

* Die Ziffern im Index beziehen sich auf die Ionenwertigkeit.

3.4 Struktur und Dynamik elektrochemischer Phasengrenzen

$$K = \frac{a_{ox3}^2}{a_{ox2} \cdot a_{ox4}} \tag{3.97}$$

Nach der Aktivität a_{ox2} aufgelöst

$$a_{ox2} = \frac{a_{ox3}^2}{K \cdot a_{ox4}} \tag{3.98}$$

Die anodische Teilstromdichte sollte also eine Reaktionsordnung $n_{red3} = 2$ bezüglich der Mn^{3+}-Ionen und $n_{red4} = -1$ bezüglich der Mn^{4+}-Ionen zeigen. Dies stimmt mit den experimentellen Befunden überein. Der Wert der Bestimmung der elektrochemischen Reaktionsordnung zur Aufklärung eines nur scheinbar einfachen Mechanismus eines Redoxprozesses ist damit deutlich geworden.

3.4.3 Die Konzentrationsüberspannung

Bei einer elektrochemischen Reaktion werden an der Elektrodenoberfläche Eduktteilchen verbraucht und Produktteilchen erzeugt. Ihr An- und Abtransport und - falls chemische Reaktionen vorangehen oder folgen - ihre Bildung und ihre Weiterreaktion erfolgen mit nur endlicher Geschwindigkeit. Diese ist durch den diffusiven Stofftransport oder die Reaktionsgeschwindigkeit der entsprechenden Teilschritte gegeben. Da die Geschwindigkeit der eigentlichen Ladungsdurchtrittsreaktion durch Veränderung des Elektrodenpotentials in weiten Grenzen verändert und zu recht großen Werten gebracht werden kann, stellen sich vor der Elektrode Konzentrationsprofile ein, die auf den gehemmten Stofftransport und die begrenzte Reaktionsgeschwindigkeit zurückgehen. Die Konzentrationen der Reaktionsteilnehmer im Ladungsdurchtritt unterscheiden sich daher vom Wert im Lösungsinneren fernab der Elektrode. Formal kann diese Konzentrationsdifferenz mit einer der Nernst-Gleichung ähnlichen Formulierung in eine Potentialdifferenz umgerechnet werden. Diese Größe nennen wir Konzentrationsüberspannung. Geht sie auf gehemmten Stofftransport zurück, so sprechen wir präziser von einer Diffusionsüberspannung, ist eine chemische Reaktion die Ursache, dann nennen wir sie Reaktionsüberspannung.

Die allgemeine formale Ableitung geht für das Beispiel einer anodischen Reaktion bei hinreichend großer anodischer Überspannung davon aus, daß die kathodische Teilstromdichte vernachlässigbar klein ist. Gl. (3.71) schreiben wir nun mit der an der Oberfläche herrschenden Konzentration $c_{red,s}$, der ursprüngliche Index wird wegen Berücksichtigung der Konzentrationsüberspannung weggelassen:

$$j_{ox}(\eta) = n \cdot F \cdot k'_{0,ox} \cdot c_{red,s} \cdot \exp\left\{\frac{\alpha \cdot n \cdot F \cdot E_0}{R \cdot T} + \frac{\alpha \cdot n \cdot F \cdot \eta}{R \cdot T}\right\} \tag{3.99}$$

Mit der Austauschstromdichte j_0 vereinfacht sich die Gleichung zu

$$j_{ox}(\eta) = j_0 \frac{c_{red,s}}{c_{red,0}} \exp\left\{\frac{\alpha \cdot n \cdot F \cdot \eta}{R \cdot T}\right\} \qquad (3.100)$$

Nach der Überspannung η aufgelöst folgt mit $j_{ox}(\eta) = j$

$$\eta = \frac{R \cdot T}{\alpha \cdot n \cdot F}\left[\ln\frac{j}{j_0} + \ln\frac{c_{red,0}}{c_{red,s}}\right] \qquad (3.101)$$

Da wir die Additivität der verschiedenen Überspannungen entsprechend $\eta = \eta_D + \eta_K$ vorausgesetzt haben, können wir diese Gleichung in zwei Anteile zerlegen, deren erster der bereits bekannten Durchtrittsüberspannung entspricht (Gl. (3.75)). Der zweite Teil ist die gesuchte Konzentrationsüberspannung:

$$\eta_K = \frac{R \cdot T}{\alpha \cdot n \cdot F} \ln\frac{c_{red,0}}{c_{red,s}} \qquad (3.102)$$

Die Richtigkeit dieser Ableitung wird unmittelbar klar, wenn man zur Überprüfung die Konzentration vor der Oberfläche und im Lösungsinneren gleichsetzt. In diesem Fall verschwindet die Konzentrationsüberspannung wie beim experimentellen Fall ideal schnellen Stofftransports oder ideal schneller chemischer Reaktion.

Überprüfen wir nun die beiden Arten der Konzentrationsüberspannung näher, so können wir für die Betrachtung der Diffusionsüberspannung η_{diff} auf die bereits betrachtete Silberabscheidung aus einer silberionenhaltigen Lösung zurückgreifen (Gl. (3.54) und Bild 3.17). Bei steigender kathodischer Überspannung nimmt der Strom nicht mehr im von der Butler-Volmer-Gleichung vorgegebenen Umfang zu. Die beobachtete Gesamtüberspannung ist daher auf den gehemmten Stofftransport zurückzuführen. Nach der Kenntnis der hohen Standardaustauschstromdichte für diesen Vorgang (Tabelle 3.3) ist die Überspannung sogar ganz überwiegend auf diese Ursache zurückzuführen. Die Situation wird deutlicher, wenn wir uns die Konzentrationsverhältnisse vor der Elektrode veranschaulichen.

Bei $j = 0$ ist $c_s = c_0$. Bei Anlegen eines vom Ruhepotential abweichenden Wertes von E ergibt sich eine entsprechende Veränderung der Konzentration c_s auf einen mit der Nernst-Gleichung berechenbaren Wert, ein Konzentrationsgefälle ins Innere der Lösung entsteht. Dies ist die treibende Kraft für den Ionentransport. Mit zunehmender Verarmung der Lösung in unmittelbarer Nähe der Elektrode wird das Profil flacher und breitet sich tiefer in die Lösung aus. Damit wird auch die treibende Kraft kleiner.

3.4 Struktur und Dynamik elektrochemischer Phasengrenzen

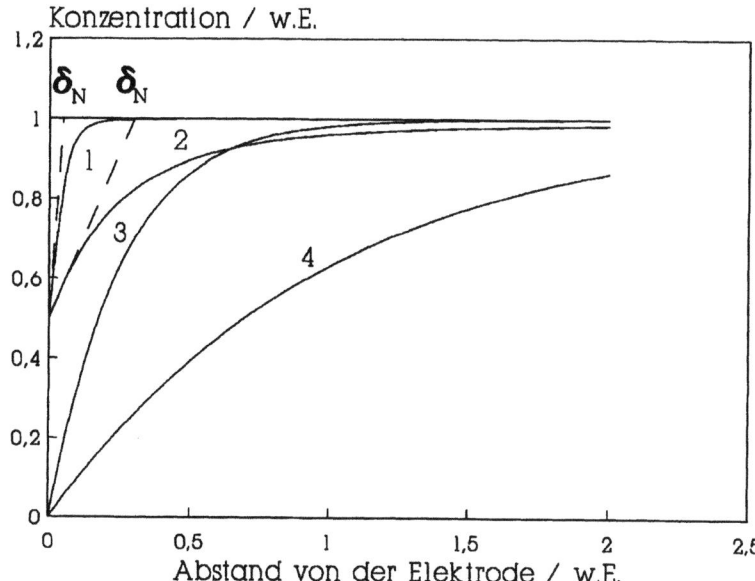

Bild 3.22 Konzentrationsprofile für eine an der Elektrode umgesetzte Teilchensorte, für verschiedene Fälle ist die Dicke der Nernstschen Diffusionsschicht δ_N eingetragen.

Im Experiment macht sich dies bemerkbar, wenn man den Strom bei konstantem Elektrodenpotential als Funktion der Zeit beobachtet. Den Schnittpunkt der Tangente am Konzentrationsprofil dc/dx an der Elektrodenoberfläche ($x = 0$) mit der Linie für $c = 0$ bezeichnet man als Nernstsche Diffusionsschichtdicke δ_N. Mit ihr können wir einen Zusammenhang zwischen dem elektrischen Strom und dem Konzentrationsgefälle mit Hilfe des 1. Fickschen Gesetzes angeben:

$$j = J \cdot n \cdot F = n \cdot F \cdot D \frac{\partial c}{\partial x}\bigg|_{x=0} = n \cdot F \cdot D \frac{c_0 - c_s}{\delta_N} \qquad (3.103)$$

Entsprechend der Ausbreitung des Konzentrationsprofils in das Lösungsinnere liegt die Annahme nahe, daß δ_N beliebig große Werte erreichen kann, die nur durch die Dimensionen der elektrochemischen Zelle begrenzt werden. Praktisch werden allerdings bereits bei kleinen Werten andere Einflüsse wirksam. Die Verarmung der Lösung hat eine Abnahme ihrer Dichte zur Folge, die leichtere Lösung steigt auf und wird durch höher konzentrierte Lösung ersetzt. Diese Konvektion begrenzt in der Praxis δ_N auf Werte von ca. 0,5 mm, durch erzwungene Konvektion kann der Wert bis auf 10^{-4} cm vermindert werden.

Bei weiterer Steigerung der kathodischen Stromdichte wird eine Situation erreicht, bei der alle an der Elektrode ankommenden Teilchen sofort verbraucht werden, damit ist $c_s = 0$. Der so eingestellte Diffusionsgrenzstrom $j_{\text{lim,diff}}$ kann entsprechend angegeben werden:

$$j_{\text{lim,diff}} = J \cdot n \cdot F = n \cdot F \cdot D \frac{\partial c}{\partial x_{x=0}} = n \cdot F \cdot D \frac{c_0}{\delta_N} \qquad (3.104)$$

Eine weitere Erhöhung der kathodischen Überspannung führt zu keiner weiteren Stromzunahme. In Bild 3.23 ist eine allgemeine Stromdichte-Potential-Kurve für einen nur diffusionskontrollierten Prozeß (Linie 1) dargestellt.

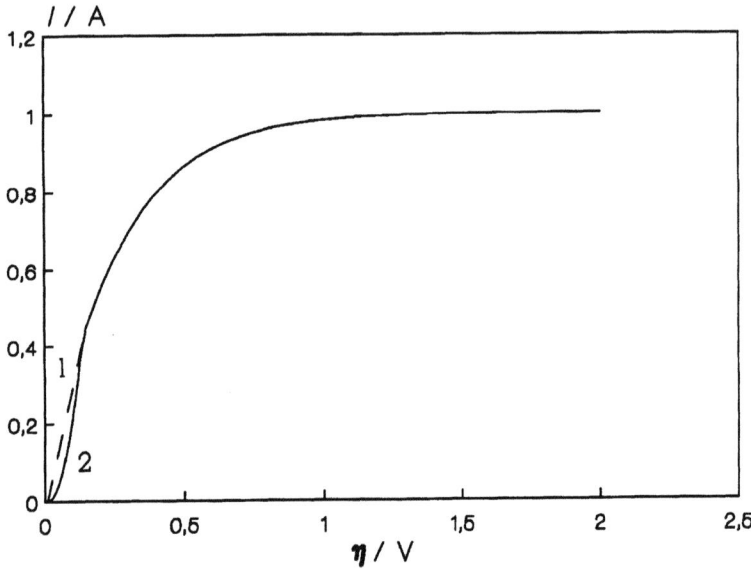

Bild 3.23 Stromdichte-Potentialbeziehung für eine rein diffusionskontrollierte Elektrodenreaktion (1) und für gemischte Kontrolle (2).

Da in der Regel zumindest bei kleinen Stromdichten der Transport den Strom nicht begrenzt, sondern die Reaktionsgeschwindigkeit und damit der Stromfluß vom Ladungsdurchtritt begrenzt ist, zeigt eine weitere Kurve (2) den Fall der gemischten Kontrolle, bei dem zunächst der Durchtritt und im anschließenden steilen, dann langsam abflachenden Verlauf die Diffusion die Stromdichte als Funktion des Elektrodenpotentials kontrollieren. Die Ableitung der Diffusionsüberspannung geht von planarer Diffusion aus. Für den Fall der sphärischen Diffusion, die bei extrem kleinen Dimensionen der Elektrode von Bedeutung sein kann, gelten andere, in Abschn. 4.2 dargestellte Zusammenhänge.

Neben der langsamen Diffusion kann eine langsame vor- oder nachgelagerte

3.4 Struktur und Dynamik elektrochemischer Phasengrenzen

chemische Reaktion von Teilchen, die im elektrochemischen Ladungsdurchtritt umgesetzt werden, zu einem Konzentrationsunterschied zwischen dem Lösungsinneren und der Lösung an der Elektrode führen. Diese Reaktionsüberspannung η_R können wir ebenfalls leicht mit dem Unterschied der Konzentration nahe und fernab der Elektrode in Verbindung bringen, der - wiederum bei Fehlen anderer Hemmungen - auch der Differenz zwischen dem Elektrodenpotential ohne Stromfluß E_0 und unter Stromfluß E entspricht:

$$\eta_R = E(c_s) - E_0(c_0) = \frac{v \cdot R \cdot T}{n \cdot F} \ln \frac{c_s}{c_0} \qquad (3.105)$$

Darin ist v der stöchiometrische Koeffizient der betrachteten Teilchensorte. Am zu Beginn dieses Abschnitts vorgestellten Beispiel der Wasserstoffentwicklung aus Essigsäure können wir die Einzelheiten der Reaktionsüberspannung genauer betrachten. Das Konzentrationsprofil für die undissoziierte Essigsäure HA fällt vom Lösungsinneren zur Elektrode hin langsam ab (Bild 3.24).

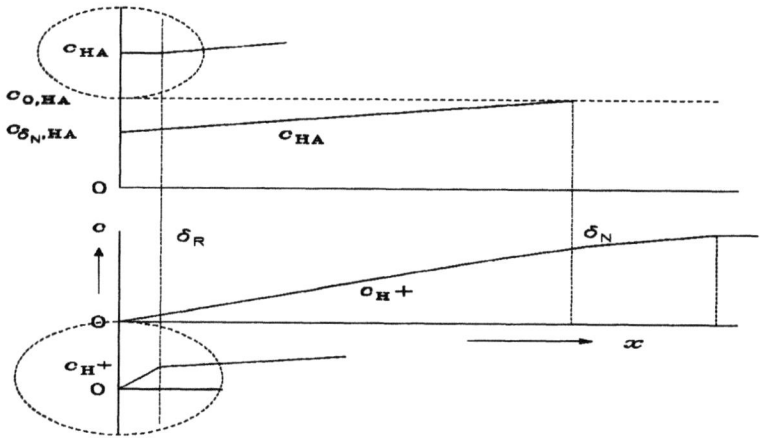

Bild 3.24 Konzentrationsprofile für die undissoziierte Essigsäure HA und die aus ihr gebildeten Protonen H^+ als Funktion des Abstandes von der Elektrode.

Da die Essigsäure selbst elektrochemisch nicht umgesetzt wird, können wir ihre Konzentration in unmittelbarer Nähe der Elektrode in guter Näherung als konstant in einer dünnen Lösungsschicht vor der Elektrode ansehen. Die Gesamtdicke der entsprechenden Diffusionsschicht bezeichnen wir als δ_{HA}. Die Konzentration der durch Dissoziation aus der schwachen Säure freigesetzten Protonen ist ungefähr um eine Größenordnung kleiner, das entsprechende Konzentrationsprofil fällt entsprechend dem der Essigsäure und mit ihr durch das Massenwirkungsgesetz verknüpft ebenfalls zur Elektrode hin ab (Bild 3.24). In einer dünnen Schicht unmittelbar vor der Elektrode erreicht es in steilerem Abfall den Wert Null, wenn das Elektrodenpotential ausreichend kathodisch im Grenzstrombereich ist. Zum Unterschied von anderen Grenzströmen bezeichnen wir diesen als Reaktionsgrenzstrom $j_{\text{lim,reak}}$. Die Dicke der Schicht ist durch den Abstand von der Elektrode gegeben, aus dem ein durch Dissoziation freigesetztes Proton die Elektrode erreichen kann, ohne durch Rekombination mit einem Acetation zur Essigsäure umgesetzt zu werden. In dieser Schicht ist die Konzentration der Protonen kleiner als durch das Massenwirkungsgesetz berechnet, da aus dem Gleichgewicht ständig Protonen durch Wasserstoffentwicklung verbraucht werden, die durch Nachdissoziation der Essigsäure nur mit begrenzter Geschwindigkeit nachgeliefert werden können. Da in dieser Schicht die vorgelagerte Reaktion das Geschehen bestimmt, bezeichnen wir sie als Reaktionsgrenzschicht δ_R. Unter der Bedingung, daß die durch Salzzusatz einstellbare Konzentration der Anionen deutlich größer als die Säurekonzentration ist, kann man zeigen, daß mit dem Diffusionskoeffizienten der Protonen D_{H^+} und der Geschwindigkeitskonstanten der Rekombinationsreaktion k_r sowie der Acetationenkonzentration c_{A^-} der Wert von δ_R nach

$$\delta_R = \frac{D_{H^+}^{1/2}}{(k_r \cdot c_{A^-})^{1/2}} \tag{3.106}$$

berechnet werden kann. Typische Werte von δ_R liegen bei 10^{-7} cm, damit ist $\delta_R < \delta_N$.

Eine Stromdichte-Potential-Kurve, deren Form bei größerer Überspannung von einer chemischen Reaktion unter Ausbildung eines Reaktionsgrenzstroms bestimmt wird, ist auf den ersten Blick nicht von der Kurve für eine diffusionskontrollierte Elektrodenreaktion zu unterscheiden. Experimentell kann dagegen sehr leicht zwischen den beiden Fällen unterschieden werden. Eine erzwungene Konvektion der Lösung durch Rühren beschleunigt den Stofftransport, die Dicke der Nernstschen Diffusionsschicht wird vermindert und der Diffusionsgrenzstrom steigt. Damit steigt der Strom vor allem im Grenzstrombereich spürbar an. Bei einem Reaktionsgrenzstrom ist dieses Verhalten nicht zu beobachten, da die Geschwindigkeit der chemischen Reaktion von der erzwungenen Konvektion nicht beeinträchtigt wird.

3.4.4 Die Adsorptionsüberspannung

Der Übergang eines Elektrons von der Elektrode auf ein aus der Lösung kommendes Teilchen oder der umgekehrte Prozeß setzen eine geringe Distanz und damit eine Wechselwirkung zwischen Teilchen und Elektrode voraus. Das Ausmaß dieser Wechselwirkung reicht von einer schwachen Physisorption bei

3.4 Struktur und Dynamik elektrochemischer Phasengrenzen

Redoxprozessen von komplexierten Übergangsmetallionen bis zu starker Chemisorption von Teilchen, die erst durch eine oberflächenchemische Reaktion auf der Elektrode aus den Edukten gebildet werden, bevor der Ladungsübergang erfolgen kann. Adsorption ist also bei praktisch allen Elektrodenprozessen ein Teilschritt, der in manchen Reaktionen so stark gehemmt ist, daß er zu einer merklichen Überspannung führt, die wir als Adsorptionsüberspannung η_{ad} bezeichnen. Ein typisches Beispiel ist die Oxidation von Wasserstoff, die erst nach einer Adsorption des Wasserstoffmoleküls auf der Elektrode stattfinden kann. Bei diesem Vorgang stellt sich ein dynamisches Gleichgewicht zwischen den gelösten und den adsorbierten Wasserstoffmolekülen ein, daß durch den Verbrauch von $H_{2,ad}$ durch die Elektrodenreaktion gestört wird. Durch weitere Adsorption versucht das System, den ursprünglichen Gleichgewichtszustand mit einer zugehörigen Gleichgewichtsbedeckung θ_0 mit $H_{2,ad}$ wieder einzustellen. Dies erfolgt jedoch nur mit einer durch die Adsorptionsgeschwindigkeitskonstante k_{ad} angegebenen Geschwindigkeit, außerdem findet konkurrierend eine Desorption mit der Geschwindigkeitskonstanten k_{des} statt. Für die Elektrodenreaktion steht nun nicht mehr die durch die Konzentration c_0 im Lösungsinneren angegebene Konzentration von Wasserstoffmolekülen zur Verfügung, sondern nur die durch θ gegebene Oberflächenkonzentration. Bei Kenntnis der Zahl von Adsorptionsplätzen je Flächeneinheit können Bedeckungsgrad und Oberflächenkonzentration leicht ineinander umgerechnet werden. Der Bedeckungsgrad gibt dabei das Verhältnis der durch Adsorbatteilchen besetzten Oberflächenplätze zur Gesamtzahl aller Oberflächenplätze an, es gilt $0 < \theta < 1$. Für das Verständnis des Zusammenhangs zwischen θ und der Konzentration c_0 der adsorbierbaren Substanz in der Lösung können verschiedene Adsorptionsisothermen herangezogen werden.

Nimmt man an, daß nur die durch die freie Adsorptionsenthalpie ΔG_{ad} angezeigte Stärke der adsorptiven Wechselwirkung die Einstellung des Adsorptionsgleichgewichts kontrolliert, so kann der gesuchte Zusammenhang mit der Langmuir-Isotherme beschrieben werden:

$$\frac{\theta_0}{1-\theta_0} = c_0 \cdot \exp\left\{-\frac{\Delta G_{ad}}{R \cdot T}\right\} \qquad (3.107)$$

Bei vielen Adsorbaten findet vor allem bei größerem Bedeckungsgrad eine Verteilung der Adsorbatteilchen in Inseln anstelle einer statistisch gleichmäßigen Verteilung über die Fläche statt. Intermolekulare Wechselwirkung hat dabei einen Einfluß auf den Bedeckungsgrad. Diese Wechselwirkung kann anziehend oder abstoßend sein, sie wird mit dem Wechselwirkungskoeffizienten γ angegeben. Die Frumkin-Adsorptionsisotherme berücksichtigt diesen Einfluß:

$$\frac{\theta_0}{1-\theta_0} = c_0 \cdot \exp\left\{-\frac{\Delta G_{ad} - \gamma \cdot \theta_0}{R \cdot T}\right\} \qquad (3.108)$$

Bei mittleren Bedeckungsgraden ist

$$\frac{\theta_0}{1-\theta_0} \cong 1 \tag{3.109}$$

Entsprechend kann die Isotherme als Temkin-Isotherme vereinfacht geschrieben werden:

$$1 = c_0 \cdot \exp\left\{-\frac{\Delta G_{ad} - \gamma \cdot \theta_0}{R \cdot T}\right\} \tag{3.110}$$

Für die Betrachtung der Stromdichte-Potential-Beziehung können wir nun statt der Konzentration c_s der reagierenden Teilchen den Bedeckungsgrad θ in die Durchtrittsstromdichtebeziehung (Gl. (3.70), (3.71)) einsetzen. Wir nehmen dazu eine Elektroreduktion an, die über ein adsorbiertes Eduktteilchen verläuft:

$$S_{ox} \underset{k_{des}}{\overset{k_{ad}}{\rightleftarrows}} S_{ox,ad} \underset{}{\overset{+e^-}{\rightleftarrows}} S_{ad,red} \tag{3.111}$$

Bei der Berechnung der Stromdichten für die anodische und kathodische Teilreaktionen berücksichtigen wir den Bedeckungsgrad θ der Teilchensorte S_{ox} und nehmen $n = 1$ an:

$$j_{red} = -F \cdot \theta \cdot c_{ox} \cdot k_{0,red}^! \cdot \exp\left\{-\frac{(1-\alpha) \cdot F \cdot \eta}{R \cdot T}\right\} \tag{3.112}$$

Für die Rückreaktion steht nur der nicht mit S_{ox} belegte Teil der Elektrodenoberfläche zur Verfügung; dies kann durch Einsetzen von $(1 - \theta)$ berücksichtigt werden.

$$j_{ox} = F \cdot (1-\theta) \cdot c_{red} \cdot k_{0,ox}^! \cdot \exp\left\{\frac{\alpha \cdot F \cdot \eta}{R \cdot T}\right\} \tag{3.113}$$

Beide Teilstromdichten können in der schon bekannten Weise zur Gesamtstromdichte zusammengefaßt werden. Das Ergebnis unterscheidet sich auf den ersten Blick von der Butler-Volmer-Gleichung (3.75) nur durch die Bedeckungsgrade.

Bei schnellem Stofftransport gehen die Konzentrationen c_{ox} und c_{red} in die entsprechenden Werte $c_{0,ox}$ und $c_{0,red}$ für die Volumkonzentration über. Entsprechend wird der Bedeckungsgrad θ zum Gleichgewichtswert θ_0, wenn das Adsorptions-/Desorptionsgleichgewicht stets eingestellt ist. Da die elektrochemische Reaktion das Gleichgewicht jedoch stört, wird diese Bedingung nur bei kleinen Stromdichten und kleinen Werten der Überspannung η erfüllt sein. Die

3.4 Struktur und Dynamik elektrochemischer Phasengrenzen 177

ausgeprägte Abhängigkeit des Bedeckungsgrades vom Elektrodenpotential selbst vor Einsetzen eines Stromflusses ist aus Bild 3.25 zu ersehen.

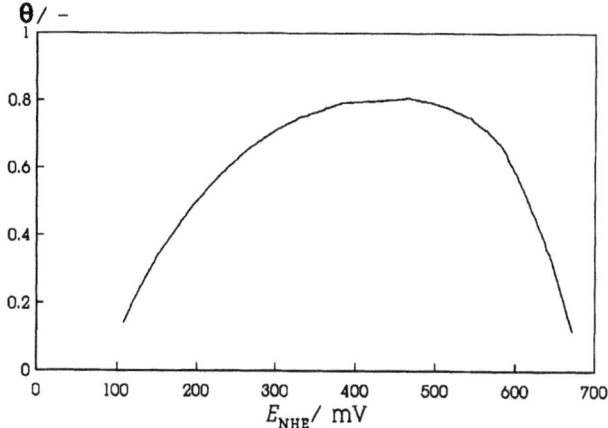

Bild 3.25 Bedeckungsgrad θ mit Kohlenmonoxid auf einer Platinelektrode in Abhängigkeit vom Elektrodenpotential, Adsorbat gebildet aus 0,5 M Methanol in 1 N Schwefelsäure.

Wenn die Adsorption nicht mehr ausreichend schnell abläuft, um den Bedeckungsgrad θ_0 aufrechtzuerhalten, wird der Durchtrittsstrom kleiner. Dies ist gleichbedeutend mit der Ausbildung einer Adsorptionsüberspannung η_{ad}. Die resultierende Stromdichte-Potentialkurve ist nicht mit einem einfachen Ausdruck zu beschreiben, sie läßt sich auch nicht wie die entsprechende Kurve bei reiner Durchtrittshemmung angenähert linearisieren. Dieses Verhalten kann als diagnostisches Kriterium zur Identifizierung einer Adsorptionshemmung herangezogen werden. Bei großer Überspannung wird schließlich der Adsorptions- oder der Desorptionsschritt die Stromdichte begrenzen, es bilden sich Grenzströme aus. In ihrem Aussehen unterscheiden sie sich nicht von den schon diskutierten Konzentrationsgrenzströmen. Durch Variation experimenteller Details ist auch hier eine Unterscheidung des Grenzstromes möglich. Entsprechend der Ursache ist ein Adsorptions-/Desorptionsgrenzstrom nicht rührabhängig, wegen der Bedeutung der Energetik der Elektrode-Adsorbat-Wechselwirkung hat dagegen ein Tausch des Elektrodenmaterials meist starke Effekte. Ähnliches kann durch Zusatz kleiner Mengen stark adsorbierender, elektrochemisch jedoch inaktiver Teilchen erreicht werden. Sie werden durch konkurrierende Belegung von Adsorptionsplätzen den Grenzstrom deutlich vermindern. Beispiele für Zusammenhänge zwischen der Stärke der adsorptiven Wechselwirkung zwischen Edukt und Elektrode und dem Stromfluß werden im Hinblick auf ihre Bedeutung in der Elektrokatalyse in Abschn. 3.4.6 diskutiert.

Stichworte: Adsorptionsisotherme, Elektrosorption.

3.4.5 Die Kristallisationsüberspannung

Bei der kathodischen Metallabscheidung ist mit dem Ladungsdurchtritt der Einbau des entstehenden neutralen Metallatoms in das Gitter der metallischen Elektrode eng verknüpft; diese Kristallisation unter der Einwirkung der elektrochemischen Phasengrenze nennen wir Elektrokristallisation. Entsprechend ist bei der anodischen Metallauflösung die Ablösung des Metallatoms aus dem Gitter mit der Oxidation verbunden. Die summarische Reaktionsgleichung (3.55) kann in weitere Teilschritte zerlegt werden:

$$Ag^+_{Lig} + e^- \rightleftarrows Me^0_{ad} + Lig + e^- \rightleftarrows Me_{krist} + Lig + e^- \quad (3.114)$$

Vor allem bei der Einlagerung des Atoms in den Kristallverbund sind energetische Hemmungen zu überwinden. Dies hängt mit der unterschiedlichen Oberflächenenergie von ideal geordneten Kristalloberflächen und von durch Abscheidung zusätzlicher Metallatomen gestörten Oberflächen zusammen. Dabei ist zwischen der idealen atomar glatten Oberfläche eines Einkristalls und der praktischen Oberfläche eines polykristallinen Materials zu unterscheiden. Eine polykristalline Oberfläche setzt sich aus einer Vielzahl von Facetten einzelner Kristallite zusammen, die zusammen die Oberfläche bilden. Dies kann an angeätzten, matt schimmernden Metalloberflächen leicht beobachtet werden. Diese Flächen zeigen naturgemäß eine große Zahl von Korngrenzen zwischen verschieden orientierten Flächen und viele Fehlstellen in der kristallinen Oberflächenstruktur. Im Vergleich damit ist die perfekte Oberfläche energetisch am homogensten. Wird durch Reduktion auf ihr ein neutrales Metallatom erzeugt, so kann dieses Atom in verschiedene Reaktionskanäle gelangen. Diese verschiedenen Möglichkeiten sind in Bild 3.26 dargestellt.

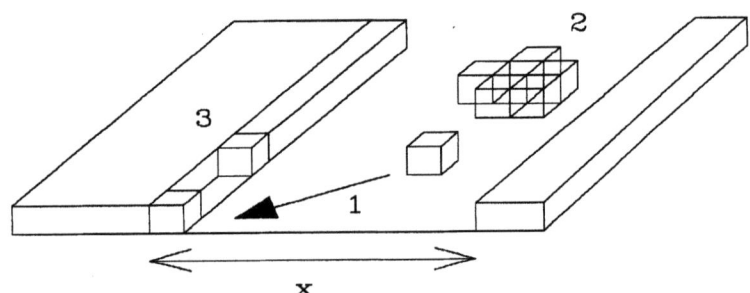

Bild 3.26 Wege eines Metallatoms bei der Abscheidung auf einer idealisierten Einkristalloberfläche; (1) Oberflächendiffusion, (2) Keimbildung, (3) Anlagerung, x entspricht der Distanz zwischen zwei Wachstumskanten.

Das Atom kann
- am Ort seiner Reduktion spontan einen Kristallisationskeim bilden, der sich

zweidimensional zu einer Kristallage oder dreidimensional zu einem Kristalliten entwickelt;
- vom Ort seiner Reduktion durch Oberflächendiffusion an einen bereits vorhandenen, energetisch günstigeren Platz auf der Oberfläche wandern; dies kann eine Fehlstelle, eine Kante oder eine andere Wachstumsstelle sein;
- sich am Ort der Reduktion in den Kristallverband direkt einfügen, dies ist mit nennenswerter Wahrscheinlichkeit nur auf polykristallinen Oberflächen mit ausreichend großer Fehlstellendichte von Bedeutung.

Beim ersten Weg ist zur Keimbildung eine Energiebarriere zu überwinden, da die Oberfläche mit einem einzelnen adsorbierten Atom (Adatom) energetisch ungünstiger als eine abgeschlossene Atomlage ist. Dies kann in einem Experiment leicht überprüft werden (Bild 3.27).

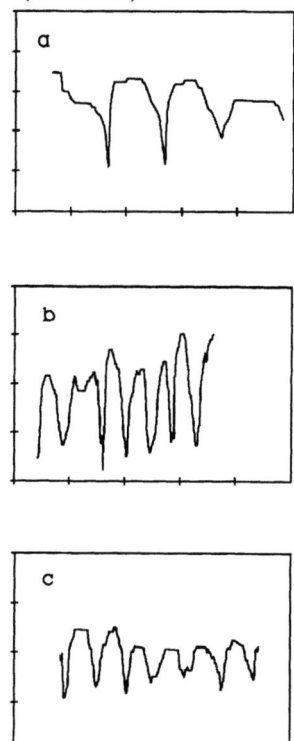

Bild 3.27 Kathodische Abscheidungsüberspannung η_c als Funktion der Zeit (5,2 mV je Einheit) für verschiedene Stromdichten: (a) $j = 1,9 \cdot 10^{-4}$ A·cm^{-2}; (b) $j = 3,8 \cdot 10^{-4}$ A·cm^{-2}; (c) $j = 5,8 \cdot 10^{-4}$ A·cm^{-2}; Silber(100)elektrode, Elektrolytlösung 6 N AgNO$_3$ in Wasser, Zeitachse: a und b: 0,5 s je Einheit; c: 0,2 s je Einheit.

Bei der Silberabscheidung auf einer Einkristalloberfläche muß die zur Abscheidung nötige Überspannung bei jedem Keimbildungsvorgang, der von einem einzelnen Adatom ausgeht, erhöht werden. In einer Aufzeichnung der kathodischen Überspannung η_c als Funktion der Abscheidungszeit bei konstantem Strom ist bei jeder neuen Keimbildung ein Potentialausschlag zu beobachten, nach der das Potential wieder auf den vorherigen Wert zurückkehrt. Die Zuordnung dieser Potentialwechsel zur Keimbildung wird unmittelbar deutlich, wenn man die Stromdichte verändert. Eine erhöhte Stromdichte ist mit einer größeren Zahl von pro Zeiteinheit abgeschiedener Kristallagen verbunden. Nach der vorgeschlagenen Deutung sollten die Potentialausschläge also bei höherer Stromdichte mit kürzerem Zeitabstand erscheinen. Bild 3.27 zeigt dies deutlich.

Im zweiten Weg ist die Konkurrenz zwischen der Oberflächendiffusion und der Reoxidation zu berücksichtigen. Die Zeit, die ein Atom bis zur Anlagerung an einer Wachstumskante benötigt, hängt von der Geschwindigkeit der Oberflächenwanderung und dem Abstand der Wachstumskanten oder anderer vergleichbarer Oberflächenstellen ab. Eine gleichmäßige flächenhafte Verteilung der Entladungsreaktion auf der Oberfläche vorausgesetzt, ergibt sich eine ungleichmäßige Verteilung der Oberflächenkonzentration. In der Nähe von Wachstumskanten ist sie sehr klein, in der Mitte zwischen zwei Kanten ist sie am größten. Nehmen wir die Konzentration in der Mitte, die vom Verbrauch der Adatome durch Gittereinbau am wenigsten beeinträchtigt ist, als c_{ad} und die Konzentration an der Kante als $c_{0,ad}$ an, so entspricht die Konzentrationsdifferenz einem Potentialunterschied, den wir als Konzentrationsüberspannung η_{Krist} bezeichnen.

$$\eta_{Krist} = \frac{R \cdot T}{z \cdot F} \ln \frac{c_{0,ad}}{c_{ad}} \tag{3.115}$$

Diese Überspannung wird man nur beobachten, wenn die Einlagerung des Metallatoms durch langsame Oberflächendiffusion oder gehemmte Keimbildung gebremst wird; bei der direkten Abscheidung entsprechend dem dritten Weg ist keine Hemmung und damit keine Kristallisationsüberspannung zu beobachten.

Eine genaue Betrachtung der Konzentrationsverteilung zwischen zwei Wachstumskanten bei langsamer Oberflächendiffusion beruht auf einer Abwägung der Effektivität der Oberflächenbewegung λ und dem Abstand x der Wachstumskanten, den wir auch als Wachstumsliniendichte L entsprechend $L = x^{-1}$ angeben können. Bei rascher Diffusion wird die Konzentration zwischen den Kanten nur wenig ortsabhängig und insgesamt klein sein, da die gebildeten Adatome rasch an die Wachstumskanten wandern können. Im umgekehrten Fall wird sich zwischen den Kanten ein ortsabhängiger Wert von c_{ad} einstellen. Auf die dabei erreichten Werte von c_{ad} hat auch die eingestellte Überspannung einen Einfluß; bei im übrigen gleichbleibenden Parametern hat eine größere Überspannung

3.4 Struktur und Dynamik elektrochemischer Phasengrenzen

auch eine größere Konzentration c_{ad} zur Folge. Dies zeigt schematisch Bild 3.28. Bei der anodischen Metallauflösung, die in den wesentlichen Aspekten die Umkehrung der Abscheidung darstellt, ergeben sich auch entsprechende Verteilungen der Oberflächenkonzentration.

Entsprechend dem Verhältnis von λ zu x ergeben sich entsprechend den beiden Möglichkeiten zwei verschiedene Formeln für die Stromdichte-Potentialbeziehung. Bei $\lambda \gg x$ ist die Konzentration c_{ad} der Adatome praktisch ortsunabhängig, die Geschwindigkeit der Metallabscheidung wird nur von der Geschwindigkeit der Durchtrittsreaktion vom Kation zum Adatom $j_{D,ad}$ bestimmt. Die Stromdichte-Potentialbeziehung ist die Butler-Volmer-Gleichung. Bei $\lambda \ll x$ hängt die Stromdichte wesentlich vom Abstand der Wachstumskanten und damit von der Liniendichte ab. Als Stromdichte-Potentialbeziehung gilt dann

$$j = j_{0,ad} \cdot 2 \cdot L \cdot \lambda \left(\exp\left\{ \frac{a \cdot z \cdot F \cdot \eta}{R \cdot T} \right\} - \exp\left\{ \frac{(1-a) \cdot z \cdot F \cdot \eta}{R \cdot T} \right\} \right) \quad (3.116)$$

Von den zusätzlichen Faktoren abgesehen, ergibt sich wieder eine Beziehung, die der Butler-Volmer-Gleichung entspricht. Der tatsächliche Kurvenverlauf hängt naturgemäß von L und λ ab, die Zahl von Wachstumskanten und anderen Fehlstellen sowie die Mobilität von Adatomen haben auf den Stromanstieg entscheidenden Einfluß.

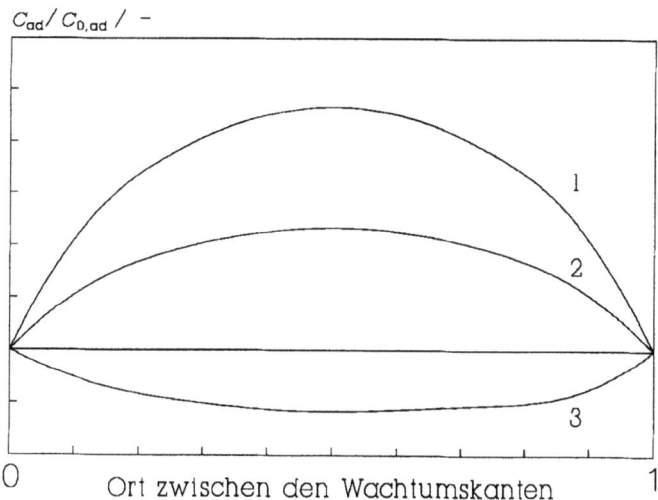

Bild 3.28 Normierte Oberflächenkonzentration $c_{ad}/c_{0,ad}$ als Funktion des Ortes zwischen den an den Rändern des Diagramms liegenden Wachstumskanten für verschiedene Überspannung η_{Krist}; $\eta_1 < \eta_2 < 0\,mV < \eta_3$.

Eine Zusammenfassung der verschiedenen Oberflächeninhomogenitäten zeigt wichtige Beziehungen zwischen Oberfläche und Volumen eines Festkörpers auf:

Oberflächeninhomogenitäten:

0-dimensional: Punktstörungen, einzelne Adatome, Schraubenversetzungen
1-dimensional: Stufen, Kanten
2-dimensional: Oberflächendomänen (Kristallfacetten)

Volumeninhomogenitäten:

0-dimensional: Punktdefekte, Fehlstellen, einzelne Fremdatome
1-dimensional: Kanten und Schraubenversetzungen
2-dimensional: Korngrenzen, Stapelfehler
3-dimensional: Kristalldomänen z.B. in einem polykristallinen Material

Die verschiedenen Teilschritte bei der Metallabscheidung von der Anlagerung eines entladenen Ions bis zur Ausbildung einer Atomlage finden mit unterschiedlichen Geschwindigkeiten statt, die von einer Vielzahl von Einflüssen abhängen. Dazu gehören die Energetik der Wechselwirkung zwischen den Teilchen und Flächen, die Konzentrationen der beteiligten Partner, kristallographische Eigenschaften des Substrates und des abzuscheidenden Metalls und eventuell vorhandene Adsorbate etc. Zusammenfassend sind drei Wege der Metallabscheidung, die zu unterschiedlichen Abläufen und damit auch unterschiedlichen Oberflächen führen, bekannt. Bild 3.29 zeigt sie im Vergleich.

Bild 3.29 Wachstumstypen der Metallabscheidung. Oben: Volmer-Weber; Mitte: Frank-van de Merwe, Unten: Stranski-Krastanov; hervorgehoben: erste vollständige Lage des abgeschiedenen Metalls.

Der mit Volmer-Weber bezeichnete Wachstumstyp führt zu zahlreichen Keimen und einem dreidimensionalen Wachstum. Er wird durch hohe Konzentrationen der abzuscheidenden Ionen und große Stromdichten begünstigt. Matte oder rauhe Oberflächen (z.B. Schwarznickel) sind typische Ergebnisse. Bei wenigen Keimen und einem zweidimensionalen Wachstum, das vorzugsweise in Schichten erfolgt, liegt der Frank-van de Merwe-Typ vor. Er wird durch kleine Stromdichten und Metallabscheidung aus verdünnter Lösung begünstigt. Zusätze von adsorbierbaren Stoffen, die selber nicht im metallischen Überzug eingebaut werden (z.B. organische Moleküle, als Glanzbildner) begünstigen die gleichmäßige Abscheidung dieser glänzenden Schichten noch zusätzlich. Die in Bild 3.29 gezeigten Potential-Zeit-Transienten zeigen einen solchen Mechanismus an. Vor allem bei der Metallabscheidung auf Fremdmetallsubstraten trifft man den Stranski-Krastanov-Typ an. Auf einer vollständigen Lage des abgeschiedenen Fremdmetalls findet wieder ein stärker dreidimensionales Wachstum statt.

Stichworte: Galvanotechnik, Kristallisation.

3.4.6 Elektrokatalyse

Bei der Diskussion der Austauschstromdichte war eine ausgeprägte Abhängigkeit des Wertes von j_{00} vom Elektrodenmaterial zu erkennen gewesen. Dies war zunächst als ein allgemeiner katalytischer Effekt bezeichnet worden. Bei der Herleitung der Adsorptionsüberspannung war in zwei Beispielen zu sehen, wie eine thermodynamische Größe - die Adsorptions- oder Sublimationswärme - mit der Geschwindigkeit der elektrochemischen Umsetzung korrelierte. Mit der Kenntnis der Bedeutung der Adsorption als dem vor die eigentliche Ladungsübertragungsreaktion geschalteten Schritt war aus einer Veränderung der Energetik der Adsorption auf eine Veränderung der Geschwindigkeit dieses Schrittes und damit weiter der Geschwindigkeit der elektrochemischen Reaktion geschlossen worden. Nicht immer sind Zusammenhänge zwischen Materialeigenschaften der Elektrode, der Elektrolytlösung oder anderer Komponenten des elektrochemischen Systems und der meßbaren Stromdichte so leicht erkennbar und interpretierbar. Die Untersuchung des katalytischen Effekts dieser Komponenten auf die Geschwindigkeit der elektrochemischen Reaktion ist Thema der Elektrokatalyse. Katalytische Effekte können - wie in der homogenen oder heterogenen Katalyse nichtelektrochemischer Reaktionen - von starker Inhibierung bis zu starker Beschleunigung reichen. Die Reaktionsgeschwindigkeit ist in praktisch allen Teilgebieten der Elektrochemie von Bedeutung. Dies ist ganz offensichtlich bei z.B. Batterien, Brennstoffzellen, Elektrolysen; es ist weniger offenkundig bei der Korrosion (Geschwindigkeit der unerwünschten Stoffumwandlung oder der Sensorik (Geschwindigkeit der Einstellung eines stabilen Elektrodenpotentials). Entsprechend der Bedeutung ist die Intensität der experimentellen Untersuchungen wie auch der Versuche, mit der Hilfe theoretischer

Modelle Vorhersagen über die katalytischen Eigenschaften eines Stoffs für eine ausgewählte Elektrodenreaktion zu machen.

Eine vertiefte Kenntnis der Zusammenhänge erlaubt nicht nur ein besseres Verständnis elektrokatalytischer Prozesse, sondern ermöglicht auch die gezielte Entwicklung und Optimierung von Elektrokatalysatoren.

Zu den Möglichkeiten der Optimierung gehört neben der Auswahl eines durch besonders günstige kinetische Daten ausgezeichneten Elektrodenwerkstoff und eines Elektrolytsystems die gezielte Modifizierung von Eigenschaften der Elektrode. Dies kann durch Zulegieren eines oder mehrerer metallischer Bestandteile geschehen (vgl. Bild 3.30). Dargestellt sind die erzielbaren Stromdichten bzw. Austauschstromdichten der Wasserstoffentwicklung aus saurer Lösung an verschiedenen Metallen (links) und bei der Ethylenoxidation (rechts). Wegen ihrer typischen Form werden diese Darstellungen, die auch für viele andere elektrochemische Prozesse Korrelationen zwischen der Geschwindigkeit der elektrochemischen Reaktion und thermodynamischen Daten von Systembestandteilen aufzeigen, als "Volcano-Plots" bezeichnet.

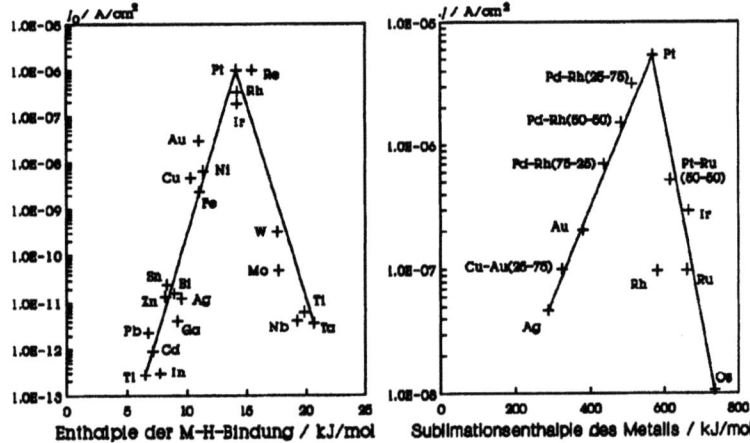

Bild 3.30 Gemessene Austauschstromdichte j_0 bei der Wasserstoffentwicklung als Funktion der M-H-Bindungsstärke (links).
Erzielbare Stromdichte j bei der Ethylenoxidation an verschiedenen Metallen und Legierungen (rechts).

Bei der Wasserstoffentwicklung ist der Einfluß der Stärke der M-H-Bindung auf die Reaktionsgeschwindigkeit leicht nachvollziehbar. Eine starke Bindung beschleunigt die Bildung adsorbierten Wasserstoffs, bremst aber auch die Desorption. Eine schwache Bindung dagegen erleichtert zwar die Desorption, beschleunigt aber die Bildung von H_{ad} nicht. Vorteilhaft ist also ein mittlerer Wert.

Da die Stärke der adsorptiven Bindung auch mit der Sublimationsenthalpie des Metalls korreliert werden kann, ist eine analoge Erklärung der Verhältnisse bei der Ethylenoxidation möglich. Eine Zunahme der Bindungsstärke steigert den Bedeckungsgrad und vermindert so mit Sicherheit die Adsorptionsüberspannung. Möglicherweise wird auch der Elektronendurchtritt beschleunigt. Jenseits eines optimalen Werts ist keine weitere Steigerung des Bedeckungsgrades mehr möglich. Ab hier wirkt die nun zu feste Bindung des Ethylens eher hemmend. Deutlich sichtbar ist auch der Einfluß der Legierungszusammensetzung.

Die durch Legieren erzielbaren Zusammensetzungen sind allerdings durch Mischungseigenschaften des erzeugten Systems begrenzt. So kann bei Vorhandensein einer Mischungslücke eine möglicherweise besonders vorteilhafte Zusammensetzung, die genau in diese Mischungslücke fällt, nicht erzeugt werden. Die Herstellung metallischer Gläser oder bei extrem niedriger Temperatur durch Abscheidung aus der Metalldampfphase erzeugter Schichten bietet hier alternative Wege. Schließlich kann elektrochemisch bei einem Elektrodenpotential, das positiv zum Nernst-Potential der Metallabscheidung aus der vorgegebenen Lösung liegt, in vielen Fällen auf einer Elektrode eine extrem dünne Fremdmetallschicht erzeugt werden. Sie macht oft nur Bruchteile einer vollständigen Monolage der Fremdmetallatome oder wenige Monolagen aus. Die Bedingungen der Abscheidung "vor dem Nernst-Potential" haben zum Namen "Unterpotential-Abscheidung" (upd) geführt. Die katalytischen Eigenschaften dieser modifizierten Elektroden sind oft dramatisch von den aus ihren Bestandteilen herstellbaren Elektroden verschieden. Ihre besondere Herstellungsweise und ihr nicht vollständig stabiler Charakter können bei der Anwendung allerdings zu Stabilitätsproblemen führen.

Stichworte: Adsorption, Katalyse, Oberflächenchemie.

3.5 Korrosion

Wenn eine frisch polierte Kupferoberfläche nach einigen Wochen von einem farbigen, als Grünspan bezeichneten Film überzogen ist; wenn ein sorgfältig gereinigtes eisernes Werkstück nach kurzer Zeit braune Flecken zeigt oder wenn ein aus Stein oder Beton gefertigtes Bauteil nach längerer Einwirkung von Stoffen aus der Luft oberflächliche Zerstörung zeigt, so ist in allen Fällen Korrosion eingetreten. Unter Korrosion wird allgemein die Veränderung eines Werkstückes unter dem Einfluß von aus der Umgebung (Luft, Wasser, Erdreich) stammenden Wirkstoffen unter Veränderung seiner Struktur und Zusammensetzung und unter Bildung von Korrosionsprodukten verstanden. Den Elektrochemiker beschäftigt dagegen vor allem die korrosive Zerstörung der Metalle durch elektrochemische Reaktionen mit der Umgebung. Dabei zeigt sich, daß zunächst rein chemisch scheinende Reaktionen sich in elektrochemische Teilschritte zerlegen und mit den Methoden und Modellen der Elektrochemie untersuchen und verstehen lassen.

Je nach Zusammensetzung des Mediums, das das Metall umgibt, kann es dabei zur Säurekorrosion oder zur Sauerstoffkorrosion kommen. Andere Unterscheidungsmerkmale bietet das Erscheinungsbild der korrodierenden Stelle. Zwischen gleichmäßigem Abtrag, Lochfraß, Spannungsrißkorrosion, innerer Korrosion, Korrosion entlang von Korngrenzen, durch Strömung verstärkte Erosionskorrosion und Spaltkorrosion kann unterschieden werden (vgl. Bild 3.31).

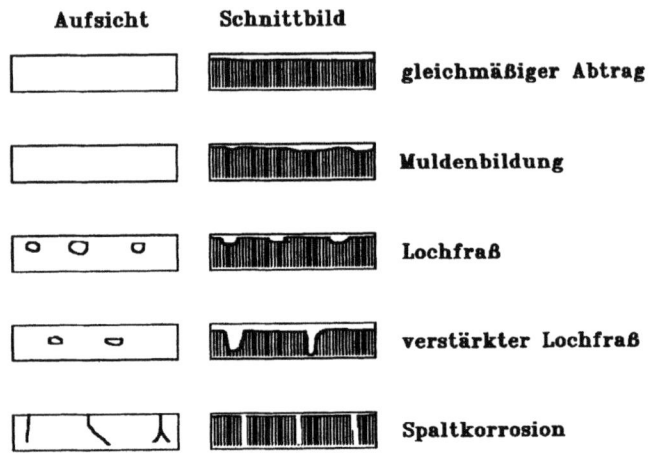

Bild 3.31 Einige Erscheinungsformen der Korrosion.

Die ganz beträchtlichen volkswirtschaftlichen Schäden (jährliche Schäden durch Korrosion belaufen sich auf 4 % des Bruttosozialproduktes, dies waren in 1993 in Deutschland ca. 120 Mrd. DM) und die vielseitigen Risiken und Folgeschäden der Korrosion durch Strukturschwächung von Werkstücken und Bauwerken, giftige Korrosionsprodukte von bleihaltigen Glasuren oder quecksilberhaltigen Zahnfüllungen zwingen zu umfangreichen Forschungsarbeiten und Korrosionsschutzmaßnahmen. Schließlich führt die Korrosion aber auch in einigen Fällen zu festhaftenden Schutzschichten auf Metallen (z.B. Aluminium), die erwünscht sind und als Folgen der Passivierung entstehen.

Grundlage aller elektrochemischen Korrosionsvorgänge in Gegenwart eines ionisch leitenden Flüssigkeitsfilmes (einer Salzlösung) auf einer Metalloberfläche ist die räumliche Trennung des anodischen Teilprozesses - der Oxidation des Metalls und seiner Auflösung - vom kathodischen Teilprozeß. Letzterer kann im Fall der Säurekorrosion die kathodische Wasserstoffentwicklung (Reduktion von Wasserstoffionen) sein, im weitaus wichtigeren Fall der Sauerstoffkorrosion ist

3.5 Korrosion

es die kathodische Reduktion des Sauerstoffs, der sich mit Wassermolekülen unter Freisetzung von Hydroxidionen oder von Wasserstoffionen aus dem Flüssigkeitsfilm zu Wasser vereinigt.

Die bei der Säurekorrosion ablaufenden Teilprozesse lassen sich an einem mit Kupfermetalleinschlüssen verunreinigten Zinkblech in einer verdünnten Säurelösung betrachten. Der Bruttovorgang wird durch die Reaktionsgleichung

$$Zn + 2\ H_3O^+ \rightarrow Zn^{2+} + H_2\uparrow + 2\ H_2O \qquad (3.117)$$

beschreiben. Er läßt sich in einen Anodenprozeß

$$Zn \rightarrow Zn^{2+} + 2\ e^- \qquad (3.118)$$

und einen Kathodenprozeß

$$2\ H_3O^+ + 2\ e^- \rightarrow H_2\uparrow + 2\ H_2O \qquad (3.119)$$

zerlegen. Beide Prozesse laufen gleichzeitig auf verschiedenen Oberflächenbezirken des Metalls ab. Da entsprechend der relativen Stellung von Kupfer und Wasserstoff in der elektrochemischen Spannungsreihe der Elemente Kupfer stets edler als Wasserstoff ist (vgl. Bild 3.36), wird am Kupfer der Reduktionsteilschritt stattfinden, während an der Zinkoberfläche die anodische Metallauflösung stattfindet.

Die beiden elektrischen Teilströme (anodischer und kathodischer Teilstrom) sind dem Betrag nach gleich. Dies begrenzt die Geschwindigkeit der Korrosion. Ist die Kupferfläche vergleichsweise groß, so wird die Wasserstoffentwicklung an einer großen Fläche (A) und damit bei kleiner Stromdichte (j) und geringer Überspannung (vgl. Abschn. 3.4) mit insgesamt hohem Strom I (da $I = A \cdot j$) wenig gehemmt ablaufen. Entsprechend rasch erfolgt die Zinkauflösung. Dies hat für den Korrosionsschutz durch Verzinken (s.u.) technisch bedeutsame Folgen. Man kann die beiden Teilreaktionen mit den Halbzellen einer elektrochemischen Zelle vergleichen, bei der die beiden Elektroden wie in einem Kurzschluß miteinander verbunden sind. Daher wird auch von Korrosion durch Kurzschluß- oder Lokalelemente gesprochen. Eine praktische Anwendung dieses Vorganges kann man im Kippschen Wasserstoffentwicklungsapparat beobachten. Die Wasserstoffentwicklung aus Schwefelsäure und Zinkgranalien ist nur mäßig schnell, durch Zusatz von wenig Kupfersulfat wird sie stark beschleunigt. Dies ist auf Lokalelementbildung durch Abscheidung von Kupfer auf dem Zink unter Zinkauflösung zurückzuführen (Zementierung). Die anschließend beobachtete Beschleunigung geht auf die wesentlich verminderte Hemmung der Wasserstoffentwicklung zurück, die an Kupfer geringer ist als an Zink.

Diese Prozesse lassen sich durch eine Betrachtung der zugehörigen Stromdichte-Potentialkurven nachvollziehen. Bild 3.32 zeigt sie für die Zinkelektrode und für die Wasserstoffelektrode an einer Zink- und an einer Kupferoberfläche.

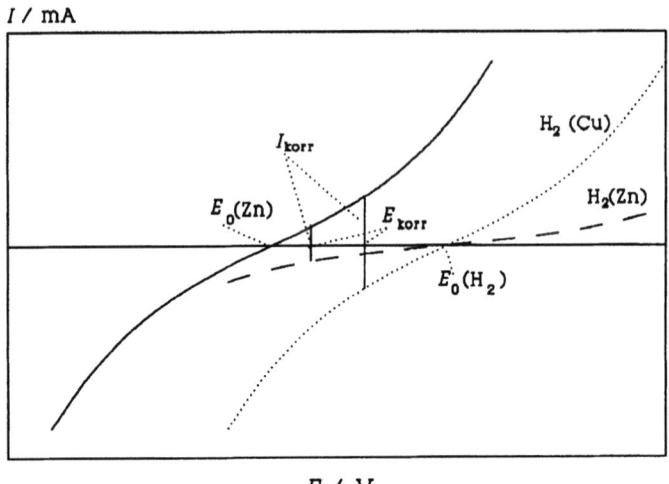

Bild 3.32 Strom-Potentialkurven einer Zinkelektrode (links) und der Wasserstoffelektrode an Zink und an Kupfer (vereinfachte Darstellung).

Da die Korrosion praktisch meist ohne äußeren Stromfluß abläuft, müssen anodische und kathodische Teilströme dem Betrag nach gleich groß sein. Da die Vorgänge an verschiedenen Stellen stattfinden, können die Stromdichten recht verschieden sein. In Bild 3.32 ist für den Fall der relativ langsamen Wasserstoffreaktion an einer Zinkelektrode zu erkennen, daß mäßig große, dem Betrag nach jedoch gleich große Ströme der anodischen Zinkauflösung und der kathodischen Wasserstoffentwicklung fließen. Das Elektrodenpotential, daß sich unter dieser Bedingung einstellt, wird als Korrosionspotential E_{korr} bezeichnet. Da es sich an einer Elektrode einstellt, an der gleichzeitig anodischer und kathodischer Prozeß stattfinden, wird es auch als Mischpotential bezeichnet. Findet die Wasserstoffentwicklung an der hierfür besser geeigneten Kupferteiloberfläche statt, so sind die Ströme bedeutend größer. Damit zusammenhängend ist das Korrosionspotential deutlich anodischer.

Praktisch von weitaus größerer Bedeutung ist das Auftreten der Sauerstoffreduktion als kathodischer Teilreaktion. Dies kann an den Vorgängen in einem leicht salzhaltigen Wassertropfen auf einer Eisenoberfläche verstanden werden (vgl. Bild 3.34). Durch die nur begrenzte Löslichkeit des Sauerstoffs in Wasser kommt es zur Ausbildung eines Konzentrationsgefälles im Tropfen; nahe der Oberfläche ist die Sauerstoffkonzentration am größten. Das Potential der Eisen-

3.5 Korrosion

elektrode ist in wäßrigen Lösungen stets unedler als das der Sauerstoffelektrode. Die Sauerstoffreduktion wird also die Eisenoxidation und damit seine Auflösung nach der Bruttogleichung

$$Fe + 1/2\, O_2 + H_2O \rightarrow Fe(OH)_2 \tag{3.120}$$

antreiben.

Die beiden Teilprozesse sind dabei

$$Fe(s) \rightarrow Fe^{3+} + 3\, e^- \tag{3.121}$$

und

$$1/2\, O_2 + 2\, e^- + H_2O \rightarrow 2\, OH^- \tag{3.122}$$

Bei der Betrachtung der Teilprozesse der Sauerstoffkorrosion ergibt sich ein deutlich anderes Bild als bei der Säurekorrosion. Während die anodische Reaktion ganz analog betrachtet werden kann, ist die kathodische Sauerstoffreduktion wegen der geringen Löslichkeit des Sauerstoffs und seiner mäßig schnellen Diffusion begrenzt, dies kommt im in Bild 3.33 gezeigten Diffusionsgrenzstrom zum Ausdruck.

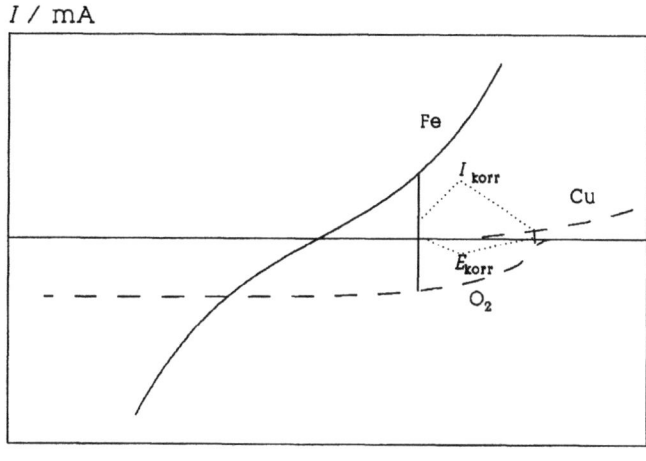

Bild 3.33 Strom-Potentialkurven einer Eisenelektrode, einer Kupferelektrode und einer Sauerstoffelektrode (vereinfacht).

Die Begrenzung des anodische Stroms der Eisenauflösung folgt unmittelbar aus der Begrenzung des Sauerstoffreduktionsstroms. Da die anodische Kupferauflösung bei wesentlich höheren Potentialen erfolgt, bei denen die Sauerstoffreduktion noch wesentlich langsamer abläuft, erklärt sich zwanglos die höhere Korrosionsstabilität des Kupfers. Es folgt außerdem unmittelbar eine Möglichkeit des Korrosionsschutzes durch Überzug mit einem edleren Metall.

Bei der Korrosion der Metalle entstehen sehr verschiedene Korrosionsprodukte. Sie können löslich sein und von der das Metall bedeckenden Lösung aufgenommen und abtransportiert werden. Dies begünstigt die kontinuierliche Nachbildung von Korrosionsprodukten. In vielen Fällen, vor allem bei der Korrosion von metallischen Werkstücken in medizinischen oder lebensmitteltechnischen Anwendungen, werden so Metallionen mit zum Teil hoher biologischer Wirksamkeit freigesetzt. Oft sind die gebildeten Metallionen nur begrenzt löslich, da sie schwerlösliche Metallhydroxide oder andere Salze mit Ionen aus der korrodierenden Lösung bilden (Carbonate, Chloride). Die bei Überschreiten des Löslichkeitsproduktes gebildeten Feststoffe scheiden sich als Schichten auf der Oberfläche ab und schützen sie vor weiterem Angriff. Da das Metall nun nicht mehr korrosionsaktiv ist, nennt man es "passiv", entsprechend werden die Schichten auch als Passivschichten und der Vorgang als Passivierung bezeichnet.

Auf einer gleichmäßigen, homogenen Eisenoberfläche ist die Ausbildung der Regionen, in denen alternativ der kathodische oder der anodische Teilprozeß ablaufen, von der lokalen Sauerstoffkonzentration abhängig. An Orten kleiner Konzentration - in der Mitte der vom Tropfen bedeckten Fläche - ist die anodische Reaktion bevorzugt; am Rand läuft bevorzugt die kathodische Reaktion ab. Dies führt mit einem vermehrten Eisenabbau in der Mitte zu einer Lochbildung, der typischen Lochfraßkorrosion.

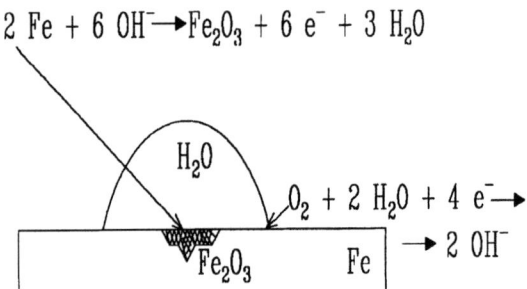

Bild 3.34 Korrosion unter einem Flüssigkeitstropfen (Lochfraß).

Während die bei der Korrosion von Eisen in neutraler oder schwach basischer Lösung gebildeten Eisenhydroxide und -oxide mechanisch nicht sehr stabil sind und keinen dauerhaften Schutz vor weiterer Korrosion gewähren, ist das auf Aluminium gebildete Aluminium(III)oxid Al_2O_3 außerordentlich stabil (das

3.5 Korrosion

technische Korund ist das als Schleifmittel verwendete Aluminium(III)oxid. Seine Schutzwirkung beruht auf seiner mechanischen Beständigkeit und der Fähigkeit, daß an einer verletzten Oberflächenstelle mit Luftsauerstoff der Schutzfilm sofort neu gebildet wird. Technisch werden Aluminium(III)oxid-Schichten durch anodische Behandlung der Werkstücke in einer wäßrigen Elektrolytlösung mit einem Film definierter, durch Elektrolysezeit und -spannung einstellbarer Schichtdicke überzogen (Eloxal-Verfahren). In die porösen Filme können Farbpigment etc. zur Oberflächengestaltung eingelagert werden. Ähnlich vorteilhafte mechanische Eigenschaften haben die auf Chrom oder Nickel gebildeten Oxidschichten. Ein wichtiges Beispiel carbonatischer Passivschichten sind die auf der Innenseite von Leitungswasserrohren gebildeten Eisencarbonatabscheidungen. Da weiches Wasser weniger Carbonationen enthält und damit in ihm die Passivschichtbildung verlangsamt abläuft, wird unmittelbar klar, warum Eisenrohre in weichem Wasser schneller korrodieren als in hartem Wasser (vgl. Wasserhärte in Abschn. 3.2).

Bei der elektrochemischen Untersuchung der Passivierung von Metallen mit der Methode der zyklischen Voltammetrie (vgl. Abschn. 4.2) beobachtet man einen charakteristischen Kurvenverlauf, der auf die Passivierung der Metalloberfläche hinweist (s. Bild 3.35).

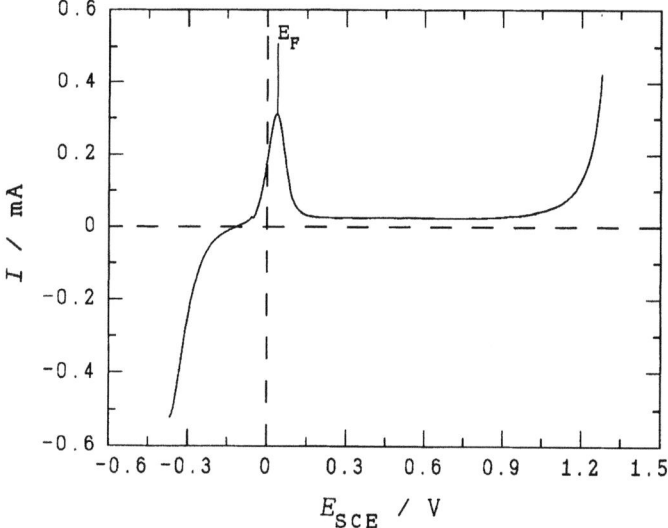

Bild 3.35 Strom-Spannungs-Kurve einer korrodierbaren Metallelektrode (Edelstahl in Schwefelsäure).

Nach einer anfänglichen Zunahme des durch die anodische Metallauflösung verursachten Stromes fällt dieser bei einem für das untersuchte System typischen

Potentialwert auf einen sehr kleinen Wert ab, das Metall ist nun passiv. Das Potential wird als "Flade-Potential" E_F bezeichnet. Erst bei meist relativ großen Überspannungen setzt in diesem als "transpassiver Bereich" bezeichneten Potentalgebiet erneut ein anodischer Strom ein. Er ist allerdings oft nicht auf wieder einsetzende Metallauflösung, sondern auf anodische Sauerstoffentwicklung an der Oxidoberfläche zurückzuführen.

$$2\,H_2O \rightarrow O_2 + 4\,H^+ + 4\,e^- \tag{3.123}$$

Zu einem Strom werden bis zu drei verschiedene Potentialwerte beobachtet. Je nach experimentellen Bedingungen treten entsprechende Potentialoszillationen auf, sie können als Form des Chaos bei einer hier elektrochemischen Reaktion aufgefaßt werden.

Alternativ sind auch andere Prozesse der Metallauflösung möglich. Chrom wird im transpassiven Bereich direkt zum Chromation oxidiert:

$$Cr + 4\,H_2O \rightarrow CrO_4^{2-} + 8\,H^+ + 6\,e^- \tag{3.124}$$

Die verschiedenen negativen Aspekte der Korrosion machen umfangreiche Maßnahmen zum Korrosionsschutz erforderlich. Neben der Möglichkeit der Passivierung der Metalloberfläche, die sich spontan oder kontrolliert einstellt, gibt es weitere Möglichkeiten des Schutzes. Ihnen ist gemeinsam, daß eine oder beide elektrochemischen Teilreaktionen unterdrückt werden. Bei galvanischen Überzügen gibt es dabei zwei grundsätzlich verschiedene Wege, den Überzug mit einem edleren oder einem unedleren Metall. Bild 3.36 zeigt im Vergleich die Standardpotentiale einiger Metalle, aus ihm wird der Sachverhalt deutlich.

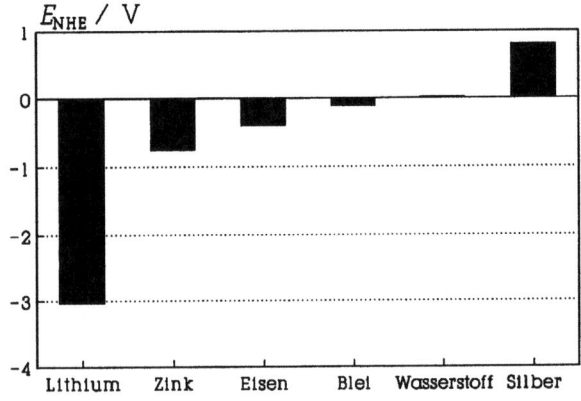

Bild 3.36 Ausschnitt aus der Spannungsreihe der Metalle.

3.5 Korrosion

Der Überzug einer korrosionsgefährdeten Eisenoberfläche mit einem edleren Metall, das sich seinerseits mit einem korrosionsstabilen Film überzieht (Vernickeln, Verchromen) oder das sehr edel ist (Vergolden, Versilbern), verhindert eine Korrosion durch Blockierung der anodischen Eisenauflösung. Wird allerdings die Metallschicht bis auf den Eisenuntergrund beschädigt, so kommt es an der Schadensstelle zu einer sehr heftigen Korrosion des Eisens. Der großen Schutzschichtoberfläche mit positiverem Elektrodenpotential, an der die Sauerstoffreduktion zudem meist recht wenig gehemmt möglich ist, steht eine nur kleine als Anode wirkende Eisenoberfläche gegenüber. An ihr fließt der anodische Teilstrom mit wegen der kleinen Oberfläche hoher Stromdichte und entsprechender Abtragsrate. Bild 3.37 zeigt das Geschehen schematisch.

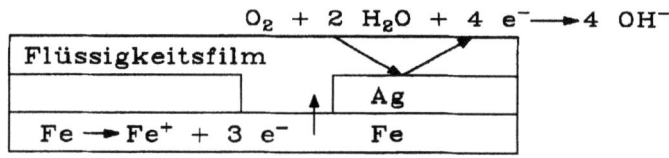

Bild 3.37 Korrosionsschutz mit einem edlen Metall.

Ein Schutz der Oberfläche ist auch durch Aufbringen eines weniger edlen Metalls (vgl. Bild 3.38) möglich (z.B. Verzinken). Bei Verletzung dieser Schutzschicht kommt es zu keiner verstärkten Korrosion, da das beispielsweise durch die große Zinkoberfläche vorgegebene relativ unedle elektrochemische Potential auch der metallisch mit dem Zink verbundenen Eisenoberfläche aufgeprägt wird, die so in einem kathodischen Potentialbereich unterhalb der Eisenauflösung bleibt. Wegen der meist begrenzten elektrolytischen Leitfähigkeit des den Werkstoff bedeckenden Films reicht dieser Schutz nur wenige Millimeter um die Schadstelle.

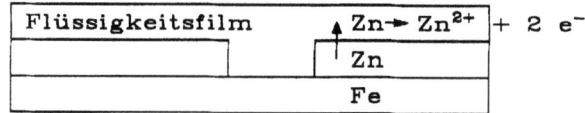

Bild 3.38 Korrosionsschutz mit einem unedlen Metall.

Neben der schon erwähnten Bildung passivierender Schutzschichten bei Kontakt des Metalls mit Luftsauerstoff oder dem in einem Flüssigkeitsfilm auf dem Metall gelösten Sauerstoff sind weitere Passivschichten technisch wichtig. In Gegenwart von Chromat- oder Phosphationen in einer sauren Lösung wird das zu schützende Metall oberflächlich angegriffen. Seine gelösten Metallionen bilden schwerlösliche Chromate oder Phosphate (z.B. Eisenphosphat Vivianit), die sich festhaftend auf der Oberfläche niederschlagen und diese zuverlässig vor weiterem Angriff schützen. Durch Bildung der Schicht in Gegenwart weiterer Metallionen in der Behandlungslösung (z.b. Ni^{2+} oder Zn^{2+}) können Schichten mit noch besseren Schutzeigenschaften gebildet werden (z.B. Phosphophyllit $Zn_2Fe(PO_4)_2 * 4\ H_2O$).

Aus der Strom-Spannungskurve der Metallelektrode im Kontakt mit einer korrosiv wirkenden Elektrolytlösung ergeben sich zwei weitere Möglichkeiten des Korrosionsschutzes. Naheliegend ist dabei das Verfahren, durch Aufzwingen eines ausreichend kathodischen elektrochemischen Potentials die zu schützende Oberfläche im Bereich unterhalb des Auflösungspotentials zu halten. Dies kann sehr einfach durch Kurzschluß der zu schützenden Teile mit anderen, wesentlich unedleren Metallen im gleichen Medium (z.B. Zink, Magnesium oder Leichtmetallegierungen) erfolgen. Im so gebildeten Kurzschlußelement findet die anodische Metallauflösung am unedlen Metall statt, während die Sauerstoffreduktion am relativ edleren, zu schützenden Metall stattfindet (Bild 3.39 (a)). Neben der Verwendung dieser als "Opferanoden" vor allem an Schiffsrümpfen genutzten Möglichkeit kann auch eine Spannungsquelle zur Einstellung des erwünschten kathodischen Potentials am zu schützenden Objekt verwendet werden. Dabei wird als Anode Eisenschrott verwendet. Er löst sich unter diesen Bedingungen langsam anodisch auf, während das zu schützende Metall auf einem ausreichend kathodischen Potential bleibt (Bild 3.39 (b)).

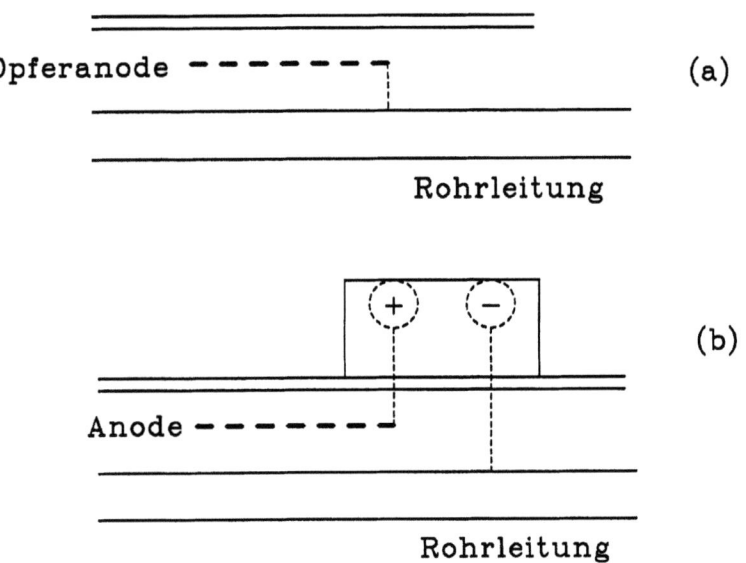

Bild 3.39 Verfahren des kathodischen Korrosionsschutzes: (a) ohne äußere Stromquelle, (b) mit äußerer Stromquelle.

3.5 Korrosion

Gänzlich anders ist das Verfahren des anodischen Schutzes für passivierbare Metalle. Bei ihm wird ebenfalls unter Verwendung einer elektrischen Stromquelle und einer Hilfselektrode das zu schützende Objekt auf ein kontrolliertes Potential gebracht. Es liegt nun im Bereich der Passivität, in dem die Metalloberfläche anodisch zum Flade-Potential mit einer schützenden Passivschicht überzogen ist.

Eine weit verbreitete Möglichkeit ist der Überzug der zu schützenden Metallteile mit einer organischen (Lack, Fett, Öl, adsorbierte Moleküle) oder anorganischen Schutzschicht (Email). Im Fall dicker Schutzschichten wird dabei eine derart wirksame Transporthemmung für den Antransport korrosiver Stoffe (wäßrige Lösung mit ionisch leitenden Zusätzen, Sauerstoff) aufgebaut, daß die Korrosion praktisch unterbleibt. Da die elektrochemische Korrosion auf die Gegenwart von Feuchtigkeit angewiesen ist, wird diese Wirkung durch hydrophobe Eigenschaften der Schutzschicht noch unterstützt. Mikroskopische Schichten (Nanoschichten, ultradünne Schichten) auf Metalloberflächen wirken dagegen durch Hemmung eines oder beider elektrochemischer Teilschritte. Zahlreiche organische (Amine, höhere Alkohole) und anorganische Moleküle (Nitrite) hemmen auf einer Oberfläche adsorbiert sehr wirksam die Sauerstoffreduktion. Da diesem kathodischen Teilstrom der anodische Teilstrom der Metallauflösung entsprechen muß, wird mit der Hemmung der Sauerstoffreduktion auch die Metallauflösung unterdrückt.

In Gegenwart anderer Medien sind weitere Prozesse denkbar. Zunächst wird entsprechend der Zusammensetzung des korrosiv wirkenden Stoffes der kathodische Teilprozeß andere Partner und Reaktionsprodukte in das Geschehen bringen. Der Ablauf des korrosiven Angriffs, die Verteilung und die Eigenschaften der Korrosionsprodukte und die Konsequenzen für den Werkstoff werden ebenfalls anders ausfallen. Schließlich ergeben sich damit völlig andersartige Anforderungen an einen effektiven Korrosionsschutz.

Einige Sonderformen der Korrosion, die für den technischen Laien kaum beobachtbar sind, werden in den folgenden Beispielen vor allem wegen ihrer technischen und wirtschaftlichen Bedeutung vorgestellt. Dabei ist zu bedenken, daß die meist mit bloßem Auge erkennbare Erosionskorrosion an Werkstückoberflächen in manchen Anwendungsbereichen durchaus nicht die vorherrschende Form der Korrosion ist. Bild 3.40 zeigt, daß in Rauchgasentschwefelungsanlagen andere, im folgenden Text vorgestellte Formen der Korrosion weitaus größere Bedeutung haben.

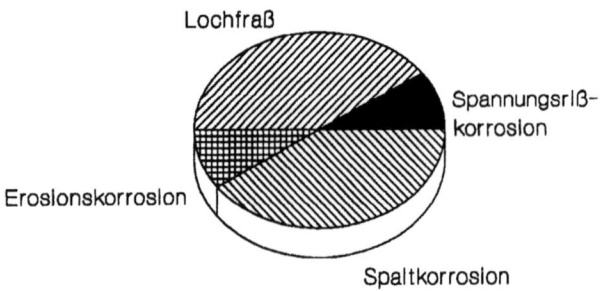

Bild 3.40 Verschiedene Formen der Korrosion in Rauchgasentschwefelungsanlagen.

Spannungsrißkorrosion

Trotz ihres auf den ersten Blick homogen wirkenden oberflächlichen Aussehens zeigen viele metallische Werkstoffe bei mikroskopischer Betrachtung eine heterogene Zusammensetzung der Oberfläche, die aus mikroskopischen Körnern zusammengesetzt ist. Dabei unterscheidet sich die chemische Zusammensetzung im Korninneren von der an der Korngrenze. Je nach Herstellungsverfahren und anschließender Temperaturbehandlung können sich schwer lösliche Bestandteile aus dem Korn an der Grenze bevorzugt ausscheiden. Bereits unter dem Lichtmikroskop ist nach leichtem Anätzen diese Kornstruktur gut erkennbar. Mit der Elektronenstrahl-Mikrosonde ist die chemische Zusammensetzung von Kornfläche und grenznahem Gebiet qualitativ und quantitativ meßbar. Kommt eine solche Oberfläche mit einem ionenleitenden Elektrolyten in Berührung, so ist es möglich, daß die Fläche auf Grund ihrer chemischen Zusammensetzung rasch in einen passiven Zustand übergeht, während grenznahe Bezirke in einem aktiven Zustand mit abweichendem Elektrodenpotential verbleiben. Wegen der extremen Flächenverhältnisse reicht bereits eine kleine Potentialdifferenz als Triebkraft starker Korrosion an der Grenze aus. Dabei findet an der Hauptfläche beispielsweise die Reduktion eines Bestandteils der Elektrolytlösung statt, während im Grenzbereich die anodische Eisenauflösung abläuft. Dieses Phänomen wird als Korngrenzenkorrosion bezeichnet. Mechanische Spannungen verstärken die energetischen Differenzen zwischen Fläche und Grenze und wirken weiter beschleunigend. Für den häufigen Fall der Spannungsrißkorrosion von legierten Stählen im Kontakt mit nitrationenhaltigen Lösungen ergibt sich als Bruttoreaktion

$$10\,Fe + 6\,NO_3^- + 3\,H_2O \rightarrow 5\,Fe_2O_3 + 3\,N_2\uparrow + 6\,OH^- \qquad (3.125)$$

Als Anodenreaktion wird die Bildung von zunächst Fe^{2+} nach

$$Fe \rightarrow Fe^{2+} + 2\,e^- \qquad (3.126)$$

mit Weiteroxidation in der Lösung gemäß

$$10\ Fe^{2+} + 2\ NO_3^- + 12\ H^+ \rightarrow 10\ Fe^{3+} + N_2\uparrow + 6\ H_2O \qquad (3.127)$$

angenommen. Kathodisch findet die Nitratreduktion statt:

$$NO_3^- + 6\ H_2O + 5\ e^- \rightarrow 1/2\ N_2\uparrow + 6\ OH^- \qquad (3.128)$$

Alternativ erscheint die direkte Oxidation des Eisens zum Fe^{3+} denkbar:

$$2\ Fe + NO_3^- \rightarrow Fe_2O_3 + 1/2\ N_2\uparrow + e^- \qquad (3.129)$$

Experimentell kann dies durch Aufnahme von Stromdichte-Potential-Kurven von mechanisch unbelasteten und belasteten Proben leicht überprüft werden. Die technisch Bedeutung dieser Korrosionsform ist leicht zu erkennen: Die ursächliche mechanische Spannung führt zur Rißbildung senkrecht zur Richtung der Krafteinwirkung durch vermehrten Materialabtrag in dieser Richtung. Die dadurch bewirkte Materialschwächung führt zum Verlust der mechanischen Belastbarkeit. Zu einer weiteren Verschärfung des Schadbildes kommt es, wenn bei der Korrosion Wasserstoff gebildet wird. Dieser diffundiert selbst in Festkörpern mit bemerkenswerter Geschwindigkeit. In Stahl führt er zu einer "Wasserstoffversprödung" mit potentiell verheerenden Konsequenzen der Materialschwächung.

Kontaktkorrosion

Bei der Behandlung des Korrosionsschutzes durch Überzug mit edleren oder unedleren Metallen wurde bei der Diskussion der Folgen, die nach einer oberflächlichen Beschädigung des Schutzüberzuges eintreten, für den Fall des Schutzes durch edlere Metalle auf verstärkten Angriff auf das zu schützende Metall an der Schadstelle hingewiesen. Dies ist ein einfacher Fall der Kontaktkorrosion. Sie tritt stets auf, wenn zwei unterschiedlich edle Metalle im elektrischen Kontakt stehen und von einem gemeinsamen Elektrolytfilm benetzt werden. Das unedlere Metall wird sich dann stets anodisch auflösen (falls es nicht zur Ausbildung von passiven Schutzschichten kommt) während an dem edleren Metall vorzugsweise die Reduktion des Sauerstoffs stattfindet. Dies geschieht beispielsweise, wenn Stahlbleche mit Aluminiumschrauben verbunden werden. Der kleinen Anodenfläche der Schraube steht die große Kathodenfläche des Stahlblechs gegenüber. Rasche Korrosion und Funktionsausfall sind die Folge. Im umgekehrten Fall sind diese Folgen nicht zu befürchten. Bei Mischbauweisen in Metallkonstruktionen ist daher darauf zu achten, daß unedlere Metallteile nicht als Funktionsteile verwendet werden. Die Verwendung von Messingfittings an Stahlrohren im Heizungsbau ist unbedenklich, da der kleinen Messingfläche die viel größere Stahlfläche gegenübersteht. Ähnliche Wirkungen sind bei der Kombination von Werkstücken, die mit unterschiedlichen Verfahren gegen Korrosion geschützt sind, möglich. Wird eine feuerverzinkte Rohrschelle zur Befestigung eines Kupferrohrs verwendet, so steht eine kleine Fläche eines durch die Verzinkung prinzipiell gut geschützten Werkstoffs mit einer großen Fläche eines anderen, von Natur aus relativ gut korrosionsbeständigen Werkstoffs in metallischem Kontakt. Da Zink allerdings unedler als Kupfer ist und da zudem seine Fläche vergleichsweise klein ist, kommt es zu einer raschen Zerstörung der Verzinkung.

Kontaktkorrosion kann auch unerwartet auftreten, wenn der "Kontakt" erst durch einen elektrochemischen Vorgang gebildet wird. Läuft Regenwasser entlang eines kupfernen Blitzableiters oder durch eine kupferne Dachrinne und gelangt anschließend auf eine Aluminiumfläche, so genügen die Spuren gelöster Cu^{2+}-Ionen in Gegenwart praktisch stets vorhandener Chloridionen bereits, um durch Zementierung eine lokale Kupferabscheidung auf der Aluminiumfläche zu bewirken. Diese dient als Anode, während am Kupfer die kathodische Sauerstoffreduktion stattfindet. Die Folgen sind analog den beschriebenen Schadbildern.

Spaltkorrosion

Bei ausgeprägten lokalen Konzentrationsunterschieden von für die kathodischen und anodischen Teilprozesse bedeutsamen Reaktanden kann es zu einem örtlich sehr begrenzten korrosiven Angriff kommen. Oft treten solche Unterschiede bezogen auf den bei der kathodischen Reaktion wichtigen Sauerstoff auf. Teile der Metalloberfläche sind für ihn leicht zugänglich, andere, z.B. in einem Loch, einem Riß oder unter einem aufliegenden Bauteil, sind weniger gut zugänglich. Das eintretende Konzentrationsgefälle sorgt dafür, daß an den wenig belüfteten Stellen die anodische Auflösung überwiegt, während an den gut belüfteten Stellen Sauerstoff reduziert wird. Das System wird daher auch "Belüftungselement" genannt.

Entzinkung

Die Legierung Messing besteht aus Zink und Kupfer. Vor allem in sauren, ruhenden Lösungen hoher Temperatur kann es zu selektiver Korrosion des Zinks kommen. Ein poröser Körper aus Kupfer und Korrosionsprodukten bleibt zurück. Derart befallene Messingteile können ihre ursprüngliche Funktion durchaus noch erfüllen, plötzliche mechanische Belastungen, ein Druckstoß oder eine Biegebeanspruchung enthüllen dann den Schaden schlagartig.

Korrosion durch Streuströme

Überraschende und zunächst meist unerklärliche Korrosionsschäden treten durch

3.5 Korrosion

die Einwirkung elektrischer Ströme im Erdreich auf. Diese können z.B. in der Nähe elektrischer Bahnanlagen auf Übergangswiderstände zwischen Schienenstücken, die als Stromrückleiter dienen, zurückgehen. Ein Teil des Stroms wird dann nicht über die Schienen, sondern über das mit ihnen in leitender Verbindung stehende Erdreich fließen. Bei einer Wasserleitung in der Nähe von Straßenbahnschienen ergibt sich die in Bild 3.41 dargestellte Situation.

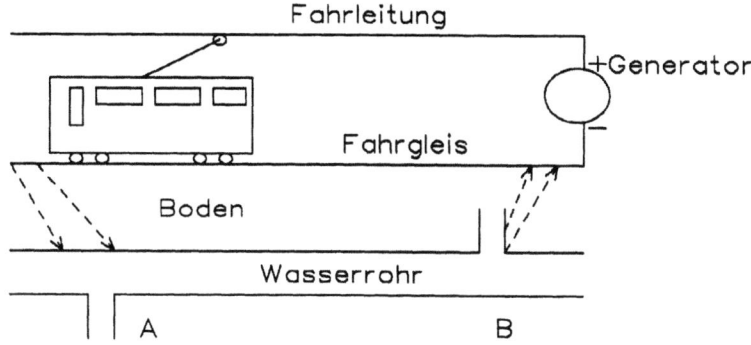

Bild 3.41 Potentialverteilung entlang einer Straßenbahn mit parallelgeführter Wasserleitung.

Das Rohr übernimmt einen Teil des Stroms. Durch den Spannungsabfall über der Rohrlänge ist bei Betrieb der Bahn mit Gleichstrom der Hausanschluß bei A kathodisch gegen die Schiene, er ist also korrosionsgeschützt. Dagegen ist der Anschluß bei B anodisch gegen die Schiene. Hier wird also verstärkte Korrosion auftreten. Schutz durch Lackieren wäre zwecklos, da der anodische Strom dann durch Lücken im Lacküberzug austreten würde und lokal noch schlimmere Lochfraßschäden verursacht würden.

Ähnliche Erscheinungen wie neben einer gleichspannungsversorgten elektrischen Bahn sind neben Seekabelleitungen zur Hochspannungs-Gleichstrom-Übertragung denkbar. Bei diesem Verfahren zum Transport elektrischer Energie über große Entfernungen wird aus dem Wechselstrom des Landnetzes durch gesteuerte Gleichrichtung eine Gleichspannung variabler Spannung erzeugt, die über ein Seekabel beträchtlicher Länge (etliche hundert Kilometer sind ökonomisch durchaus rentabel) an eine Wechselrichterstation geleitet. Dort wird die Gleichspannung wieder in die dort landesübliche Wechselspannung umgewandelt. Die elektronische Steuerung der Umrichter erlaubt die Übertragung von elektrischer Leistung in beide Richtungen. Zur Kostenersparnis wird nur eine Ader der Leitung als gut isoliertes Kabel ausgebildet und beispielsweise auf dem Meeresboden verlegt. Die Stromrückleitung wird durch Wasser und Erdreich vorgenommen. Die beträchtlichen Stromstärken (einige hundert Ampere) lassen Streuströme erwarten. Da die zugehörigen Elektroden jedoch vor der Küste im

Meeresboden vergraben werden, sind negative Effekte nicht sehr wahrscheinlich. Zur Vermeidung von Korrosion an der als Anode wirkenden Elektrode wird diese als großflächiges Netz aus dem besonders korrosionsstabilen Titan ausgebildet. Die Kathode kann dagegen aus Kupfer hergestellt werden.

Korrosion in der Gasphase

Steht ein Metall mit einer Gasphase im Kontakt, so kann es auch ohne die Anwesenheit eines Flüssigkeitsfilms zu einem korrosionsähnlichen Vorgang kommen. Vor allem bei erhöhter Temperatur sind viele Gase, insbesondere Sauerstoff, ausreichend reaktiv, um eine Oberflächenreaktion einzugehen. Überzieht sich das Metall dabei mit einer Oxidschicht, so spricht man von Verzunderung.

Auch mit Wasserdampf ist eine Verzunderung möglich gemäß der Summengleichung

$$3 \, Fe + 4 \, H_2O \rightarrow Fe_3O_4 + 4 \, H_2 \uparrow \tag{3.130}$$

Für eine Dampftemperatur von 375 °C errechnet sich ein Gleichgewichtsdampfdruckverhältnis $p_{H_2}/p_{H_2O} = 10$. In einem Dampfüberhitzer müßte also mehr Wasserstoff als Wasserdampf erzeugt werden. Kinetische Hemmungen der Wasserspaltung auf der mit einem dünnen Oxidfilm belegten Oberfläche begrenzen diese Reaktion jedoch auf ungefährliche Werte. Für das Wachstum dieser Schicht ist entscheidend, daß sie für einen der beiden ionischen Bestandteile (Fe^{x+} oder O^{2-}) eine endliche Leitfähigkeit hat. Sind die Metallionen mobil, so kommt es zum Schichtwachstum auf der äußeren Oberfläche, zu der Sauerstoff oder Wasserdampf einerseits und andererseits die durch die Oxidschicht diffundierten Metallionen, die an der Grenze Metall/Oxid entstanden sind, Zutritt haben. Ist das Oxid dagegen ein Anionenleiter, so findet das Schichtwachstum an der Grenze Oxid/Metall bei entsprechend variierten Transportvorgängen statt.

Schwefelkorrosion

Flüssigkeiten und Gase, die bei der Erdöl- und Erdgasförderung und bei ihrem Transport und ihrer Verarbeitung in großem Umfang anfallen, enthalten wegen des biologischen Ursprungs dieser fossilen Stoffe unterschiedlich hohe Anteile an elementarem Schwefel und an anorganischen und organischen Schwefelverbindungen. Neben Schwefel in seiner oxidierten Form (vor allem als Sulfat) liegt er oft in sulfidischer Form vor. Dies kann im einfachsten Fall der übelriechende Schwefelwasserstoff sein, dies können aber auch zahlreiche organische schwefelhaltige Moleküle sein.

3.5 Korrosion

Von besonderem Interesse ist hier der korrosive Angriff von Schwefel und Schwefelwasserstoff auf metallische Werkstoffe. Schon seit langem ist eine heftige Reaktion zwischen fein verteiltem Eisen und Schwefelpulver in einem angefeuchteten Teig bekannt. Dabei wird Eisensulfid gebildet. Diese Reaktion läuft auch in Abwesenheit von Sauerstoff ab. Sie ist so wirksam, daß für das Ätzen von Eisen und Stahl eine Schwefeldispersion in Wasser patentiert wurde. Der gleichmäßige Angriff entspricht der Wirkung dreiprozentiger Salzsäure. Die besondere Wirkung des Schwefels ist dabei auffällig auf das Element Eisen beschränkt. Die dabei beobachtete Inkubationszeit bis zum Einsetzen der eigentlichen Korrosionsreaktion sowie das Ausbleiben der Reaktion unter Bedingungen, bei denen Schwefelpartikel und Metall nicht in direkten mechanischen Kontakt gelangen können, haben zu dem in Bild 3.42 dargestellten komplexen Geschehen der Korrosion beigetragen.

Entscheidend ist dabei die Reduktion des Schwefels. Sie findet auf dem wegen seiner defektreichen Struktur mäßig gut elektronisch leitenden FeS statt. Diese Deckschicht kann durch Umwandlung der auf Eisen stets gegenwärtigen Oxidschicht mit H_2S gebildet werden. Alternativ ist auch die direkte Umsetzung von Eisen mit H_2S denkbar.

Die Reaktionsteilschritte sind damit: Die einleitende Disproportionierung des Schwefels nach

$$4\,S + 4\,H_2O \rightarrow 3\,H_2S + H_2SO_4 \tag{3.131}$$

Mit dem so gebildeten H_2S ist die Bildung der elektronenleitenden und porösen Eisensulfiddeckschicht möglich:

$$Fe + H_2S + 1/2\,O_2 \rightarrow FeS + H_2O \tag{3.132}$$

$$FeO + H_2S \rightarrow FeS + H_2O \tag{3.133}$$

Diese Deckschicht katalysiert die kathodische Schwefelreduktion (Verbindungen in eckigen Klammern [] sind an der Oberfläche adsorbiert):

$$[FeS_x] + S \rightarrow [FeS_{x+1}] \tag{3.134}$$

$$[FeS_{x+1}] + H_2O + 2\,e^- \rightarrow [FeS_x] + HS^- + OH^- \tag{3.135}$$

$$[FeS_{x+1}] + 2\,e^- \rightarrow [FeS_x] + S^{2-} \tag{3.136}$$

Die zugehörige Anodenreaktion ist

$$Fe \rightarrow Fe^{2+} + 2\,e^- \tag{3.137}$$

$$Fe + H_2O \rightarrow Fe(OH)^+ + 2\,e^- + H^+ \tag{3.138}$$

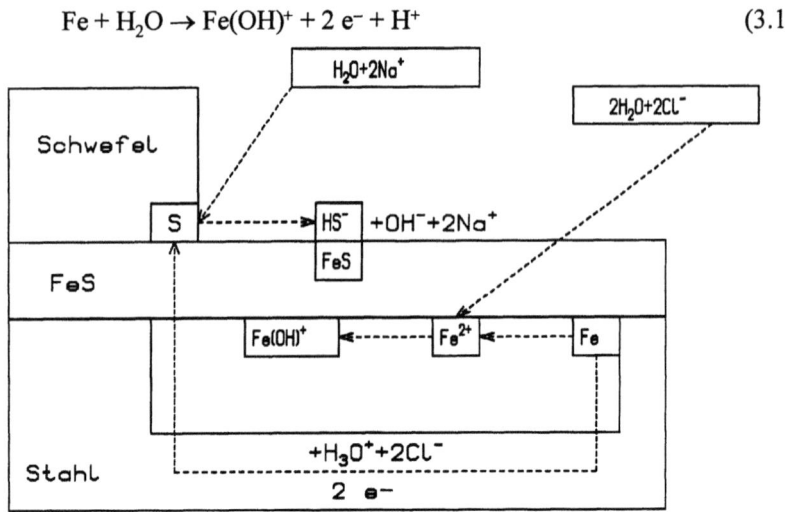

Bild 3.42 Reaktionsschema der Korrosion von Stahl im Kontakt mit Schwefel und kochsalzhaltigem Wasser; nur wesentliche Reaktanden sind eingetragen.

Diese Eisenionen können auf verschiedenen Wegen in Eisensulfid überführt werden:

$$Fe^{2+} + HS^- + OH^- \rightarrow FeS + H_2O \tag{3.139}$$

$$Fe^{2+} + S^{2-} \rightarrow FeS \tag{3.140}$$

$$Fe(OH)^+ + H^+ + HS^- + OH^- \rightarrow FeS + 2\,H_2O \tag{3.141}$$

$$Fe(OH)^+ + H^+ + S^{2-} \rightarrow FeS + H_2O \tag{3.142}$$

Stichworte: Galvanotechnik, Korrosion, Korrosionsschutz.

3.6 Technische Elektrochemie

Bei zahlreichen chemischen Synthesen wird das erwünschte Produkt durch einen Reduktions- oder Oxidationsprozeß gebildet. Dazu werden chemische Oxidations- oder Reduktionsmittel eingesetzt, die vom umzusetzenden Substratmolekül ein Elektron aufnehmen oder ein Elektron an das Molekül abgeben. Dieser Vorgang kann mit den Mitteln der Elektrochemie in eleganter und wirkungsvoller Weise vereinfacht werden.

An einer Anode findet unter Übertragung eines Elektrons von einem Teilchen

3.6 Technische Elektrochemie

auf der Elektrolytseite stets eine Oxidation statt. An der Kathode läuft mit einem Elektronenübergang in umgekehrter Richtung stets eine Reduktion ab. Es liegt daher nahe, statt eines chemischen Oxidations- oder Reduktionsmittels eine Elektrode zu verwenden. Bei vielen Reaktionen ist dies der einzige Weg, da ausreichend starke chemische Oxidations- oder Reduktionsmittel für sie nicht zur Verfügung stehen. Ein weiterer Vorteil ist der verminderte Einsatz von Hilfschemikalien, die hier als Oxidations- oder Reduktionsmittel Verwendung finden würden und nach der Umsetzung meist umständlich abgetrennt und als Abfall behandelt werden müßten.

Energetisch sind elektrochemische Umsetzungen meist günstiger als chemische Verfahren, da als elektrische Energie nur die der freien Reaktionsenthalpie der gewünschten Reaktion nach

$$\Delta G = -z \cdot F \cdot U_0 \qquad (2.125)$$

entsprechende Zellspannung zugeführt werden muß. Um technisch interessante Umsatzraten zu erreichen, werden zusätzlich in gleicher Größenordnung liegende Überspannungsanteile (s. Abschn 3.4) aufzuwenden sein.

Durch Steuerung der Zellspannung kann die Oxidations- oder Reduktionswirkung beeinflußt und damit die Selektivität der Reaktion kontrolliert werden. Schließlich sind Strom und Spannung einer Elektrolysezelle leicht überwach- und steuerbar, so daß elektrochemische Prozesse gut automatisierbar sind. Dem weitgehenden Fehlen von Abfällen, dem verminderten Energieeinsatz, der hohen Selektivität und guten Steuerbarkeit als Vorteilen stehen einige Nachteile gegenüber, die eine weite Anwendung elektrochemischer Produktionsverfahren in einigen Bereichen bisher nachhaltig behindern. Elektrische Energie ist stets erheblich teurer als Prozeßwärme. Elektrochemische Produktionsanlagen sind außerdem mit höheren Investitionskosten behaftet. Für viele Prozesse sind teure edelmetallhaltige Elektroden erforderlich, deren Einsatz nur bei sehr hoher Stabilität der Elektroden ökonomisch ist.

Trotz dieser Einschränkungen haben elektrochemische Produktionsverfahren mit der Erfindung des dynamoelektrischen Verfahrens zur preiswerten Stromerzeugung durch Werner von Siemens 1866 einen rasanten Aufschwung erlebt. Eine Reihe vor allem anorganischer Grundstoffe wird ausschließlich elektrochemisch in großem Umfang hergestellt.

Weitere elektrochemische Produktionsverfahren sind erwünscht. An ihrer Entwicklung und technischen Einführung wird in Grundlagenuntersuchungen und durch Optimierung geeigneter Elektrodenmaterialien und Prozeßbedingungen gearbeitet.

In den folgenden Abschnitten werden die wichtigsten technischen Elektrolyseverfahren vorgestellt. Abschließend wird ein elektrochemisches Verfahren beschrieben, bei dem Lacke unter Beteiligung elektrochemischer Prozesse abgeschieden werden.

Chlor-Alkali-Elektrolyse

Chlor ist als chemischer Grundstoff von zentraler Bedeutung. Bis zu 70% der in chemischen Betrieben erzeugten Produkte werden unter Verwendung von Chlor hergestellt, das dabei allerdings nicht unbedingt im Endprodukt erscheinen muß. Seiner hohen Reaktivität wegen wird es oft nur in Zwischenprodukten eingeführt und bei der anschließenden Weiterreaktion wieder gegen andere Gruppen oder Atome ausgetauscht. Er wird weltweit praktisch ausschließlich elektrochemisch durch Elektrolyse von Natriumchlorid-Lösung (Sole) hergestellt.

Die vereinfachte Bruttoreaktionsgleichung (das Lösungsmitel Wasser fehlt zunächst) ist

$$2\,NaCl \rightarrow 2\,Na + Cl_2\uparrow \tag{3.143}$$

Da Natrium wesentlich unedler als Wasserstoff ist, kommt es nur an Elektroden mit einer sehr großen Hemmung der Wasserstoffentwicklung (Quecksilber) zur Metallabscheidung (unter Natriumamalgambildung). An anderen Elektroden wird statt Natrium Wasserstoff abgeschieden. Die Reaktionsgleichung lautet dann vollständiger

$$2\,NaCl + 2\,H_2O \rightarrow 2\,NaOH + Cl_2\uparrow + H_2\uparrow \tag{3.144}$$

Thermodynamisch ist die Chlorentwicklung erst bei höheren Elektrodenpotentialen als die Sauerstoffentwicklung möglich (die thermodynamische Zersetzungsspannung ist höher). Durch kinetische Hemmungen der an vielen Elektrodenmaterialien sehr langsamen Sauerstoffentwicklung ist jedoch die Chlorentwicklung praktisch bevorzugt.

Chlorgas ist in Wasser gut löslich und disproportioniert in Chlorid- und Hypochloritionen. Letztere sind chemisch sehr reaktiv und oxidationskräftig, darauf beruht die desinfizierende Wirkung von Chlor als Wasserzusatz. In alkalischer Lösung ist das Gleichgewicht zwischen gelöstem Chlorgas und den gebildeten Chlorid- und Hypochloritionen zugunsten der Ionen verschoben. Daher muß bei einem technischen Elektrolyseverfahren dafür gesorgt werden, daß die Elektrolyselösungen aus dem Anoden- und Kathodenraum sich nicht vermischen können (Diaphragma- oder Membranverfahren), oder daß überhaupt kein Wasserstoff und keine Hydroxidionen, sondern Natrium entsteht (Amalgamverfahren).

Diaphragmaverfahren

Beim Diaphragmaverfahren wird durch ein aus Asbest- oder Kunststoffasern bestehendes Gewebe (Diaphragma) eine Vermischung der Lösungen verhindert. Durch eine zusätzliche Elektrolytströmung der nachfließenden Natriumchloridlösung wird dieser Effekt verstärkt. Ein Schnittbild einer Zelle (Bil 3.43) zeigt die vom Diaphragma umgebenen taschenförmigen Kathoden aus gelochtem Eisenblech, an denen Wasserstoff entsteht.

In den Taschen steigt das entstehende Wasserstoffgas auf. Die entstehende Natronlauge kann unten aus ihnen entnommen werden. Eisen ist im stark alkalischen Milieu und bei den eingestellten kathodischen Elektrodenpotentialen beständig. Es weist zudem eine nur geringe Wasserstoffüberspannung auf.

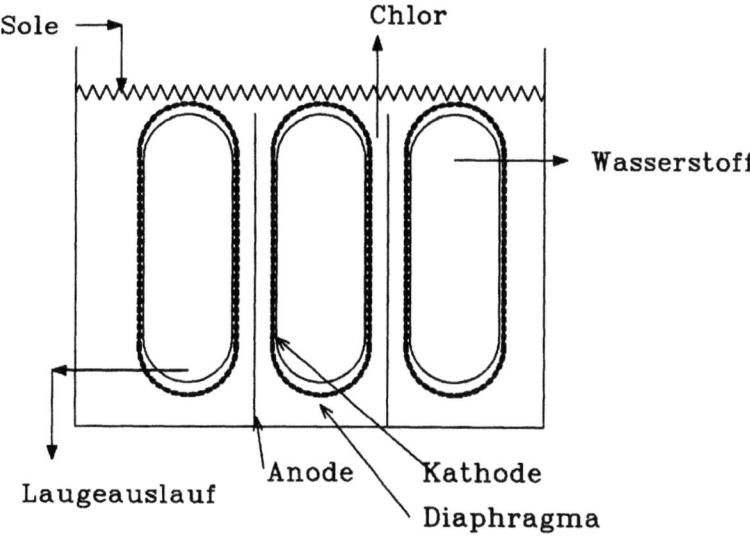

Bild 3.43 Schnittbild einer Elektrolysezelle nach dem Diaphragmaverfahren.

Zwischen den Kathoden sind zumeist als Streckmetallgitter ausgebildete Anoden angeordnet. Bei den zur Chlorentwicklung notwendigen anodischen Potentialen sind viele Metalle thermodynamisch nicht mehr stabil und sehr korrosionsanfällig. Daher wurde lange Zeit Graphit als Elektrodenmaterial verwendet. Da Graphit vom entstehenden Chlor chemisch angegriffen und zu Chlorkohlenwasserstoffen umgesetzt wird, mußten die Elektroden ständig ersetzt werden.

Die Entwicklung von mit Rutheniumoxid beschichteten Titanelektroden ("dimensionsstabile Anoden" DSA) stellte einen großen Fortschritt dar. Sie werden vom Chlor nicht angegriffen. Titan ist mechanisch stabil und selbst gegen Chlor sehr beständig, für die Chlorentwicklung allerdings kein guter Katalysator. Rutheniumoxid zeichnet sich dagegen durch eine kleine Chlorüberspannung aus. Es wird als Elektrokatalysator in dünner Schicht auf das Titan aufgebracht. Die an den Kathoden abfließende Lösung enthält neben dem entstandenen Natriumhydroxid noch erhebliche Mengen an Natriumchlorid. Die Lösung wird daher eingedampft. Das Natriumchlorid fällt dabei zum großen Teil als Feststoff aus und kann entfernt und wieder in die Sole für die Elektrolyse eingebracht werden. Die eingedampfte konzentrierte Lauge enthält noch wenig Natriumchlorid, sie wird zu festem NaOH weiterverarbeitet.

Der ebenfalls als Nebenprodukt anfallende Wasserstoff wird als Brennstoff zur Gewinnung der nötigen Prozeßwärme eingesetzt.

Amalgamverfahren

Verwendet man eine Kathode aus Quecksilber, so kommt es wegen der hohen Wasserstoffüberspannung des Quecksilbers nicht zur Wasserstoffentwicklung. Stattdessen wird Natrium an der Quecksilberelektrode als flüssiges Natriumamalgam abgeschieden. Eine für die technische Elektrolyse geeignete Zelle zeigt Bild 3.44.

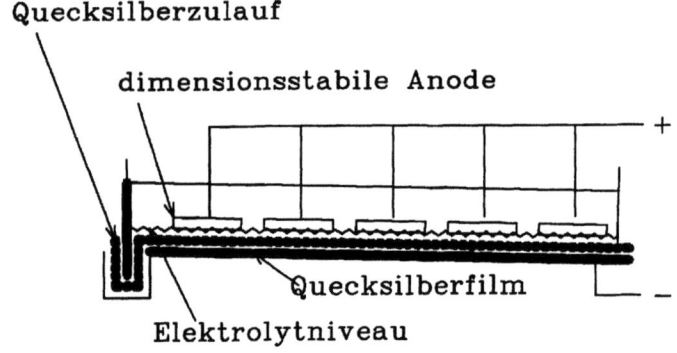

Bild 3.44 Schnittbild einer Elektrolysezelle nach dem Amalgamverfahren.

Auf dem Boden der Zelle fließt ein dünner Quecksilberfilm durch die leicht schräg stehende Zelle. Er bildet die Kathode. Die Stromzuführung erfolgt über den metallischen Zellenboden. In die über dem Quecksilber fließende Sole tauchen von oben Elektroden, an denen anodisch Chlorgas entsteht. Auch hier wurden zunächst Graphitelektroden mit den erwähnten Nachteilen verwendet. Heute werden überwiegend die beschriebenen DSA-Elektroden verwendet. Das entstehende Natriumamalgam (ca. 0,2 % Na in Hg) kann destillativ in seine Bestandteile zerlegt werden. Technisch wird es überwiegend zur Herstellung von Natronlauge mit Wasser oder zur Herstellung von Alkoholaten mit Alkoholen umgesetzt. Hier stellt die hohe Wasserstoffüberspannung des Quecksilbers zunächst ein Problem dar; sie verhindert die Zersetzung des Wassers (Alkohols) unter Wasserstoffentwicklung und Natriumoxidation. In einem Zersetzer wird zur Überwindung der Hemmung das Amalgam mit einem anderen elektronenleitenden Material, üblicherweise Graphit, in elektrischen Kontakt gebracht. Während nun an der Berührungsstelle Amalgam-Wasser/Alkohol Natrium in Lösung geht, wird am Graphit verhältnismäßig wenig gehemmt Wasserstoff entwickelt. Die bei diesem Verfahren gewonnenen Produkte (Lauge, Alkoholate) sind extrem rein und chloridfrei. Das Chlorgas und die abfließende Sole enthalten dagegen Spuren von Quecksilber, die wegen ihrer Giftigkeit sorgfältig abgetrennt werden müssen. Die Verwendung von Quecksilber im großen Umfang in diesen Elektrolyseanlagen läßt das Verfahren unter ökologischen Gesichtspunkten grundsätzlich als wenig wünschenswert erscheinen. Technische Verbesserungen haben allerdings zu einer drastischen Verminderung der Quecksilberemission geführt. Nachdem die sorgfältige Reinigung der Abwässer zu so geringen Quecksilbereinleitungen geführt haben, daß der vorher erheblich belastete Rhein einen Quecksilbergehalt von weniger als 0,1 µg/l zeigt (zum Vergleich: die Trinkwasserverordnung sieht 1996 als Grenzwert 3 µg/l vor) sind die Hauptemissionsquellen offene Zellen bei Reparaturarbeiten. Dies hat die scheinbar dringende Nowendigkeit einer Abkehr von diesem Verfahren deutlich vermindert.

Membranverfahren

Seit einigen Jahren sind stabile Ionenaustauschermembrane verfügbar. Sie werden in Elektrolysezellen mit Erfolg als Separator zwischen Anoden- und Kathodenraum eingesetzt. Diese Membrane enthalten ein chemisch beständiges Gerüst aus fluorierten Kohlenwasserstoffen, an das Sulfon- oder Carbonsäuregruppen (z.B. Nafion®) chemisch gebunden sind:

$$-(CF_2CF_2)_m-\underset{\underset{\underset{CF_3}{|}}{CF_2(CFO)_n-CF_2CF_2SO_3^-}}{\overset{|}{\underset{|}{O}}}CFCF_2-$$

Die zu den Säuregruppen gehörenden Wasserstoffionen können je nach Zusammensetzung der Umgebung gegen andere Kationen ausgetauscht werden. Damit hat man eine Kationenaustauschermembran. Bei geeigneter Herstellung finden sich diese Säuregruppen homogen über die Membran verteilt, so daß ein auf einer Membranseite durch eine Tauschvorgang eingetretenes Ion nach wiederholten Platzwechseln auf der anderen Seite der Membran wieder austreten kann. In der technischen Anwendung kann diese Selektivität für Kationen ausgenutzt werden (s. Bild 3.45). Durch die semipermeablen Eigenschaften der Membran kommt es zu Potentialsprüngen an den Phasengrenzen Lösung/Mmebran (Donnan-Potential). Diese spielen auch bei Stofftrennungsprozessen unter Beteiligung von Ionen (Osmose etc.) eine wichtige Rolle.

Trennt man mit einer solchen Membran Anoden- und Kathodenraum einer Zelle, in der die Elektrolyse einer Natriumchloridlösung abläuft, so werden die auf der Anodenseite bei der Chlorentwicklung übrigbleibenden Natriumionen durch die Membran wandern und an der Kathode mit den dort bei der Wasserstoffentwicklung aus Wasser entstehenden Hydroxidionen Natriumhydroxid bilden. Weitere Ionen, insbesondere Anionen, können die Membran nicht passieren. Die auf der Kathodenseite entnommene Natronlauge ist also sehr rein. Wegen der begrenzten Stabilität der Membrane gegen konzentrierte Laugen ist die praktisch erreichbare Konzentration niedriger als im Amalgamverfahren. Eine Nachkonzentration der Lauge durch Eindampfen ist möglich, für viele Anwendungen jedoch nicht erforderlich. Ebenso kann auch Salzsäure, die bei vielen organischen Halogenierungen als Nebenprodukt anfällt, elektrolysiert werden.

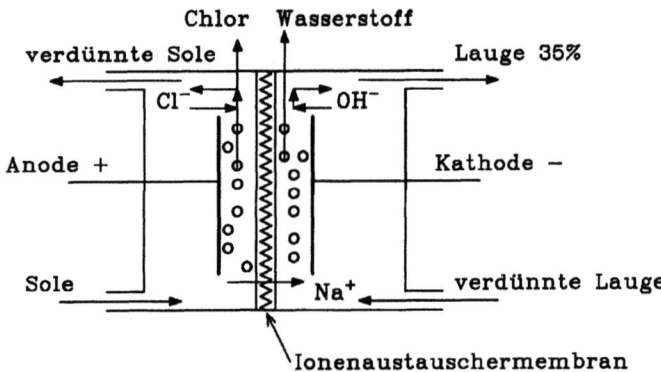

Bild 3.45 Schema einer Elektrolysezelle nach dem Membranverfahren.

Bei der Elektrolyse chloridfreier Lösungen wird statt Chlor Sauerstoff entwickelt. Die so durchführbare Wasserzersetzung ist für die Erzeugung von Wasserstoff von technischem Interesse. Da die so entstandene Zelle mit nur geringfügigen Ergänzungen auch als Brennstoffzelle Verwendung finden kann (vergl. Kap. 2.9), wird ihrer Weiterentwicklung für Systeme zur Energiespeicherung im Zusammenhang mit der verstärkten Nutzung von Solarenergie besondere Bedeutung eingeräumt.

Metallgewinnung und Metallreinigung

Aus wäßriger, meist schwefelsaurer Lösung, können alle Metalle, deren elektro-

3.6 Technische Elektrochemie

chemisches Standardpotential positiver als das des Wasserstoffs ist, nach der Gleichung

$$Me^{x+} + x\,e^- \rightarrow Me \tag{3.144}$$

abgeschieden werden. Auch unedlere Metalle können reduziert werden, wenn ihre Wasserstoffüberspannung ausreichend groß ist (z.B. Zink).

Technisch wird dazu bei der Metallgewinnung das Erz vorzugsweise durch Rösten (Oxidation mit Luftsauerstoff bei erhöhter Temperatur) in sein Oxid überführt, das entsprechend der Gleichung

$$MeO_x + 2x\,H^+ \rightarrow Me^{2x+} + x\,H_2O \tag{3.145}$$

in Säure gelöst wird. Die Zellreaktion bei der Metallabscheidung lautet

$$Me^{2x+} + x\,H_2O \rightarrow Me + 2x\,H^+ + (x/2)\,O_2 \tag{3.146}$$

Zu der schon erwähnten kathodischen Metallabscheidung (Gl. 3.146) tritt also als Anodenreaktion die Sauerstoffentwicklung. Technisch werden so Gold, Silber, Kupfer, Blei, Zinn, Nickel, Kobalt, Cadmium, Chrom, Zink und Mangan (aus neutraler Lösung) gewonnen, mengenmäßig ist die Zinkgewinnung am bedeutendsten.

Ergänzend zur Metallgewinnung stellt die Metallreinigung (Raffinade) auf elektrochemischem Weg eine wichtige Anwendung der Elektrolyse dar. Am Beispiel der vom Umfang her wichtigsten Anwendung in der Elektrolytkupferherstellung für die Herstellung von elektrischen Leitungen, Rohren etc. zeigen sich weitere Vorteile der elektrochemischen Produktion. In einer schwefelsauren Lösung werden eine Rohkupferanode und eine aus dünnem Reinstkupferblech bestehende Kathode mit einer ca. 0,1 bis 0,2 V Spannung liefernden Stromquelle verbunden. Bei einer mäßigen Stromdichte von ca. 0,1 kA/m² ist eine Zellspannung von ca. 0,2 Volt erforderlich. Die Anode geht dabei in Lösung, das Kupfer scheidet sich in reinster Form auf der Kathode ab. Handelt es sich um Verunreinigungen, die edler als Kupfer sind (Edelmetalle), so werden sie nicht anodisch oxidiert und gelöst. Sie fallen stattdessen als Anodenschlamm auf den Zellboden. Unedlere Metalle werden zwar gelöst, können aber an der Kathode, deren Potential für ihre Abscheidung zu anodisch liegt (nur wenig unter dem Potential der Kupferanode); nicht reduziert werden. Sie bleiben in Lösung. Aus dem Anodenschlamm und der nach längerer Betriebsdauer mit löslichen Metallionen angereicherten Elektrolytlösung (Nickel, Kobalt) werden die entsprechenden Elemente separat gewonnen.

Andere anorganische Elektrolysen

Neben der vom Produktionsvolumen her weit überwiegenden Chlorerzeugung werden auch andere Verbindungen und Halogene (Hypochlorit, Perchlorat, Wasserstoffperoxid, Perborat, Permanganat, Braunstein (s.u.) und Fluor) elektrochemisch erzeugt. Die Auslegung der Zellen, Wahl der Elektrodenmaterialien und die Einstellung der Prozeßparameter sind dabei sehr unterschiedlich auf den Einzelfall optimiert.

Elektrolytisch hergestellter Braunstein (MnO_2), wie er bei der Herstellung von Batterien Verwendung findet, wird nach folgendem Verfahren erzeugt:

$2\ Mn^{2+}$	$\rightarrow 2\ Mn^{3+} + 2\ e^-$	(Elektrolyse)	(3.147)
$2\ Mn^{3+}$	$\rightarrow Mn^{2+} + Mn^{4+}$	(Disproportionierung)	(3.148)
$Mn^{4+} + 4\ H_2O$	$\rightarrow Mn(OH)_4 + 4\ H^+$	(Hydrolyse)	(3.149)
$Mn(OH)_4$	$\rightarrow MnO_2\ (H_2O)_x + (2-x)\ H_2O$	(Entwässerung)	(3.150)

Neben der Metallgewinnung und -reinigung auf elektrochemischem Weg ist die galvanische Beschichtung zur Oberflächenveredelung durch Abscheidung von Metallüberzügen von großer Bedeutung. Unter den bereits beschriebenen Bedingungen werden auf den als Kathode benutzten Werkstücken Metallfilme aus den gelösten Metallionen durch kathodische Abscheidung gebildet. Ihre Dicke kann durch die Dauer der Abscheidung und die Stromstärke kontrolliert werden (1. Faradaysches Gesetz). Durch Zusätze vor allem komplexbildender und oberflächenaktiver Stoffe zur Elektrolytlösung können die Eigenschaften des Überzuges (Glanz, Porosität, Zusammensetzung, Farbe) beeinflußt werden. Die so erzeugten Schichten können zu sehr verschiedenen Zwecken aufgetragen werden. Häufig dienen sie dekorativen Zwecken (Schmuck) oder zur Verbesserung der Oberflächeneigenschaften (funktionelle Schichten zur Steigerung der Korrosionsbeständigkeit, der Oberflächenhärte, der Abriebfestigkeit etc.). Dabei können in der erzeugten Metallschicht weitere auch nichtmetallische Bestandteile (Schleifpartikel, dekorative Stoffteilchen) eingebaut werden, die während der Abscheidung fein dispergiert im galvanischen Bad vorliegen (Dispersionsbeschichtung). Vor allem in der Elektronik und Mikrosystemtechnik dient die Metallabscheidung aber auch zur gezielten Erzeugung kleinster Strukturen und elektrischer Leiterbahnen.

Schmelzflußelektrolysen

Zahlreiche Elemente können unter den beschriebenen Bedingungen nicht gewonnen werden. Die Möglichkeit des Umweges über die Amalgambildung ist für eine großtechnische Anwendung uninteressant. Mangelnde Löslichkeit der Metallionen, Reaktionen mit Lösungsbestandteilen und eine zu niedrige Wasserstoffüberspannung sind weitere Hindernisse. Der Ersatz der wäßrigen Elektrolyt-

3.6 Technische Elektrochemie

lösung durch eine aprotische Salzschmelze, in der keine Protonen für die kathodisch konkurrierende Wasserstoffentwicklung zur Verfügung stehen, stellt einen erfolgreichen Ausweg dar. In einer Salzschmelze wird der elektrische Strom von den oberhalb des Schmelzpunktes des Salzes beweglichen Ionen transportiert. Von technischer Bedeutung ist die Schmelzflußelektrolyse für die Herstellung von Aluminium, Natrium und Magnesium. In geringeren Mengen werden Lithium, Beryllium, Bor, Titan, Niob, Tantal und einige Seltenerdmetalle damit hergestellt.

Am Beispiel der Aluminiumdarstellung ist das Prinzip der Schmelzflußelektrolyse gut nachzuvollziehen. Als Rohstoff dient das nach dem Bayer-Verfahren durch Reinigung von Bauxit hergestellte Aluminium(III)oxid Al_2O_3. Der Schmelzpunkt des Oxids liegt bei 2050 °C, dies ist für eine technische Anwendung des geschmolzenen Oxids als Elektrolyt wegen der zu erwartenden Werkstoffprobleme und des hohen Energiebedarfes unerwünscht. Stattdessen wird als Lösungsmittel Kryolith (Na_3AlF_6) verwendet, das mit einem Gehalt von ca. 17 % Aluminium(III)oxid ein eutektisches Gemisch mit einem Schmelzpunkt von ca. 935 °C bildet. Die Zersetzungsspannung des Kryoliths (Zerfall in Fluor und die Metalle) ist allerdings größer als die des Aluminium(III)oxids.

Die Elektrolyse findet in einer mit Kohle ausgekleideten Eisenwanne statt (Bild 3.46).

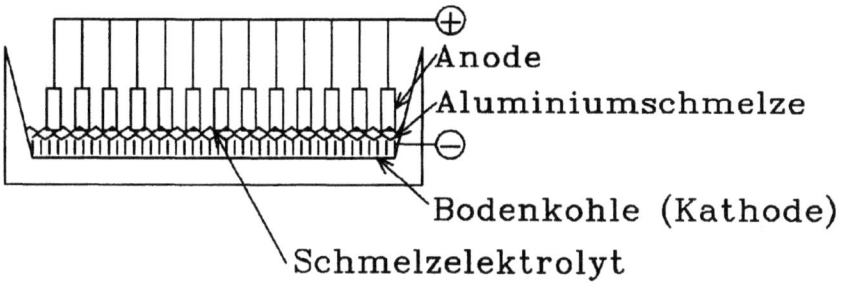

Bild 3.46 Vereinfachtes Schema der Schmelzflußelektrolyse des Aluminium(III)-oxids.

In der Wanne befindet sich die Salzschmelze. In sie tauchen von oben Kohlezylinder (Söderberg-Elektroden) als Anoden ein. Da geschmolzenes Aluminium (Schmelzpunkt 660 °C) schwerer als die Salzschmelze ist, sammelt es sich am Boden und kann dort der Wanne entnommen werden. Die Anoden haben nur Kontakt mit der Salzschmelze. An ihnen entwickelt sich Sauerstoff, der unter den herrschenden Bedingungen sofort mit dem Kohlenstoff der Anode fast ausschließlich zu Kohlenmonoxid reagiert. Der Verbrauch an Anodenmaterial wird ausgeglichen, in dem von oben weitere Kohlezylinder auf die langsam sich verzehrenden, in einem Stahlrohr geführten Anoden mit Teerpech aufgekittet werden. Die Zersetzungsspannung (s.o.) des Aluminium(III)oxids beträgt nur ca. 1,7 Volt, die Zellen werden jedoch mit ca. 4,2 V betrieben, um die Elektrodenüberspannungen und die durch den etwas größeren Elektrodenabstand entstehenden Spannungsabfälle in der Schmelze auszugleichen. Daher wird mehr als die Hälfte der zugeführten elektrischen Energie nicht zur Durchführung der elektrochemischen Reaktion, sondern zur Erzeugung Joulescher Wärme und damit zur Heizung der Elektrolysezelle verwandt. Dies reicht aus, um die Betriebstemperatur aufrechtzuerhalten.

Durch die Verwendung eines fluoridhaltigen Salzes als Hauptbestandteil der Schmelze und die herrschenden hohen Temperaturen können Fluoride aus der Zelle austreten. Wegen der Giftigkeit der Fluoride ist eine sorgfältige Reinigung der Abgase aus der Elektrolyse unerläßlich.

Organische Elektrosynthesen

Die Vorteile elektrochemischer Synthesen legen den Einsatz dieser Verfahren bei entsprechenden Teilschritten organischer Synthesen nahe. Für organische Reaktionen sind dies insbesondere die durch Vorgabe des Elektrodenpotentials steuerbare Oxidations- resp. Reduktionskraft und damit Selektivität der Reaktion sowie der Verzicht auf Hilfsreagenzien, die nach der Reaktion meist unter Ausbeuteverlust abgetrennt werden müssen.

Über erste Ansätze präparativer Anwendungen elektroorganischer Synthesen wurde in der ersten Hälfte des 19. Jahrhunderts berichtet (Kolbe, Faraday und Schoenbein). Technische Schwierigkeiten bei der Auswahl geeigneter Elektrodenmaterialien, bei der Zellkonstruktion, der Prozeßauslegung und der Rentabilität haben die großtechnische Anwendung lange Zeit behindert. Erst in den letzten Jahrzehnten sind einige Verfahren erfolgreich in die Anwendung überführt worden. Allerdings stehen sie im ständigen Konkurrenzkampf mit nicht-elektrochemischen Verfahren. Von einem endgültigen Durchbruch kann daher wohl bei keinem Verfahren mit Sicherheit gesprochen werden.

Die Klassifizierung der möglichen Reaktionen kann nach den Ordnungsvorstellungen der organischen Chemie erfolgen. Für eine Übersicht aus elektrochemischer Sicht ist es dagegen zweckmäßiger, die Zuordnung entsprechend der Rolle des elektrochemischen Teilschritte vorzunehmen. Man kann dabei unterscheiden:

Direkte elektroorganische Reaktionen:

$$R + e^- \rightarrow R^{\bullet -} \qquad (3.151)$$

oder

3.6 Technische Elektrochemie

$$R - e^- \rightarrow R^{\bullet+} \tag{3.152}$$

mit R = Substratmolekül. Das gebildete Radikalanion(-kation) kann als sehr reaktives Teilchen mit einem weitere Substratmolekül, einem anderen Radikalion oder einem Teilchen aus dem Lösungsmittel reagieren. Diese direkte elektrochemische Umsetzung kann auch mit einem Radikal oder einem Ion beginnen. Entsprechend modifizierte Zwischenprodukte sind dabei zu beobachten.

Indirekte elektroorganische Reaktionen:

$$R + Me^{x+} \rightarrow R^+ + Me^{(x-1)+} \tag{3.153}$$

$$Me^{(x-1)+} \rightarrow Me^{x+} \, e^- \tag{3.154}$$

Dem eigentlich chemischen Oxidationsschritt, bei dem ein entsprechendes Ion das Substrat oxidiert, folgt eine elektrochemische Regeneration des Oxidationsmittels. Ganz analog sind auch Reduktionen denkbar. Da das Metallionen-Redoxsystem als Mittler fungiert, bezeichnet man den Prozeß auch als Redoxmediation.

Prozesse dieser Art sind in der Biochemie weitverbreitet. Elektronen werden selbstverständlich nicht von einer "Elektrode", sondern von einem biochemischen Prozeß, der an photochemische Schritte angekoppelt sein kann, freigesetzt.

Reaktionen mit elektrochemisch erzeugten Teilchen:

$$R + H_{ad} \rightarrow R\text{-}H \tag{3.155}$$

$$H_2O + e^- \rightarrow H_{ad} + OH^- \tag{3.156}$$

Ähnlich den schon vorgestellten indirekten Synthesen findet hier nicht eine Redoxreaktion, sondern eine chemische Reaktion mit einem elektrochemisch erzeugten Teilchen statt. Im Beispiel ist dies eine Hydrierung.

Elektroorganische Synthesen sind im Vergleich zu den vorgestellten anorganischen Prozessen durch einige Besonderheiten ausgezeichnet. Die umzusetzenden Substratmoleküle zeigen oft nur eine geringe Löslichkeit in Wasser. Wenn durch Zusatz lösungsvermittelnder Stoffe oder durch Verwendung von Mischungen aus Wasser und einem organischen Lösungsmittel keine für einen ausreichenden Umsatz genügende Löslichkeit des Substrats erreicht werden kann, muß auf rein organische Lösungsmittel übergegangen werden. Dies hat oft sehr veränderte elektrochemische Eigenschaften der Elektroden und eine wesentlich geringere Leitfähigkeit der Elektrolytlösung zur Folge. Oft bedingt es die Verwendung anderer Leitsalze als in wäßrigen Medien. Diese haben neben einem meist höheren Preis oft auch eine spezifische chemische Reaktivität. Sie können in unerwünschter Weise an den Elektroden umgesetzt werden oder mit dem Substrat bzw. dessen elektrochemisch erzeugten Zwischenstufen reagieren. Die geringere Leitfähigkeit hat höhere Zellspannungen und damit einen höheren elektrischen Energiebedarf zur Folge.

Von den Verfahren, die eine technische Bedeutung erlangt haben, werden im folgenden die elektrochemische Herstellung des Adipinsäuredinitrils und des Tetraethylbleis beschrieben. Von wirtschaftlich geringerer Bedeutung sind die elektrochemische Oxidation von Anthracen zu Anthrachinon und die reduktive Umsetzung von L-Cystin zu L-Cystein.

Adipodinitril

Adipinsäuredinitril (Adiponitril) ist ein wichtiges Zwischenprodukt bei der Herstellung von Nylon 66. Aus ihm werden die beiden Monomere Adipinsäure und Hexamethylendiamin, die anschließend zum Polymeren kondensiert werden, gewonnen.

Das von Baizer entwickelte Verfahren setzt Acrylnitril nach der Bruttoreaktion

$$2\ CH_2=CHCN + H_2O \rightarrow NC(CH_2)_4CN + 1/2\ O_2 \qquad (3.157)$$

zum Adipinsäuredinitril um. An der Anode entsteht dabei Sauerstoff. Der Mechanismus ist allerdings komplexer. Zunächst wird Acrylnitril zu einem Radikalanion reduziert:

$$CH_2=CHCN + e^- \rightarrow [^-CH_2C\cdot HCN] \qquad (3.158)$$

Dies reagiert mit einem weiteren Substratmolekül in der Art einer Michael-Addition des Radikalanions an die aktivierte Doppelbindung des Acrylnitrils

$$[^-CH_2C\cdot HCN] + CH_2=CHCN \rightarrow [NCC^-HCH_2CH_2C\cdot HCN] \qquad (3.159)$$

Unter Aufnahme eines weiteren Elektrons und zweier Protonen aus dem wäßrigen Elektrolyten wird das Produkt gebildet:

$$[NCC^-HCH_2CH_2C\cdot HCN] + e^- + 2\ H^+ \rightarrow NC(CH_2)_4CN \qquad (3.160)$$

Da Acrylnitril in Wasser nur gering löslich ist (ca. 7%), wird Hexamethylendiphosphat als Lösungsvermittler und Leitsalz zugegeben. Das Leitsalz begünstigt zudem den Dimerisierungsschritt. Die Elektrolytlösung enthält ca. 40% Acrylnitril, 35% Leitsalz und 25% Wasser. Die Kathoden in den durch eine Ionenaus-

3.6 Technische Elektrochemie

tauschermembran getrennten Zellen werden aus Blei hergestellt. Als Anode findet eine Bleilegierung Verwendung, die bei dem Potential der Sauerstoffentwicklung aus saurer Lösung elektrochemisch stabil ist.

Die durch den Leitsalzzusatz mögliche Steigerung des Gehalts an Acrylnitril hat den technisch wichtigen Vorteil, daß die bei geringerem Acrylnitrilgehalt begünstigte Nebenreaktion des Radikalanions mit Wasser zu Propionitril unterdrückt wird:

$$[^-CH_2C \cdot HCN] + H_2O \rightarrow CH_3CH_2CN + OH^- \qquad (3.161)$$

Weltweit werden Anlage mit einer Jahresleistung von mehr als 300000 Jahrestonnen betrieben.

Tetraethylblei

Tetraethylblei ist als Zusatz zu Vergaserkraftstoffen zur Erhöhung ihrer Klopffestigkeit noch immer von beträchtlicher wirtschaftlicher Bedeutung. Seine Wirkung beruht auf der Verhinderung der explosiven Verbrennung des Luft-Kraftstoffgemisches durch Abfangen der eine Explosion begünstigenden Radikale, die bei der Verbrennung entstehen.

Neben der klassisch-chemischen Herstellung durch Erhitzen von Ethylchlorid mit einer Natriumbleilegierung, bei der in doppelter Umsetzung Natriumchlorid und Tetraethylblei entstehen, ist eine elektrochemische Herstellung nach

$$2\ C_2H_5MgBr + 2\ C_2H_5Cl + Pb \rightarrow Pb(C_2H_5)_4 + MgCl_2 \qquad (3.162)$$

möglich. In einem Ethergemisch (Diglyme), dem die Grignardverbindung C_2H_5MgBr und das Ethylchlorid als Reaktanden und Leitsalz zugesetzt werden, wird an der Bleianode das erwünschte Produkt erzeugt. Die Anode verbraucht sich dabei und muß ständig erneuert werden. Dies kann in einer Schüttung aus einer Bleigranalien als Elektrode leicht erreicht werden. Diese dreidimensionale Elektrode hat zudem eine vorteilhaft große elektrochemisch aktive Oberfläche. Weitere Prozeßschritte zeigt das Verfahrensschema in Bild 3.47.

An der Stahlkathode abgeschiedenes Magnesium, das zu Kurzschlüssen mit der nur durch einen mechanischen Kunststoffnetzseparator auf Abstand gehaltenen Anode führen würde, wird durch das Ethylchlorid als Grignardverbindung wieder aufgelöst. Das Verfahren wird von Nalco Chemical Co. in Freeport, Texas mit einer Jahresleistung von 20000 Tonnen Tetraethylblei genutzt. Es ermöglicht die Herstellung der Verbindung wesentlich günstiger als nach dem klassisch-chemischen Verfahren.

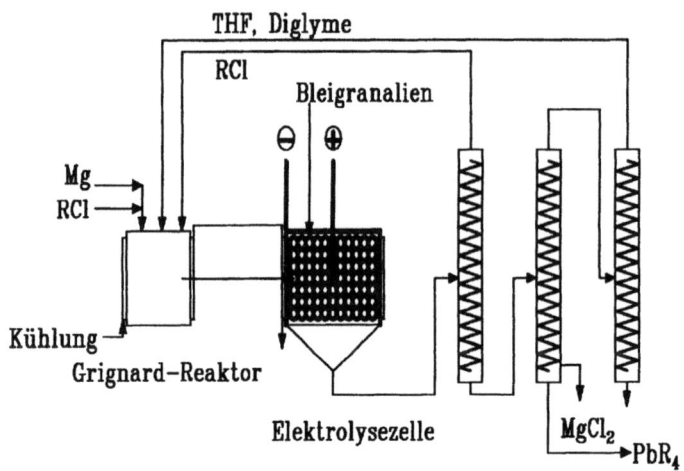

Bild 3.47 Verfahrensschema der elektrochemischen Gewinnung von Tetraethylblei.

Elektrophoretische Lackierung

Bei diesem auch als Elektrotauchlackierung bezeichneten Verfahren wird ein Lack unter Beteiligung elektrochemisch erzeugter Reaktionspartner auf einer leitenden Oberfläche abgeschieden. Dieses Verfahren hat vor allem in der Automobilfertigung eine hervorragende Bedeutung erlangt. Die dabei verwendeten Lacke enthalten Pigmente und Bindemittel mit Carbonsäuregruppen. In der ionisierten Form sind die Bindemittel wasserlöslich, dagegen ist die undissoziierte Form wasserunlöslich. In der Lackieranlage wird das zu beschichtende Blech mit dem Pluspol verbunden, eine Gegenelektrode aus einem beständigen Material wird mit dem Minuspol der Spannungsquelle verbunden. Nach Anlegen einer Gleichspannung von mehreren Hundert Volt beginnen die Anionen des Bindemittels zur Anode zu wandern. Bei der anodischen Sauerstoffentwicklung bleiben Protonen zurück. Sie protonieren die Anionen des Bindemittels. Dieses fällt aus, koaguliert und bildet mit dem Pigment eine festhaftende, elektrisch isolierende Schicht. An beschichteten Oberflächenteilen bricht die weitere elektrochemische Reaktion zusammen, sie setzt sich an weiter von der Gegenelektrode entfernten Stellen des zu beschichtenden Blechs fort. Damit ist eine sichere, gleichmäßige Beschichtung auch kompliziert geformter Bleche möglich. Wegen der schlechten Leitfähigkeit der Elektrolytlösung und der gegen Ende der Beschichtung langen Stromwege ist eine relativ hohe Zellspannung erforderlich. An der Anode mögliche Nebenreaktionen (oxidative Zersetzung von Bindemittelmolekülen) haben dazu geführt, daß inzwischen bevorzugt die kathodische Elektrotauchlackierung eingesetzt wird, bei der analoge Reaktionen an der Kathode zur Lackabscheidung führen.

Electrochemical Machining

Die Formgebung von metallischen Werkstücken durch Fräsen, Bohren, Abdrehen etc. ist zwar weitverbreitet, jedoch mit einigen technischen Nachteilen behaftet. Dazu gehören die meist nicht ideal glatte Oberfläche und oft mechanische Spannungen im Inneren des Werkstücks, die durch die bei der Bearbeitung aufgetretenen mechanischen Kräfte verursacht werden. Elektrochemisch kann eine Formgebung durch gezielten Materialabtrag während eines anodischen Prozesses erfolgen (Electrochemical Machining). Dabei wird dem zu bearbeitenden Werkstück eine Kathode in möglichst geringem Abstand entgegegestellt, die die Negativform des gewünschten Endzustandes des Werkstückes aufweist. Zwischen Kathode (Form) und Anode (Werkstück) wird eine gut elektrolytisch leitende Lösung rasch umgepumpt, die die Abfuhr der bei der angewandten hohen Stromdichte beträchtlichen Menge abgetragenen Metalls in ionischer Form sowie der Verlustwärem übernimmt. Die erhaltenen Werkstücke haben eine vorteilhaft glatte Oberfläche und sind erwartungsgemäß frei von mechanischen Spannungen. Die Möglichkeit der Erzeugung hochglatter Oberflächen durch Einsatz des zu bearbeitenden Werkstücks als Anode wird beim Elektropolieren benutzt. Hier kommt die an Rauhigkeiten durch die lokal an gekrümmten Oberflächen größeren elektrischen Felder beschleunigte elektrochemische Reaktion im beschleunigten Abtrag der Rauhigkeit zum Ausdruck.

Stichworte: Angewandte Elektrochemie, Elektrolysen, Elektrosynthesen, Galvanotechnik.

3.7 Elektrochemische Analytik

Zahlreiche Verfahren der chemischen Analytik, die sich elektrochemischer Phänomene zur direkten Ermittlung einer Ionenkonzentration oder zur Verfolgung einer Titration bedienen, wurden in den Abschn. 2.6 und 3.2 eingehend vorgestellt. Weitere Verfahren, die als Methoden der elektrochemischen Analytik zu großer Bedeutung gelangt sind, werden im folgenden Kapitel besprochen. Zahlreiche Verfahren, deren Kenntnis nützlich sein dürfte, können hier nicht in eigenen Abschnitten vorgestellt werden. Die wachsende Bedeutung der chemischen Analytik in der Umweltüberwachung, Prozeßkontrolle, Medizin, Steuer- und Regeltechnik läßt die hier besonders attraktiven elektrochemischen Verfahren in ihrer Bedeutung ständig zunehmen. Die folgende Übersicht soll eine Gliederung dieses weiten Feldes vermitteln und die weitere wichtige Verfahren jeweils kurz vorstellen.

Eine grobe Gliederung der zahlreichen Verfahren ist nach verschiedenen Kriterien möglich:

- Verfahren mit/ohne Stoffumsatz (z.B. Elektrogravimetrie/Konduktometrie)
- Verfahren mit Messung von Volumeneigenschaften oder Eigenschaften einer Phasengrenze (z.B. Konduktometrie/Potentiometrie)
- Verfahren mit oder ohne Stromfluß (z.B. Amperometrie/Potentiometrie)

Aus dieser Auswahl erscheint die Unterscheidung mit dem Kriterium des Stromflusses besonders übersichtlich.

Verfahren ohne Stromfluß

Hierzu gehören alle schon vorgestellten konduktometrischen (Abschn. 3.2) und die potentiometrischen (Abschn. 2.6) Verfahren.

Verfahren mit Stromfluß

Das einfachste elektroanalytische Verfahren mit Stromfluß ist die Elektrogravimetrie. Unter Bedingungen, die eine vollständige Abscheidung des zu bestimmenden Stoffs (meist Metalle an der Kathode) ermöglichen, wird eine Elektrolyse der zu untersuchenden Lösung bei konstanter Zellspannung durchgeführt. Die Zellspannung ist so gewählt, daß die Abscheidung zügig im Diffusionsgrenzstrombereich abläuft, unerwünschte Nebenreaktionen, beispielsweise eine chemische Umwandlung des gebildeten Abscheidungsproduktes, ausbleiben. Der Niederschlag wird quantitativ durch Differenzwägung der belegten und der vorher unbelegten Elektrode ermittelt. Während das Verfahren als eigenständige Methode von eher geringer Bedeutung ist, wird es als vorgeschalteter Anreicherungsschritt bei der Atomabsorptionsspektrometrie intensiver genutzt. Durch direkte Abscheidung auf dem Graphitrohr oder Ofenkörper des Spektrometers ist eine bemerkenswerte Vereinfachung möglich.

Die naheliegende Ermittlung der bei der Elektrogravimetrie abgeschiedenen Stoffmasse durch Auswertung der Ladung ist meist nur zu ungenau, da selbst in kleinem Umfang ablaufende und zunächst nicht störende Nebenreaktionen die im Idealfall den Faradayschen Gesetzen entsprechende Ladungsbilanz verfälschen. Wenn die Elektrolyse dagegen mit vollständiger Umsetzung und ohne Nebenreaktionen durchgeführt werden kann, ist mit diesem als Coulometrie bezeichneten Verfahren die Bestimmung ohne Wägung möglich. Zur Einstellung definierter Elektrolysebedingungen ist meist eine Potentialkontrolle in Dreielektrodenanordnung (Coulometrie bei konstantem Potential) nötig. Der Elektrolysestrom fällt dabei von seinem Anfangswert I_0 auf einen zeitabhängigen Wert

$$I = I_0 \cdot \exp{-(D \cdot A / \delta_N \cdot V)t} \qquad (3.163)$$

3.7 Elektrochemische Analytik

ab. Darin bedeuten V das Zellvolumen und A die Elektrodenfläche. Will man bis zu einem Stoffumsatz von 99,9 % elektrolysieren, so muß man den Zeitpunkt abwarten, zu dem der Elektrolysestrom auf $I = I_0$ 0,001 abgefallen ist. Diese zeitraubende Prozedur ist vermeidbar. Die zur Elektrolyse benötigte Gesamtladung ist

$$Q = \int_{t=0}^{t=\infty} I \cdot dt \qquad (3.164)$$

Setzt man den Ausdruck für den zeitabhängigen Strom (Gl. (3.163)) ein und integriert, so folgt

$$Q = (I_0 \cdot \delta_N \cdot V)/(D \cdot A) \qquad (3.165)$$

Da $Q = I \cdot t$ kann man Q ersetzen und mit dem dekadischen Logarithmus schreiben

$$\log I = \log I_0 - (t \cdot D)/(2{,}303 \cdot \delta_N \cdot V) \qquad (3.166)$$

Eine Auftragung von $\log I$ über t ergibt eine Gerade, aus der die beiden Terme der vorstehenden Geradengleichung entnommen werden können. In die Beziehung für die Gesamtladung eingesetzt, erhält man die gesuchte Ladungsmenge.

Eine Variante dieses Verfahrens ist die coulometrische Titration. Das Titrationsmittel wird elektrochemisch erzeugt, aus der bis zum Endpunkt benötigten Ladungsmenge kann auf die Zusammensetzung der Probe rückgeschlossen werden. Die Indikation des Endpunkts kann vorteilhaft elektrochemisch amperometrisch oder potentiometrisch in verschiedenen methodischen Varianten erfolgen.

Amperometrie (d.h. Messung des Stroms als Funktion einer anderen experimentellen Variablen) kann auch als Indikation bei nicht-elektrochemischen Meßverfahren eingesetzt werden. Bei der Fällungstitration von Bleiionen gemäß

$$Pb^{2+} + SO_4^{2-} \rightarrow PbSO_4 \qquad (3.167)$$

kann eine Meßelektrode für die amperometrische Indikation auf ein Potential im Diffusionsgrenzstrombereich der Bleireduktion eingesetzt werden. Bis zum Endpunkt der Titration wird ein bei zweckmäßig klein gewählter Elektrodenfläche geringer, abnehmender Strom fließen. Jenseits des Endpunktes wird er auf einem konstant kleinen Wert verharren. Graphische Extrapolation erlaubt die exakte Bestimmung des Endpunktes. Bild 3.48 zeigt schematisch den Kurvenverlauf für diesen Fall (1).

Werden dagegen Sulfationen durch Zugabe von Pb^{2+}-Ionen ausgefällt, so ergibt sich entsprechend der mit (2) gekennzeichnete Kurvenverlauf. Bei der amperometrisch indizierten Fällungstitration von Chromationen mit Bleiionen gemäß

$$CrO_4^{2-} + Pb^{2+} \rightarrow PbCrO_4 \tag{3.168}$$

wird ein zunächst abfallender Strom beobachtet (3). Dieser Strom geht auf die Reduktion des in seiner Konzentration abnehmenden Chromations zum Chrom(III)ion zurück. Nach vollständiger Titration nimmt der Strom wieder zu, da nun Bleiionen zur Reduktion zunehmend zur Verfügung stehen.

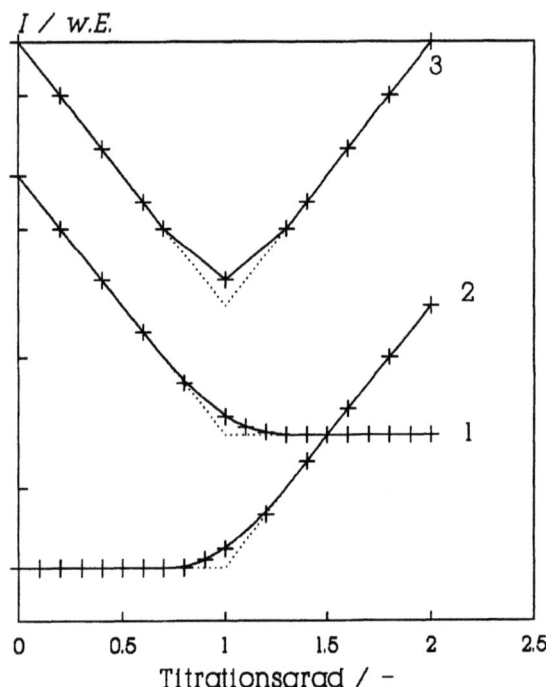

Bild 3.48 Gemessene und extrapolierte Kurvenverläufe bei amperometrisch indizierten Fällungstitrationen.

Ein linearer Zusammenhang zwischen einer Stoffkonzentration und dem gemessenen Strom ist die Grundlage vieler amperometrischer Sensoren. Die gewünschte Stoffspezifizität wird wie bei den folgend beschriebenen Gassensoren durch die Eigenschaften des Elektrolytsystems, das natürlich gegen die Komponenten des zu untersuchenden Systems beständig sein muß, durch zwischen Sensor und Umgebung geschaltete Membrane, durch Auswahl eines geeigneten Elektrodenmaterials und Festlegung der elektrochemischen Arbeitsbedingungen

3.7 Elektrochemische Analytik

erreicht werden. In diesem Bereich der Sensorik findet eine stürmische Entwicklung statt.

Bei der Chronopotentiometrie wird ein konstanter Strom, der zur elektrochemischen Umsetzung des zu analysierenden Teilchens führt, eingestellt (vgl. auch Abschn. 4.3). Das Potential der Meßelektrode wird als Funktion der Zeit aufgezeichnet. Mit dem Verbrauch der zu analysierenden Substanz wird nach einer als Transitionszeit τ ein Potentialanstieg zu einem Wert beobachtet, bei dem der Strom, der der Zelle aufgeprägt wird, von einer anderen Elektrodenreaktion getragen wird. Entsprechend der Sand-Gleichung besteht ein Zusammenhang zwischen den experimentellen Größen nach

$$\tau^{1/2} = \frac{(\pi \cdot n \cdot F \cdot D)^{1/2}}{2 \cdot I_0} \qquad (3.169)$$

Er erlaubt die Bestimmung der Konzentration des Analyten. Das bei $\tau/4$ gemessene Potential $E_{\tau/4}$ entspricht dem polarographischen Halbstufenpotential (vgl. Abschn. 4.2)

Gassensoren

Die Konzentrationsbestimmung von gasförmigen Bestandteilen der Atmosphäre stellt eine wichtige und in ihrer Bedeutung rasch zunehmende Aufgabe der elektrochemischen Analytik dar. Zur Bestimmung der Sauerstoffkonzentration können amperometrische und potentiometrische Systeme genutzt werden. Die Clark-Sonde, deren Aufbau schematisch in Bild 3.49 gezeigt wird, zählt zum ersten Typ.

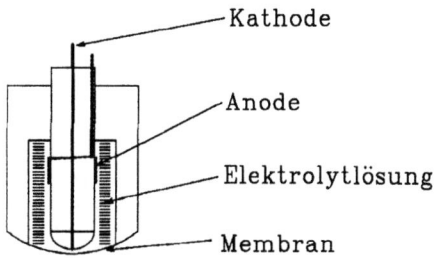

Bild 3.49 Schnittbild einer Clark-Zelle.

An der Goldelektrode wird Sauerstoff reduziert gemäß

$$O_2 + 2\,H_2O + 4\,e^- \rightarrow 4\,OH^- \qquad (3.170)$$

Da das Potential der Goldelektrode durch Vorgabe einer festen Spannung zwischen ihr und der als Gegen- und Bezugselektrode dienenden Silberkathode so definiert ist, daß die Sauerstoffreduktion im Bereich des Diffusionsgrenzstromes stattfindet, ist der Strom dem Sauerstoffangebot und damit der Konzentration in der Atmosphäre vor der Membran proportional. Die Goldelektrode steht über einen zwischen poröser, hydrophober Membran und gerundeter Stirnfläche der Elektrode eingeschlossenen Flüssigkeitsfilm mit dem Elektrolytlösungsraum in Verbindung. An der Silberelektrode findet entsprechend eine anodische Silberauflösung statt. Dies führt mit der Zeit zur Ausfällung schwerlöslicher Silbersalze mit dem als Bestandteil der gepufferten Elektrolytlösung verwendeten Bromidsalz. Die Ermittlung der gewünschten Konzentrationsangabe erfolgt im an die Sonde angeschlossenen Meßgerät unter Berücksichtigung von Temperatur und Atmosphärendruck. Die erwünschte Selektivität des Systems wird durch Vorgabe der Spannung zwischen den beiden Elektroden, Dimensionierung der Membran und Zusammensetzung der Lösung erreicht. Eine weitere Steigerung der Reproduzierbarkeit und Langzeitstabilität kann durch Übergang zu einer Dreielektrodenanordnung erreicht werden. Die potentiellen Fehlerquellen Bromidverbrauch, Verschiebung des Bezugselektrodenpotentials und unzureichende Einstellung des Nullstroms bei der Zweielektrodenanordnung entfallen.

Bei hohen Temperaturen, wie sie in Abgasleitungen thermischer Kraftmaschinen oder in Schornsteinen auftreten, ist diese Sonde unbrauchbar. Mit der als λ-Sonde bezeichneten potentiometrischen Anordnung kann diese Aufgabe gelöst werden. Die Sonde ist als Konzentrationskette ausgebildet. Es wird als elektrisches Signal eine der Sauerstoffkonzentrationsdifferenz zwischen den beiden Elektroden proportionale Spannung gemessen. Die Sonde besteht aus einem keramischen dünnwandigen Hohlkörper (Bild 3.50), der bei der hohen Betriebstemperatur ein ausreichend guter Sauerstoffionenleiter ist.

ZrO_2, das mit Y_2O_3 oder CaO zur Steigerung der Fehlstellendichte dotiert ist, erfüllt diese Anforderung. Auf Außen- und Innenseite sind als Elektroden poröse Schichten von elektrokatalytisch für die Sauerstoffreaktion besonders aktivem Platin aufgetragen. An beiden Elektroden stellt sich ein Potential ein, das von der Sauerstoffaktivität der umgebenden Atmosphäre (p_{atm} oder p_x) abhängt. Eine Atmosphäre ist dabei die Umgebungsluft mit ihrem weitgehend konstanten Sauerstoffgehalt. Die andere Atmosphäre ist der zu überwachende Abgasstrom. Bei einem Sauerstoffüberschuß in der Verbrennungsluft wird im Abgas ein erheblicher Sauerstoffpartialdruck meßbar sein, bei einem Unterschuß wird dieser Wert extrem klein sein. Nahe dem exakt stöchiometrischen Verhältnis ($\lambda = 1$) verändert sich entsprechend das Potential der Elektrode um ca. 800 mV. Diese Änderung kann unter den Betriebsbedingungen eines Kraftfahrzeuges leicht gemessen und zur Steuerung der Einspritzanlage herangezogen werden. Eine genaue Steuerung der Luftzufuhr ist wirtschaftlich sinnvoll, da ein Luftüberschuß in Kesselanlagen unnötigen Wärmeverlust durch den überhöhten Ab-

3.7 Elektrochemische Analytik

gasstrom und unnötigen Leistungsverlust durch überflüssige Luftförderung beim Verbrennungsmotor verursacht. Ein Luftunterschuß führt dagegen zum Ausstoß unverbrannter Bestandteile des Brennstoffs. Dies ist weder ökonomisch noch ökologisch erwünscht.

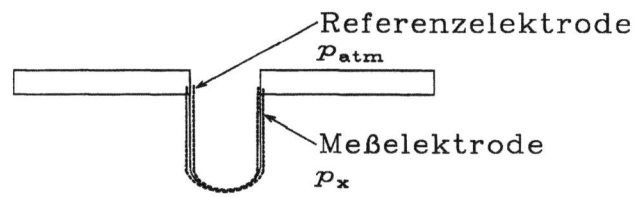

Bild 3.50 Schnittbild einer λ-Sonde.

Weitere Gassensoren vor allem auf amperometrischer Grundlage sind zur Messung von CO, Cl_2, H_2S, NO, Perchlor etc. bekannt. Gemäß dem Schnittbild 3.51 bestehen sie ähnlich wie die Clark-Zelle aus einer Meßelektrode, die als poröses System auf einem polymeren Festelektrolyten ausgebildet ist. Am Boden der Zelle liegt in den Festelektrolyten eingebettet die Gegen- und Bezugselektrode. Da der gemessene Strom wiederum dem Angebot des zu messenden Gases proportional sein soll, muß durch eine poröse Membran oberhalb des Festelektrolyten für definierte Diffusionsverhältnisse gesorgt werden.

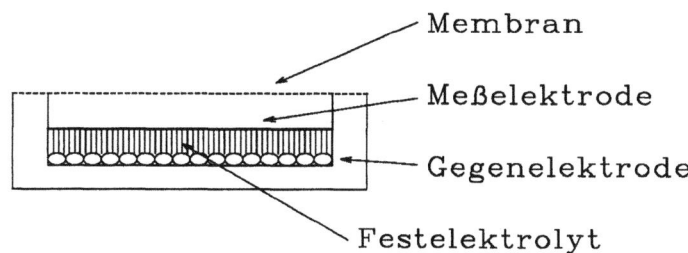

Bild 3.51 Schnittbild einer Gasmeßzelle mit polymerem Festelektrolyt.

Die gewünschte Selektivität kann durch die Zusammensetzung des Festelektrolyten und die Permeabilitätseigenschaften der Membran in weiten Grenzen gesteuert werden.

Stichworte: Analytische Chemie, Chemische Analyse, Elektrochemische Analyse, Sensorik.

4 Methoden der experimentellen Elektrochemie

In den vorangegangenen Abschnitten wurden zahlreiche elektrochemische Phänomene und Prozesse ausgehend von experimentellen Beobachtungen diskutiert. Oft wurden weitere Experimente zur Überprüfung der erarbeiteten Modelle und Schlußfolgerungen vorgeschlagen. Der experimentelle Aufwand und die zum Verständnis der Meßanordnung nötigen Kenntnisse sind recht unterschiedlich, sie reichen von sehr einfachen Zusammenhängen bei der Leitwertmessung[*] bis zu Details der Regeltechnik und der Spektroskopie bei spektroelektrochemischen Untersuchungsverfahren. Daher wurde in der Regel auf eine genauere Beschreibung der Meßanordnung verzichtet. Dem Charakter eines einführenden Lehrbuches entsprechend, ist eine genaue Beschreibung der in den folgenden Abschnitten vorgestellten Methoden bis hin zur Angabe von Konstruktions- und Schaltungsdetails weder sinnvoll noch möglich. Auch die zum Teil umfangreichen mathematisch-physikalischen Grundlagen einiger Meßverfahren können nicht umfassend dargestellt werden[#].

Eine erste einfache elektrochemische Meßanordnung, die der Untersuchung des Zusammenhangs zwischen dem durch eine elektrochemische Zelle in Abhängigkeit von einer Vielzahl weiterer experimenteller Bedingungen als Funktion der angelegten Spannung U fließenden Stroms I diente, wurde im ersten Kapitel vorgestellt. In folgenden Abschnitten wurde festgestellt, daß die so ermittelte Zellspannung sich aus den beiden Elektrodenpotentialen und einem Spannungsabfall in der Lösung $I \cdot R$ zusammensetzt. Ohne weitere Hilfsmittel war eine Zerlegung der Gesamtspannung U in die Beiträge

$$U = E_{an} + E_{kat} + I \cdot R \qquad (4.1)$$

nicht möglich. Die nachfolgende Ableitung des Elektrodenpotentials beruhte zunächst auf rein thermodynamischen Überlegungen (Kap. 2.3). Diese gehen stets vom Gleichgewichtszustand, elektrochemisch also vom stromlosen Zustand aus. Dies bedeutet zunächst die Messung des Ruhepotentials E_0, schließt jedoch die Messung eines Potentials E unter Stromfluß nicht aus. In jedem Fall erfolgt

---

[*] Die Leitwertmessung entspricht - sieht man von der beschriebenen Verwendung platinierter Elektroden mit großer wahrer Oberfläche (vgl. S. 129) ab - so genau der in der Elektrotechnik üblichen Vorgehensweise, daß weitere Erläuterungen an dieser Stelle überflüssig sind.

[#] Diese Grundlagen können für zahlreiche Verfahren dem im gleichen Verlag erscheinenden Buch "Molekulare Elektrochemie" von B. Speiser und J. Heinze entnommen werden.

die Messung des Potentials einer Elektrode nicht direkt, sondern durch Vergleich mit dem Potential einer anderen Elektrode (Bezugselektrode mit dem Potential E_B). Bei Kenntnis des Potentials dieser Elektrode kann das gesuchte Potential E oder E_0 angegeben werden. Dies setzt voraus, daß in keinem Fall ein Strom durch die Bezugselektrode fließen darf. Diese Voraussetzung ist allgemeingültig und von so großer Bedeutung, daß sie und die Wege zu ihrer Einhaltung im Experiment vorab betrachtet werden sollen. In einem einfachen Experiment der Potentiometrie wurde das Potential der Indikatorelektrode durch Messung der Spannung zwischen dieser Elektrode und einer Bezugselektrode ermittelt. Die Voraussetzung der stromlosen Messung kann durch Benutzung der Poggendorffschen Kompensationsschaltung erfüllt werden (Bild 4.1).

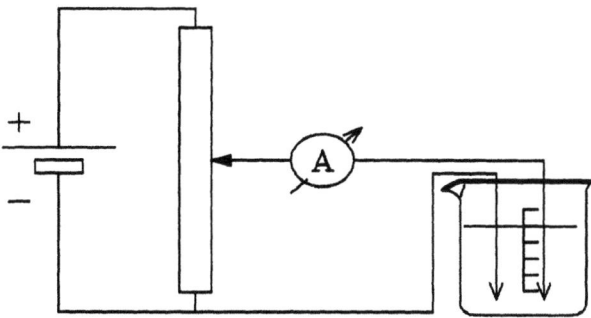

Bild 4.1 Poggendorffsche Kompensationsschaltung (A = Galvanometer).

In dieser Schaltung wird die zu messende Spannung mit einer variablen, genau bekannten Spannung verglichen. Sind beide Spannungen gleich groß, so fließt durch das sehr empfindliche Galvanometer (A) kein Strom mehr. Der gesuchte Wert kann nach Ablesung der Schleiferposition am variablen Widerstand berechnet werden. Die Eichung der Schaltung ist durch Verwendung einer hochpräzisen Spannungsquelle (Westonsches Normalelement) an Stelle der unbekannten Spannung möglich. Diese Schaltung hat allerdings nur beschränkten praktischen Wert. Für einfache potentiometrische Experimente stellte ihre umständliche und zeitraubende Handhabung bereits ein Hindernis dar; in elektronische Regelkreise läßt sie sich nicht integrieren. Mit der Verwendung von Röhren, Transistoren und schließlich integrierten Schaltkreisen (hier vor allem Operationsverstärkern) ist ein praktisch vollwertiger Ersatz möglich. Mit diesen Komponenten aufgebaute Schaltungen (Elektrometerverstärker) erlauben durch ihren hohen Innenwiderstand eine ebenfalls praktisch stromlose Messung der Zellspannung. Bild 4.2 zeigt eine Anordnung. Der darin verwendete Operationsverstärker OV ist in der typischen Anordnung des Spannungsfolgers eingesetzt.

Die Zellspannung wird auf einem Digitalvoltmeter zur Anzeige gebracht. Unter Berücksichtigung bekannter mathematischer Zusammenhänge zwischen der

Zellspannung und dem pH-Wert oder der Ionenaktivität einer Lösung kann anstatt der Zellspannung auch direkt die gewünschte Meßgröße zur Anzeige gebracht werden. Weitere Ergänzungen der elektronischen Schaltung erlauben eine direkte Berücksichtigung des Einflusses der Temperatur oder anderer Größen.

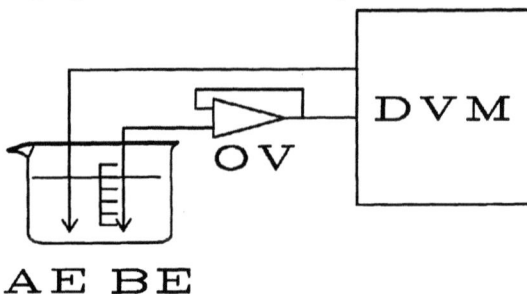

Bild 4.2 Messung der Zellspannung zwischen der Arbeitselektrode AE und der Bezugselektrode BE mit einer Halbleiterschaltung (OV = Operationsverstärker, DVM = Digitalvoltmeter).

Die Messung eines Elektrodenpotentials unter Stromfluß zwingt nach dieser Darstellung zu einer Trennung des Stromkreises, durch den der gewünschte Strom fließt, von dem Kreis, der zur Messung des Elektrodenpotentials dient. Bild 4.3 zeigt dies in vereinfachter Weise.

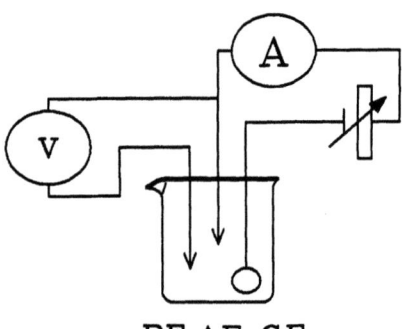

Bild 4.3 Dreielektrodenanordnung mit Bezugselektrode (links), Arbeitselektrode (mitte), Gegenelektrode (rechts), einem Spannungs- (V), einem Strommeßgerät (A) und einer regelbaren Stromquelle.

Dabei wird der durch die Arbeitselektrode AE und die zusätzliche Gegenelektrode GE fließende Strom durch Einstellung der variablen Stromquelle (diese kann eine Batterie mit einem zusätzlichen Regelwiderstand oder ein elektronisches Netzgerät sein) festgelegt. Da bei dieser Arbeitsweise der Strom vorgegeben und

4 Methoden der experimentellen Elektrochemie

durch eine geeignete Schaltung konstant gehalten wird, bezeichnet man die Messung auch als galvanostatische Messung. Um den Spannungsabfall $I \cdot R$ in der Lösung zwischen Gegen- und Arbeitselektrode nicht mitzuerfassen, wird die Bezugselektrode häufig neben oder hinter der Arbeitselektrode angeordnet. Andere Vorgehensweisen können experimentell vorteilhafter sein, sie werden in der folgenden Übersicht vorgestellt.

Um angesichts der Vielzahl experimenteller Arbeitsmethoden einen systematischen Überblick zu ermöglichen, der Beziehungen zwischen den Methoden, denkbare Schwachstellen und sich ergänzende Einsatzmöglichkeiten erkennen läßt, ist eine grobe Klassifizierung der Methoden zweckmäßig. Eine sehr einfache Unterscheidung versammelt alle elektrochemischen Methoden, bei denen Potentiale, Spannungen, Ströme und Ladungen in irgendeiner Form und in Abhängigkeit von einer Vielzahl anderer experimenteller Größen gemessen wird, in der Familie der klassischen oder traditionellen Methoden. Alle anderen Verfahren, bei denen spektroskopische, oberflächenanalytische oder andere experimentelle Techniken eingesetzt werden, bilden die Familie der nichtklassischen Methoden. Diese Unterteilung ist recht grob und vor allem zum besseren Verständnis der elektrochemischen Methoden wenig hilfreich. Sinnvoller ist zur Ordnung der elektrochemischen Methoden das Kriterium der Stationarität. Dies bedeutet, daß bei einer stationären Methode der Zusammenhang zwischen zwei experimentellen Größen (z.B. Elektrodenpotential und Strom) nach Einstellung eines stabilen, zeitlich invarianten (stationären) Zustands gemessen wird. Bei einer instationären Methode wird ein stationärer Zustand durch eine schnelle Veränderung einer experimentellen Größe gestört und die Einstellung des neuen stationären Zustands durch Aufzeichnung geeigneter Meßgrößen verfolgt. Diese Störung kann durch eine plötzliche Änderung des Stroms, eines Elektrodenpotentials etc. erfolgen. Eine rigorose Klassifizierung ist allerdings stets zweifelnden Fragen ausgesetzt. So kann bei einer sehr schnellen Elektrodenreaktion die Einstellung eines neuen stationären Zustands so schnell erfolgen, daß das System vor allem bei nur kleinen Störungen nahezu stets in einem stationären Zustand verweilt. Diesem Umstand wird durch Zuordnung einiger Methoden zur Klasse der quasistationären Verfahren Rechnung getragen.

4.1 Stationäre Methoden: Messung bei konstantem Potential oder Strom

Für die Messung stationärer Strom-Spannungskurven* kann die bereits beschriebene Elektrodenanordnung für eine galvanostatische Messung verwendet werden. Eine experimentell ermittelte Kurve zeigt Bild 4.4 für die Wasserstoffelektrode.

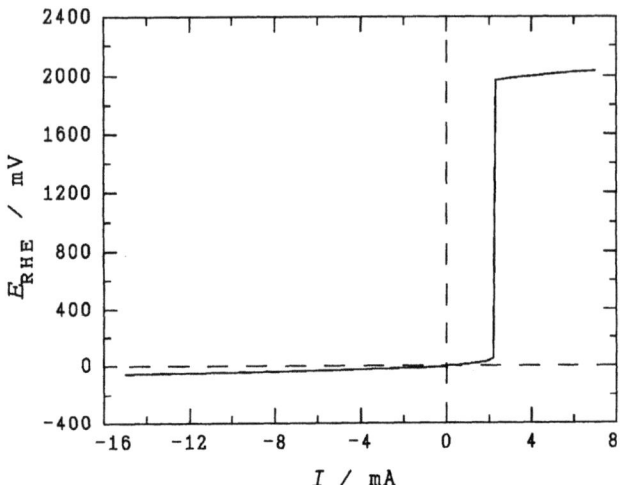

Bild 4.4 Galvanostatisch gemessene Strom-Potentialkurve einer Wasserstoffelektrode in einer mit Wasserstoff gesättigten Lösung von 1 M $HClO_4$ (Elektrodenmetall: Platin).

Bei Elektroden, an denen abhängig vom Elektrodenpotential recht verschiedene Reaktionen ablaufen können, ist diese Methode allerdings nur begrenzt tauglich. Die Untersuchung einer korrodierenden Eisenelektrode (vgl. Bild 3.35) führt zu keinem sinnvollen Ergebnis, da zu einem Stromwert bis zu drei Werte des Elektrodenpotentials gehören. Experimentell würde dies zu einem durch Potentialoszillationen gekennzeichneten instationären Zustand führen. Statt der galvanostatischen Arbeitsweise ist eine Methode mit einer Kontrolle des Elektrodenpo-

---

* Dieser Begriff wird oft etwas ungenau verwendet. In der Regel ist statt Spannung das Potential der untersuchten Elektrode gemeint. Oft wird statt dem Strom die Stromdichte dargestellt. Die Abfolge der beiden Begriffe "Strom" und "Spannung" läßt meist keinen zuverlässigen Schluß auf die im Experiment unabhängige und abhängige Variable zu.

4.1 Stationäre Methoden

tentials zweckmäßig. Diese entsprechend als potentiostatische Methode bezeichnete Arbeitsweise zeigt in einem schematischen Aufbau Bild 4.5.

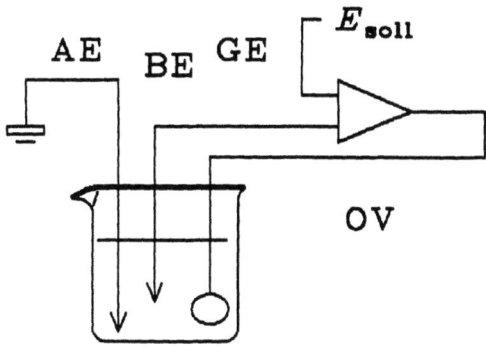

Bild 4.5 Potentiostatische Dreielektrodenschaltung, E_{soll} = Sollpotentialquelle, AE = Arbeitselektrode, BE = Bezugselektrode, GE = Gegenelektrode, OV = Operationsverstärker.

Das erwünschte Elektrodenpotential wird als Sollgröße E_{soll} einer Regelschaltung aufgegeben. Diese Schaltung ist im einfachsten Fall ein Operationsverstärker. Seine Funktion besteht darin, die zwischen seinen beiden Eingängen (im Bild links) bestehende Spannungsdifferenz auf Null zu regeln. Dies erreicht er, indem er aus seinem Ausgang (im Bild rechts) einen Strom geeigneter Stärke und Polarität fließen läßt. In der gezeigten Dreielektrodenanordnung fließt dieser Strom durch die Gegenelektrode und die Arbeitselektrode*. Im stationären Fall gehört zu jedem Wert von E_{soll} ein Stromwert, der durch ein Strommeßinstrument im Gegenelektrodenkreis ermittelt werden kann. Bild 4.6 zeigt eine entsprechende Kurve für das bereits aus Bild 4.4 bekannte System. Der durch den gehemmten Stofftransport des nur begrenzt löslichen Wasserstoffs bewirkte Diffusionsgrenzstrom ist wieder deutlich erkennbar. Der begrenzte Nachschub führt bei galvanostatischer Meßweise möglicherweise zu einer raschen Potentialveränderung bis zu einem Wert, bei dem eine andere Elektrodenreaktion einsetzt. Im potentiostatischen Verfahren läßt der Strom rasch nach. Darüberhinaus ist auf der Platinelektrode im Bereich des fallenden Stroms eine Belegung der Metalloberfläche mit oxidischen oder hydroxidischen Teilchen möglich, die die Wasserstoffoxidation behindern können (s.u.).

---

* Die Arbeitselektrode befindet sich auf dem Massepotential der elektronischen Schaltung, die mit dem Massenanschluß der Stromversorgung zu einem geschlossenen Stromkreis führt.

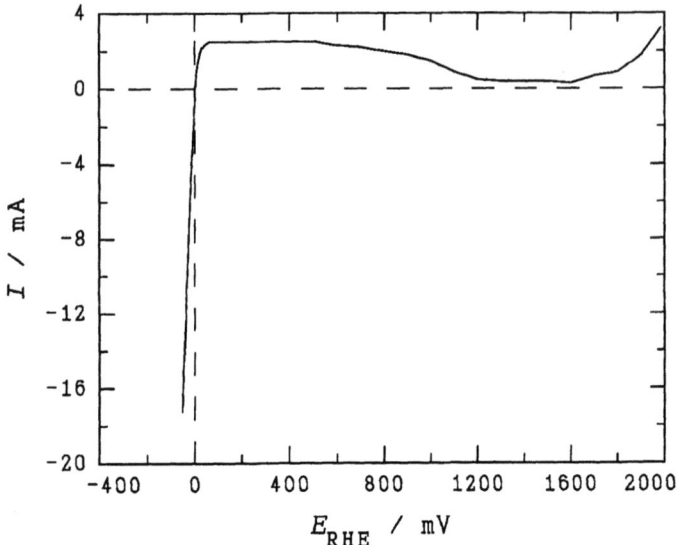

Bild 4.6 Potentiostatisch gemessene Strom-Potentialkurve einer Wasserstoffelektrode in einer mit Wasserstoff gesättigten Lösung von 1 M HClO$_4$ (Elektrodenmetall: Platin).

Transporthemmungen treten je nach Zusammensetzung der Elektrolytlösung, Konzentration und Diffusivität der Reaktanden mitunter schon bei kleinen Überspannungen auf. Sie machen die Aufnahme einer nur von Durchtrittshemmung kontrollierten Stromdichte-Potentialkurve und damit die Bestimmung der elektrodenkinetisch interessanten Parameter j_0 und α unmöglich. Erwünscht ist daher eine Möglichkeit, den Stofftransport in kontrollierter Weise so zu beschleunigen, daß er aus dem Zusammenhang zwischen Potential und Strom rechnerisch eliminiert werden kann. Der Stofftransport aus einer Lösung an eine rotierende Fläche sowie in einem turbulent durchströmten Rohr (Kanal) kann zufriedenstellend berechnet werden. Wegen der weiteren Verbreitung soll der Fall der rotierenden Elektrode näher betrachtet werden.

Rotierende Scheibenelektrode

Bei der rotierenden Elektrode wird eine kreisrunde Elektrodenfläche, die in die Stirnfläche eines zylindrischen Körpers bündig eingelassen ist, in die Elektrolytlösung getaucht und in Rotation versetzt. Die Flüssigkeit wird durch ihre Viskosität in Oberflächennähe mitgenommen, die Zentrifugalkraft schleudert dabei die der Elektrode anhaftende Flüssigkeitsschicht seitlich weg. Der Sog führt zu einem Flüssigkeitsnachschub aus dem Lösungsinneren. Bild 4.7 zeigt schematisch die Situation im Schnitt.

4.1 Stationäre Methoden

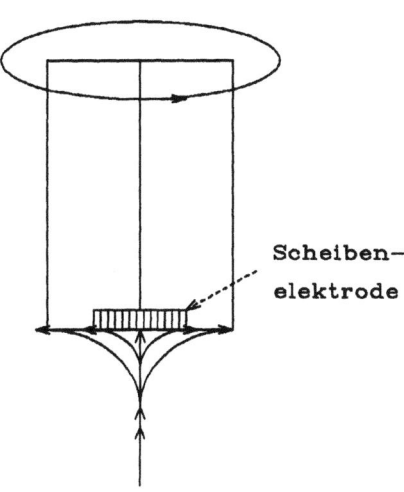

Bild 4.7 Schnittbild einer rotierenden Scheibenelektrode.

Die Dicke der Nernstschen Diffusionsschicht δ_N kann für diese Situation zu

$$\delta_N = 1{,}61 \cdot \omega^{-1/2} \cdot \nu^{1/6} \cdot D^{1/3} \tag{4.2}$$

berechnet werden. Darin ist ν die kinematische Zähigkeit, die aus der dynamischen Zähigkeit μ und der Dichte der Flüssigkeit ρ nach $\mu = \nu/\rho$ folgt. Für typische Elektrodendaten ergibt sich ein Wert von δ_N in der Größenordnung weniger Mikrometer. Entsprechend sorgfältig sind die Lagerung, Politur etc. der rotierenden Scheibenelektrode auszuführen. Die bereits für den Fall der Diffusionsgrenzstromdichte abgeleitete Beziehung

$$j_{\text{lim,diff}} = n \cdot F \cdot D \cdot c_0 / \delta_N \tag{3.104}$$

kann mit dem berechneten Wert der Diffusionsschichtdicke als

$$j_{\text{lim,diff}} = 1{,}61^{-1} \cdot n \cdot F \cdot D \cdot c_0 \cdot \omega^{1/2} \cdot \nu^{-1/6} \cdot D^{2/3} \tag{4.3}$$

angegeben werden. Sie ist von der Umdrehungszahl, hier als Kreisfrequenz oder Winkelgeschwindigkeit $\omega = 2 \cdot \pi \cdot \nu$ [s^{-1}] angegeben, abhängig.

Bild 4.8 zeigt einen Satz von Stromdichte-Potentialkurven, die jeweils bei verschiedenen Kreisfrequenzen aufgenommen wurden.

Die ausschließliche Kontrolle der Stromdichte durch Stofftransport im Bereich der Diffusionsgrenzstromdichte kann durch eine Auftragung der als Levich-

Gleichung bezeichneten Beziehung (4.3) überprüft werden. In einer Darstellung von $j_{\text{lim,diff}}$ über $\omega^{1/2}$ muß sich eine Gerade ergeben, aus deren Steigung der Diffusionskoeffizient der reagierenden Teilchensorte berechnet werden kann.

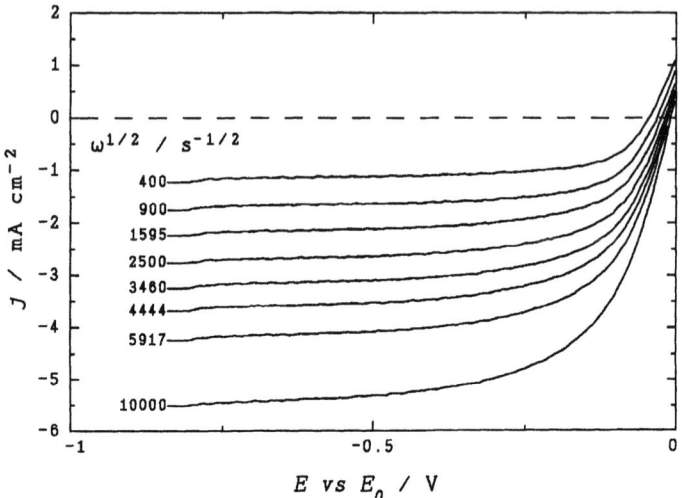

Bild 4.8 Stromdichte-Potentialkurven einer rotierenden Platinelektrode in einer wäßrigen Lösung von 0,01 M $K_4Fe(CN)_6$ + 0,01 M $K_3Fe(CN)_6$ + 1 N K_2SO_4.

Alternativ kann in analytischen Anwendungen die Konzentration der reagierenden Teilchen bestimmt werden. Bei großen Werten von ω kommt es wegen des Übergangs von laminarer Strömung zu turbulenter Strömung zu Abweichungen von diesem idealen Verhalten. Bei kleinen Werten von ω ist die Dicke der an der Elektrode anhaftenden Diffusionsschicht sehr groß, die Schicht wird von der Flüssigkeitsbewegung vor der Elektrode gestört.

Mit wachsenden Werten von ω wird δ_N kleiner. In einer geeigneten Auftragung kann die von einer Transporthemmung nicht mehr begrenzte Durchtrittsstromdichte j_0 im Bereich des Anstiegs der Stromdichte-Potentialkurven ermittelt werden. Diesen Bereich hatten wir bei der Diskussion der Konzentrationsüberspannung als Bereich "gemischter Kontrolle" bezeichnet.

Zur Berechnung eines Zusammenhangs zwischen der Kreisfrequenz ω und der Stromdichte j gehen wir von der allgemeinen Beziehung zwischen Stromdichte und Oberflächenkonzentration der reagierenden Teilchen aus:

$$j(E) = n \cdot F \cdot (k^+ \cdot c_{s,\text{red}} \cdot k^- \cdot c_{s,\text{ox}}) \tag{4.4}$$

4.1 Stationäre Methoden

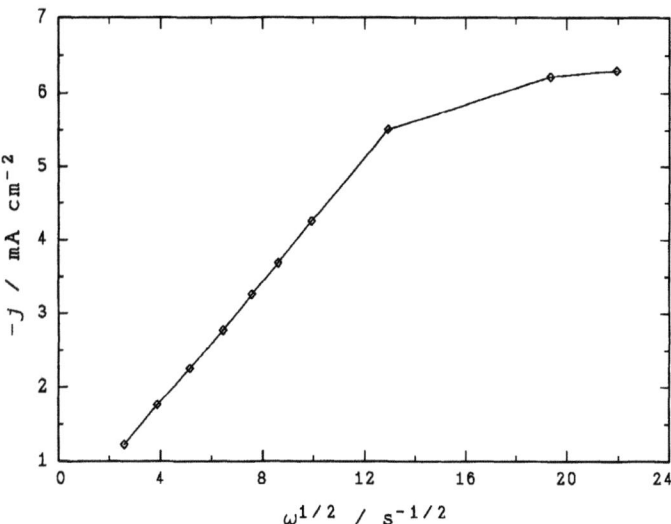

Bild 4.9 Auftragung des Diffusionsgrenzstroms der Scheibenelektrode über $\omega^{1/2}$ (Levich-Auftragung).

Darin entsprechen $k^+ = k_0^+ \cdot \exp(\alpha \cdot n \cdot F \cdot E/R \cdot T)$ und $k^- = k_0^- \cdot \exp[-(1-\alpha)n \cdot F \cdot E/R \cdot T]$. Diese Stromdichten müssen durch Stofftransport entsprechend Gl. 3.102 aufrechterhalten werden:

$$j = n \cdot F \cdot D \frac{c_0 - c_s}{\delta_N} \tag{3.103}$$

Einsetzen von Gl. (3.103) in Gl. (4.4), Umstellen und Ersetzen des Elektrodenpotentials E durch die Überspannung η führt zu

$$\frac{1}{j(\eta)} = \frac{1}{j_D(\eta)} + \frac{\text{konst}^*}{j_D(\eta) \cdot \omega^{1/2}} \tag{4.5}$$

Aus Meßergebnissen im Bereich der gemischten Kontrolle kann die Durchtrittsstromdichte j_D durch eine Auftragung von $1/j$ über $1/\omega^{1/2}$ mit Extrapolation auf $\omega \to \infty$ erhalten werden (Koutecky-Levich-Auftragung). Bild 4.10 zeigt diese Darstellung für verschiedene Überspannungen.

---

* konst enthält die Diffusionskoeffizienten, Viskosität und weitere Daten des untersuchten Systems.

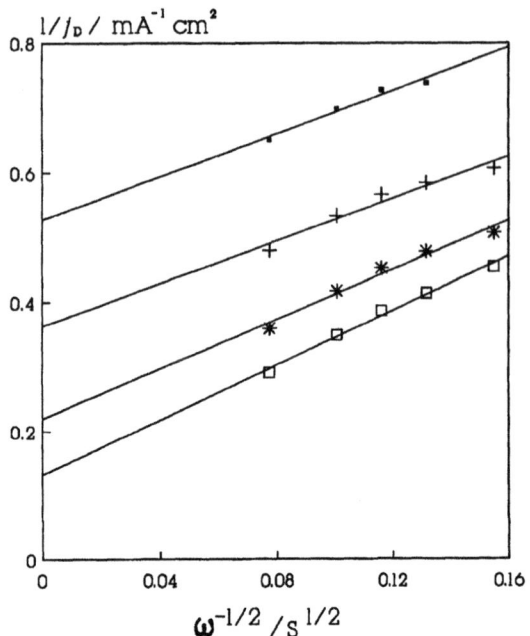

Bild 4.10 Auftragung von $1/j_D$ über $1/\omega^{1/2}$ mit Extrapolation auf $\omega \to \infty$.

Mit den dargestellten Daten ist die Darstellung der Durchtrittsstromdichte-Potentialkurve möglich, die den von der Butler-Volmer-Gleichung erwarteten Verlauf zeigt. Die Ermittlung der kinetischen Parameter j_0 und α ist daraus allerdings recht schwierig.

Für diese Auswertung wird eine Näherung der Butler-Volmer-Gleichung verwendet:

$$j_D = j_0 \left\{ \exp\frac{\alpha \cdot n \cdot F}{R \cdot T} \eta_D - \exp\frac{-(1-\alpha)\, n \cdot F}{R \cdot T} \eta_D \right\} \quad (3.74)$$

Bei einer Überspannung $\eta > R \cdot T / n \cdot F$ kann die Gegenreaktion, entsprechend der zugehörigen Teilstromdichte, vernachlässigt werden. Nehmen wir eine hinreichend große kathodische Überspannung an, so vereinfacht sich die Gleichung zu

$$j_D = -j_0 \exp\frac{-(1-\alpha)\cdot n \cdot F}{R \cdot T} \eta_D \quad (4.6)$$

Logarithmieren der Gleichung und anschließendes Umstellen führt zu

4.1 Stationäre Methoden

$$\eta_D = \frac{R \cdot T}{(1-\alpha)n \cdot F} 2{,}303 \lg j_0 - \frac{R \cdot T}{(1-\alpha)n \cdot F} 2{,}303 \lg |j_D| \qquad (4.7)$$

Diese Gleichung entspricht einer allgemeinen Geradengleichung der Form

$$\eta_D = A - B \cdot \lg |j_D| \qquad (4.8)$$

Sie wird nach ihrem Urheber als Tafel-Gerade bezeichnet; der Steigungsterm wird Tafel-Neigung genannt. Ohne die erwähnte Umstellung hätte die Gleichung die Form

$$\lg |j_D| = \lg j_0 + \frac{(1-\alpha) \cdot n \cdot F}{R \cdot T} |\eta_D| \qquad (4.9)$$

behalten. Hier wird deutlich, wie aus einer halblogarithmischen Auftragung von $\lg |j_D|$ über $|\eta_D|$ aus dem Achsenabschnitt j_0 und n sowie α aus der Geradensteigung zugänglich werden. Bild 4.11 zeigt dies für die bereits dargestellte Messung. Ein Wert von $j_D = 1{,}16$ mA/cm² ist daraus zu berechnen, dies entspricht $j_{00} = 0{,}116$ A/cm². Die Abweichung vom Wert in Tab. 3.3 kann verschiedene Ursachen haben, die hier nicht näher erörtert werden sollen.

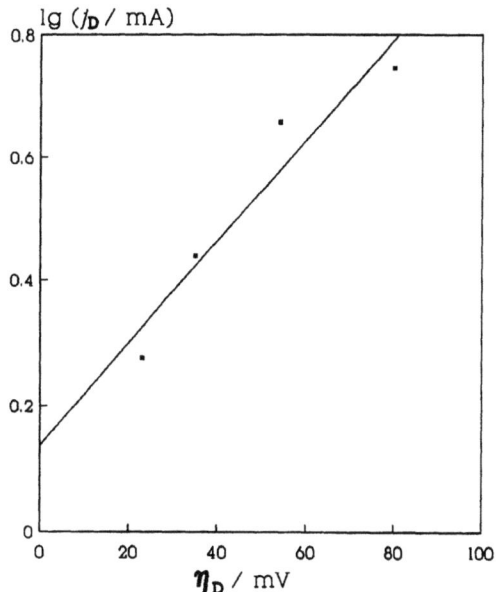

Bild 4.11 Tafel-Auswertung für das in Bild 4.10 beschriebene Meßergebnis.

Die experimentellen Möglichkeiten der rotierenden Scheibenelektrode sind mit den dargestellten Bestimmung von j_0, n und α bei weitem noch nicht erschöpft. Bei der Erörterung der Reaktionsüberspannung am Beispiel der Essigsäure war ein durch die nur mit endlicher Geschwindigkeit abgelaufene vorgelagerte Reaktion kontrollierter Reaktionsgrenzstrom beobachtet worden. Eine Auftragung dieses Grenzstromes über $1/\omega^{1/2}$ führt zunächst zu einem einfachen linearen Zusammenhang, da eine Erhöhung von ω erwartungsgemäß zu einer Verringerung der Diffusionsschichtdicke für die undissoziierte Essigsäure führt. Ab einem von der Geschwindigkeit der Dissoziation abhängigen Wert von ω führt eine weitere Erhöhung der Kreisfrequenz zu einem kleineren Wert der Grenzstromdichte als erwartet. Dies ist in Bild 4.12 gezeigt. Die beobachtete Grenzstromdichte ist kleiner als die erwartete Diffusionsgrenzstromdichte $j_{\lim} < j_{\lim,\text{diff}}$. Der Zusammenhang kann für den angenommenen Fall mit

$$\frac{j_{\lim}}{\omega^{1/2}} = \frac{j_{\lim,\text{diff}}}{\omega^{1/2}} - \frac{D^{1/6} \cdot c_{A^-}^{1/2} \cdot j_{\lim}}{1{,}62 \cdot \nu^{1/6} \cdot (k_d/k_r) \cdot k_r^{1/2}} \tag{4.10}$$

angegeben werden.

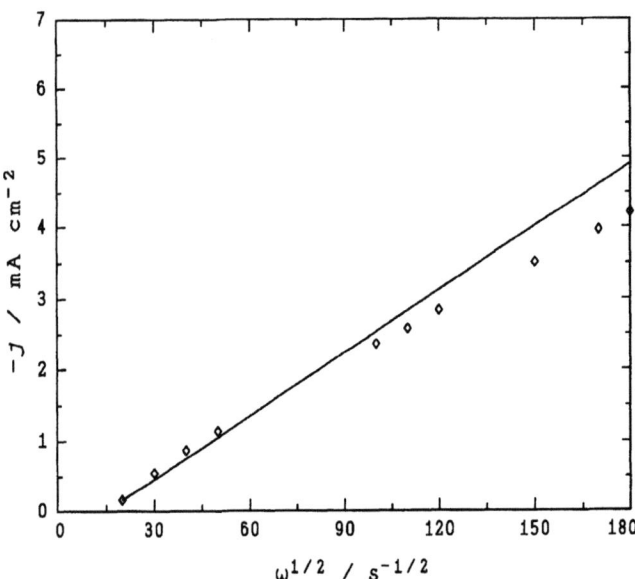

Bild 4.12 Darstellung der Abhängigkeit der Grenzstromdichte $j_{\lim}$ von der Wurzel der Kreisfrequenz.

Darin sind k_d und k_r die Geschwindigkeitskonstanten der Essigsäuredissoziation und -rekombination. Bei unendlich schneller Dissoziation ($k_d \to \infty$) sollte eine

4.1 Stationäre Methoden

Auftragung von $j_{lim}/\omega^{1/2}$ über j_{lim} eine Gerade mit der Steigung 0 ergeben. Für eine endliche Dissoziationsgeschwindigkeit ist eine fallende Gerade zu erwarten. Bild 4.13 zeigt dies.

Aus der Steigung kann die Dissoziationsgeschwindigkeit $k_d = 5.4 \cdot 10^5$ s^{-1} bei Kenntnis der Gleichgewichtskonstanten $K = k_d/k_r = 1,8 \cdot 10^{-5}$ berechnet werden. Mit dieser Methode können Geschwindigkeiten vorgelagerter Reaktionen bis zu $k = 10^6$ s^{-1} gemessen werden.

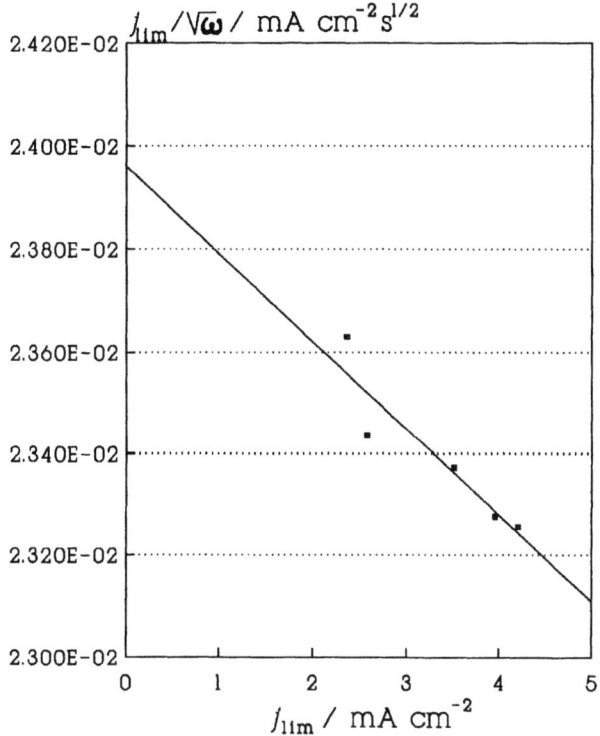

Bild 4.13 Auftragung von $j_{lim}/\omega^{1/2}$ über j_{lim} zur Ermittlung der Dissoziationsgeschwindigkeitskonstante der Essigsäure.

Die von der Elektrode abtransportierten Reaktionsprodukte können mit einer kleinen Ergänzung der scheibenförmigen Arbeitselektrode erfaßt werden. Wird nach Bild 4.14 um die Scheibe ein Ring mit möglichst kleinem Abstand bündig in die Stirnfläche eingelassen, so passieren die Produktteilchen diesen Ring; sie können an ihm elektrochemisch detektiert werden.

Bedingt durch die Strömungsverhältnisse werden nicht alle Produktteilchen erfaßt. Das von der Spaltbreite abhängige Übertragungsverhältnis $N = j_{Ring}/j_{Scheibe}$ beträgt im Grenzstrombereich zwischen 0,3 und 0,5. Die Messung der Ringstromdichte erlaubt im einfachsten Fall die Identifizierung eines Reaktionsproduktes der Scheibenreaktion.

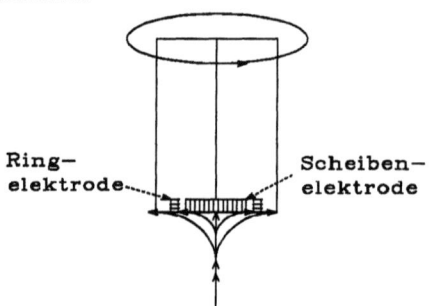

Bild 4.14 Vereinfachter Schnitt durch eine Scheibe-Ring-Elektrode.

Bild 4.15 zeigt dies für die Reaktionsfolge

$$Cu^{2+} + e^- \rightarrow Cu^+ \qquad (4.11)$$
$$Cu^+ + e^- \rightarrow Cu \qquad (4.12)$$

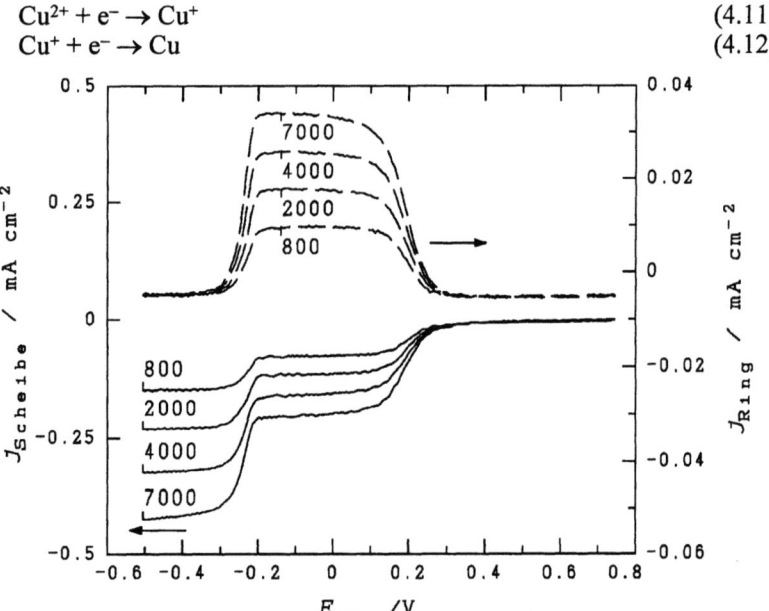

Bild 4.15 Scheiben- und Ringstromdichten einer Platinscheiben- und Platinringelektrode in einer Lösung von 1 mM $CuCl_2$ + 0,5 M KCl in Wasser bei verschiedenen Umdrehungszahlen [min^{-1}], $E_{Ring, SCE}$ = 0,4 V.

Im Bereich mäßig kathodischer Scheibenpotentiale bleibt die Reaktion bei Gl. (4.11) stehen, die entstandenen Cu^+-Ionen können bei einem geeigneten Elektrodenpotential am Ring nachgewiesen werden. Bei wesentlich kathodischerem Scheibenpotential setzt die Folgereduktion bis zum elementaren Kupfer ein, der Ringstrom bricht zusammen.

Wird bei einer der elektrochemischen Reaktion an der Scheibe nachgelagerten chemischen Reaktion in der Elektrolytlösung das Reaktionsprodukt homogen umgesetzt, so vermindert sich N natürlich. Aus einer Messung von j_{Ring} bei einem geeignet gewählten Elektrodenpotential ist so eine Bestimmung der Reaktionsgeschwindigkeitskonstanten der genannten homogenen Reaktion möglich.

4.2 Quasistationäre Methoden

Bei den vorgestellten stationären Methoden wurde eine der elektrochemischen Meßgrößen als unabhängige Variable konstant gehalten, eine andere Größe wurde in Abhängigkeit davon gemessen. Der Zeitpunkt der Ablesung war bei Erreichen eines zeitlich invariablen, stationären Zustands gegeben. Diese Bedingung war auch bei der Verwendung der rotierenden Scheibenelektrode erfüllt. Bei ihr wurden durch die erzwungene Konvektion stationäre, durch die Winkelgeschwindigkeit festgelegte Transportbedingungen eingestellt, die zu einem eindeutigen Zusammenhang zwischen zwei anderen Meßgrößen (Stromdichte und Elektrodenpotential) führten. Ändert man eine Meßgröße, so stellt sich bei der abhängigen Größe nach mehr oder weniger langer Zeit ein neuer stationärer Wert ein. Oft ist die Anpassung so schnell, daß bei langsamer Änderung die Anpassung praktisch sofort folgt, für den Augenblick der Beobachtung also scheinbar stationäre Verhältnisse herrschen. Methoden, bei denen diese Besonderheit zu beobachten ist, werden als quasistationäre Methoden bezeichnet.

Zyklische Voltammetrie

Dieser fließende Übergang von stationären zu quasistationären Methoden kann am Beispiel der zyklischen Voltammetrie besonders einleuchtend verfolgt werden. Bei diesem Verfahren wird wie bei der potentiostatischen Messung einer Stromdichte-Potentialkurve das Elektrodenpotential vorgegeben, die gemessene Stromdichte wird in Abhängigkeit davon registriert. Das Meßverfahren wird entsprechend als potentiodynamische Methode charakterisiert. Bei kleiner Geschwindigkeit der Potentialänderung vermag das System durch entsprechende elektrochemische Umsetzung und damit verbundene Veränderungen der Aktivitäten der an der Elektrodenreaktion beteiligten Reaktanden der Änderung zu folgen. Bei größeren Potentialänderungsgeschwindigkeiten dE/dt sowie bei sehr langsamer Einstellung des neuen Zustands wegen langsamer Durchtrittsreaktion, vor- oder nachgelagerter Reaktion etc. kommt es zu Verzögerungen, aus denen kinetische Daten ermittelt werden können. Von erheblicher Bedeutung für das Aussehen der erhaltenen Diagramme wie für ihre Auswertung ist die Größe der Elektrode. Wie bereits in Abschn. 3 und 3.4.3 angedeutet, ist bei extrem kleinen Elektrodendimensionen (Mikroelektroden) der Einfluß sphärischer Diffusion statt der planaren Diffusion zu berücksichtigen. Hier soll zunächst das Verhalten von relativ großen Elektroden betrachtet werden.

Die Potentialveränderung erfolgt üblicherweise mit konstanter Geschwindigkeit $v = dE/dt$ zwischen einem kathodischen Grenzpotential E_k und einem anodischen Grenzpotential E_a. Wird das Potential mehrfach zwischen diesen Grenzen in abwechselnder Richtung verändert, so folgt der in Bild 4.16 gezeigte Verlauf. Die Kurvenform hat zum Namen "Dreieckspannungsmethode"* geführt, ebenfalls ist der Begriff zyklische Voltammetrie gebräuchlich.

Die durch die Elektrode fließenden Ströme können zunächst in kapazitive und Faradaysche Ströme unterschieden werden. Erstgenannte dienen zum Umladen der elektrolytischen Doppelschicht. Sie sollten im Idealfall nur von v abhängig und im übrigen konstant sein. Faradaysche Ströme sind dagegen auf Elektrodenreaktionen zurückzuführen, sie hängen nicht in einfacher Weise von v ab.

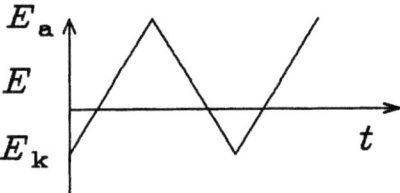

Bild 4.16 Verlauf des Elektrodenpotentials bei der zyklischen Voltammetrie.

Bild 4.17 zeigt ein Meßergebnis (zyklisches Voltammogramm) einer Goldelektrode in einer Lösung von Perchlorsäure in Wasser. Im gewählte Potentialbereich ist der Strom rein kapazitiv, sein Wert hängt nur von v ab. Eine Auftragung von j über v ergibt eine Steigung, aus der die Doppelschichtkapazität zu $C_{DL} = 54$ µF/cm² berechnet werden kann. Dies weist auf eine durch Gebrauch aufgerauhte Goldelektrode hin, da der Wert für eine perfekt glatte Goldelektrode bei ca. $C_{DL} = 20$ µF/cm² liegt.

---

* Der Name illustriert erneut die Verwirrung um den Begriff des Elektrodenpotentials. Natürlich müßte die Methode korrekt "Dreieckpotentialmethode" heißen; da das von einem entsprechenden elektronischen Gerät erzeugte Signal als Spannung in den Potentiostaten gespeist wird, hat sich der weniger korrekte Name eingebürgert.

4.2 Quasistationäre Methoden

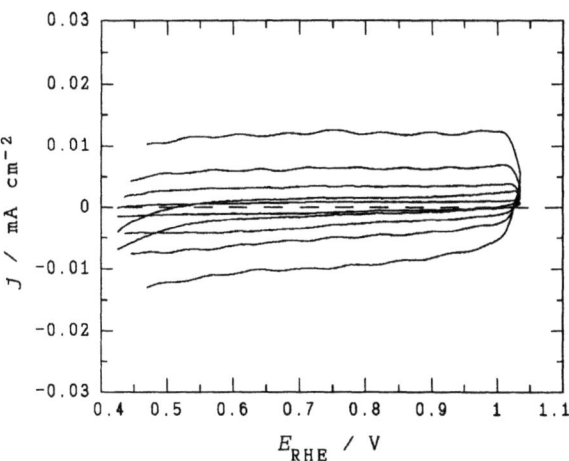

Bild 4.17 Zyklisches Voltammogramm einer Goldelektrode in 1 M $HClO_4$ in Wasser; $dE/dt = 10 .. 200$ mV/s (innen nach außen).

Ist in der Elektrolytlösung eine Substanz vorhanden, die im gewählten Potentialbereich umgesetzt werden kann, treten auffällige Veränderungen ein. Bild 4.18 zeigt ein Beispiel. Im anodischen Potentialdurchlauf wird $Fe(CN)_6^{4-}$ oxidiert.

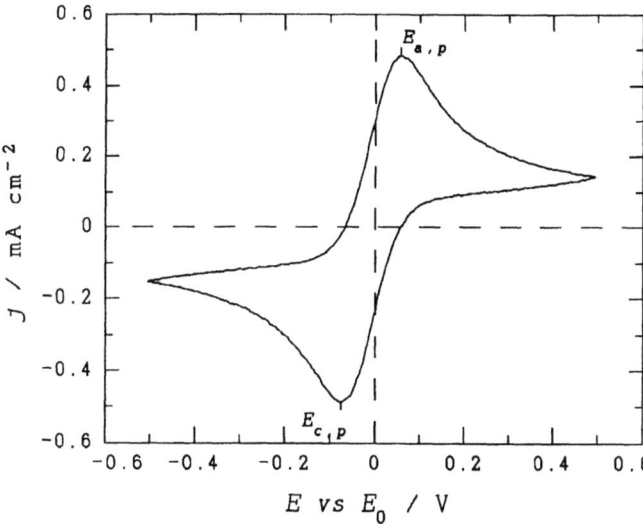

Bild 4.18 Zyklisches Voltammogramm einer Platinelektrode in einer Lösung von 0,01 M $K_4Fe(CN)_6$ + 0,01 M $K_3Fe(CN)_6$ + 1 N K_2SO_4, $dE/dt = 100$ mV/s.

Im Unterschied zur Messung unter stationären Bedingungen ist ein Strommaximum, kein Grenzstrom, zu beobachten. Dies ist auf zwei konkurrierende Einflüsse zurückzuführen. Bei der Erhöhung des Elektrodenpotentials E kommt es zu einer zunehmenden Beschleunigung des Ladungsdurchtritts, wie dies die Butler-Volmer-Gleichung erwarten läßt. Außerdem stellt sich entsprechend der Nernst-Gleichung eine dem aktuellen Elektrodenpotential entsprechende Oberflächenkonzentration c_{red} ein. Beim anodischen Potentialdurchlauf bedeutet dies eine Abnahme von $c_{s,red}$ bis $c_{s,red} = 0$ und eine Zunahme von $c_{s,ox}$. Da der Stoffnachschub durch Diffusion erfolgt und die Diffusionsschichtdicke mit der Zeit gemäß $\delta_N = (\pi \cdot D \cdot t)^{1/2}$ in die Lösung hineinwächst, kommt es zur Ausbildung eines Strommaximums. Bild 4.19 zeigt die zeitliche Veränderung der Konzentrationsprofile, insbesondere die Zunahme der Steigung, die gleichbedeutend mit beschleunigtem Stofftransport ist, sowie der langsamer werdende Stofftransport mit fallendem Konzentrationsprofil. Ganz analog ist die Ausbildung des kathodischen Strommaximums zu verstehen.

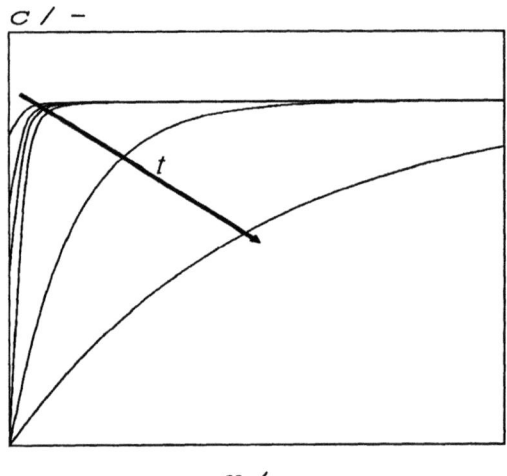

Bild 4.19 Zeitliche Veränderungen der Konzentrationsprofile vor einer ruhenden Elektrode bei Potentialveränderung.

Bei der Diskussion der Zusammenhänge zwischen der Potentialdurchlaufgeschwindigkeit v und den verschiedenen charakteristischen Kenngrößen (vgl. Bild 4.18) sind der Übersichtlichkeit halber der Fall des sehr schnellen und des langsamen Ladungsdurchtritts[*] sowie des adsorbierten Reaktanden zu unterscheiden. Beim sehr schnellen Ladungsdurchtritt (er wird für die Ableitung als

---

[*] Diese Unterscheidung wurde früher mit dem Begriff der "Reversibilität" verbunden (vgl. Abschn. 3.4.2).

4.2 Quasistationäre Methoden

ungehemmt angenommen) folgen die Konzentrationen $c_{s,red}$ und $c_{s,ox}$ entsprechend der Nernstschen Gleichung dem jeweils angelegten Elektrodenpotential. Aus der Lösung der Differentialgleichungen für den wirkenden diffusiven Stofftransport folgt für die maximale Stromdichte bei einem kathodischen Vorgang

$$j_{p,red} = 2{,}69 \cdot 10^5 \cdot n^{3/2} \cdot D^{1/2} \cdot c_0 \cdot v^{1/2} \tag{4.13}$$

Eine Auftragung von j_p über $v^{1/2}$ ergibt in diesem Fall eine Gerade. Mit einem Redoxsystem liegen beim Übergang von einem Elektron die beiden Maximalwerte $E_{a,p}$ und $E_{c,p}$ um 57 mV (bei T = 298 K) auseinander. Bei sehr großen Werten von v kann die Konzentrationseinstellung an der Elektrode der Potentialänderung nicht mehr folgen, es kommt zu Abweichungen bei den beschriebenen Auswertungen.

Bei einem vergleichsweise langsamen Ladungsdurchtritt ist diese Abweichung schon bei kleineren Durchlaufgeschwindigkeiten merklich. Die maximale Stromdichte kann für diesen Fall zu

$$j_{p,red} = 3{,}01 \cdot 10^5 \cdot n^{3/2} \cdot (1-\alpha)^{1/2} \cdot D^{1/2} \cdot c_0 \cdot v^{1/2} \tag{4.14}$$

berechnet werden. Das Elektrodenpotential E_{max} verschiebt sich mit wachsender Durchlaufgeschwindigkeit zu Werten, die einer größeren Überspannung entsprechen. Der Zusammenhang ist mathematisch komplex, für eine Reaktion mit dem Übertritt von einem Elektron beträgt die Verschiebung ca. 30 mV bei einer Verzehnfachung von v.

Bei einem auf der Elektrode adsorbierten Edukt, das nicht zusätzlich in gelöster Form in der Elektrolytlösung vorliegt, ergibt sich ein abweichendes Bild. Das zyklische Voltammogramm ist bei sehr schneller Durchtrittsreaktion für Hin- und Rücklauf vollkommen symmetrisch, die Werte von $j_{a,p}$ und $j_{c,p}$ sowie von $E_{a,p}$ und $E_{c,p}$ sind jeweils gleich. Diese Besonderheiten sind auf das Fehlen einer Stofftransporthemmung zurückzuführen. Der Strom fällt abseits vom Maximum bis auf Null, da der Vorrat an umsetzbarer Substanz durch die auf der Elektrode adsorbierte oder anderweitig fixierte Stoffmenge begrenzt ist.

Die weitergehende Untersuchung zyklischer Voltammogramme erlaubt außerdem die Bestimmung von Geschwindigkeitskonstanten vor- oder nachgelagerter Reaktionen; bei komplizierten Reaktionsfolgen sind auch die Daten zwischengelagerter Schritte zugänglich, wenn sie mit einem Ladungsdurchtrittsschritt verknüpft sind. Als hilfreich hat sich dabei die rechnergestützte Simulation zyklischer Voltammogramme erwiesen*. Analytisch wird die zyklische Voltammetrie zur Bestimmung von Bedeckungsgraden etc. eingesetzt.

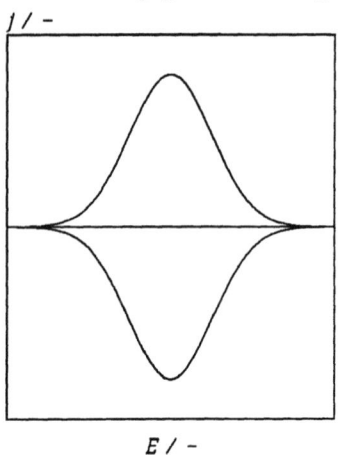

Bild 4.20 Schematisches zyklisches Voltammogramm eines auf der Elektrode adsorbierten Redoxsystems.

Zyklische Voltammogramme, die ihr besonderes Aussehen der Bildung von Deckschichten auf Elektroden verdanken, sind mit den bisher beschriebenen Wegen der Deutung nicht vollständig verstehbar. Ein erstes Beispiel eines derartigen Voltammograms stellte das bei der anodischen Korrosion, Passivierung und anschließenden transpassiven Reaktion an einem Edelstahl erhaltene Diagramm dar (Bild 3.35). Das erste in diesem Diagramm beobachtete Strommaximum war auf die anodische Eisenauflösung zurückgeführt. Da bei ihr Eisenionen gebildet wurden, die mit Bestandteilen der Elektrolytlösung einen fest anhaftenden Niederschlag bildeten, der die Elektrodenreaktion nachhaltig behindert, sank der Strom rasch ab. Derartige Phänomene sind nicht auf Korrosionsprozesse beschränkt. Bild 4.21 zeigt das zyklische Voltammogram der mit Bild 4.17 bereits vorgestellte Goldelektrode in einem anodisch wie kathodisch erweiterten Potentialbereich.

Die Elektrode verhält sich offenkundig nicht mehr wie ein angenähert idealer Kondensator. Während der kathodische Stromanstieg zweifelsfrei direkt der einsetzenden Wasserstoffentwicklung zugeschrieben werden kann, ist das Verhalten im anodischen Bereich komplizierter.

Es wird verständlich, wenn man die Polarität des dipolartigen Wassermoleküls

---

* Weitergehende Informationen hierzu können dem im gleichen Verlag erscheinenden Buch "Molekulare Elektrochemie" von B. Speiser und J. Heinze entnommen werden.

sowie die auf der Elektrode befindliche elektrische Ladung berücksichtigt. Daran anknüpfende Überlegungen führen zu dem Schluß, daß bereits bei Potentialen unterhalb der Sauerstoffentwicklung auf der Elektrode adsorbierte Wassermoleküle unter Abspaltung eines Protons teilweise oxidiert werden. Dies führt zu einer "AuOH"-Belegung. In alkalischer Lösung kann diese Belegung auch aus den Hydroxylionen der Elektrolytlösung gebildet werden. Bei noch anodischeren Potentialen wird das noch verbliebene Proton abgespalten, aus der nun vorhandenen oxidartigen Belegung wird anschließend Sauerstoff durch weitere Oxidation gebildet. Je nach Stromdichte kann dabei auch die Sauerstoffentwicklung direkt aus Wasser auf dieser Deckschicht erfolgen. Im kathodischen Rücklauf ist ein Strommaximum zu sehen, das bei wesentlich negativeren Elektrodenpotentialen erscheint als die Oxidbelegung im Potentialhinlauf. Dieses Strommaximum ist auf die Reduktion gebildeten Sauerstoffs, vor allem aber auf die Reduktion der oxidischen Deckschicht zurückzuführen. Da alle beschriebenen Prozesse auf die Bildung, Umwandlung oder Entfernung von Deckschichten (Elektrodenbelegungen) zurückzuführen sind, spricht man bei den erhaltenen Diagrammen auch von Deckschichtdiagrammen. Bereiche des Elektrodenpotentials, in denen diese Prozesse nicht auftreten, werden als Doppelschichtbereiche bezeichnet, da in ihnen nur die Umladung der elektrolytischen Doppelschicht zu einem Stromfluß führt.

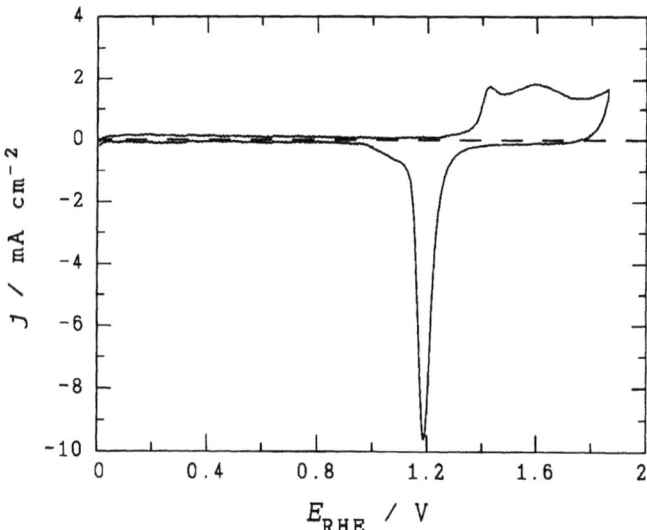

Bild 4.21 Zyklisches Voltammogramm einer Goldelektrode in einer Lösung von 1 M $HClO_4$ in Wasser, $dE/dt = 200$ mV/s.

An einer Platinelektrode ergeben sich auf den ersten Blick wesentlich unübersichtlichere Verhältnisse. Bild 4.22 zeigt ein typisches Voltammogramm. Die anodisch zum relativ kleinen Doppelschichtbereich beobachtete Stromstufe ist wie bei der Goldelektrode auf die Ausbildung einer oxidischen Belegung zurückzuführen. Auf ihr findet weiter anodisch die Sauerstoffentwicklung statt. Diese Belegung wird kathodisch mit erheblicher Überspannung reduziert. Daran anschließend sind weitere Strommaxima zu beobachten. Sie werden durch die Ausbildung einer Deckschicht von adsorbierten Wasserstoffatomen verursacht. Diese Adsorbate (H_{ad}) werden weiter kathodisch in der Wasserstoffentwicklung zu H_2 umgesetzt. Nach der Potentialumkehr in anodische Richtung werden neben eventuell entstandenem Sauerstoff diese Adsorbate oxidiert. Die auffällige Ausbildung von mehreren Strommaxima, die bei dem vermutlich ähnlichen anodischen Prozeß der oxidischen Deckschichtbildung keine Entsprechung findet, ist auf die besonders starke, von der kristallographischen Orientierung der Platinoberfläche zurückzuführen. An der hier verwendeten polykristallinen Platinelektrode liegen die verschiedenen Einkristallebenen in einer zufälligen Verteilung nebeneinander vor. Dieses Phänomen kann nach vorsichtigem Anätzen einer solchen Oberfläche als Facettierung sichtbar gemacht werden. Die Stärke der Bindung zwischen H_{ad} und dem zugehörigen Platinatom hängt stark von der Orientierung der Oberfläche ab. Eine starke Wechselwirkung läßt die Ausbildung der Adsorbatschicht bereits bei relativ anodischen Potentialen zu, führt jedoch bei der Oxidation zu einer relativ großen anodischen Überspannung. Bei schwach gebundenen Adsorbatatomen ist die Situation gerade umgekehrt.

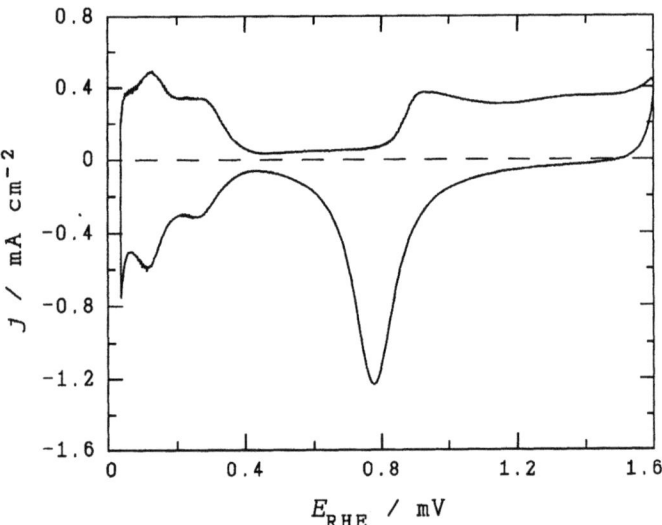

Bild 4.22 Zyklisches Voltammogramm einer Platinelektrode in einer Lösung von 1 M $HClO_4$ in Wasser, $dE/dt = 200$ mV/s.

Verschiedene Aspekte aus der vorangegangenen Darstellung zeigen die beiden in Bild 4.23 gezeigten Voltammogramme einer Platinelektrode in einer Lösung von 1 M $HClO_4$ + 50 mM Anilin in Wasser. Bei der in Gegenwart von Anilin aufgezeigten Kurve ist statt des bisher beobachteten Deckschichtdiagramms ein markanter anodischer Stromanstieg zu beobachten. Der anodische Strom ist auf die Oxidation von Anilin oder vom in saurer Lösung vorliegenden protonierten Aniliniumkation zurückzuführen. Dieses Radikalkation hat die besondere Eigenschaft, mit einem weiteren Anilinmolekül, Aniliniumion oder einem Radikalkation unter Dimerisierung zu reagieren (vgl. Abschn. 3.6).

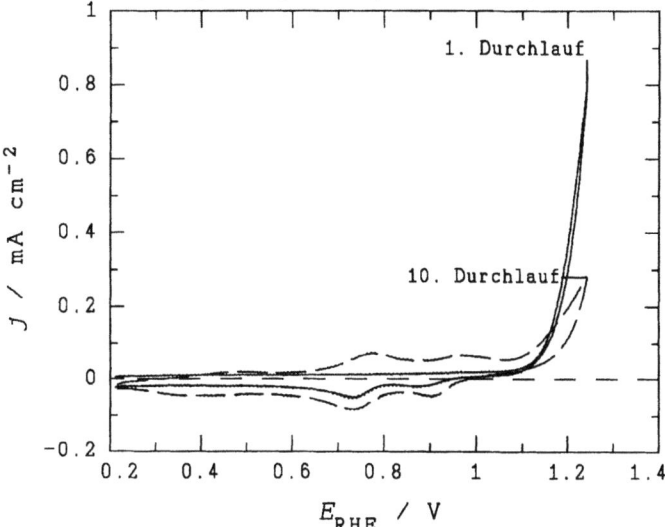

Bild 4.23 Zyklische Voltammogramme einer Platinelektrode in einer Lösung von 1 M $HClO_4$ + 50 mM Anilin in Wasser, dE/dt = 200 mV/s.

Dieser Prozeß setzt sich unter Bildung höherer Oligomere bis zur Bildung eines festhaftenden Films fort. Dieser kann mit der Elektrode aus der Lösung entfernt werden. Das zweite abgebildete Voltammogramm zeigt das elektrochemische Redoxverhalten des Films in der nun anilinfreien Lösung. Zwei Redoxprozesse können leicht ausgemacht werden. Sie zeigen die Bildung von Radikalkationen in der Polymerkette an. Weitere Reaktionen im Polymerfilm, Veränderungen der Farbe des Films und vor allem der intrinsischen elektrischen Leitfähigkeit machen die zahlreichen Besonderheiten dieses Materials aus. Auf die Möglichkeiten der Untersuchung mit nichtklassischen Methoden der Elektrochemie wird weiter unten eingegangen.

Eine erhebliche Veränderung des erhaltenen Voltammogramms ergibt sich, wenn die Größe der Elektroden vergleichbar mit der Dicke der Nernstschen Diffusionsschicht wird. Solche Mikroelektroden können durch Einbetten von dünnen Metallfäden (Durchmesser einige Mikrometer) oder Kohlenstoffasern in inerte Materialien (Glas, Kunststoff) erhalten werden. Dabei muß die Mikroelektrode nicht immer plan in eine Fläche eingebettet sein. Denkbar sind auch aus der Fläche herausschauende Halbkugeln oder an dünnen Drähten angebrachte kleinste Kugeln etc. Für den diffusiven Stofftransport zu ihnen gelten die Gesetze der planaren oder linearen Diffusion nicht mehr. Bild 4.24 zeigt schematisch den Stofftransport entsprechend linearer Diffusion zu einer "großen" Elektrode sowie entsprechend sphärischer Diffusion zu einer Mikroelektrode.

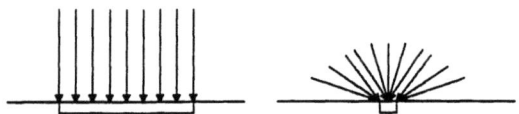

Bild 4.24 Stofftransport zu einer planaren, "großen" Elektrode (links) und zu einer Mikroelektrode (rechts).

Schon das Bild macht deutlich, daß der Stofftransport zu einer Mikroelektrode aus einem Anteil I_{plan}, der der planaren Diffusion entspricht, und einem zusätzlichen sphärischen Anteil $I_{sphär}$ zusammengesetzt werden kann. Im diffusionsbegrenzten Fall addieren sich die beiden Ströme nach

$$I = I_{plan} + I_{sphär} \tag{4.15}$$

Nach mathematischer Ableitung erhält man mit dem Radius r der Mikroelektrode und dem Formfaktor a

$$I_{sphär} = a \cdot r \cdot n \cdot F \cdot D \cdot c \tag{4.16}$$

Der Formfaktor ist $a = 4$ für eine flache Elektrode (Scheibe), 4π für eine Kugel und 2π für eine Halbkugel. Das relative Ausmaß der beiden Strombeiträge zum Gesamtstrom hängt vom Verhältnis der typischen Elektrodendimension r_0 zur Dicke der Diffusionsschicht ab. Als Kriterium kann mit der Zeit t der Quotient $D \cdot t / r_0^2$ verwendet werden. Ist sein Wert größer als 1, d.h. bei einer Diffusionsschichtdicke deutlich größer r_0, erreicht der Strom einen konstanten Grenzwert, der im zyklischen Voltammogramm leicht beobachtet werden kann. Im umgekehrten Fall wird dagegen die typische Form des Voltammogramms mit einem Strommaximum beobachtet. Wegen der konstanten Potentialvorschubgeschwindigkeit v entsprechen sich Elektrodenpotential E und der Parameter t aus dem als Kriterium verwendeten Quotienten. Die beiden Fälle können mit einer Elektrode einer bestimmten charakteristischen Dimension r_0 leicht durch Veränderung der Potentialvorschubgeschwindigkeit eingestellt werden. Bild 4.25 zeigt für eine aus Kohlenstoffasern, die in Epoxidharz eingebettet wurden, bei kleinen Werten von v das typische Voltammogramm einer Mikroelektrode mit einem Diffusionsgrenzstrom. Bei einem größeren Wert von v wird bei im übrigen unveränderten Parametern die bekannte Form des zyklischen Voltammogramms (vgl. Bild 4.18) beobachtet.

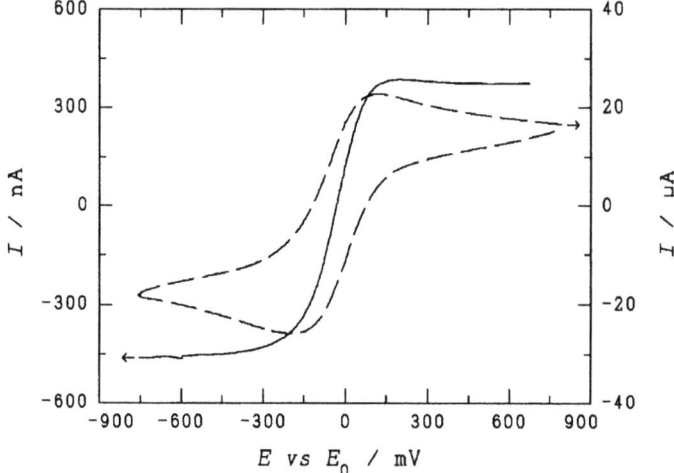

Bild 4.25 Zyklisches Voltammogramm einer Kohlenstofffaser-Mikroelektrode in einer wäßrigen Lösung von 0,01 M $K_4Fe(CN)_6$ + 0,01 M $K_3Fe(CN)_6$ + 1 N K_2SO_4, dE/dt = 4 mV/s (linke Skala) und 100 mV/s (rechte Skala).

Mikroelektroden haben im Vergleich zu konventionellen Elektroden makroskopischer Dimension verschiedene Vorteile. Die fließenden Ströme sind extrem klein. Daher spielt der Spannungsabfall in der Lösung keine so große Rolle bei der exakten Potentialkontrolle. Damit sind auch Messungen in schlecht leitenden Elektrolytlösungen bis hin zu Messungen in der Gasphase möglich. Der kleine durch die Gegenelektrode fließende Strom erlaubt die Vereinigung von Gegen- und Bezugselektrode, da der kleine Strom das Potential der Bezugselektrode nicht merklich verändert. Damit sind technisch stark vereinfachte Zweielektrodenanordnungen möglich. Das Verhältnis des Faradayschen Stroms zum kapazitiven Strom wird größer; damit wird die Störung der Messung durch den meist unerwünschten Ladestrom kleiner. Vor allem bei instationären Messungen ist dies ein erheblicher Vorteil (vgl. Abschn. 4.3). Da allerdings die Zeit als Parameter in die Betrachtung einfließt, ist bei der Unterscheidung zwischen den verschiedenen Formen der Diffusion Sorgfalt nötig. Besonders klein ausgebildete Mikroelektroden (Ultramikroelektroden) können bei entsprechend räumlich ortsaufgelöster Bewegung zur Abtastung lokaler elektrochemischer Eigenschaften einer Elektrodenoberfläche eingesetzt werden (Scanning Electrochemical Microscope).

Da bei der zyklischen Voltammetrie stets ein endlicher Strom durch die Elektrode fließt, sind aus den erhaltenen Voltammogrammen thermodynamische Daten, die einen stromlosen Gleichgewichtszustand voraussetzen, nicht exakt zu gewinnen. Dennoch sind Aussagen über Elektrodenpotentiale, bei den Elektronenübergänge zwischen Elektrode und gelöstem Teilchen erfolgen, möglich. Sie lassen sich mit angemessener Vorsicht mit entsprechenden Ruhepotentialen vergleichen. Dies kann vorteilhaft bei der Ermittlung der energetischen Lage der jeweils niedrigsten unbesetzten Atom- oder Molekülorbitale (LUMO*), in die hinein bei einer Reduktion ein Elektronenübergang erfolgt, benutzt werden. Entsprechend ist bei der Oxidation eine entsprechende Aussage über das höchste besetzte Orbital (HOMO#) möglich. Vor allem in organischen Molekülen ist es möglich, daß Elektronen aus dem HOMO durch optische Anregung (Lichtabsorption) in das LUMO angeregt werden. Die dazugehörige Anregungsenergie kann aus dem UV-Vis-Absorptionsspektrum entnommen und mit der Differenz der Reduktions- und Oxidationspotentialpeaks verglichen werden. Da allerdings zahlreiche andere Einflüsse auf die elektrochemischen wie optischen Resultate einwirken, ist die Übereinstimmung der Ergebnisse meist beschränkt.

Polarographie

Bei Arbeiten mit einer Quecksilbertropfelektrode hat J. Heyrovský 1922 erstmalig Besonderheiten in einer Elektrokapillarkurve (vgl. Kap. 2.3) beobachtet, die in der Folge zu einer wichtigen Anwendung dieser Elektrode in der elektrochemischen Analytik und zur Entwicklung der Polarographie als einer der wichtigsten elektroanalytischen Methoden führten. Die experimentelle Anordnung ist für einfache Anwendungen sehr übersichtlich. Aus einer fein ausgezogenen Glaskapillare (ca. 50 µm Innendurchmesser) tropft Quecksilber aus einem oberhalb angeordneten Vorratsgefäß in eine mit der zu untersuchenden Elektrolytlösung gefüllte Zelle. Es sammelt sich auf dem Boden der Zelle zu einem See, der gleichzeitig als Gegen- und Bezugselektrode dient$. An Tropf- und Gegenelektrode wird eine Gleichspannung so angelegt, daß die Tropfelektrode zur Kathode wird. Diese Spannung wird langsam vergrößert, damit wird das Potential der Tropfelektrode immer kathodischer. Wenn das Potential Werte erreicht, bei denen in Lösung vorhandene reaktive Teilchen reduziert werden, so wird in der mit der Potentialveränderung aufgezeichneten Strom-Spannungskurve ein Stromanstieg zu beobachten sein. Bei noch weiter kathodischen Prozessen ein-

---

* lowest unoccupied molecular orbital

\# highest occupied molecular orbital

$ Da die fließenden Ströme sehr klein sind und da die Quecksilberchloridelektrode ihr Potential unter kleinem Stromfluß nicht merklich verändert, können beide Elektroden zusammengefaßt werden.

setzende zusätzliche Prozesse führen zu weiterer Stromzunahme. Erst bei sehr negativen Potentialen wird sich das Lösungsmittel (meist Wasser) zersetzen, auch ist eine Zersetzung des zugegebenen Leitsalzes denkbar. Dabei macht sich die an Quecksilber stark gehemmte Wasserstoffentwicklung hilfreich bemerkbar, sie macht ein recht großes Potentialfenster auch in kathodischer Richtung für Messungen zugänglich. Die sich durch Abtropfen ständig erneuernde Quecksilberelektrode vermeidet alle Probleme mit einer Bildung von Deckschichten, die bei Verwendung einer festen Elektrode zu befürchten wären. Gebildete Reduktionsprodukte werden vom Quecksilber rasch als Amalgam aufgenommen. Bei den sehr kleinen Stoffumsätzen wird die Grenze der Löslichkeit im Quecksilber meist nicht erreicht. Nicht amalgamierbare Stoffe werden auf dem Tropfen abgeschieden und fallen mit ihm ab. Da der Tropfen sehr klein ist, bleiben auch die Ströme recht klein, während der Messung kommt es zu keiner merklichen Veränderung in der Zusammensetzung der Analysenlösung. Die gleichmäßige Veränderung der Spannung an der polarographischen Zelle wurde anfangs durch ein mechanisch angetriebenes Potentiometer erzeugt, inzwischen wird diese Aufgabe elektronischen Funktionsgeneratoren übertragen. Bild 4.26 zeigt die wichtigen Komponenten.

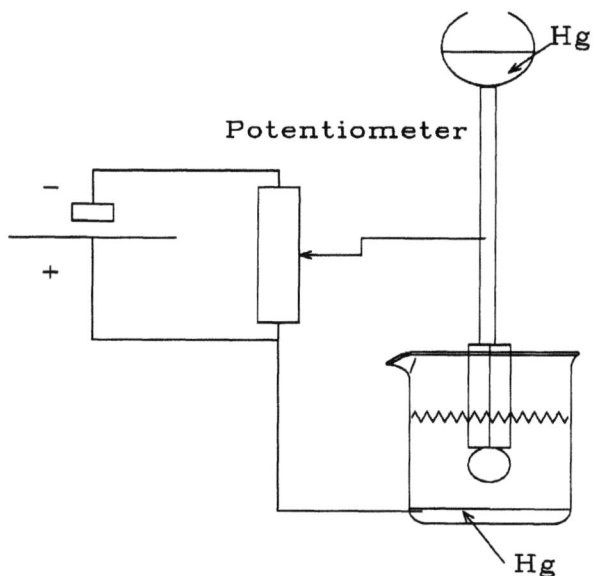

Bild 4.26 Prinzipaufbau zur Polarographie.

Bild 4.27 (nächste Seite) zeigt einfache Polarogramme, die mit einer Grundlösung von 1 M NH_4Cl + 0,5 M NH_4OH in Wasser sowie nach Zusatz von je 3 mg Cu^{2+}, Cd^{2+} und Zn^{2+} zu 70 mL der Grundlösung erhalten wurden. Sauerstoff aus der Luft, der natürlich ebenfalls reduzierbar ist und zu einem kathodischen

Strom geführt hätte, wurde durch Einleiten von Stickstoff entfernt. Statt einer glatte Linie wird ein Zackenzug beobachtet. Dies wird durch die abtropfende Quecksilberelektrode verursacht. Eine Verminderung der Zackenamplitude kann einfach durch eine elektronische Dämpfung (Tiefpaß) erreicht werden. Die kleine Abbildung zeigt das Ergebnis. Neben einer Dämpfung sind allerdings auch weitere Veränderungen im Erscheinungsbild zu beobachten, die mit einer aufwendigeren elektronischen aktiven Dämpfung vermieden werden können.

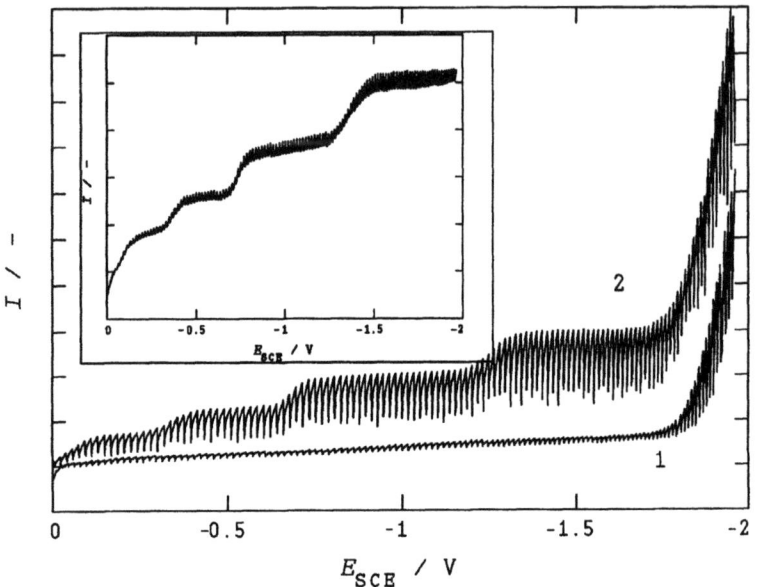

Bild 4.27 Einfache Polarogramme einer Lösung von 1 M NH$_4$Cl + 0,5 M NH$_4$OH in Wasser (1) sowie mit je 3 mg Cu^{2+}, Cd^{2+} und Zn^{2+} je mL* (2); kleines Bild mit einfacher elektrischer Dämpfung.

Bild 4.28 (nächste Seite) zeigt den Gesamtstrom und die Strombeiträge während eines Tropfenlebens vom Beginn mit dem Austreten des Quecksilbermeniskus aus der Kapillare bis zum Abreißen im schematisierten Detail. Zu Beginn des Tropfenlebens ist der kapazitive Strom besonders groß. Er verhält sich entsprechend der Ladekurve eines Kondensators mit $I \approx e^{-t/\text{const}\#}$. Sein Abfall wird allerdings durch die mit dem Quecksilberfluß weiter wachsende Oberfläche

---

* Die der üblichen Konvention entgegengesetzte Skalierung der Achsen entspricht der Praxis der Polarographie.

const enstpricht der Zeitkonstante eines Kondensators.

4.2 Quasistationäre Methoden 253

gebremst, dies führt zu einer Abhängigkeit gemäß $I \approx t^{-1/3}$. Andererseits wächst der Faradaysche Strom mit der Fläche gemäß $I \approx t^{1/6}$ an (s.u., vgl. Gl. (4.21)). Da der Faradaysche Strom auch von der Konzentration der reagierenden Teilchen abhängt und mit abnehmender Konzentration kleiner wird, ist damit eine erste Grenze der noch nachweisbaren Teilchenkonzentrationen gegeben, wenn beide Ströme ungefähr gleich groß sind.

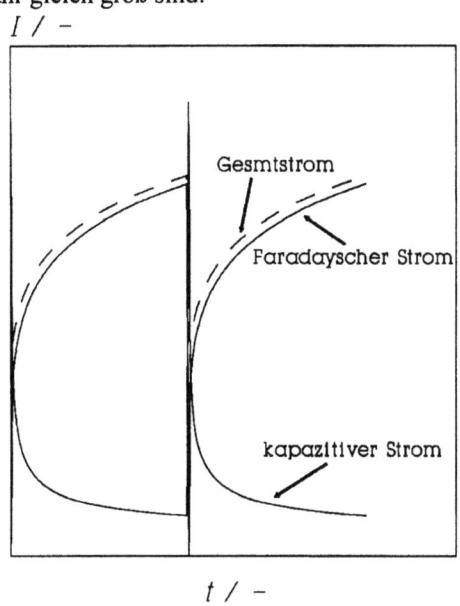

Bild 4.28 Zeitlicher Verlauf der verschiedenen Ströme an einer Quecksilberelektrode während der Tropfenlebenszeit.

Da der genaue Zackenverlauf für die Auswertung ohne weitere Bedeutung ist, wird durch elektrische oder elektronische Hilfsmittel für einen gleichmäßigen Kurvenverlauf gesorgt. Eine genauere Betrachtung des Polarogramms zeigt beginnend mit einer Spannung von 0 V (entsprechend einem Elektrodenpotential von 0 V gegen die Gegen-/Bezugselektrode) mit wachsendem Potential einen ebenfalls zunehmenden Strom. Er wird - obwohl es sich um einen kathodischen Strom handelt - traditionell im ersten Quadranten des Koordinationsystems aufgetragen. In Abwesenheit einer Faradayreaktion muß dieser Strom durch die Auflagung der Doppelschicht am Quecksilbertropfen verursacht sein. Da mit zunehmendem Potential auch die zur Auflagung der Doppelschicht benötigte Ladung wächst, nimmt der Strom ebenfalls zu. Er wird als Grundstrom bezeichnet (vgl. Bild 4.27, Linie (1)). Bei Annäherung an das Abscheidungspotential einer reduzierbaren Teilchensorte nimmt der Strom rasch zu, bei noch weiter negativen Potentialen verharrt er auf einer Stufe. Bei sehr negativen Potentialen steigt der Strom an, ohne in eine sichtbare Stufe überzugehen. Dies ist auf die Zersetzung des Leitelektrolyten (z.B. kathodische Abscheidung von Kalium aus KCl) oder des Lösungsmittels (Wasserstoffentwicklung) zurückzuführen.

Da bei der kathodischen Abscheidung der reagierenden Teilchen an der Quecksilberelektrode die tatsächliche Konzentration der Teilchen an der Oberfläche $c_{s,ox}$ kleiner als in der Lösung ist, während die Konzentration $c_{s,red}$ für die gebildeten Teilchen wächst, muß die Nernst-Gleichung korrekt wie folgt angegeben werden

$$E(I) = E_{00} + \frac{R \cdot T}{n \cdot F} \ln \frac{c_{s,ox}(I)}{c_{s,red}(I)} \tag{4.17}$$

Der so erhaltene Zusammenhang zwischen dem gemessenen Strom und dem beobachteten Potential ist vor allem bei der halben Höhe der Stromstufe von Interesse. Hier ist $c_{s,ox}(I_{stufe}/2) = c_{s,red}(I_{stufe}/2) = c_{0,ox}/2$. Damit vereinfacht sich Gleichung (4.17) zu $E(I) = E_{00}$. Aus dem als Halbstufenpotential bezeichneten Wert des Elektrodenpotentials kann daher die chemische Identität der reduzierten Teilchensorte bestimmt werden. In Bild 4.27 führt eine entsprechende Auswertung zu folgendem Ergebnis. Beginnend mit geringen kathodischen Potentialen wird Cu^{2+} zunächst zu Cu^{1+} reduziert; erst bei weiter negativen Potentialen erfolgt die Bildung von Cu^0 mit anschließender Amalgambildung. Bei noch weiter negativen Potentialen wird Cd^{2+} und schließlich Zn^{2+} jeweils zum Element reduziert.

Im Gegensatz zur Strom-Spannungskurve, die bei der zyklischen Voltammetrie mit einer ruhenden Elektrode erhalten wird und die charakteristische Strommaxima zeigt, sind im Polarogramm Stromstufen zu finden. Sie zeigen einen Diffusionsgrenzstrom an, der auch bei weiterer Verschiebung des Elektrodenpotentials in kathodische Richtung nicht anwächst. Neben dem Stofftransport durch Diffusion spielen andere Mechanismen keine Rolle. Ionentransport unter der Einwirkung eines elektrischen Feldes (Migration) ist durch Leitsalzzugabe unterdrückt. Dieser Zusatz erhöht den Leitwert der Lösung, der Spannungsabfall in der Lösung wird entsprechend gering. Damit ist die Triebkraft für die Migration praktisch entfallen. Die große Zahl der Leitelektrolytionen im Vergleich zur kleinen Konzentration der zu bestimmenden Teilchen sorgt außerdem dafür, daß Stromtransport ganz überwiegend durch die Leitelektrolytionen erfolgt. Dies hat ebenfalls die Unterdrückung der Migration zur Folge. Da in ruhender Lösung gearbeitet wird, spielt Konvektion durch Bewegung der Lösung ebenfalls keine Rolle. Allerdings kann in unmittelbarer Nähe des wachsenden Tropfens Schlierenbildung beobachtet werden. Dies weist auf Konvektion hin. Sie kann durch geringfügige Dichteunterschiede sowie durch eine lokal unterschiedliche Potentialverteilung bedingt durch die abschirmende Wirkung des Kapillarenendes verursacht sein. Praktisch macht sich dies vor allem durch zusätzliche

4.2 Quasistationäre Methoden

Maxima auf den Stufen im Polarogramm bemerkbar. Das für einige Millivolt zu beobachtende Hinausschießen des Stroms über den Wert des Diffusionsgrenzstroms der Stufe kann man durch Zugabe oberflächenaktiver Substanzen (z.B. Gelatine oder andere grenzflächenaktive Substanzen (Tenside)) unterdrücken. Die Ableitung des Zusammenhangs zwischen Tropfenwachstum und Diffusionsgrenzstrom $I_{lim,diff}$ geht von der Annahme aus, daß die Nernstsche Diffusionsschicht wesentlich kleiner als der Tropfenradius ist (am Ende eines Tropfenlebens ist in einem typischen Experiment $\delta_N \approx 0,1$ mm $< r_{Tropfen} \approx 1$ mm); die Diffusion kann daher als planare Diffusion wie bei der zyklischen Voltammetrie mit ruhender Elektrode und $\delta_N = (\pi \cdot D \cdot t)^{1/2}$ angenommen werden. Mit der Elektrodenfläche $A = 4 \cdot \pi \, r^2$ und $\delta_N = (\pi \cdot D \cdot t)^{1/2}$ ist der Diffusionsgrenzstrom entsprechend der bereits abgeleiteten Gleichung (3.104)

$$I_{lim,diff} = 4 \cdot \pi \cdot r^2 \cdot n \cdot F \cdot (D/\pi)^{1/2} \cdot c_0 \cdot t^{-1/2} \tag{4.18}$$

Mit m als Ausflußgeschwindigkeit (in Milligramm pro Sekunde) ist die Masse des Tropfens

$$t = 4 \cdot \pi \cdot r^3 \cdot \rho_{Hg} \tag{4.19}$$

und sein Radius

$$r^2 = \left(\frac{3 \cdot m \cdot t}{4 \cdot \pi \cdot \rho_{Hg}} \right)^{2/3} \tag{4.20}$$

Eingesetzt in die Formel für $I_{lim,diff}$ folgt

$$I_{lim,diff} = \left(\frac{3 \cdot m}{4 \cdot \pi \cdot \rho_{Hg}} \right)^{2/3} 4 \cdot \pi \cdot n \cdot F \cdot (D/\pi)^{1/2} \cdot c_0 \cdot t^{1/6} \tag{4.21}$$

Aus dem Einfluß des Tropfenwachstums, der eine Proportionalität nach $I_{lim,diff} \approx t^{2/3}$ erwarten läßt, und dem Wachstum der Diffusionsschicht, das einen Grenzstrom nach $I \approx t^{-1/2}$ nahelegt, folgt zwanglos der angegebene Zusammenhang. Unter Berücksichtigung aller Konstanten und der Tatsache, daß der Tropfen in eine bereits verarmte Lösung hineinwächst (dies führt nach Ilkovic zu einem Faktor (3/7) folgt die Ilkovic-Gleichung

$$I_{lim,diff} = 708 \cdot n \cdot D^{1/2} \cdot m^{2/3} \cdot c_0 \cdot t^{1/6} \tag{4.22}$$

Mittelwertbildung über die Tropfenlebensdauer τ führt schließlich zu

$$\overline{I}_{lim,diff} = 607 \cdot n \cdot D^{1/2} \cdot m^{2/3} \cdot c_0 \cdot \tau^{1/6} \tag{4.23}$$

Dabei ist der Strom in μA bei einer Konzentrationsangabe in Millimol/l errechnet. Das Kriterium der Quasistationarität wird bei der Polarographie ähnlich wie bei der zyklischen Voltammetrie durch die im Vergleich zur sehr langsamen Veränderung des Elektrodenpotentials (Millivolt pro Sekunde) sehr schnelle Gleichgewichtseinstellung an der Elektrode erfüllt. Auch wenn die Ilkovic-Gleichung die Bestimmung der Konzentration c_0 oder einer anderen gesuchten Meßgröße (n, D) auf direktem Wege ermöglicht, wird in der Praxis meist der Weg über Kalibrierkurven oder Standardzugaben genommen. Daher wird in Bild 4.27 auch auf die Angabe von Stromwerten an der Ordinate verzichtet. Bei einer Kalibriermessung wird in einer zusätzlichen Meßreihe der Zusammenhang zwischen Stufenhöhe und Konzentration bei bekannter Zusammensetzung der Untersuchungslösung ermittelt (Kalibrierkurve). Dieses Verfahren erlaubt die Ermittlung von Diagrammen, die bei ansonsten unveränderten Arbeitsbedingungen (Daten der Kapillare, Quecksilberfließgeschwindigkeit etc.) immer wieder verwendet werden können. Allerdings werden Einflüsse von Bestandteilen, die mit der zu untersuchenden Probe eingebracht werden (komplexbildende Zusätze) nicht berücksichtigt. Dies kann zu Fehlern führen. Eine Alternative bietet das Verfahren der Standardaddition. Nach Messung des Polarogramms der Probe unbekannter Konzentration werden mehrfach bekannte Mengen des zu bestimmenden Stoffs zugegeben, die zweckmäßigerweise in der gleichen Größenordnung wie die unbekannte Konzentration liegen. Aus den nach jeder Zugabe gemessenen Polarogrammen kann auf die mit der Probe eingebrachte Konzentration zurückgerechnet werden; bei extremen Konzentrationssprüngen kann dies im ungünstigen Fall unzuverlässig werden. Dieses Verfahren berücksichtigt die Wirkung von zusätzlichen Bestandteilen der Probe. Es ist zeitlich aufwendiger, vor allem bei völliger Unkenntnis über die Größenordnung der zu erwartenden unbekannten Probekonzentration.

Die bisher vorgestellte Variante der Polarographie verändert das Elektrodenpotential linear mit der Zeit, sie wird als Gleichspannungs-Polarographie (DC-P.) bezeichnet. Übliche Nachweisgrenzen liegen bei ca. $c_0 \approx 10^{-5}$ M. Diese Grenze ist durch den Grundstrom bedingt. Verfahren zur Absenkung der Nachweisgrenzen zielen entweder auf eine veränderte Durchführung der Strommessung mit dem Ziel der Unterdrückung der kapazitiven Komponente oder auf eine Anreicherung vor der eigentlichen Messung ab.

Zum ersten Prinzip gibt es eine Vielzahl von praktischen Ausführungen. Ein Blick auf die Entwicklung der verschiedenen Stromanteile während eines Tropfenlebens (Bild 4.28) legt ein einfaches Verfahren nahe. Die Strommessung findet nur gegen Ende des Tropfenlebens statt (Tastpolarographie). Dies setzt eine Synchronisation zwischen Tropfenfall und Strommessung voraus. Praktisch wird dies durch einen elektromechanisch betätigten Tropfenabschläger an der Kapillare bewirkt. Der störende Einfluß des kapazitiven Stroms kann noch weiter verringert werden, wenn die Potentialveränderung nicht linear mit der Zeit und damit während des gesamten Tropfenlebens vorgenommen wird, sondern zu Beginn des Tropfenlebens in Form einer Stufe von einigen Millivolt. Damit kann die Grenzkonzentration auf ca. $c_0 \approx 10^{-6}$ M verringert werden. Eine weitere Steigerung ist mit der Pulspolarographie möglich. Hier wird das Elektrodenpotential zwischen einem festen Startpotential E_1 und einem zeitlich schrittweise langsam steigenden Potential E_2 entsprechend Bild 4.29 umgeschaltet.

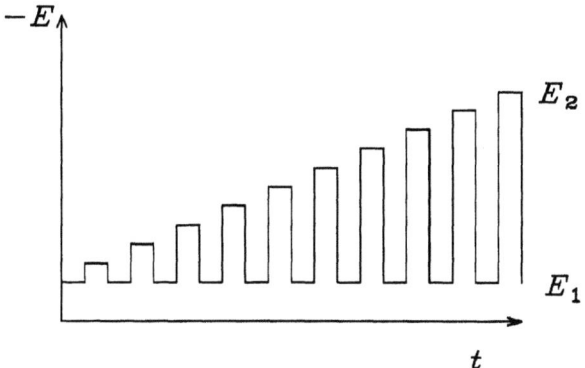

Bild 4.29 Potential-Zeit-Programm bei der Pulspolarographie.

Auch hier wird das Potential-Zeit-Programm mit dem Tropfenfall so synchronisiert, daß die Strommessung gegen Ende des Pulses und damit auch des Tropfenlebens erfolgt, wenn der kapazitive Strom nahezu verschwunden ist. Dies ist vor allem mit gut leitenden Meßlösungen möglich, die wegen ihres hohen Leitwertes und damit geringen Widerstandes eine rasche Doppelschichtaufladung ermöglichen (da $I_C \approx e^{-1/RC}$ abfällt). Die Nachweisgrenze kann damit auf $c_0 \approx 10^{-7}$ M verbessert werden. Eine weitere Steigerung ist mit der differentiellen Pulspolarographie möglich. Hier wird ein Rechteckpulsprogramm mit konstanter Amplitude zur langsam steigenden Gleichspannung addiert. Der Strom wird kurz vor Beginn und kurz vor Ende des Pulses, wenn jeweils die Faradayschen Stromanteile überwiegen, gemessen. Die Differenz wird in Abhängigkeit von der Gleichspannung, also dem Elektrodenpotential, dargestellt. Es werden Maxima wie bei der Wechselspannungspolarographie (s.u.) beobachtet. Die Nachweisgrenze kann damit weiter auf $c_0 \approx 10^{-8}$ M gesteigert werden.

Neben einer verbesserten Nachweisgrenze ist eine eindeutige Unterscheidung auch von solchen reduzierbaren Teilchen wünschenswert, deren Halbstufenpotential nahe nebeneinander liegt. Statt eines stufenförmigen Polarogramms sind dafür Strommaxima besser geeignet. Ein derartiges modifiziertes Ergebnis kann durch Bildung eines "Derivativpolarogramms" erzeugt werden, in dem dI/dE über E dargestellt wird. Einfacher kann dies mit der Wechselstrompolarographie (AC-Polarography) erreicht werden. Bei ihr wird dem zeitlich sich langsam verändernden Elektrodenpotential eine Wechselspannung kleiner Amplitude und Frequenz ($\Delta E_{AC} < 10$ mV, ca. 100 Hz) überlagert (Bild 4.30).

Aus dem durch die Zelle fließenden Strom wird der Wechselstrom herausgefiltert. Nach Gleichrichtung wird er als Funktion des Elektrodenpotentials dargestellt. Am Wert des Halbstufenpotentials hat er eine maximale Amplitude, dies führt zu einem leicht auswertbaren Maximum. Seine Höhe steht allerdings nicht in einem einfachen Zusammenhang mit c_0, hier sind Eichkurven oder Standardadditionen unvermeidlich für eine quantitative Bestimmung.

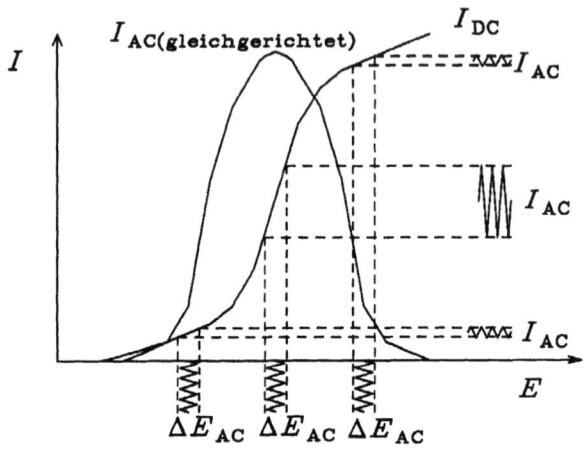

Bild 4.30 Gleich- und Wechselspannungen sowie zugehörige Ströme bei der Wechselspannungspolarographie.

Bild 4.31 zeigt zwei AC-Polarogramme. Der Wechselstrom enthält neben der Faradayschen Komponente naturgemäß auch einen kapazitiven Anteil für die Umladung der Doppelschicht im Takt der Wechselspannungsmodulation. Dies verursacht einen beträchtlichen Grundstrom und führt zu einer Nachweisgrenze, die mit ca. $c_0 \approx 10^{-5}$ M nicht besser als die der klassischen Gleichspannungspolarographie ist. Die durch den Tropfenfall verursachten Schwankungen des gemessenen Stroms sind deutlich erkennbar. Die beiden Halbstufenpotentiale können leichter als bei der DC-Polarographie ermittelt werden. Der durch den kapazitiven Strom bewirkte Nachteil kann durch Ausnutzung der unterschiedlichen Phasenbeziehungen zwischen der AC-Potentialmodulation einerseits und dem verursachten Faradayschen und kapazitiven Strom andererseits genutzt werden. Während der Faradaysche Strom keine Phasenverschiebung zeigt, ist der kapazitive Strom wie üblich um 90° verschoben. Mit phasenselektiver Detektion kann damit der Faradaysche Anteil herausgefiltert werden.

4.2 Quasistationäre Methoden

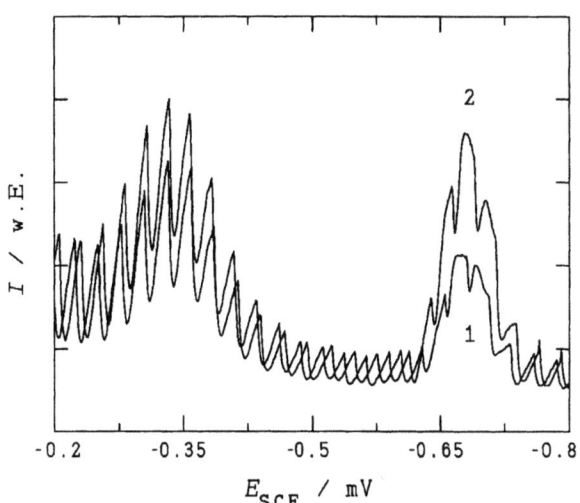

Bild 4.31 AC-Polarogramme an einer Quecksilbertropfelektrode in einer Grundlösung von 1 M NH_4NO_3 + 0,5 M NH_4OH in Wasser nach Zugabe von je 1 mg Cu^{2+} und Cd^{2+} zu 40 mL Grundlösung (1), Kurve (2) nach weiterer Zugabe von je 1 mg.

Ein anderer Weg zur Separation wird mit der Rechteck-Polarographie (Square-Wave-Polarography) beschritten. Die Gleichspannung, die an der polarographischen Zelle anliegt, wird mit einer Rechteckwechselspannung kleiner Amplitude (< 50 mV) moduliert. Bild 4.32 zeigt den Potential-Zeitverlauf, der in der verwendeten Zweielektrodenanordnung einem Zellspannungs-Zeitverlauf entspricht.

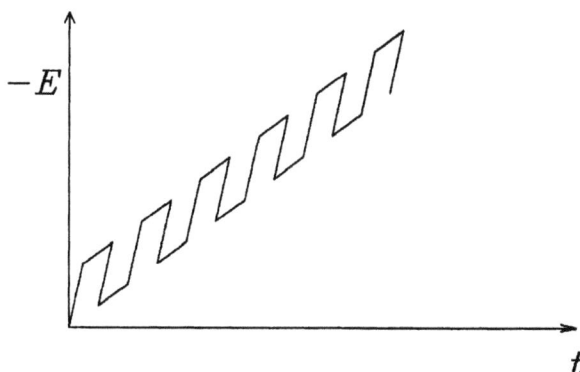

Bild 4.32 Potential-Zeit-Programm bei der Rechteckpolarographie.

Auch hier wird durch Filterung und Synchronisation von Strommeßzeitpunkt mit

Tropfenleben und Pulsprogramm dafür gesorgt, daß die Faradaysche Komponente des Wechselstroms gegen Ende des Tropfenlebens und kurz vor dem nächsten Puls gemessen wird. Dort ist der Beitrag des kapazitiven Stroms am kleinsten. Die Nachweisgrenze kann im günstigsten Fall auf $c_0 \approx 10^{-7}$ M verbessert werden.

Eine dramatische Verbesserung der Empfindlichkeit kann durch eine Anreicherung der zu untersuchenden Teilchen vor der eigentlichen Analyse erzielt werden. Die Fähigkeit des Quecksilbers, mit sehr vielen Metallen Amalgame zu bilden, erleichtert dies beträchtlich. Natürlich ist eine Quecksilbertropfelektrode für dieses Verfahren ungeeignet. Als stationäre Elektrode wird ein hängender Quecksilbertropfen oder eine Quecksilberfilmelektrode, die durch kathodische Quecksilberabscheidung auf einem Kohlenstoffsubstrat erzeugt werden kann, verwendet. Zur Anreicherung wird die Elektrode in der zu untersuchenden Lösung unter Rührung zur Verbesserung des Stofftransports für eine bestimmte Zeit bei einem kathodischen Potential gehalten. Dies ist so zu wählen, daß der Leitelektrolyt noch nicht zersetzt werden kann, während alle anzureichernden Teilchen zuverlässig abgeschieden werden. Die Quecksilberfilmelektrode kann vorteilhaft gleich mitabgeschieden werden, wenn man der Untersuchungslösung eine kleine Konzentration eines löslichen Quecksilbersalzes zugefügt hat. Die anschließende Analyse wird mit einem nun in anodischer Richtung gehenden Potentialvorschub durchgeführt, bei dem die angereicherten Teilchen sukzessive entsprechend ihrem Standardpotential wieder aufgelöst werden.

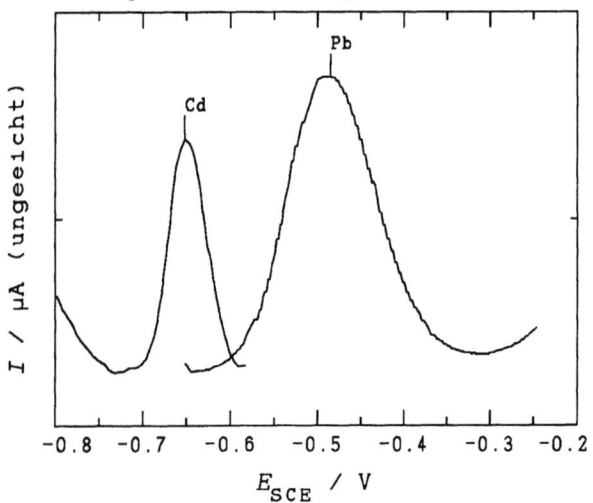

Bild 4.33 Anodische Stripping-Analyse einer veraschten Blutprobe in saurem Acetatpuffer mit differentieller Pulspolarographie.

Die bereits beschriebenen methodischen Varianten können dabei vorteilhaft genutzt werden. Nachweisgrenzen von $c_0 < 10^{-10}$ M sind leicht erreichbar. Bild 4.33 zeigt das Ergebnis einer Messung mit einer hängenden Quecksilbertropfenelektrode. 1 ml Blut wurde verascht und in eine saure Acetatpufferlösung gebracht. Für die Kadmiumbestimmung wurde vier Minuten bei $E_{SCE} = -0{,}8$ V unter Rührung angereichert, von diesem Potential aus wurde in anodischer Richtung ein differentielles Pulspolarogramm aufgezeichnet. Für die Bleibestimmung wurde bei $E_{SCE} = -0{,}65$ V zwei Minuten lang angereichert. Durch mehrfache Standardaddition wurden weitere Polarogramme erhalten. Der Bleigehalt der Blutprobe wurde zu 60 ng/ml, der Kadmiumgehalt zu 3,75 ng/l ermittelt.

Impedanzmessung

Bei der Darstellung der Polarographie wie auch bei der Leitfähigkeitsmessung ist mehrfach auf die verschiedenen Bestandteile des durch die Zelle fließenden Stroms hingewiesen worden. Vor allem bei Messungen, bei denen das Potential der Elektrode mit einer Wechselspannung moduliert wird, spielt die Phasenbeziehung zwischen Modulationsspannung und den verschiedenen Stromkomponenten eine wichtige Rolle. Sie wurde bei der Polarographie zur Verbesserung der Nachweisgrenze benutzt. Eine eingehende Analyse dieser Beziehung bei Verwendung einer Wechselspannung kleiner Amplitude (einige Millivolt) in einem weiten Frequenzbereich (Millihertz bis Megahertz) erlaubt weitgehende Einblicke in die Dynamik elektrochemischer Phasengrenzen und die Bestimmung der kinetischen Daten der darin ablaufenden Vorgänge. Da sich die Phasengrenze Elektrode/Elektrolytlösung unter den genannten Bedingungen nicht wie ein einfacher Ohmscher Widerstand verhält (Kap. 3.1), sondern wie ein komplexer Widerstand mit kapazitiven Anteilen, spricht man von der Impedanz einer Elektrode. Die verschiedenen experimentellen Ansätze zur Messung der Elektrodenimpedanz werden als Impedanzmethoden zusammengefaßt.

Einen überschaubaren Zugang zur Deutung von Meßergebnissen dieser Methode erhält man, wenn man eine Darstellung der Elektrodenimpedanz für ein einfaches elektrochemisches System analysiert. Von den zahlreichen verschiedenen Darstellungsformen, die jeweils individuelle Vor- und Nachteile zeigen, wird zunächst die Darstellung in der Ortskurvenform (komplexe Ebene) benutzt. Sie zeigt den Imaginärteil als Funktion des Realteils, die Wechselspannungsfrequenz ist als Parameter entlang der Meßkurve vorhanden. Bild 4.34 zeigt eine Ortskurve und das Bode-Diagramm für eine Platinelektrode in einer Lösung von 0,01 M $((NH_4)_2Fe(SO_4)_2 + 0{,}01$ M $(NH_4)Fe(SO_4)_2 + 1$ M $HClO_4$ in Wasser.

Bei hohen Frequenzen wird - wie bei der Leitwertbestimmung bereits festgestellt - die Doppelschichtkapazität C_D Kondensator einen kleinen Scheinwiderstand (Impedanz) aufweisen, es verbleibt der Ohmsche Widerstand R_L der Elektrolytlösung zwischen Arbeits- und Bezugselektrode. Mit fallender Frequenz steigt der Scheinwiderstand der Doppelschichtkapazität an, dies macht sich in einem wachsenden Imaginärteil bemerkbar.

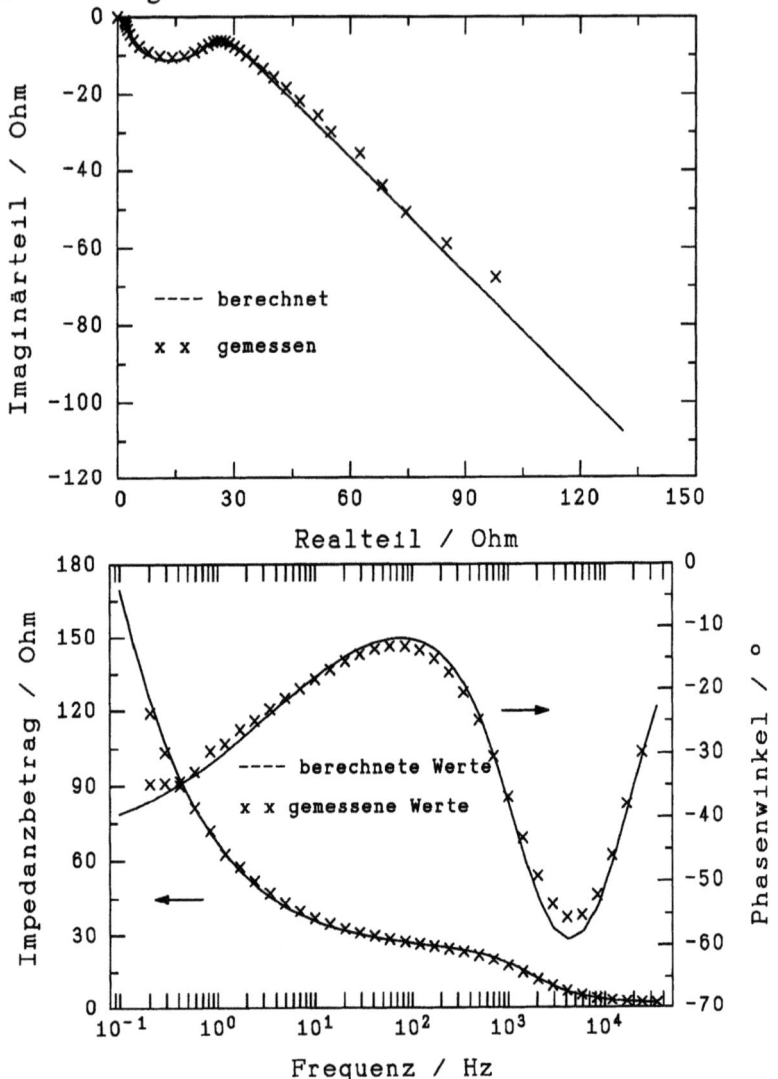

Bild 4.34 Impedanz einer Platinelektrode in einer Lösung von 0,01 M $((NH_4)_2Fe(SO_4)_2$ + 0,01 M $(NH_4)Fe(SO_4)_2$ + 1 M $HClO_4$ in Wasser, $E = E_0$ (oben: Ortskurve, unten: Bode-Diagramm).

4.2 Quasistationäre Methoden

Da parallel zur Ausbildung der Doppelschicht auch die Faradayreaktion, hier ein einfacher Redoxvorgang, abläuft, muß das einfache Ersatzschaltbild der Zelle aus der Leitfähigkeitsmessung um eine diese Faradayreaktion beschreibenden Widerstand ergänzt werden. Er wird als Durchtrittswiderstand R_D bezeichnet. R_D kann aus der Butler-Volmer-Gleichung unter Berücksichtigung der an der Elektrode durch die Potentialmodulation im Takte der Wechselspannung bewirkten Konzentrationsschwankungen abgeleitet werden.

Der Zusammenhang mit der Austauschstromdichte kann entsprechend einer Näherung der Butler-Volmer-Gleichung für kleine Überspannungen η_D hergestellt werden. Dazu wird von der bekannten Form dieser Gleichung ausgegangen:

$$j_D = j_0 \left\{ \exp\frac{\alpha \cdot n \cdot F}{R \cdot T}\eta_D - \exp-\frac{(1-\alpha)n \cdot F}{R \cdot T}\eta_D \right\} \tag{3.73}$$

Für kleine Werte von $\eta_D < (R \cdot T)/(z \cdot F)$ kann der Exponentialausdruck entsprechend $e^x \approx 1 + x$ angenähert werden:

$$j_D = j_0 \left\{ 1 + \frac{\alpha \cdot n \cdot F}{R \cdot T}\eta_D - 1 + \frac{(1-\alpha) \cdot n \cdot F}{R \cdot T}\eta_D \right\} \tag{4.24}$$

Ausmultiplizieren ergibt

$$j_D = j_0 \left\{ 1 + \frac{\alpha \cdot n \cdot F}{R \cdot T}\eta_D - 1 + \frac{n \cdot F}{R \cdot T}\eta_D - \frac{\alpha \cdot n \cdot F}{R \cdot T}\eta_D \right\} \tag{4.25}$$

Nach Umstellung erhält man den Quotienten

$$\frac{\eta_D}{j_D} = \frac{R \cdot T}{n \cdot F}\frac{1}{j_0} \tag{4.26}$$

Der erste Bruch entspricht der Ohmschen Regel, er wird als Durchtrittswiderstand R_D bezeichnet. Die Verknüpfung der verschiedenen Komponenten zeigt Bild 4.35.

Eine weitere Komponente im Bild 4.35 gibt die Stofftransporthemmung bedingt durch die langsame Diffusion wieder. Auch hier muß im Detail die Ausbreitung der Konzentrationsschwankungen an der Elektrode in das Innere der Lösung untersucht werden. Die endliche Geschwindigkeit der Diffusion führt dazu, daß die Konzentrationsschwankungen sich nur in begrenzter Ausdehnung in die Elektrolytlösung hinein ausbreiten. Im Hinblick auf das Verhalten der Elektrodenimpedanz ergibt der Beitrag der Diffusion einen komplizierteren Beitrag, der mit der gezeigten Diffusionsimpedanz wiedergegeben wird. In ähnlicher Weise werden die übrigen in Kap. 3.4 beschriebenen Teilschritte als Bestandteile des Ersatzschaltbildes berücksichtigt. Die gesamte zwischen den Ableitungen der Bezugselektrode und der zu untersuchenden Arbeitselektrode gemessene Impedanz bezeichnet man als die Elektrodenimpedanz. Nach vektorieller Subtraktion des Lösungswiderstandes verbleibt die eigentlich der Grenzschicht zukommende Phasengrenzimpedanz. Nach erneuter Subtraktion des der Doppelschichtkapazität entsprechenden Element bleibt die eigentliche Faradayimpedanz übrig, die von der Elektrodenreaktion verursacht wird.

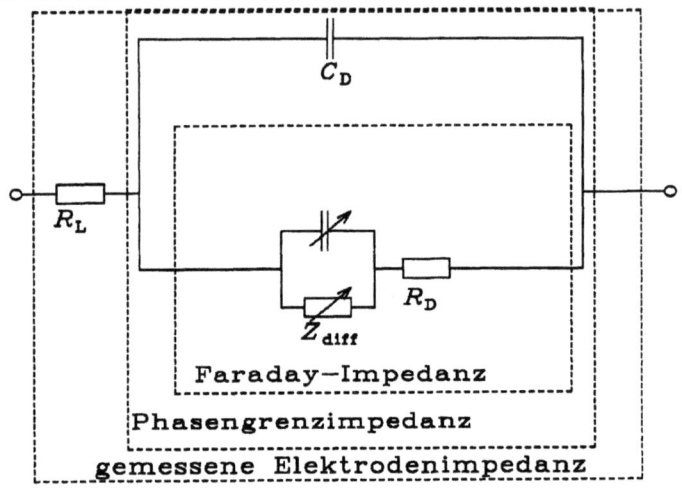

Bild 4.35 Ersatzschaltbild einer Elektrode, an der eine Redoxreaktion stattfindet.

Für die Auswertung der gemessenen Elektrodenimpedanzen werden verschiedene Verfahren angewendet. Eine Möglichkeit ist die sukzessive Anpassung der Parameter, die das Ersatzschaltbild beschreiben, bis gemessene und berechnete Kurven bestmöglich übereinstimmen. Für Bild 4.34 ergeben sich folgende Daten: $R_D = 21{,}75\ \Omega$, $C_D = 5{,}8\ \mu F$. Daraus kann die Austauschstromdichte zu $j_0 = 3{,}94\ mA \cdot cm^{-2}$ berechnet werden. Unter Berücksichtigung der geometrischen Oberfläche und der Konzentration folgt ein Wert der Standardaustauschstromdichte $j_{00} = 0{,}394\ A \cdot cm^{-2}$. Dieser Wert kann mit den in Tabelle 3.3 angegebenen Resultaten verglichen werden.

4.3 Instationäre Methoden

Wird eine elektrochemische Meßgröße (z.B. j, E) rasch gestört, so können aus der Messung einer abhängigen Größe während der Einstellung des neuen Gleichgewichtszustandes wesentliche Informationen über die Kinetik der daran beteiligten Prozesse gewonnen werden. Um vor allem bei schneller Einstellung des

4.3 Instationäre Methoden

neuen Gleichgewichtszustandes das abhängige Signal als Funktion der "Störung" präzise erfassen zu können, muß die "Störung" sehr schnell erfolgen. Die bei der Potentialumschaltung fließenden Ströme können dabei große Werte erreichen, die nicht mehr von der Kinetik des untersuchten Systems, sondern von den elektronischen Eigenschaften des Meßgerätes begrenzt werden. Dies kann zu Artefakten führen. Ebenfalls werden Artefakte beobachtet, wenn die Umschaltung nur vergleichsweise langsam erfolgt wie bei Potentiostaten mit geringer Bandbreite. Bei Methoden, die eine Ein-, Aus- oder Umschaltung des durch die Elektrode fließenden Stroms zur Grundlage haben, werden an die Stromquelle und den verwendeten Schalter entsprechend hohe Ansprüche gestellt.

Beim Umschalten des Elektrodenpotentials E von einem Startwert auf einen Endwert muß sich die Konzentration der das Elektrodenpotential bestimmenden Teilchen dem neuen Potential anpassen. Je nach Geschwindigkeit der dabei ablaufenden Elektrodenreaktionen und Transportvorgänge wird hierzu eine Zeit im Bereich von Sekundenbruchteilen bis Sekunden benötigt. Außerdem fließt ein zur Umladung der Doppelschichtkapazität notwendiger Strom. Unmittelbar nach dem Potentialsprung kann dieser Stromanteil sogar beherrschend sein. Nach etwas längerer Zeit tritt der kapazitive Stromanteil im Vergleich zum Faradayschen Anteil zurück (vgl. Bild 4.28), es fließt ein Strom, der bei Transportkontrolle vom inzwischen ausgebildeten und sich zeitlich weiter in die Lösung ausbreitenden Konzentrationsprofil kontrolliert wird. Bild 4.36 zeigt einen schematischen Verlauf der Potentialveränderung und des dadurch ausgelösten Stromes.

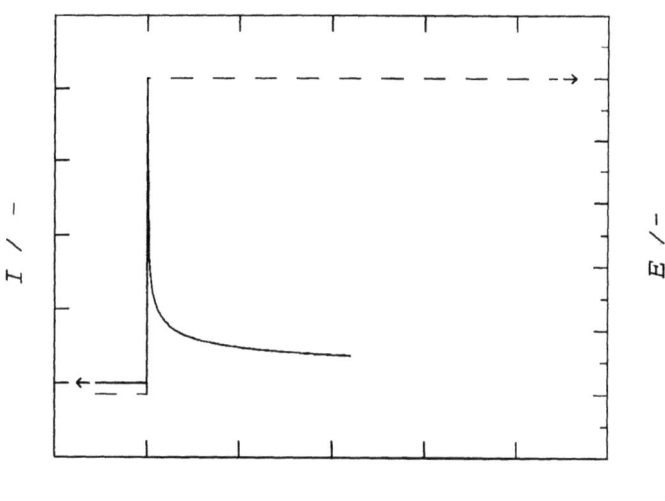

Bild 4.36 Schematischer Potential- und Stromverlauf bei der Potentialsprungmethode.

Da der Strom als Funktion der Zeit aufgezeichnet wird, bezeichnet man das Verfahren auch als Chronoamperometrie. Bild 4.37 zeigt einen typischen Strom-Zeit-Verlauf, der nach einem Potentialsprung vom spontan eingestellten Ruhepotential des Redoxsystems auf ein Potential im Bereich des Diffusionsgrenzstromes erhalten wurde.

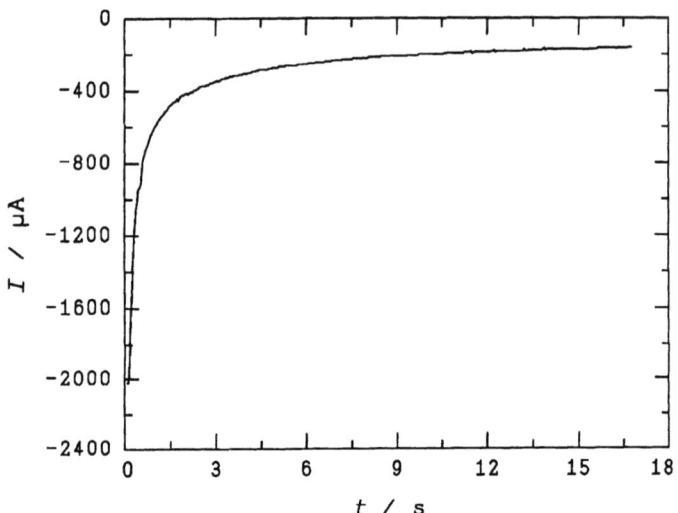

Bild 4.37 Strom-Zeitverlauf bei einem chronoamperometrischen Experiment mit einer Goldelektrode, 5 mM $K_4Fe(CN)_6$ + 5 mM $K_3Fe(CN)_6$ in einer wäßrigen Lösung von 1 N K_2SO_4, Potentialsprung von E_{MSE} = 0,2 V nach E_{MSE} = - 0,4 V.

Der gezeigte Verlauf kann auf der Grundlage der Cottrell-Gleichung verstanden werden. Diese Gleichung geht auf den Zusammenhang zwischen dem durch die Phasengrenze Elektrode/Elektrolytlösung fließenden Strom mit den dadurch ausgelösten Stofftransportvorgängen zurück. Mit ihr kann die Stromdichte j als Funktion der Zeit in einer ruhenden Lösung angegeben werden, in der Stofftransport zur Elektrode nur durch Diffusion verursacht wird:

$$j(t) = j_D(t) = \frac{n \cdot F \cdot D^{1/2} \cdot c_0}{\pi^{1/2} \cdot t^{1/2}} = k_{Cot} \, t^{-1/2} \qquad (4.27)$$

Die Auswertung von k_{Cot} = f (t) führt zur Konstanten k_{Cot}, aus der je nach Kenntnis der verschiedenen darin enthaltenen Größen auf eine unbekannte Größe geschlossen werden kann. Im gezeigten Beispiel konnte so die Größe der untersuchten Goldelektrode zu 0,14 cm^2 bestimmt werden.

4.3 Instationäre Methoden 267

Alternativ kann das Integral des geflossenen Stroms, die Ladung Q, aufgezeichnet werden. Bild 4.38 zeigt ein Meßergebnis für eine Goldelektrode in einer Lösung von 10 mM $((NH_4)_2Fe(SO_4)_2 + 0,5$ N H_2SO_4.

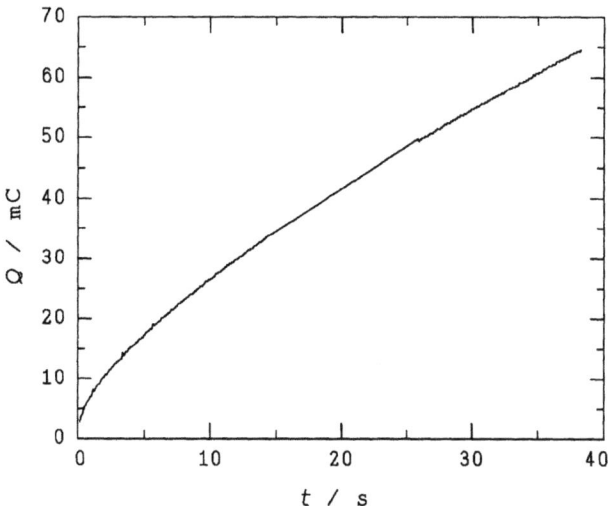

Bild 4.38 Ladungs-Zeitverlauf bei einem chronocoulometrischen Experiment, wäßrige Lösung von $((NH_4)_2Fe(SO_4)_2 + 0,5$ N H_2SO_4.

Bei einer Aufzeichnung von Q als Funktion von $t^{1/2}$ ergibt sich der in Bild 4.39 gezeigte einfache Verlauf.

Der gezeigte Verlauf kann auf der Grundlage der integrierten Cottrell-Gleichung verstanden werden. Integration der Gleichung ab dem Zeitpunkt $t = 0$ ergibt

$$Q = \frac{2 \cdot n \cdot F \cdot D^{1/2} \cdot c_0 \cdot t^{1/2}}{\pi^{1/2}} \qquad (4.28)$$

Neben dieser auf den Faradayschen Prozeß zurückgehenden Ladung wird die für die Umladung der Doppelschicht verwendete Ladung Q_D sowie die zur Umsetzung einer zum Zeitpunkt des Potentialsprungs auf der Elektrode bereits vorhandenen Belegung mit Eduktteilchen nötigen Ladung Q_0 in die Gesamtladung Q_{tot} eingehen. Da die beiden letztgenannten Beiträge zeitlich konstant sind, können sie aus der in Bild 4.39 gezeigten Darstellung durch Extrapolation auf $t = 0$ leicht ermittelt und separiert werden. Entsprechend den in Gl. 4.28 genannten Größen kann die Chronocoulometrie zur Konzentrationsbestimmung, zur Ermittlung von Diffusionskoeffizienten sowie zur Bestimmung der Oberfläche von Elektroden eingesetzt werden. Die für die Messung aus Bild 4.39 verwendete Goldelektrode hatte demnach eine Fläche von 0,23 cm².

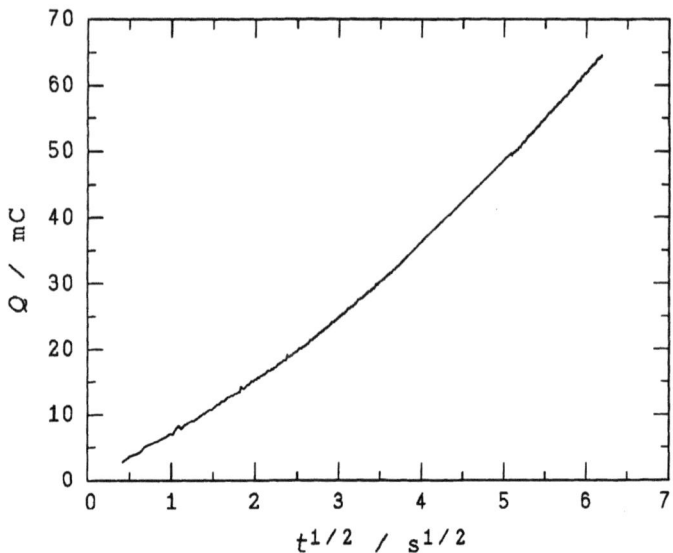

Bild 4.39 Auftragung der Ladung aus dem chronocoulometrischen Experiment über $t^{1/2}$, wäßrige Lösung von $((NH_4)_2Fe(SO_4)_2 + 0,5$ N H_2SO_4.

In einer weiteren Variante der Potentialsprungmethode wird an den ersten Potentialsprung ein weiterer Sprung auf ein anderes Potential angeschlossen. Mit dem zweiten Sprung können vor allem Teilchen, die beim ersten Sprung elektrochemisch erzeugt wurden, untersucht werden.

Eine zweite Familie von Methoden macht von einer schnellen Änderung des durch die Elektrode fließenden Stroms Gebrauch. Diese Methoden werden wegen des kontrollierten Stromflusses als galvanostatische Methoden bezeichnet. Neben der klassischen und inzwischen kaum noch gebräuchlichen Möglichkeit, einen konstanten Strom aus einer Stromquelle mit hoher Ausgangsspannung mit einem großen Vorwiderstand zu beziehen werden in der Regel elektronische Galvanostate benutzt. Bild 4.40 zeigt auf der Grundlage eines Operationsverstärkers einen einfachen Meßaufbau.

Die am Eingang E_{soll} angelegte Sollspannung verursacht einen Stromfluß durch R_s. Ein entsprechend gleich großer Strom I mit umgekehrtem Vorzeichen fließt durch Arbeits- und Gegenelektrode. Das Potential der Arbeitselektrode wird mit einer Bezugselektrode abgetastet und über einen als Impedanzwandler geschalteten weiteren Operationsverstärker am Anschluß E ausgegeben. Entsprechend dem Spannungsabfall in der Lösung über dem Lösungswiderstand R_L zwischen der Arbeitselektrode und der Bezugselektrode enthält E noch einen Anteil $I \cdot R_L$. Veränderungen des Stromes können so als Spannungs-Zeit-Programm am Ein-

4.3 Instationäre Methoden

gang E_{soll} eingegeben werden.

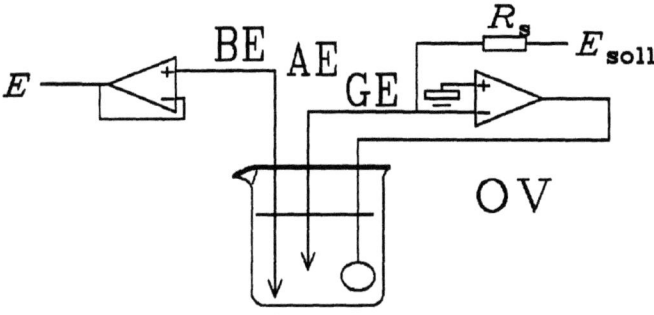

Bild 4.40 Einfache galvanostatische Meßanordnung.

Bei galvanostatischen Einschaltmessungen wird der Strom in sehr kurzer Zeit (μs) vom Wert Null auf einen endlichen Wert gebracht. Bild 4.41 zeigt einen typischen Strom-Zeit-Verlauf und den dadurch bei verschiedenen Stromdichten erzeugten Potentialverlauf.

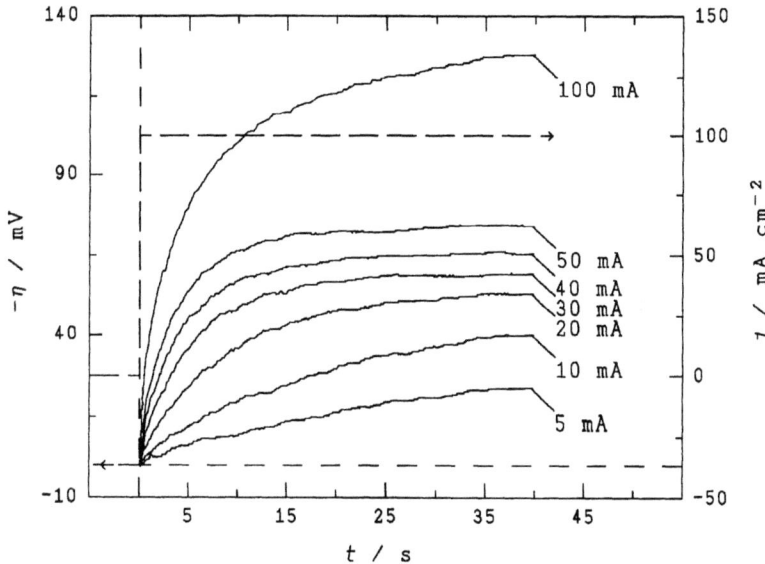

Bild 4.41 Strom-Zeit-Verlauf bei einer galvanostatischen Einschaltmessung, Potential-Zeit-Verlauf für verschiedene Stromdichten. Platinkohle-Gasdiffusionselektrode zur Sauerstoffreduktion in 3 M NaCl-Lösung; luftversorgt.

Das Elektrodenpotential springt auf einen Wert, der den durch den Stromfluß veränderten Aktivitäten der potentialbestimmenden Teilchen entspricht. Da ein Teil des Stromes kurz nach Einschaltung für die Doppelschichtumladung benötigt wird, hat die Potentialveränderung keine ideale Stufenform. Sind statt der Durchtrittshemmung andere Hemmungen, vor allem gehemmter Stofftransport, von Bedeutung, so dauert die Einstellung bedeutend länger als bei reiner Durchtrittshemmung (ca. 1 ms). Der beobachtete Verlauf ist durch eine recht langsame Potentialeinstellung gekennzeichnet, dies weist auf eine unter den in einer porösen Elektrode gegebenen Bedingungen nicht durchtrittskontrollierte Reaktion hin.

Aus galvanostatischen Einschaltmessungen sind mit erheblichem Rechenaufwand der Durchtrittswiderstand und damit j_0 zugänglich. Da jedoch die präzise und schnelle Regelung des durch die Zelle fließenden Stroms nicht immer ausreichend schnell ist, wird eine Veränderung des Strom-Zeit-Programms benutzt.

Bei der als galvanostatische Doppelimpulsmethode bezeichneten Variante wird zunächst mit einem kurzen Strompuls t_1 (1 µs < t < 25 µs) großer Stromstärke I_1 hauptsächlich die zur Umladung der Doppelschicht benötigte Ladung aufgebracht. Mit einem zweiten Strompuls (t_2) wesentlich kleinerer Stromstärke I_2 wird die zu untersuchende Faradayreaktion betrieben. Falls der erste Puls die Doppelschichtkapazität C_D auf exakt den Potentialwert auflädt, der dem durch den Strom I_2 verursachten Wert entspricht, ist der Potential-Zeitverlauf zu Beginn von t_2 durch dE/dt = 0 ausgezeichnet. Ungenügende Anpassung führt zu einem abweichenden Verlauf. Bild 4.40 zeigt typische Meßergebnisse. Bei der Bemessung von t_1 ist darauf zu achten, daß keine Diffusionsvorgänge ausgelöst werden. Dies ist in der Realität praktisch unmöglich. Daher werden Messungen mit verschiedenen Kombinationen von t_1 und I_1 durchgeführt, deren Ergebnisse auf $t_1 \rightarrow 0$ extrapoliert werden.

Bei der untersuchten Elektrode handelt es sich um eine poröse Gasdiffusionselektrode von 1 cm² geometrischer Oberfläche, wie sie in Brennstoffzellen (vgl. Abschn. 2.9) oder in Sensoren (vgl. Abschn. 2.5) Verwendung finden kann. Bei der Auswertung der Messungen, bei denen die Ladezeit und der Ladstrom in der Zeit t$_1$ jeweils für einen Wert des Stroms in der Zeit t_2 bis zum Erreichen der Abgleichbedingung variiert wurde, konnte ein Wert von j_0 = 67 mA·cm^{-2} für die Sauerstoffreduktionsreaktion berechnet werden. Die große Doppelschichtkapazität von C_D = 174 µF weist auf eine beträchtliche innere elektrochemisch aktive Oberfläche hin. Der Wert von j_0 müßte daher zum Vergleich mit an glatten Elektroden erhaltenen Resultaten mit dem Wert der tatsächlichen Oberfläche korrigiert werden. Auch nach dieser Korrektur ist der Wert so groß, daß er nur mit der Annahme der Sauerstoffreduktion bis zum Peroxid erklärt werden kann.

4.3 Instationäre Methoden

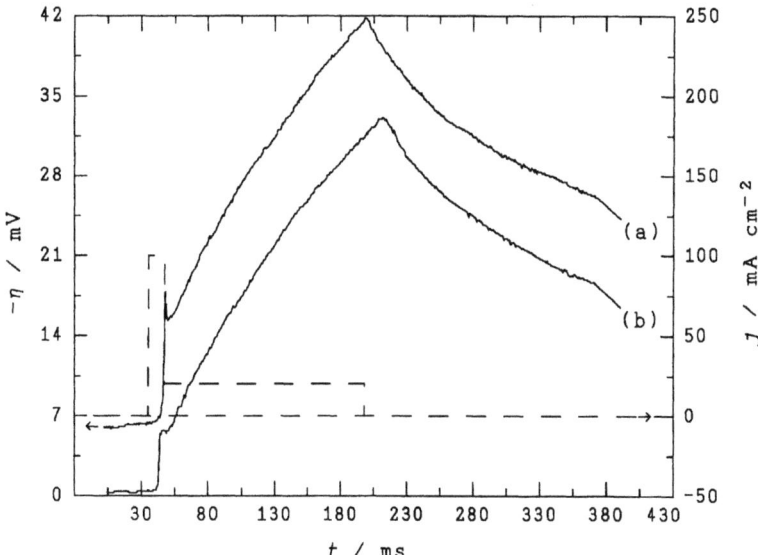

Bild 4.42 Strom-Zeit-Verlauf bei einer galvanostatischen Doppelimpulsmessung, Potential-Zeit-Verlauf für verschiedene Stromstärken I_1. Platinkohle-Gasdiffusionselektrode zur Sauerstoffreduktion in einer wäßrigen Lösung von 3 M NaCl; luftversorgt. (a) I_1 zu groß; (b) exakter Abgleich.

Auch bei der galvanostatischen Doppelimpulsmethode wird der Spannungsabfall $I_2 \cdot R_L$ miterfaßt. Er kann durch eine geeignete elektronische Schaltung kompensiert werden. Ohne eine solche Kompensation arbeitet die galvanostatische Abschaltmessung. Bei ihr wird der Strom durch Arbeits- und Gegenelektrode zur Zeit t_0 abgeschaltet, der Potential-Zeit-Verlauf, der nun frei von jedem Beitrag $I \cdot R_L$ ist, kann zur Ermittlung kinetischer Daten ausgewertet werden. Bild 4.43 zeigt eine typischen Strom-Zeit-Verlauf und den dadurch verursachten Potential-Zeit-Verlauf. Dabei wird die Tatsache ausgenutzt, daß die durch den Stromfluß verursachten ohmschen Spannungsabfälle in kurzer Zeit (t < 1f S) abgebaut werden, während die Durchtrittsüberspannung in Zeiten von ca. 1 μs abgebaut wird. Dies grenzt den Zeitpunkt, ab dem eine von elektrischen Störungen freie Meßkurve erfaßt werden muß, ein.

Der Potentialabfall, der auf eine Entladung der in der Doppelschichtkapazität gespeicherten Ladung über den Durchtrittswiderstand beruht, kann vereinfacht als Kondensatorentladung gedeutet werden. Die Zeitkonstante hängt mit den übrigen Parametern des Meßsystems zusammen nach

$$t = \frac{R \cdot T \cdot C_D}{I_0 \cdot F} \tag{4.29}$$

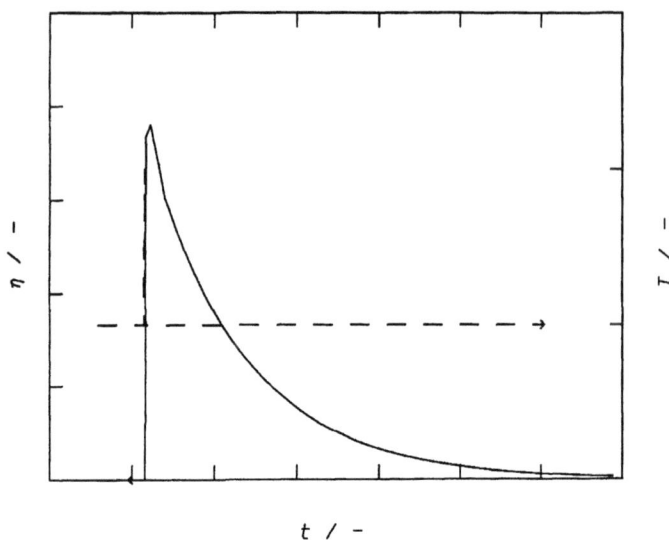

Bild 4.43 Schematisierte Strom-Zeit- und Potential-Zeitverläufe bei einer galvanostatischen Abschaltmessung.

Die Vermeidung der Störung der Potentialmessung durch den ohmschen Spannungsabfall hat schließlich zu einem weiteren als coulostatische Methode bezeichneten Verfahren geführt.

Bei ihm wird aus einer externen Spannungsquelle der Spannung U (Kondensator, Pulsgenerator) eine definierte Ladung auf die Doppelschichtkapazität übertragen. Dies muß in extrem kurzer Zeit geschehen, so daß möglichst wenig Ladung durch die einsetzende Faradayreaktion bereits während der Auflage verbraucht wird. Die Doppelschicht entlädt sich anschließend über den Durchtrittswiderstand R_D (vgl. Bild 4.46). Aus den dabei aufgezeichneten Potential-Zeit-Kurven kann der Durchtrittswiderstand R_D ermittelt werden. Bild 4.44 zeigt den vereinfachten Meßaufbau mit einem Kondensator C als Ladungsquelle. Er wird aus der Spannungsquelle U aufgeladen.

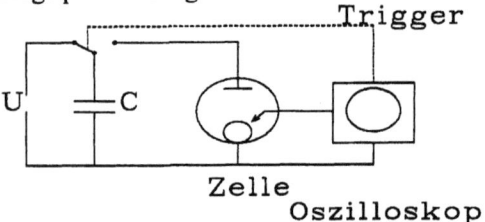

Bild 4.44 Vereinfachter Meßaufbau zur coulostatischen Methode.

4.3 Instationäre Methoden

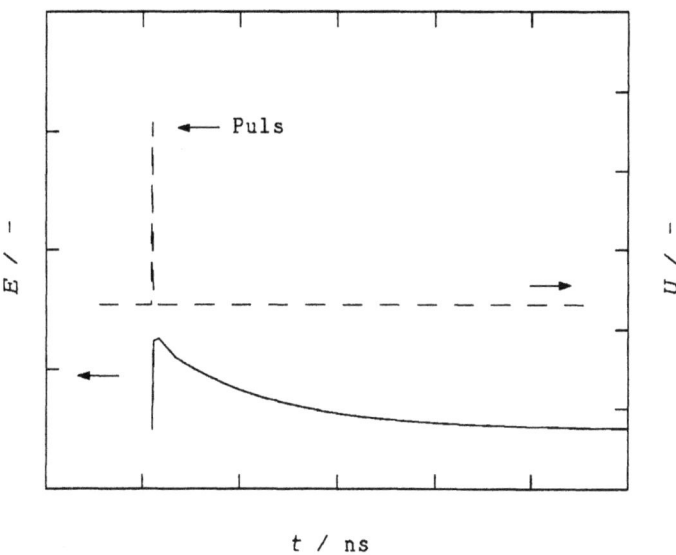

Bild 4.45 Typische Meßkurve einer coulostatischen Messung.

Mit der Entladung des Kondensators in die Doppelschicht wird über die Triggerung die Aufzeichnung des Potential-Zeit-Verlaufs gestartet. Bild 4.45 zeigt eine schematische Meßkurve. Die auch im günstigsten Fall endliche Dauer des Umladungsvorganges und die wegen der dabei fließenden beträchtlichen Stromstärken auftretenden elektronischen Störungen maskieren den Kurvenbeginn, der daher nur schraffiert dargestellt ist. Zur Auswertung wird das in Bild 4.46 gezeigte Ersatzschaltbild angenommen.

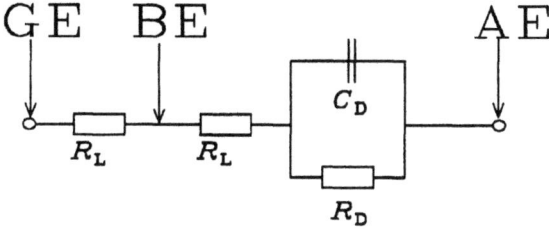

Bild 4.46 Ersatzschaltbild der Zelle für die Deutung coulostatischer Messungen.

Neben der diskutierten schnellen Störung elektrochemischer Experimentalgrössen ist auch die Variation anderer Parameter nützlich. So kann aus der naheliegenden Variation von Konzentrationen der Edukte oder der Bestandteile der Elektrolytlösung zunächst die elektrochemische Reaktionsordnung ν ermittelt werden; anschließend sind Modellbildungen zum Reaktionsmechanismus möglich. Aus Messungen in einem breiten Temperaturintervall sind ebenfalls kinetische Informationen (Aktivierungsenergien etc.) zugänglich. Der mit wäßrigen Lösungen begrenzt zugängliche Temperaturbereich kann durch Verwendung von Säurehydraten, die in definierter Weise gefrieren, oder durch Verwendung nichtwäßriger Lösungsmittel erweitert werden, so daß eine Fortsetzung der Messungen zu tiefen Temperaturen möglich ist.

Stichworte: Elektrochemische Analyse, Polarographie.

4.4 Nichtklassische Methoden: Oberflächenanalytik, Spektroskopie

Bei der Untersuchung der elektrochemischen Doppelschicht, einer Elektrodenoberfläche oder einer Elektrodenreaktion ist aus der Messung elektrochemischer Größen (E, j, Q) oft nur ein makroskopisches, thermodynamisches Bild zu gewinnen, daß um einige allgemeine kinetische Informationen bereichert werden kann. Ein mikroskopisches Bild der elektrochemischen Doppelschicht oder eine Identifizierung eines reaktiven Zwischenproduktes einer elektrochemischen Reaktion ist mit klassischen elektrochemischen Methoden in der Regel nicht eindeutig möglich. Die so gestellten Fragen können seit einigen Jahren durch die vermehrte Anwendung oberflächenanalytischer Methoden und spektroskopischer Techniken erfolgreich bearbeitet werden. Zahlreiche Verfahren wurden aus der Werkstoffkunde, der chemischen und physikalischen Analytik, der Oberflächentechnologie und der Hochvakuumphysik übernommen und auf die besonderen Anforderungen elektrochemischer Untersuchungen angepaßt. Dabei ist in kurzer Zeit eine außerordentlich große Anzahl von Methoden entstanden, die mit einer unüberschaubar großen Zahl von Akronymen bezeichnet wird. Für einen Überblick ist die mechanische Gruppierung entsprechend dem verwendeten Meßprinzip wenig sinnvoll. Hilfreich ist zunächst ein Blick auf die zur Verfügung stehenden Sonden und Signale.

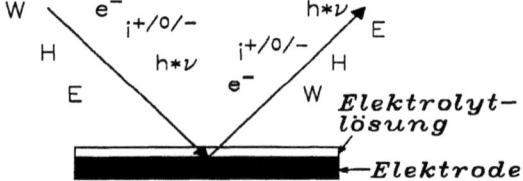

Bild 4.47 Sonden und Signale in der elektrochemischen Ober-, Grenzflächen- und Deckschichtanalytik; H = magnetisches Feld, E = elektrisches Feld, W = Wärmeeinwirkung, e⁻ = Elektronen; i$^{+/0/-}$ = Ionen- oder Molekularstrahlen, h*v = elektromagnetische Strahlung.

4.4 Nichtklassische Methoden: Oberflächenanalytik, Spektroskopie

Allen Sonden ist gemeinsam, daß bei ihrer Wechselwirkung mit Teilchen auf der Elektrodenoberfläche oder in der Phasengrenzschicht, die den im Vergleich zum Volumen der Lösung (Elektrolytschmelze) und der Elektrode gestörten Bereich unmittelbar beidseits der Phasengrenze meint, Signale ausgelöst werden. In einer geeigneten Anordnung können diese Signale aufgezeichnet werden. Ihre Auswertung führt zu den gewünschten Informationen. Da viele Sonden unterschiedliche Signale auslösen können und zahlreiche Signale von mehreren Sonden verursacht werden, ergibt sich bereits aus den möglichen Kombinationen die große Zahl denkbarer Methoden. Diese allgemeine Darstellung soll durch wenige Beispiele illustriert werden.

Wird an einer Elektrodenoberfläche elektromagnetische Strahlung (Sonde) aus dem UV-vis-Bereich reflektiert, so werden im reflektierten Licht (Signal) Absorptionen zu beobachten sein. Sie können auf die Anregung von Adsorbatteilchen auf der Oberfläche oder auf Energieabsorption durch das Elektrodenmaterial zurückgehen. Die Identifizierung der Adsorbatteilchen oder die Beschreibung optoelektronischer Eigenschaften des Elektrodenmaterials sind damit möglich. Da die Methode *in situ*, in Anwesenheit aller Komponenten der elektrochemischen Zelle einschließlich der Elektrolytlösung, durchgeführt wird, können Veränderungen des Meßobjektes beim Transfer aus der Zelle keinen verfälschenden Einfluß haben. Andererseits muß die Wechselwirkung des Lichtes mit der Lösung berücksichtigt werden. Durch Modulation des Elektrodenpotentials oder der Polarisation des benutzten Lichtes kann dieser Einfluß in kontrollierbarer Weise ausgeschaltet werden.

Wird eine aufgerauhte Elektrodenoberfläche aus einem Münzmetall (Kupfer, Silber, Gold) mit monochromatischem Laserlicht (Sonde) bestrahlt, so tritt der bekannte Raman-Streueffekt in dramatisch verstärkter Intensität auf. Das gestreute Licht (Signal) enthält das Schwingungsspektrum von Adsorbatteilchen, oft sind Moden zwischen Adsorbat und Metalloberfläche eingeschlossen. Damit sind nicht nur die Identifizierung des Adsorbats, sondern auch die Untersuchung seiner Wechselwirkung mit der Elektrode möglich.

Der Mößbauereffekt kann ebenfalls auf elektrochemische Systeme angewandt werden. Dabei wird energetisch streng monochrome Röntgenstrahlung (Sonde) aus einem radioaktiven Isotop durch die elektrochemische Phasengrenze geschickt. Diese besteht aus einer dünnen Schicht des zu untersuchenden mößbaueraktiven Elektrodenmaterials auf einem röntgentransparenten Träger. Aus den gemessenen Mößbauerspektren (Signal) sind umfangreiche Informationen über den Oxidationszustand des Elektrodenmetalls, seines kristallographischen Aufbaus und der elektronischen Konfiguration seiner Atome zugänglich.

Bei der Untersuchung der Oberflächentopographie einer Elektrode mit einer Tunnelsondenmikroskopie kann der quantenmechanische Tunneleffekt genutzt werden. Der zwischen einer atomar feinen Spitze (Sonde) und der ihr im Nanometerabstand gegenüberstehenden Probe fließende Strom (Signal) wird registriert (vgl. S. 283). Der Zusammenhang zwischen Strom und makroskopischem Abstand erlaubt eine getreue Abbildung der Oberfläche auf mikroskopischem Niveau. Diese Technik kann auch *in situ* in Anwesenheit einer Elektrolytlösung benutzt werden. Sie ist wie zahlreiche andere Methoden keine Spektroskopie, sondern eine Methode der Oberflächenanalytik. Der Begriff der "Spektroelektrochemie" schließt daher primär Methoden ein, die ursprünglich auf spektroskopischen Prinzipien beruhen.

Eine mögliche Gliederung des breiten Feldes nichtklassischer Untersuchungsmethoden beruht auf der Betrachtung der untersuchten makroskopischen und mikroskopischen Phasengrenzschichteigenschaften.

- makroskopische Eigenschaften

-- optische Absorption (Farbe)
-- optische Reflektivität
-- magnetische Eigenschaften
-- elektrische Leitfähigkeit
-- kristallographische Struktur der Phasengrenzschicht
-- Morphologie und Topographie der Oberfläche/Phasengrenze
-- Konzentration der adsorbierten Teilchen
-- mechanische Eigenschaften (Härte, Zähigkeit etc.)

- mikroskopische Eigenschaften

-- chemische Identität von Atomen, Ionen und Molekülen in der Phasengrenzschicht
-- ihr Oxidationszustand, ihre Koordination mit anderen Liganden
-- ihr Abstand von der Elektrodenoberfläche
-- Art, Stärke und Orientierung ihrer Wechselwirkung mit der Oberfläche und der übrigen Umgebung

Für die Untersuchung von Phasengrenzen resp. Oberflächen sind grundsätzlich alle Methoden der Vakuum- und Oberflächenphysik geeignet, sofern sie es in ihrer experimentellen Durchführung erlauben, aus den gewonnenen Ergebnissen spezifische Information über die Oberfläche und über oberflächennahe Schichten zu erhalten. Diese Informationen können sich auf die nächst tiefer liegenden Schichten unter der Oberfläche des Festkörpers, vor allem aber auf die auf der Oberfläche des untersuchten Festkörpers (die hier als die der anderen Phase zugewandte, letzte regelmäßige Atomlage des Festkörpers verstanden wird) befindlichen Atome, Ionen und Moleküle - allgemeiner Adsorbate und Bedeckungen - beziehen.

4.4 Nichtklassische Methoden: Oberflächenanalytik, Spektroskopie

Diese Methoden können nur auf Festkörperproben im Vakuum angewandt werden, lediglich schwingungsspektroskopische Methoden, die Messung der Austrittsarbeit sowie Messungen mit Röntgenstrahlen als Sonde und Signal können dagegen bei Atmosphärendruck durchgeführt werden.

Die Proben müssen daher in den unter Vakuum stehenden Analysatorraum des Meßgerätes überführt werden, dabei können mit elektrochemisch interessanten Proben Probleme auftreten. Da die Untersuchung nicht in der elektrochemischen Zelle erfolgt, werden die Methoden als *ex situ* Verfahren bezeichnet. Oft wird in erweiterter Bedeutung auch eine Messung als *ex situ* Messung bezeichnet, bei der die Elektrodenoberfläche zwar mit einem elektrochemischen Verfahren untersucht wird, diese Messung aber in einer zusätzlichen Zelle nach einem Elektrodentransfer stattfindet. Bei *in situ* Messungen findet dagegen die Untersuchung der Elektrodenoberfläche in der elektrochemischen Zelle statt, in der die Belegung etc. der Elektrode stattfand. Dies bedingt in der Regel eine spezielle Bauform der Zelle, die die Anwendung der spektroskopischen Methode erlaubt. Hier sollen nur die oberflächenanalytischen *ex situ* Methoden, die auch in der Elektrochemie Anwendung finden, kurz vorgestellt werden. Daran schließt sich eine kurze Vorstellung wichtiger *in situ* Verfahren mit beispielhaften Ergebnissen an.

Elektronenspektroskopie

Die Analyse von Elektronen, die aus einer Oberfläche durch Anregung mit Primärelektronen (Auger-Spektroskopie AES), mit UV-Licht (Ultraviolett Photoelektronenspektroskopie UPS) oder Röntgenlicht (Röntgenstrahl Photoelektronenspektroskopie XPS, früher auch ESCA genannt) austreten, erlaubt eine genaue Bestimmung der chemischen Identität der Oberflächenatome und der auf ihr haftenden Adsorbate. Routinemäßig wird AES zur Bestimmung der Reinheit von Oberflächen eingesetzt. Mit XPS/ESCA ist darüber hinaus eine Analyse der Bindungszustände von Atomen und Ionen auf der Oberfläche möglich. Vor allem bei organischen Adsorbaten reichen diese Informationen oft nicht aus.

Austrittsarbeitsmessung

Die Messung der Austrittsarbeit Φ von Elektronen aus einer Oberfläche erlaubt Aussagen über die elektronischen Eigenschaften der Festkörperoberfläche, die Struktur der Oberfläche (kristallographische Orientierung etc.) und über Adsorbate auf ihr. Insbesondere die Kelvin-Probe (Schwingkondensator-Methode) ist einfach bei Atmosphärendruck anzuwenden. Sie wird daher auch zur Charakterisierung von Elektrodenoberflächen herangezogen. Eine weitere Möglichkeit besteht in ihrer Verwendung als berührungslose mikroskopisch kleine Bezugselektrode.

Massenspektroskopie

Verschiedene massenspektroskopische Verfahren, bei denen von der zu untersuchenden Oberfläche Moleküle oder Molekülionen abgelöst und in einem Massenanalysator hinsichtlich Masse und Häufigkeit analysiert werden, erlauben eine Bestimmung von Adsorbaten. Die Ablösung kann durch Wechselwirkung mit einem Primärstrahl von Ionen (Sekundärionen-Massenspektroskopie SIMS), durch Lichtanregung (FD, PD), durch thermische Anregung (mit Laserlicht (Laser Desorption (LD)) oder polychromem Weißlicht (Photodesorption (PD)), oder durch ein elektrisches Feld (Felddesorption (FD)) erfolgen. Bei Desorption und Ionisation mit nur geringen Energien ist die Bildung von Molekülionen bevorzugt und eine Identifizierung des Adsorbates vereinfacht.

Mit klassischen massenspektroskopischen Methoden ist die Untersuchung der Elektrodenoberfläche nur *ex situ* nach einem Transfer der Probe in das Hochvakuum möglich. Eine direkte Untersuchung von Zwischen- und Endprodukten auf einer Elektrode wurde möglich, nachdem es gelang, die Elektrode als den Ort der Entstehung direkt an das Einlaßsystem eines Massenspektrometers zu koppeln.

Eine hydrophobe, poröse PTFE-Membran trennt den Elektrolytraum mit der Elektrode vom Einlaßsystem des Massenspektrometers. Sie bildet eine für gasförmige, flüchtige Reaktionsprodukte durchlässige, für den flüssigen Elektrolyten jedoch nicht durchdringbare Barriere. Durch das im Einlaßsystem wirksame Vakuum werden die flüchtigen Reaktionsprodukte, die von der Elektrode in die Lösung diffundieren, durch die Membran in das Spektrometer transportiert. Dabei werden regelmäßig auch flüchtige Bestandteile der Elektrolytlösung (vor allem Wasser) mittransportiert. Da das zu untersuchende Gasvolumen nach Akkumulation flüchtiger Komponenten aus dem Einlaßsystem des Spektrometers in die Ionisationskammer übergeleitet werden muß, ergab sich eine relativ lange Zeitkonstante von ca. 20 s zwischen der elektrochemischen Erzeugung und dem massenspektrometrischen Nachweis von Reaktionsprodukten. Durch die Verzögerung sowie durch die vorgeschaltete Akkumulation war nur ein integraler, qualitativer Nachweis flüchtiger Teilchen möglich. Der direkte Anschluß der elektrochemischen Zelle an das Einlaßsystem des Spektrometers, leistungsfähigere Pumpen, die vor allem im Einlaßsystem für einen ausreichend niedrigen Wasserdampfpartialdruck sorgen, sowie eine Elektrode, die nicht als Blech in der Lösung, sondern als poröser Körper unmittelbar auf der PTFE-Folie aufgebracht wird, erlaubten eine dynamische Messung. Dabei ist die Intensität des gemessenen Massensignals der Bildungsgeschwindigkeit der untersuchten Teilchensorte proportional, entspricht also der zeitlichen Ableitung der gebildeten Stoffmenge. Die Ionisation der flüchtigen Teilchen erfolgt durch Elektronenstoß. Ionisationskammer und Analysatorraum des Spektrometers sind durch sehr kleine Öffnungen miteinander verbunden, die Kammern werden durch getrennte Pumpen bei

4.4 Nichtklassische Methoden: Oberflächenanalytik, Spektroskopie

verschiedenen Drücken gehalten. Dieses Verfahren nennt man differentielles Pumpen. Da die Intensität des Massensignals der elektrochemischen Bildungsrate entspricht und das Verfahren des differentiellen Pumpens angewandt wird, wurde die Methode der dynamischen Analyse als Differentielle Elektrochemische Massen Spektroskopie **DEMS** bezeichnet.

Röntgenabsorptionsspektroskopie

Einige zunächst zur Untersuchung der Struktur dreidimensionaler Festkörper entwickelte Methoden (Röntgenbeugung, Extended X-Ray Absorption Fine Structure Analysis EXAFS, X-Ray Absorption Near Edge Structure XANES etc.) können durch Ausbildung der zu untersuchenden Elektrode als dünne Schicht auf einem für die Methode transparenten oder amorphen Film oder porösen Träger nutzbar gemacht werden. Die allgemein als EXAFS bezeichnete Methode wird dann als SEXAFS (Surface EXAFS) bezeichnet.

Die *in situ* Untersuchung der Kristallstruktur von Korrosionsprodukten ist von besonderem Interesse, da viele dieser Produkte stark wasser- und ionenhaltig sind. Hydratwasser und Fremdionen werden beim Trocknen der Probe für eine anschließende *ex situ* Untersuchung meist teilweise oder ganz entfernt. Die dadurch eintretenden Veränderungen können das Analysenergebnis entscheidend beeinflussen. Bildet man dagegen eine Elektrode (z.B. Nickel) als dünnen Film aus und untersucht die Röntgenbeugung an ihr in Reflektion oder Transmission (INSEX) und erhöht die Empfindlichkeit der Methode durch Differenzbildung zwischen Diffraktogrammen, die bei zwei verschiedenen Elektrodenpotentialen erhalten werden, so sind als Funktion des Elektrodenpotentials verschiedene Nickeloxide/hydroxide/oxihydrate identifizierbar. Mit **EXAFS, SEXAFS** und **XANES** sind ebenfalls Untersuchungen von Korrosionsprodukten auf Elektroden durchgeführt worden, neben passivierten Metalloberflächen (Eisen) wurden Metalloxide von elektrochemischem Interesse (AgO, MnO_2) studiert.

Auf einer Einkristalloberfläche von Gold (111) abgeschiedene upd-Kupferatome wurden mit EXAFS untersucht. Das Kupferatom ist dabei mit je drei Goldatomen koordiniert, ein weiterer Cu-O-Abstand in den SEXAFS-Ergebnissen zeigt Koadsorption des Sulfations aus dem Elektrolyten durch Koordination mit einem oder drei Sauerstoffatomen des Ions an. Weitgehend identische Ergebnisse wurden bei Verwendung einer entsprechenden Silberelektrode gefunden. Die Empfindlichkeit dieser Methoden für die unmittelbare chemische Umgebung des absorbierenden Kernes erlaubt außerdem die Untersuchung katalytisch aktiver Übergangsmetallkomplexe (adsorbierte Metallporphyrine als Katalysatoren für die Sauerstoffreduktion).

Stehende Röntgenwelle

Ergänzend zum hier nicht weiter dargestellten Verfahren der Bestimmung der Struktur eines Festkörpers mit der Methode der Röntgenbeugung (Röntgendiffraktometrie) besteht die Möglichkeit, bei der dynamischen Beugung eines Röntgenstrahls an einem perfekten Einkristall an oberflächennahen Gitterebenen eine stehende Röntgenwelle (XSW) zu erzeugen. Die Messung der durch deren Feld aus Atomen an der Oberfläche ausgelösten Photoelektronen und der Geometrie der stehenden Welle kann dazu benutzt werden, die Position von Atomen relativ zur reflektierenden Gitterebene sehr genau zu bestimmen. Dieses Verfahren kann zur Untersuchung von Oberflächen und -deckschichten eingesetzt werden. Die Untersuchung von Adsorbaten, vor allem die sehr präzise Bestimmung der Abstände zwischen Adsorbatatom und Oberflächenatom, ist mit XSW gelungen. Nachdem zunächst in *ex situ*-Experimenten der Abstand zwischen adsorbierten Cd-Atomen sowie koadsorbierten Elektrolytlösungsbestandteilen auf einem Cu(111)-Kristall bestimmt werden konnte, wurde die Adsorption von Thalliumionen auch *in situ* verfolgt. Dabei wurden ein-, zwei- und dreifach koordinierte Thalliumatome unterschieden, deren Bindungsabstand zu den Kupferatomen nach Herausziehen aus dem Elektrolyten deutlich verändert war. Dies ist im Hinblick auf die Bewertung von strukturspezifischen *ex situ*-Methoden in der Elektrochemie von großem Interesse.

Elektronenbeugung

Für die Bestimmung der kristallinen Struktur eines Festkörpers wird im Regelfall zunächst die Methode der Röntgenbeugung eingesetzt. Ist man an der Struktur des Festkörpers an der Oberfläche interessiert, so ist durch Verwendung entsprechend dünner Proben u.U. auch darüber Information zu gewinnen. Besser geeignet ist hierfür jedoch die Untersuchung der Beugung niederenergetischer Elektronen LEED. Hiermit kann die regelmäßige Struktur der Oberfläche bestimmt werden, ihr Vorhandensein über zumindest eine bestimmte flächen- und raumhafte Ausdehnung ist dabei Voraussetzung. Bei Adsorption von Teilchen auf der Oberfläche oder bei Veränderung der Oberflächenkristallstruktur (Rekonstruktion) z.B. durch Erwärmung können diese mit LEED einfach entdeckt werden.

Mössbauerspektroskopie

In ähnlicher Weise kann die Mössbauerspektroskopie (MBS), bei der die Resonanzabsorption der Gamma-Strahlung durch den Atomkern untersucht wird, auf Oberflächenuntersuchungen angewandt werden. Die Bestimmung des Oxidationszustandes von Isotopen, die den Mössbauereffekt zeigen (^{57}Eisen, ^{57}Kobalt, ^{119}Zinn etc.), ist ohne eine möglicherweise verfälschend wirkende chemische Analyse möglich. Die Methode gibt außerdem Hinweise auf die Struktur und Identität der chemischen Umgebung des Isotops. Für die *in situ*-Anwendung ist

4.4 Nichtklassische Methoden: Oberflächenanalytik, Spektroskopie

durch Anwendung einer Zellkonstruktion mit nur einem dünnen Elektrolytfilm zwischen Zellwand, Elektrode, Gegenelektrode und Zellrückwand die Gamma-Absorption durch den Elektrolyten zu vermindern. Die Elektroden werden als dünne Filme oder als poröse Körper, in denen die zu untersuchende Substanz auf einem Röntgenstrahl-transparenten Träger (Aktivkohle) aufgetragen ist, ausgebildet. Verschiedene Eisenoxide und -hydroxide konnten als Funktion von Elektrodenpotential und Zusammensetzung der Lösung gefunden werden. Adsorbierte Metallporphyrine wurden mit MBS ebenfalls untersucht.

Elektrochemische ESR-Spektroskopie ECESR

Führt man die Untersuchung einer Reaktion mit einem radikalischen Zwischenprodukt in einer röhrenförmigen Zelle durch, die in einem Elektronenspinresonanz-Spektrometers montiert ist und bei der die Arbeitselektrode als an der Innenwand des Rohres anliegende Wendel ausgeführt ist, so kann das Radikal bei ausreichender Stabilität und genügend hoher stationärer Konzentration ESR-spektroskopisch nachgewiesen und seine Struktur aufgeklärt werden. Eine besondere Empfindlichkeit der Methode für auf der Oberfläche adsorbierte Radikale ist dabei nicht gegeben, da ein adsorbiertes Radikal durch Wechselwirkung seines ungepaarten Elektrons mit den Elektronen des Metalls die paramagnetische Eigenschaft verliert. Die Eigenheiten der Mikrowellenausbreitung führen allerdings dazu, daß nur Radikale in dem dünnen Elektrolytfilm auf der der Zellwand zugewendeten Seite der Drahtwendel sowie die im Drahtzwischenraum befindlichen Radikale erfaßt werden.

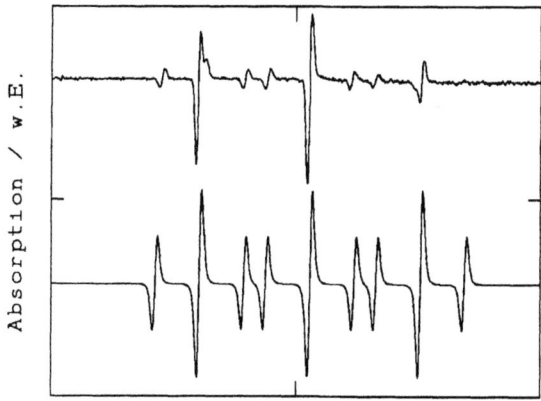

Bild 4.48 ECESR-Spektrum (oben) eines elektrochemisch erzeugten Nitropropan-Radikalanions, alkalische Methanolelektrolytlösung, E_{NHE}= -1740 mV, (unten) simuliertes Spektrum dieses Radikalanions, Hyperfeinaufspaltungskonstanten: a_N= 2.48 mT, a_H= 0.998 mT.

Bild 4.48 zeigt ein ECESR-Spektrum des elektrochemisch aus Nitropropan durch Elektroreduktion erzeugten Radikalanions.

Bei der Elektrooxidation von Anilin in einer sauren Elektrolytlösung (vgl. Bild 4.23) haben wir auf der Elektrode einen Polyanilinfilm erzeugt, der zahlreiche ungewöhnliche Eigenschaften aufweist. Dazu gehört eine bemerkenswert hohe elektrische Leitfähigkeit, für die bewegliche Ladungsträger verantwortlich sein müssen. Diese Leitfähigkeit hängt vom Oxidationszustand des Films ab. Im reduzierten Film ist der Leitwert sehr niedrig, im oxidierten Zustand nimmt er um mehrere Größenordnungen zu. Da die bei diesem Übergang stattfindende Elektrooxidation vermutlich über radikalische Zustände führt, die sich in der Polymerkette des Polyanilins als Radikalkationen ausbilden, liegt es nahe, diese Radikale mit ECESR nachzuweisen und in ihrer relativen Konzentration in Abhängigkeit vom Elektrodenpotential auszumessen.

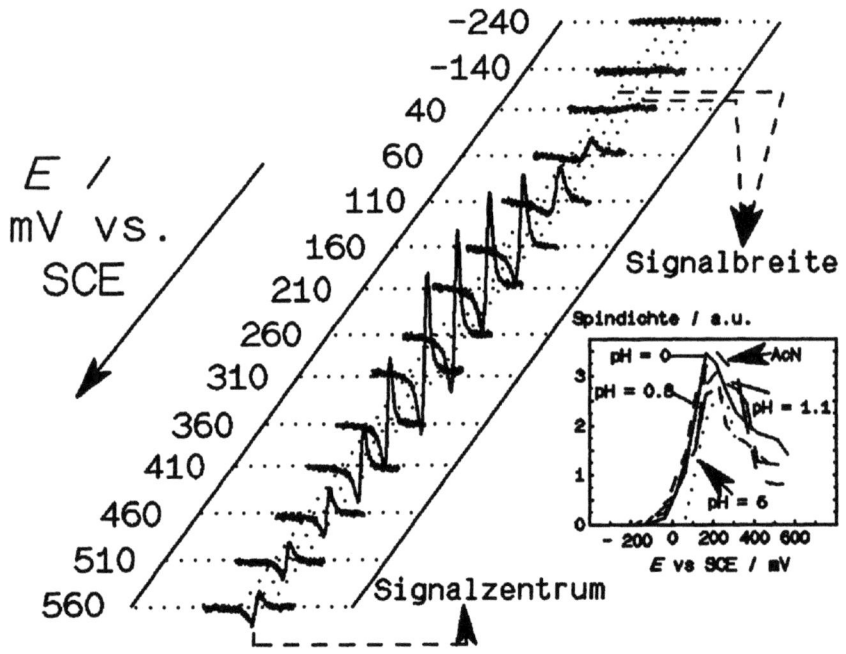

Bild 4.49 ECESR-Spektren eines elektrochemisch erzeugten Polyanilinfilms in 0,1 M LiClO$_4$ in Acetonitril als Funktion des Elektrodenpotentials, kleines Bild: Veränderung der Intensität (Spinkonzentration) als Funktion des Elektrodenpotentials in Lösungen mit verschiedenen pH-Werten.

Bild 4.49 zeigt diesen Zusammenhang für einen Polyanilinfilm. Die bei relativ hohen Potentialen trotz weiter bestehender hoher Leitfähigkeit abnehmende Spindichte stellt bei der Identifizierung der beweglichen Ladungsträger eine zusätzliche Frage dar. Die mit Bild 4.49 gezeigten ECESR-Spektren der Radikalkationen (aus der Sicht des Physikers als Polaronen bezeichnet) vermitteln keine vollständig befriedigende Erklärung der elektrischen Leitfähigkeit.

Positronen-Annihilierung PASCA

Ein von einer Quelle (z.B. ^{22}Na) emittiertes Positron dringt in kondensierte Materie ein, bei seiner Annihilierung mit einem Elektron wird Gammastrahlung erzeugt. Die Messung der Zeitdifferenz zwischen der bei der Positronerzeugung und -annihilierung ausgesandten Gammastrahlung kann zur Bestimmung der Lebensdauer des Positrons genutzt werden. Da die Reaktivität für die Positronenannihilation in einer Probe ortsabhängig unterschiedlich ist und von der örtlichen Elektronendichte abhängt, kann aus den verschiedenen ermittelten Lebensdauern für eine Probe auf das Vorhandensein verschiedenartiger chemischer Umgebungen geschlossen werden. Die Methode ähnelt insoweit XPS/ESCA, ist jedoch nicht auf ein Vakuum angewiesen.

Rastertunnelmikroskop STM

Die Beobachtung des Erscheinungsbildes einer Festkörperoberfläche im mikroskopischen Maßstabe ist mit dem Rasterelektronenmikroskop **REM/SEM** besonders eindrucksvoll und informativ. Da zur Erzeugung des REM-Bildes Sekundärelektronen von der Objektoberfläche benutzt werden, kann auch diese Methode nur im Vakuum angewandt werden. Eine alternative Methode, die ebenfalls ein dreidimensionales Bild einer Oberfläche bei vergleichbarer oder höherer Auflösung ohne Notwendigkeit eines Vakuums ergibt, ist die Rastertunnelmikroskopie **STM**. Zur Bilderzeugung wird hier der zwischen Objektoberfläche und einer extrem feinen Prüfelektrodenspitze (Spitze zur Erzeugung hoher elektrischer Felder, Radius einige tausend Angstrom bis 1 µm) fließende Tunnelstrom gemessen. Er fällt exponentiell mit dem Abstand zwischen Elektrodenspitze und Oberfläche ab. Seine Messung ergibt also ein lateral aufgelöstes Bild der Oberfläche, wenn die Spitze über der zu untersuchenden Oberfläche in einer Ebene bewegt wird, deren makroskopischer Abstand zum Untersuchungsobjekt konstant ist. Wenn man mit einer solchen Spitze die Oberfläche abrastert, erhält man ein dreidimensionales Bild, dessen Detailliertheit und Auflösung u.a. von der Dimension der Spitze abhängt; Atomlagen, Facettierungen auf Kristallen und Fehlstellen sind damit gut zu erkennen. In der Anwendung auf eine elektrochemische Aufgabenstellung konnte mit STM die durch wiederholte Aufprägung von Potentialsprüngen induzierte Reorientierung der Oberfläche von Platinelektroden *ex situ* illustriert werden.

Da die Methode bei Atmosphärendruck einwandfrei arbeitet, lag es nahe, ihre

Anwendbarkeit für *in situ* Untersuchungen in Gegenwart eines Elektrolytfilmes auf der zu untersuchenden Oberfläche zu prüfen. Inzwischen haben sich vor allem STM und die Atomkraftmikroskopie (AFM) als *in situ*-Standardverfahren zur Untersuchung der Topographie von Elektrodenoberflächen etabliert. Darüberhinaus kann mit AFM die Oberflächenhärte bestimmt werden.

Für die Untersuchung der zeitabhängigen Veränderungen der Oberflächentopographie einer Elektrode kann außerdem die klassiche Lichtmikroskopie verbunden mit einer kontinuierlichen Videoaufzeichnung eingesetzt werden.

Elektrochemische Quarz-Mikrowaage

Die Resonanzfrequenz eines Schwingquarzes hängt unter anderem von zusätzlichen Massen ab, die auf seinen beiden zur Schwingungsanregung benutzten Elektroden abgeschieden werden. Die direkte Proportionalität zwischen zunehmender Masse und abnehmender Frequenz wird mit der Sauerbrey-Gleichung beschrieben. Ein Schwingquarz verändert sein Schwingverhalten im Kontakt mit einer Elektrolytlösung nicht grundsätzlich. Die Frequenzverschiebung kann daher zur außerordentlich empfindlichen Massebestimmung bei elektrochemischen Prozessen verwendet werden. Hierzu gehören Vorgänge mit der Bildung festhaftender Produkte auf der Elektrode, Abscheidung metallischer Überzüge oder auch der anodischen Auflösung. Ein Beispiel zeigt Bild 4.48.

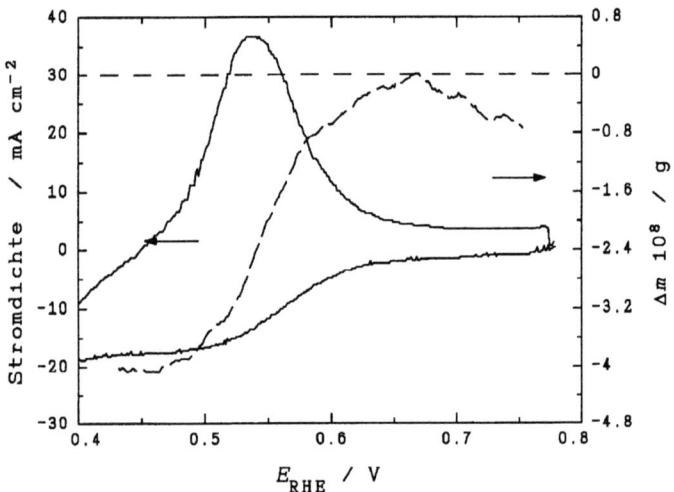

Bild 4.50 Zyklisches Voltammogramm einer Gold-Quarzelektrode in einer wäßrigen Lösung von 0,2 M $HClO_4$ + $1,5 \cdot 10^{-3}$ M $CuSO_4$, dE/dt = 30 mV/s, - - - Masseveränderung, gemessen in anodischer Richtung.

4.4 Nichtklassische Methoden: Oberflächenanalytik, Spektroskopie

Im zyklischen Voltammogramm ist die kathodische Abscheidung von Kupfer auf der Goldelektrode sichtbar. Diese Goldelektrode ist gleichzeitig eine der beiden Anregungselektroden des Schwingquarzes. Mit dem kathoischen Stromfluß korreliert eine Frequenzabnahme, die die zugehörige Metallabscheidung anzeigt. Aus den bekannten Daten der Kupferabscheidung (Kupferatommasse, Zahl der pro Ion umgesetzten Elektronen etc.) kann die Empfindlichkeit der Waage bestimmt werden.

Oberflächenleitfähigkeit

Die elektrische Leitfähigkeit in einem Festkörper hängt nach der Drude-Gleichung von der Zahl der Ladungsträger, ihrer Ladung und ihrer Beweglichkeit ab. Bei der Messung der Leitfähigkeit eines dünnen Films werden Ergebnisse gefunden, die oft von den mit einem Festkörper größerer Dimension des gleichen Materials abweichen. Dies ist unter anderem auf Oberflächeneffekte zurückzuführen. Adsorbierte Teilchen auf der Oberfläche, die durch ihre eigene Ladung oder durch die Verdrängung geladener Teilchen die Ladungsverhältnisse auf der Oberfläche verändern, können dies bewirken. Im Kontakt mit einer Elektrolytlösung sind analoge Effekte beobachtbar. Dies kann zum Studium der Adsorption von Teilchen auf einer Dünnfilmelektrode benutzt werden.

Die Messung der Leitfähigkeit dünner Schichten kann außerdem zur Untersuchung der elektrochemisch modifizierten Schichteigenschaften angewendet werden. Intrinsisch leitfähige Polymere (s.o.) zeigen eine vom Elektrodenpotential und damit von ihrem Oxidationszustand stark abhängige Leitfähigkeit.

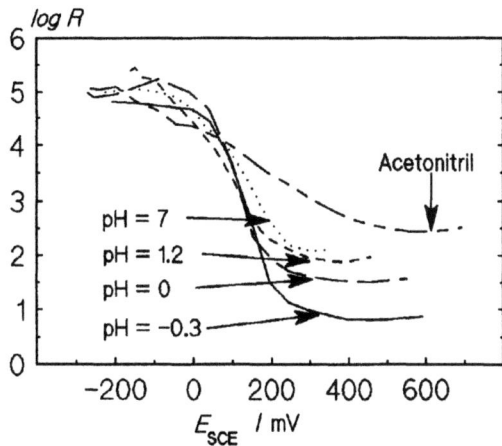

Bild 4.51 Abhängigkeit des relativen Widerstandes eines Polyanilinfilms vom Elektrodenpotential in wäßrigen und nichtwäßrigen Lösungen verschiedener pH-Werte.

Scheidet man einen dünnen Film auf einer geeignet strukturierten Elektrodenoberfläche ab und mißt seine Leitfähigkeit, so ist diese Abhängigkeit unmittelbar zugänglich. Bild 4.51 zeigt für einen Polyanilinfilm diesen Zusammenhang bei verschiedenen pH-Werten.

Optische Methoden

Die unter dem Oberbegriff der optischen Methoden zusammengefaßten Verfahren zeichnen sich durch eine besondere Vielfalt möglicher experimenteller Anordnungen aus. Korrosions-, Oxid- oder Passivschichten auf Metallelektroden haben meist besondere optische und elektronische Eigenschaften, in vielen Fällen sind sie halbleitend und zeigen auffällige Fotoeffekte. Diese Effekte können mit optischen Methoden und Licht im sichtbaren Teil des Spektrums untersucht werden. Da praktisch alle flüssigen Elektrolyte in diesem Bereich farblos und transparent sind, können die Methoden *in situ* eingesetzt werden.

Den nachfolgend vorgestellten lichtoptischen Verfahren sind einige methodische Gesichtspunkte gemeinsam, die vorab zusammengefaßt werden sollen. Spektroskopische Untersuchungen einer Elektrode(noberfläche) können in Durchstrahlung (Transmission) oder Spiegelung (Reflexion) durchgeführt werden.

Im ersten Fall muß die Elektrode optisch transparent sein (optically transparent electrode OTE). Transparente Elektroden können durch Abscheidung lichtdurchlässiger Materialien wie Indium-Zinn-Oxid (Indium-Tin-Oxide ITO) auf einem Glasträger hergestellt werden. Durch Abscheidung dünner Schichten aus kleinen Partikeln von Metallen auf einem Glasträger können ebenfalls hinreichend transparente Schichten erzeugt werden, die anschließend als Elektrode dienen.

Bei Untersuchungen in Reflexion wird der Lichtstrahl an der Elektrodenoberfläche gespiegelt. Am Ort der Spiegelung kann es zu einer Wechselwirkung zwischen dem Licht und der Oberfläche sowie den auf ihr befindlichen Adsorbaten kommen. Diese Wechselwirkung führt zum Beispiel zu einer wellenlängenabhängigen Lichtabsorption oder zur Erzeugung von Licht einer vielfachen Frequenz des eingestrahlten Lichtes. Um den Anteil diffus gestreuten Lichtes gering zu halten, müssen die Elektrodenoberflächen sorgfältig poliert werden.

Passiert der Lichtstrahl zunächst die Elektrolytlösung und trifft von der Lösungsseite auf die Elektrode, so wird das Verfahren als externe Reflexion bezeichnet. Eine in geringem Abstand der zu untersuchenden Oberfläche gegenüber angeordnete spiegelnde Fläche kann den einmal reflektierten Strahl erneut auf die Elektrode lenken, wo er wiederum reflektiert wird. Mit der Zahl der Reflexionen auf der Oberfläche nimmt die Lichtabsorption durch Adsorbate zu, eine mehrfache externe Reflexion führt also zu einer Empfindlichkeitssteigerung der Methode.

4.4 Nichtklassische Methoden: Oberflächenanalytik, Spektroskopie

Dies bedeutet, daß bei gleichem Bedeckungsgrad der Elektrode mit einem gegebenen Adsorbat bei mehrfacher Reflexion ein größeres Signal beobachtet wird; der kleinste Bedeckungsgrad, bei dem ein Nachweis des Adsorbates noch möglich ist, wird entsprechend herabgesetzt.

Alternativ zur externen Reflexion kann eine Messung auch in interner Reflexion **IRS** durchgeführt werden. Die zu untersuchende Elektrode wird dabei als dünner Film auf der Oberfläche eines Trägermaterials durch Aufdampfen, Aufsputtern o.ä. (in der Art der Herstellung optisch transparenter Elektroden OTE) des Elektrodenmaterials hergestellt. Läßt man Licht unter einem bestimmten Winkel auf eine schräg angeschliffene Kante dieses Trägers durch diesen auf die Rückseite der Elektrode treffen, so wird es reflektiert, an der gegenüberliegenden Fläche des Trägers erneut reflektiert, wieder zur Elektrode gelenkt, wieder reflektiert (Mehrfache Interne Reflexion MIR) etc., bis es aus dem Träger austritt. Bei diesen mehrfachen Reflexionen an der Elektrode kommt es zu Wechselwirkungen zwischen dem Licht und dem Elektrodenmaterial, dessen Eigenschaften so untersucht werden können. Dieser Vorgang wird abgeschwächte Totalreflexion genannt. Viel interessanter ist aber die Tatsache, daß bei dieser Reflexion das elektrische Feld des Lichtes nicht strikt auf den Festkörper begrenzt bleibt, sondern aus ihm um eine kurze Distanz (Austritts- oder Eindringtiefe) als "evanescent wave" heraustritt. Adsorbate, die sich in einer Schicht auf der dem Träger abgewandten Seite der Elektrode befinden, deren Dicke durch diese Eindringtiefe beschrieben ist, können ebenfalls mit dem Licht in Wechselwirkung treten und so ein Absorptionsspektrum des Adsorbates verursachen. Diese Spektren unterscheiden sich von normalen Transmissionspektren oder in externer Reflexion gemessenen Spektren insoweit, als die Eindringtiefe und die durch die Zahl der Reflexionen gegebene Empfindlichkeit mit der Lichtwellenlänge variieren.

Schließlich werden viele Methoden als differentielle Methoden bezeichnet. Sie haben als gemeinsames Merkmal die Eigenschaft, daß ein Meßparameter, zum Beispiel bei der Reflexionsspektroskopie an Elektrodenoberflächen das Elektrodenpotential, während der Messung variiert wird. Diese Variation erfolgt im Zeitmaßstab schnell im Vergleich zu Veränderungen anderer Parameter, zum Beispiel der mit einem Monochromator ausgewählten Lichtwellenlänge. Das Ergebnis wird als differentielles Spektrum bezeichnet, da es im mathematischen Sinn die Ableitung eines Parameters nach einem anderen Parameter darstellt. Im gewählten Beispiel wäre dies die Ableitung der Elektrodenreflektivität bei einer eingestellten Wellenlänge nach dem Elektrodenpotential, dargestellt über der Wellenlänge des Lichtes. Der Begriff der differentiellen Methode wird nicht immer in diesem strengen Sinn verwendet; die Differentielle Elektrochemische Massenspektroskopie DEMS wurde wegen der angewandten Pumptechnik und der im Ergebnis ausgedrückten Abbildung einer Größe, die einer Bildungsrate proportional ist, so bezeichnet (s.o.).

Ellipsometrie

Licht kann durch Verwendung von Polarisatoren linear polarisiert werden, seine Polarisationsebene kann durch optische Komponenten gedreht werden. Dies ist für optische Untersuchungen von Oberflächen wichtig, bei denen Licht, dessen elektrischer Vektor parallel zur Reflexionsebene schwingt, die durch den einfallenden und den reflektierten Strahl aufgespannt wird, anders beeinflußt wird als Licht, dessen Vektor senkrecht zur Reflexionsebene schwingt. Im ersten Fall wird das Licht p-polarisiert genannt, im zweiten s-polarisiert. Bei der Untersuchung von transparenten Proben (hier: dünnen Filmen auf Oberflächen) mit linear polarisiertem Licht werden im reflektierten Licht zwei phasenstarr gekoppelte vektorielle Intensitäten parallel und senkrecht zur Reflexionsebene beobachtet, deren Resultierende eine Ellipse beschreibt. Die Bestimmung der optischen Konstanten der untersuchten Schicht durch Bestimmung von Betrag und Phase der beiden Vektoren wird Ellipsometrie genannt.

Mit ihr können optische Eigenschaften von dünnen, optisch transparenten Filmen auf Elektroden untersucht werden. Die relativ komplizierte Messung und Deutung der Ergebnisse hat die Anwendung der Methode bislang im wesentlichen auf die Korrosionsforschung begrenzt, in jüngster Zeit werden auch andere technisch interessante Filme studiert.

Magneto-Optischer Kerr-Effekt MOKE

Die Polarisationsebene einfallenden polarisierten Lichtes einer festgelegten Wellenlänge wird an der Oberfläche einer magnetischen Schicht unter der Einwirkung eines äußeren magnetischen Feldes gedreht[*]. Das Ausmaß der Drehung ist der Magnetisierung der Schicht direkt proportional. Diese als Magneto-Optischer Kerr-Effekt bezeichnete Beobachtung kann zum Studium von elektrochemisch abgeschiedenen Metallschichten aus magnetisierbaren Elementen (Fe, Co) oder Legierungen benutzt werden. Vor allem dünne Schichten dieser Materialien sind für magnetische Speichermedien mit besonders hoher Speicherdichte und für Schreib-/Leseköpfe in solchen Systemen von wachsendem technischem Interesse.

Elektroreflektionsspektroskopie ERS

Einfacher ist die getrennte Messung der Reflektivität einer Elektrodenoberfläche für s- und p-polarisiertes Licht als Funktion des Potentials und der Wellenlänge. Moduliert man dabei einen der beiden Meßparameter - im Regelfall das Elektrodenpotential -, so erhält man ein Differenzspektrum (s.o.). Als Ergebnis wird

---

[*] Dieser Effekt wird auch als Cotton-Mouton-Effekt bezeichnet.

4.4 Nichtklassische Methoden: Oberflächenanalytik, Spektroskopie

dabei die relative Änderung der Reflektivität $\Delta R/R$ als Funktion der Wellenlänge des eingestrahlten Lichtes für die beiden Polarisationsebenen dargestellt. Alternativ kann auch der Real- und Imaginärteil der aus diesen Daten ermittelten komplexen optischen Permittivität als Funktion der Lichtwellenlänge angegeben werden. Aus dem Spektrum sind nicht nur Informationen über Deckschichten auf der Elektrode, sondern auch über das Verhalten der Elektronen des Metalls an der Oberfläche im elektrischen Feld der Helmholtzschicht und ihre Beeinflussung durch Elektrolyt und Adsorbat zugänglich. Das Verhalten der Elektronen an einer Metalloberfläche, vor allem die endliche Ladungsdichte in geringem Abstand vor der Elektrode, kann dabei durch das Jellium-Modell beschrieben werden.

Da sich elektrooptische Eigenschaften einschließlich der Reflektivität einer Elektrode als Funktion des Elektrodenpotentials verändern, wird die hier beschriebene Methode auch als "Electroreflectance Spectroscopy" (ERS) (Electroreflectance Effect) bezeichnet. Die Potentialabhängigkeit der Elektrodenreflektivität geht vor allem auf die mit dem Elektrodenpotential veränderliche elektronische Ladungsdichte an der Elektrodenoberfläche zurück.

Photostromspektroskopie PCS und Photospannungsspektroskopie PVS

Durch Einstrahlung von Licht ausreichender Energie können im Festkörper Elektronen soweit angeregt werden, daß sie die Bandlücke vom Valenzband ins Leitungsband überwinden und unter Photolumineszenz in niedrigere elektronische Zustände zurückkehren oder vor allem bei Halbleiter- und Isolatorelektroden durch Bildung von Elektronen-Loch-Paaren an der Oberfläche, die zum Beispiel durch eine angelegte Potentialdifferenz räumlich getrennt werden, zu Fotoströmen führen. Der scheinbare Widerspruch einer aus isolierendem Material bestehenden Elektrode löst sich auf, wenn man die zu untersuchende Schicht extrem dünn auf ein Metall aufträgt, so daß u.U. Tunnelprozesse wahrscheinlich werden. Außerdem ist die Erzeugung von Ladungsträgern im Isolator durch Lichtanregung mit Licht ausreichender Energie und anschließender Elektron-Loch-Paar-Bildung möglich.

Während Photoströme in Metallelektroden, wo die Ladungsträgerdichte durch das Elektronengases im Metall hoch und die Lebensdauer angeregter Zustände kurz ist, nicht gemessen werden können, ist bei einer schnellen räumlichen Trennung der gebildeten Ladungsträger ihr Nachweis möglich. Die Photostrommessung wird daher vor allem auf halbleitende oder aus isolierendem Material bestehende Elektroden angewandt. Die Trennung des Elektronen-Loch-Paares kann dabei durch ein von außen aufgezwungenes Elektrodenpotential erfolgen. Es ist auch möglich, durch entsprechende Komponenten in der Lösung, die mit den in der Elektrodenoberfläche erzeugten Ladungsträger reagieren können und so die beschriebene räumliche Trennung erzielen, Fotoströme zu messen. Sowohl die einfache Strommessung ohne Berücksichtigung der spektralen Verteilung des verwendeten Lichtes wie auch eine wellenlängenspezifische Messung, dann zweckmäßig als Photostromspektroskopie (PCS) bezeichnet, sind denkbar.

Als Photospannungsspektroskopie wird die Messung der Photospannung z.B. eines Halbleiters im Kontakt mit einem Elektrolyten als Funktion der Wellenlänge des eingestrahlten Lichtes und des Elektrodenpotentials bezeichnet.

Lumineszenzspektroskopie

Unter besonderen Bedingungen können durch Elektronenübergänge zwischen Zuständen in der Elektrode und Redoxniveaus in der Elektrolytlösung Lumineszenzerscheinungen auftreten. Dies ist bei Halbleitern dann der Fall, wenn die mit einem einen Elektronenakzeptor enthaltenden Elektrolyt im Kontakt stehende Elektrode auf ein sehr negatives Potential gebracht wird. Das elektronische Energieniveau des Akzeptors in der Lösung befindet sich dabei unterhalb der Oberkante des Valenzbandes der Halbleiterelektrode. Elektronen aus dem Leitfähigkeitsband können nun direkt auf den Akzeptor übergehen. Der Elektronenakzeptor (das Oxidationsmittel) kann aber auch Löcher in Energieniveaus unterhalb der Oberkante des Valenzbandes injizieren. Nun können Elektronen aus dem Leitungsband in die freien Energieniveaus des Valenzbandes strahlungslos oder unter Lumineszenz relaxieren. Ganz analog kann an Metallelektroden bei Ablauf einer elektrochemischen Reaktion unter Anwendung einer sehr hohen Elektrodenüberspannung Lumineszenz beobachtet werden. Bisher bekannte Untersuchungsergebnisse sind allerdings noch sehr qualitativ und weisen vor allem die prinzipielle Möglichkeit solcher Elektronenübergänge unter Abgabe der Überschußenergie als Lichtstrahlung nach.

Second Harmonic Generation

Als nichtlinearer optischer Effekt kann durch Injektion von Oberflächen-Polaritonen in die Phasengrenze Metall-Dielektrikum die harmonische Oberwelle mit der doppelten Frequenz des einfallenden Lichtes erzeugt werden. Polaritonen sind die Energiequanten des gekoppelten Phononen-Photonen-Feldes. Als Phononen werden die Energiequanten der Schallschwingung fester Körper bezeichnet. Dabei schwingen in einem Kristall die Atome relativ zueinander, wegen der Atom-Elektron-Wechselwirkung werden die Elektronen hierbei mitbeeinflußt. Die Intensität der harmonischen Oberwelle steht dabei im Zusammenhang mit der Ladung auf der Oberfläche, dies kann u.a. zur Untersuchung der Ladungsveränderung auf einer Elektrode nach Anwendung eines Potentialsprungs genutzt werden. Die Methode macht außerdem weitere Daten zur Zusammensetzung der Phasengrenze zugänglich, sie wurde besonders erfolgreich zur Untersuchung der upd-Abscheidung von Metallen und von Wasserstoff angewandt.

4.4 Nichtklassische Methoden: Oberflächenanalytik, Spektroskopie

Die mit SHG verwandte, ebenfalls auf einem nichtlinearen optischen Effekt beruhende Erzeugung der Summenfrequenz ist grundsätzlich noch leistungsfähiger als SHG zur Untersuchung von Adsorbaten. Bei ihr wird die bei Bestrahlung der Oberfläche mit Licht einer Anregungsfrequenz die als die Summe von Anregungsfrequenz und Schwingungsfrequenz (SFG) einer Molekülschwingung von einem Adsorbat auf der Oberfläche erzeugte Summenfrequenz analysiert.

Photothermale und Photoakustische Spektroskopie

Die bisher diskutierten optischen Methoden zur spektroskopischen Untersuchung elektrochemischer Prozesse setzten eine optisch glatte, hochreflektive Elektrodenoberfläche voraus, die sich meist in einer elektrochemischen Dünnschichtzelle nahe hinter einem Fenster in der Zellwand befinden muß. Für die Untersuchung rauher, nicht reflektierender oder poröser Elektroden sind diese Methoden ungeeignet. Die Entwicklung der photoakustischen Spektroskopie (PAS) in der Infrarot- und UV-vis-Spektroskopie kann auf elektrochemische Anwendungen übertragen werden und diese Schwierigkeit im Prinzip überwinden.

Bei der PAS wird die Lichtabsorption einer Probe als Funktion der Wellenlänge des eingestrahlten intensitätsmodulierten Lichtes nicht mit einem üblichen Detektor nach Transmission oder Reflexion gemessen. Zur Messung der Lichtabsorption ist die Probe, hier also die Elektrode, stattdessen mechanisch und thermisch gut leitend mit einem gasgefüllten, abgeschlossenen Volumen verbunden. Bei Lichtabsorption kommt es zur Erwärmung der Elektrode und des hinter ihr angeordneten Gasvolumens. Gemessen wird die dadurch verursachte Druckänderung. Dies kann mit einem Druckmesser in der Art eines Mikrofons oder Piezokristalls geschehen. Geschieht die Druckmessung als Funktion der kontinuierlich veränderten Wellenlänge des eingestrahlten Lichtes, so wird ein Spektrum erhalten, in dem die als Druckerhöhung aufgezeichnete Lichtabsorption als Funktion der Wellenlänge dargestellt ist. In einer elektrochemischen Anwendung kann die Elektrode als elastische Schicht (Film mit/ohne Träger) ausgebildet und auf ihrer Rückseite mit einem solchen Druckaufnehmer pneumatisch verbunden sein.

Alternativ kann die lichtabsorptionsbedingte Temperaturerhöhung auch durch einen thermisch an die Elektrode angekoppelten Thermistor gemessen werden (Photothermale Spektroskopie PTS).

UV-vis-Spektroskopie

Bei der elektrochemischen Oxidation von z.B. substituierten Benzolen (aromatische Amine) werden organische Kationen gebildet, die oft radikalischer Natur sind. Führt man die Reaktion in einer optisch transparenten Zelle (Quarzglas, bevorzugt als Dünnschichtzelle (Thin Layer Cell TLC) ausgeführt) im Strahlengang eines UV-vis-Spektrometers so durch, daß das an der Elektrode gebildete Produkt sich im Strahlengang befindet, so kann dessen Elektronenanregungsspektrum problemlos aufgezeichnet werden.

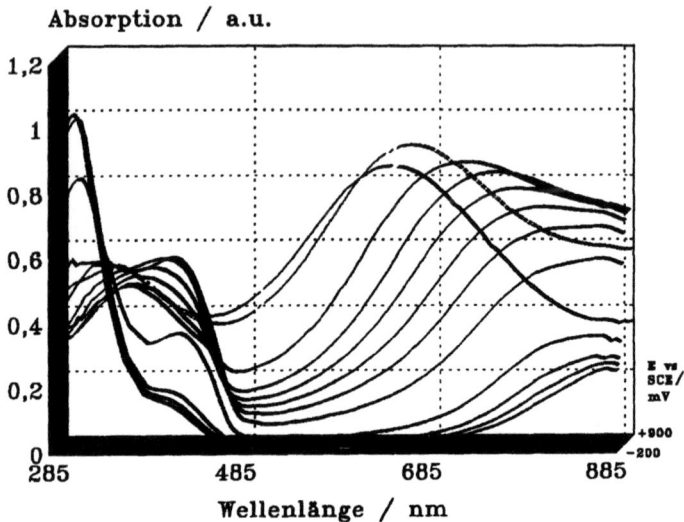

Bild 4.52 UV-vis-Absorptionsspektrums eines Polyanilinfilms in 0,1 M $HClO_4$.

Die Verwendung optisch transparenter Elektroden ((Optically Transparent Electrode OTE) erlaubt die Durchführung einer solchen Messung in Transmission; es ist auch möglich, den Lichtstrahl streifend an der Elektrodenoberfläche vorbei zu lenken. Die Abhängigkeit des Spektrums vom Elektrodenpotential, der Elektrolysezeit, der Elektrolytzusammensetzung, der Temperatur und anderen Parametern kann leicht ermittelt werden. Aus den gewonnenen Spektren können u.U. Zwischen- und Endprodukte, zumindest aber ihre spektroskopisch aktiven Baugruppen, identifiziert werden. Methodisch bedingt können dabei sowohl adsorbierte wie in Lösung befindliche Teilchen erfaßt werden. Bild 4.52 zeigt die elektrodenpotentialabhängige Veränderung des UV-vis-Absorptionsspektrums eines Polyanilinfilms (vgl. Bild 4.23). Neben einem quantitativen Bild der Grundlagen der Elektrochromie dieser Werkstoffe können die zu beobachtenden elektronischen Übergänge mit molekularen Eigenschaften und Veränderungen des Polymers in Verbindung gebracht werden.

Infrarot-Spektroskopie

Prinzipiell ist die *in situ* Anwendung der Infrarotspektroskopie zur Untersuchung von Phasengrenzen in Gegenwart von Elektrolytlösungen vor allem in einer Reflexionsanordnung von der starken Absorption des Lösungsmittels im mittle-

4.4 Nichtklassische Methoden: Oberflächenanalytik, Spektroskopie

ren Infrarot behindert. Dies gilt ganz besonders für Wasser, das einen hohen Absorptionskoeffizienten für IR-Strahlung hat und mit starken, durch intermolekulare Wechselwirkung extrem verbreiterten Banden bei 675, 1642, 2100 und 3400 cm^{-1}, den interessierenden Bereich der Schwingungen von molekularen Adsorbaten weitestgehend völlig abdeckt. Dies gilt nur mit Einschränkung für Salzschmelzen und nichtwäßrige Lösungsmittel.

Die im Vergleich dazu geringe Infrarotabsorption von Teilchen auf einer Oberfläche (d.h. von einer im Vergleich zum Volumen nahezu zweidimensionalen Probe) ist nur nach einer dramatischen Steigerung der Empfindlichkeit des Meßaufbaus erfaßbar. Dies kann durch Nutzung von Modulationstechniken (differentielle Methoden) erzielt werden. Da Metalle nur in extrem dünnen Schichten Infrarotlicht passieren lassen, ist die Untersuchung der Elektrodenoberfläche vorzugsweise in externer Reflexion üblich. Dabei wird der Lichtstrahl aus dem Monochromator eines dispersiven Infrarotspektrometers respektive aus dem Interferometer eines Fourier-Transform-Infraotspektrometers (FTIR) über eine Folge von Spiegeln durch ein für Infrarotlicht durchlässiges Fenster (z.B. aus Zinkselenid) auf die Elektrode gelenkt. Das reflektierte Licht wird zum Detektor weitergeleitet. Bild 4.53 zeigt den schematischen Aufbau für den Fall des FTIR-Spektrometers. Die im vereinfachten Schnitt dargestellte Meßzelle läßt die als Scheibe in einem inerten Körper eingebettete Arbeitselektrode erkennen. Sie ist unmittelbar hinter dem IR-durchlässigen Fenster angeordnet. Lediglich ein wenige Mikrometer dicker Lösungsfilm trennt Elektrode und Fenster.

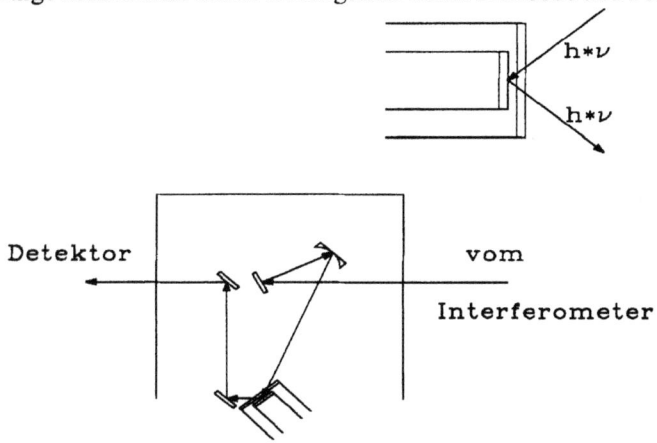

Bild 4.51 Strahlengang in einem FTIR-Spektrometer für Elektrodenuntersuchungen, kleines Bild: vereinfachter Schnitt einer Meßzelle.

Der elektrische Feldvektor des auf die metallische Elektrodenoberfläche fallenden Lichtes erfährt eine für die beiden Polarisationsebenen des Lichtes (parallel (p) oder senkrecht (s) zur Reflexionsebene) unterschiedliche Phasendrehung.

Nur das s-polarisierte Licht wird von Adsorbatteilchen auf der Elektrode adsorbiert. Bildet man im Spektrometer die Differenz der Strahlungsintensität am Detektor für s- und p-polarisiertes Licht, so kann dieses Differenzspektrum zur Identifizierung und Untersuchung von Adsorbatteilchen genutzt werden. Die Technik heißt polarisationsmodulierte Infrarot-Spektroskopie **PMIRRAS**. Eine andere Möglichkeit der Empfindlichkeitssteigerung durch Modulation bietet die Umschaltung des Elektrodenpotentials.

Wird dabei zwischen zwei definierten Elektrodenpotential E_r und E_m umgeschaltet, so gibt das wieder durch Subtraktion der bei den beiden Elektrodenpotentialen gemessenen Spektren erhaltene Differenzspektrum die potentialinduzierten Veränderungen auf der Elektrodenoberfläche wieder. Diese Veränderungen können sich auf den Bedeckungsgrad mit Adsorbat, auf die Art und Stärke der in Schwingungsbanden abgebildeten Adsorbat-Oberfläche-Wechselwirkungen oder auf die internen, vom Feld der elektrochemischen Doppelschicht beeinflußten Bindungsverhältnisse beziehen. Diese Technik kann vorteilhaft mit FTIR-Spektrometern benutzt werden. Bei diesen Geräten wird zur Verbesserung des Signal-Rausch-Verhältnisses eine große Zahl von Interferogrammen gemessen und akkumuliert. Anschließend wird aus ihnen durch Fourier-Transformation das Infrarotspektrum gewonnen. Zeichnet man abwechselnd Interferogramme bei E_r und E_m auf und akkumuliert sie, so erhält man schließlich nach Transformation und spektraler Differenzbildung des erwünschte Spektrum. Das Verfahren wird als **SNIFTIRS** bezeichnet (Subtractively Normalized Interfacial Fourier Transform Infrared Spectroscopy). Das Bild 4.52 zeigt dies für die Adsorption von SCN^--Ionen auf einer Goldelektrode.

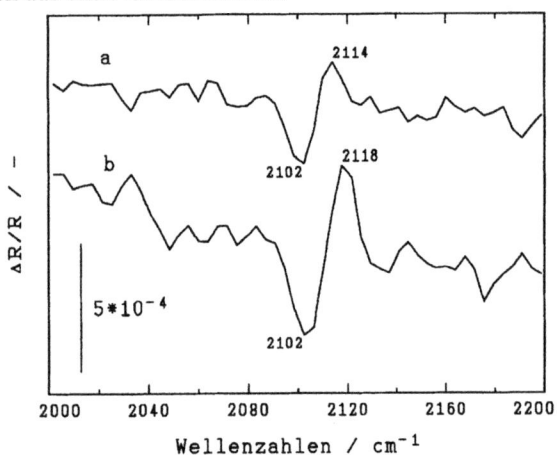

Bild 4.52 SNIFTIR-Spektren von SCN^-_{ad} auf einer polierten Goldelektrode, 1 mM KSCN, 0,1 M $KClO_4$, $E_{r,SCE} = -850$ mV, $E_{m,SCE} = -650$ mV (a); -450 mV (b); jeweils 100 Interferogramme, 16 Umschaltungen.

4.4 Nichtklassische Methoden: Oberflächenanalytik, Spektroskopie

Im SNIFTIR-Spektrum wird eine bipolare (differentielle) Bande beobachtet, die auf einen Einfluß des Elektrodenpotentials zurückzuführen ist. Die bei anodischem Potential (oberer Zweig im Spektrum) höher liegende Band zeigt eine Festigung der sie verursachenden C-N-Streckschwingung im elektrischen Feld durch eine Verminderung der Elektronendichte im π^*-Orbital an.

Ein weiteres beispielhaftes Ergebnis zeigt Bild 4.53. Die differentiellen IR-Spektren eines Polyanilinsfilms in saurer Lösung lassen sich mit der Annahme eines bevorzugt in Kopf-Schwanz-Verknüpfung aufgebauten Polymers deuten. Bei der elektrochemischen Oxidation zu höheren Elektrodenpotentialen kommt es zu Veränderungen im "Fingerprint-Bereich", die einen Übergang von einer benzoiden in eine chinoide Struktur der Polymerkette anzeigen. Außerdem ist eine zunehmende Absorption bei höheren Wellenzahlen zu beobachten. Sie ist durch frei bewegliche Ladungsträger im Polymer verursacht.

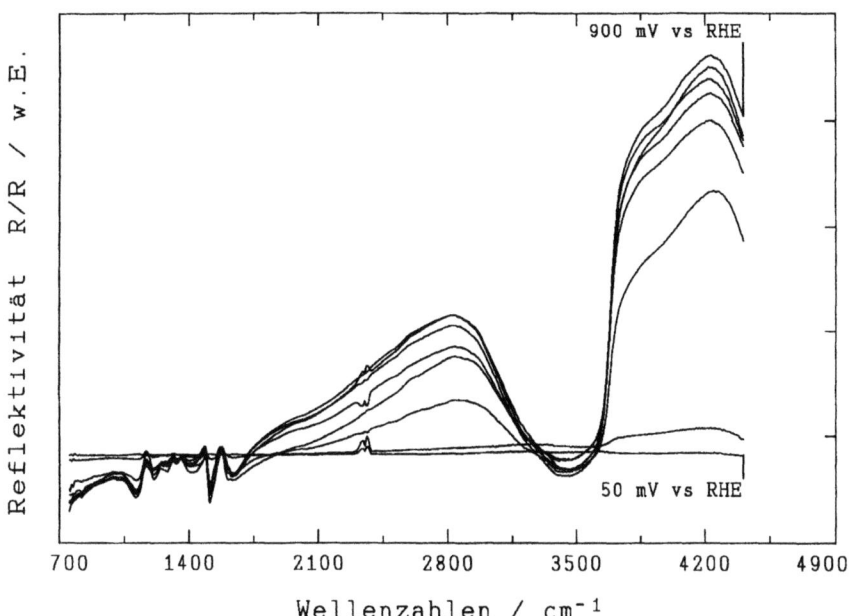

Bild 4.53 *in situ*-IR-Differenzspektren eines Polyanilinfilms in 1 N HClO$_4$ als Funktion des Elektrodenpotentials, $E_{r,RHE}$ = 50 mV, $E_{m,RHE}$ = 50, 150, 400, 500, 600, 700, 800, 900 mV (von unten nach oben).

Raman-Spektroskopie

Die recht geringe Quantenausbeute (10^{-6}) beim Raman-Streueffekt macht Untersuchungen von Oberflächen zu einem schwierigen und anspruchsvollen Experiment. Die Anwendung der Oberflächen-Raman-Spektroskopie auf das Studium von Elektrodenoberflächen erscheint daher zunächst hoffnungslos. Nach der Entdeckung eines "Oberflächenverstärkungseffektes" hat sich diese Perspektive drastisch geändert.

Für die Metalle Gold, Silber und Kupfer (die "Münzmetalle") konnte nach einer Aufrauhung der Oberfläche durch chemische, elektrochemische, photolithographische oder andere Prozesse eine Verstärkung des Streusignals um den Faktor von ca. 10^6 beobachtet werden. Damit waren Schwingungsspektren von Adsorbatteilchen in sehr guter Qualität zugänglich. Die Methode wurde SERS genannt (Surface Enhanced Raman Spectroscopy). Bild 4.54 zeigt dazu ein Beispiel mit einem SER-Spektrum von SCN^-_{ad} auf Gold (das entsprechende IR-Spektrum wurde in Bild 4.52 gezeigt). Im SER-Spektrum fällt auf, daß eine Veränderung des Elektrodenpotentials nicht zu einer Verschiebung der Bandenlage führt, obwohl mit dem Elektrodenpotential sich auch das elektrische Feld in der Doppelschicht verändert. Dies sollte eine Veränderung der Elektronenverteilung in den Molekülorbitalen des Adsorbates zur Folge haben, ein anodischeres Potential sollte zur Verminderung der Besetzungsdichte im antibindenden π^*-Orbital und damit zu einem Anstieg der Wellenzahl führen (s.o.). Eine alternative Erklärung, die allerdings weiterer zusätzlicher SERS-Daten bedarf, erklärt die differentielle Form mit einem "Umklappen" des Adsorbats, das eine veränderte Lage der Bindung relativ zur Elektrode zur Folge hat.

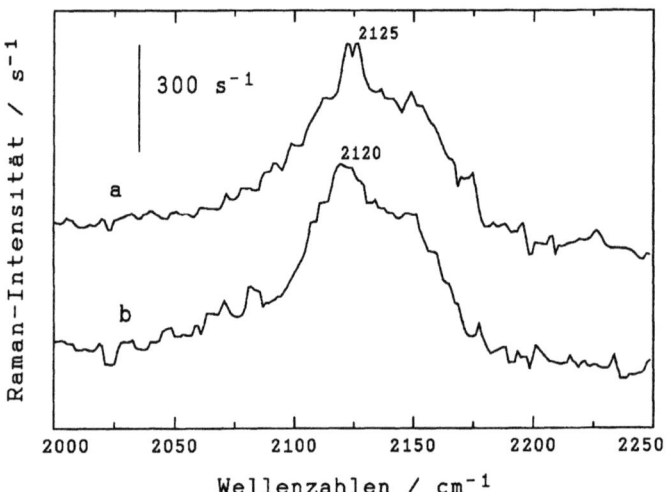

Bild 4.54 SER-Spektren von SCN^-_{ad} auf einer elektrochemisch aufgerauhten Goldelektrode, 1 mM KSCN, 0,1 M $KClO_4$; E_{SCE} = – 200 mV (a); – 400 mV (b).

4.4 Nichtklassische Methoden: Oberflächenanalytik, Spektroskopie

Die unterschiedliche Lage der Schwingungsbanden weist auf energetisch verschiedene Adsorptionsplätze hin, die möglicherweise durch eine stärkere adsorptive Wechselwirkung mit der elektrochemisch aufgerauhten Oberfläche bei SERS-Messungen zu einer stärkeren Verringerung der Besetzungsdichte im antibindenden π^*-Orbital führt. Dies würde auch die fehlende Abhängigkeit der Bandenlage vom Elektrodenpotential erklären. Das Beispiel zeigt die Notwendigkeit eines konzertierten Einsatzes beider schwingungsspektroskopischer Methoden.

Eine weiter Anwendung dieser *in situ*-Oberflächen-Schwingungsspektroskopie zeigt das folgende Beispiel. Die intensive, vom Oxidationszustand der Filme abhängige Färbung eines Polyanilinfilms erlaubt den erfolgreichen Einsatz der Oberflächen Resonanz-Raman-Spektroskopie (SRRS). Bei SRRS werden "absolute" Spektren des Polymerfilms, der auf einem geeigneten Substrat (Gold-, Platinelektrode) abgeschieden wurde, gemessen (s. Bild 4.55).

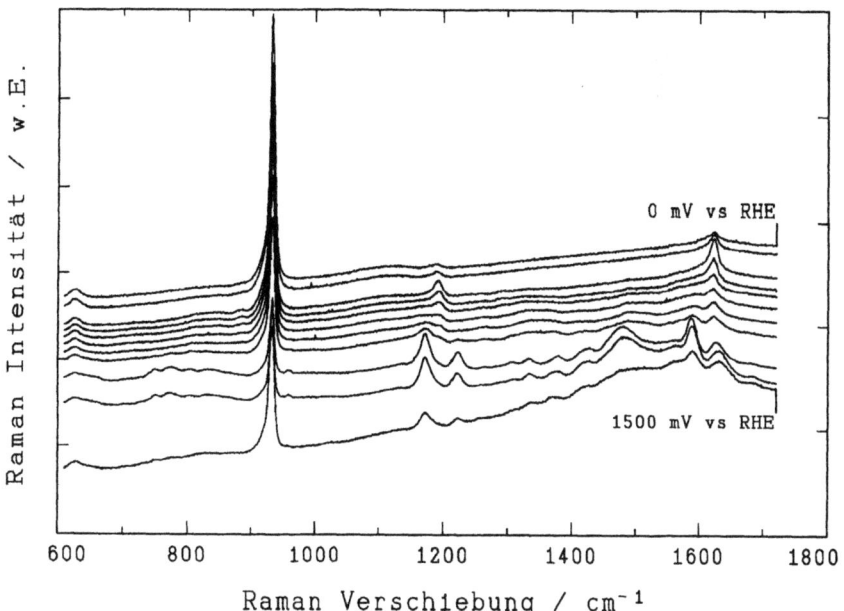

Bild 4.55 *in situ*-SRR-Spektren eines Polyanilinfilms in 1 N $HClO_4$ als Funktion des Elektrodenpotentials; $E_{m,RHE}$ = 0, 300, 400, 500, 600, 700, 800, 900, 1000, 1200, 1500 mV.

Sie zeigen zahlreiche Banden, die Moden des Polymerfilms auf der Grundlage bekannter Schwingungsspektren der Monomere und ihrer Oligomere sowie ihrer Veränderung bei Substitution resp. Kopplung zugeordnet werden können.

Jedes Spektrum entspricht einem Oxidationszustand (Dotierungsgrad) des Films. Elektrochemisch induzierte Modifikationen, die durch Veränderungen des Elektrodenpotentials verursacht werden, können so direkt abgelesen werden. Im vorliegenden Beispiel kann so der Übergang von benzoiden Systemen des Polyanilins in para-Verknüpfung zu chinoiden Systemen identifiziert werden.

Die beiden Beipiele zeigen deutlich, wie sich mit verschiedenen, teilweise komplementären schwingungsspektroskopischen Methoden Ergebnisse erzielen lassen, die in der Gesamtschau zu einem vollständigeren Bild der elektrochemischen Phasengrenze führen.

Liste der Symbole und Abkürzungen

Symbole

A	Fläche
a	Aktivität, Ionenradius, Länge
a_i	Debye-Länge
C	Zellkonstante der Leitfähigkeitsmeßzelle
CV	Zyklovoltammogramm
C_D	Doppelschichtkapazität
C_{diff}	differentielle Doppelschichtkapazität
C_{int}	integrale Doppelschichtkapazität
c_p	isobare Molwärme
c_V	isochore Molwärme
c	molare Konzentration
c_s	Konzentration an der Oberfläche
c_0	Konzentration im Lösungsinneren
D	Diffusionskoeffizient
d	Elektrodenabstand
E	elektrische Feldstärke
E	Elektrodenpotential
E_a	Aktivierungsenergie
E_B	Bezugselektrodenpotential
E_0	Elektrodenpotential ohne Stromfluß, im Gleichgewicht
E_{00}	Standardelektrodenpotential
E_F	Ferminiveau, Fermikante, Fermienergie
E_{MSE}	Elektrodenpotential gegen eine Quecksilbersulfatelektrode, $c_{\text{Quecksilbersulfat}} = 0{,}1\,\text{M}$
E_m	Meßpotential (Elektrodenpotential)
E_{pzc}	Nulladungspotential
E_{SCE}	Elektrodenpotential gegen eine gesättigte Kalomelelektrode SCE
e_0	Elementarladung
F	Faraday-Konstante (96494 C), Kraft
F_r	Reibungskraft
f	Fugazität eines Gases ($f_i = \gamma_i \cdot p_i$)
ΔG	Freie Enthalpie
ΔG_{ad}	Adsorptionsenthalpie
ΔG_{akt}	Aktivierungsenthalpie

$\Delta G_{\text{Ion-LM}}$	Freie Enthalpie der Ion-Lösungsmittel-Wechselwirkung
ΔH	Enthalpie
ΔH_{Gitter}	Gitterenergie
$\Delta H_{\text{Ion-LM}}$	Enthalpie der Ion-Lösungsmittel-Wechselwirkung
ΔH_{solv}	Lösungswärme
I	Ionenstärke, Stromstärke (Gesamtstrom)
I_a	vom Anion getragener Stromanteil
I_k	vom Kation getragener Stromanteil
I_C	kapazitiver Strom
I_D	Durchtrittsstrom
$I_{\text{lim,diff}}$	Diffusionsgrenzstrom
I_{ox}	anodischer Teilstrom
j_{red}	kathodischer Teilstrom
j	Stromdichte
j_D	Durchtrittsstromdichte
$j_{D,\text{ox}}$	anodische Durchtrittsstromdichte
$j_{D,\text{red}}$	kathodische Durchtrittsstromdichte
j_{ox}	anodische Teilstromdichte
j_{red}	kathodische Teilstromdichte
j_0	Austauschstromdichte
$j_{0,\text{ad}}$	Austauschstromdichte für die Oxidation eines Adsorbats
j_{00}	Standardaustauschstromdichte
K	Gleichgewichtskonstante
K_a	Aktivitätsgleichgewichtskonstante
K_c	Dissoziationskonstante, Konzentrationsgleichgewichtskonstante
$K_{M/S}$	Selektivitätskonstante
k	Kohlrausch-Konstante
k^+	Geschwindigkeitskonstante der anodischen Elektrodenreaktion
k^-	Geschwindigkeitskonstante der kathodischen Elektrodenreaktion
L	Leitfähigkeit, elektrischer Leitwert, Löslichkeitsprodukt
M	Molarität
M	Molmasse, Atomgewicht
m	Molalität
N_L	Loschmidtsche Zahl
N	Übertragungsverhältnis bei der Scheibe-Ring-Elektrode
N	Normalität (Konzentrationsangabe für eine Lösung)
n	Elektrodenreaktionswertigkeit, Hydratationszahl, Molzahl, Reaktionsordnung
n_A	Molzahl an Anionen

Liste der Symbole und Abkürzungen

n_K	Molzahl an Kationen
n_{prim}	Zahl der Lösungsmittelmoleküle in der primären Solvathülle
Q	elektrische Ladung
Q_D	elektrische Ladung für die Umladung der Doppelschicht
q^-	vom Anion transportierte Ladung
q^+	vom Kation transportierte Ladung
R	elektrischer Widerstand, allgemeine Gaskonstante
R_D	Durchtrittswiderstand
Rf	Rauhigkeitsfaktor
R_L	Elektrolytlösungswiderstand
r_i	Ionenradius
RHE	Relative Hydrogen Electrode
S	Entropie
S_{Ion-LM}	Entropie des Ion-Lösungsmittelsystems
T	absolute Temperatur
t	Überführungszahl
t_+	Überführungszahl der Kationen
t_-	Überführungszahl der Anionen
U	elektrische Spannung, innere Energie
U_0	elektrische Spannung ohne Stromfluß, im Gleichgewicht, Differenz von zwei Elektrodenpotentialen
U_z	Zersetzungsspannung
u	Ionenbeweglichkeit
V	Ionenvolumen
v	Wanderungsgeschwindigkeit von Ionen
v	Ausflußgeschwindigkeit einer Quecksilbertropfelektrode
v	dE/dt, Potentialvorschubgeschwindigkeit
x	Molenbruch
z	Ionenladungszahl
α	Dissoziationsgrad, Durchtrittsfaktor, Formfaktor einer Mikroelektrode
χ	Oberflächenpotential
δ_N	Dicke der Nernstschen Diffusionsschicht
δ_R	Dicke der Reaktionsgrenzschicht
ε	Permittivität (wird vor allem im elektrostatischen Einheitensystem verwendet)
ε_0	Permittivität des Vakuums
ε_r	relative Permittivität
γ	mittlerer Aktivitätskoeffizient

γ_+	kationischer Aktivitätskoeffizient
γ_-	anionischer Aktivitätskoeffizient
φ	Volta-Potential
φ	elektrostatisches Potential
κ	spezifische Leitfähigkeit
Λ_{eq}	Äquivalentleitfähigkeit
Λ_0	Äquivalentleitfähigkeit bei unendlicher Verdünnung
Λ_{mol}	molare Leitfähigkeit
λ_{mol}^+	molare Leitfähigkeit von Kationen
λ_{mol}^-	molare Leitfähigkeit von Anionen
λ_0^+	Grenzleitfähigkeit von Kationen
λ_0^-	Grenzleitfähigkeit von Anionen
μ	chemisches Potential, dynamische Zähigkeit
$\bar{\mu}$	elektrochemisches Potential
ν	kinematische Zähigkeit
ν_+	stöchiometrischer Koeffizient der Kationen
ν_-	stöchiometrischer Koeffizient der Anionen
η	Überspannung, Viskosität
τ	Tropfzeit (Quecksilbertropfelektrode)
ρ	spezifischer Widerstand, Dichte einer Substanz

Liste der Symbole und Abkürzungen

Abkürzungen*

AEAPS	Auger Electron Appearance Potential Spectroscopy
AES	Auger Electron Spectroscopy
APS	Appearance Potential Spectroscopy
ARUPS	Angular Resolved Ultraviolet Photoelectron Spectroscopy
ATR	Attenuated Total Reflection Spectroscopy
CD	Circulardichroismus
CL	Chemilumineszenz
cps	counts per second (Einheit der Zählrate bei der Ramanspektroskopie unter Verwendung eines Photonenzählers)
DAPS	Disappearance Potential Spectroscopy
DEMS	Differential Electrochemical Mass Spectroscopy
DESERS	Deenhanced Surface Enhanced Raman Spectroscopy
DRIFT	Diffuse Reflection Infrared Fourier Transform Spectroscopy
DS	Desorption Spectroscopy
ECESR	Electrochemical ESR Spectroscopy (Elektrochemische Elektronenspinresonanz-Spektroskopie)
ECM	Electrochemical Machining
EELS	Electron Energy Loss Spectroscopy
ELL	Ellipsometrie
ELNES	Energy Loss Near Edge Structure (Spectroscopy)
ELS	Energy Loss Spectroscopy
EMIRS	Electrode Potential Modulated Infrared Spectroscopy
EM(MA)	Electron Microprobe (Mass Analysis)
EQMB	Elektrochemische Quarz-Mikrowaage
ERS	Electroreflectance Spectroscopy
ESCA	Electron Spectroscopy for Chemical Analysis
ESD	Electron Stimulated Desorption
ESDIAD	Electron Stimulated Desorption Ion Angular Distribution
ESR	Electron Spin Resonance (Spectroscopy)
EXAFS	Extended X-Ray Absorption Fine Structure Analysis
EXELFS	Extended Electron Loss Fine Structure Spectroscopy
FAB	Fast Atom Bombardment

---

* Die Liste enthält einige Abkürzungen und Akronyme, die im Buch nicht vorkommen, denen der Leser aber sehr wahrscheinlich bei der weiteren Lektüre begegnen wird. Da Verzeichnisse dieser Art schwer zu finden sind, werden diese Abkürzungen hier mit erfaßt.

FD	Flash Desorption
FES	Field Emission Spectroscopy
FIM	Field Ion Microscopy
FIR	Ferninfrarot(spektroskopie)
FIS	Field Ion Spectroscopy
FMIR	Frustrated Multiple Internal Reflectance (Spectroscopy)
FT	Fourier Transform(ation)
FTIR	Fourier Transform Infrarotspektroskopie
FTIRRAS	Fourier Transform Infrarot Reflexions-Absorptions Spektroskopie
HIID	Heavy Ion Induced Desorption
HREELS	High Resolution Electron Energy Loss Spectroscopy
HREM	High Resolution Electron Microscopy
HVEM	High Voltage Electron Microscopy
IETS	Inelastic Electron Tunneling Spectroscopy
ILEED	Inelastic Low Energy Electron Diffraction
IMXA	Ion Microprobe X-Ray Analysis
INS	Ion Neutralisation Spectroscopy
INSEX	In-situ X-Ray Reflection/Transmission Diffraction
IR	Infrarot-Spektroskopie
IRRAS	Infrarot Reflexions Absorptions Spektroskopie
IRS	Internal Reflectance Spectroscopy
IS	Ionisation Spectroscopy
ISS	Ion Surface Scattering
ITO	Indium Tin Oxide
LD	Laser Desorption
LEED	Low Energy Electron Diffraction
LEIS	Low Energy Ion Scattering
LIMS	Laser Ionisation Mass Spectroscopy
MBRS	Molecular Beam Relaxation Spectroscopy
MBS	Mössbauer-Spektroskopie
MBSS	Molecular Beam Surface Scattering
MEIS	Medium Energy Ion Scattering
MER(S)	Multiple External Reflectance (Spectroscopy)
MIR(S)	Multiple Internal Reflectance (Spectroscopy)
MIR	Mittleres Infrarot (Spektroskopie)
MIRFTIRS	Multiple Internal Reflection Fourier Transform Infrared Spectroscopy
MOKE	Magneto-Optischer Kerr-Effekt
NHE	Normal Hydrogen Electrode (Normalwasserstoffelektrode)

Liste der Symbole und Abkürzungen

NEXAFS	Near Edge X-Ray Absorption Fine Structure Spectroscopy
OTE	Optically Transparent Electrode
PANI	Polyanilin, auch als Abkürzung für Polyanilinfilm verwendet
PAS	Photoakustische Spektroskopie
PASCA	Positron Annihilation Spectroscopy for Chemical Analysis
PAX	Photoelektronenspektroskopie an adsorbiertem Xenon
PCS	Photocurrent Spectroscopy
PD	Photodesorption
PDIRS	Potential-Difference Infrared Spectroscopy
PMFTIRRAS	Polarisation Modulated Fourier Transform Infrared Reflection Absorption Spectroscopy
PSS	Photostromspektroskopie (s.a. PCS)
PTS	Photothermale Spektroskopie
PVS	Photovoltage Spectroscopy
RBS	Rutherford Backscattering
REM	Rasterelektronenmikroskopie (auch SEM)
RHE	Reversible Hydrogen Electrode (auch als Relative Hydrogen Electrode bezeichnet, wenn als Elektrolyt die Meßlösung mit einer Protonenaktivität ≠ 1 verwendet wird, in dieser Arbeit sind RHE-Potentiale immer in diesem Sinn verstanden, $E_{RHE}=E_{NHE} + 59 \times$ pH (mV))
RHEED	Reflected High Energy Electron Diffraction
RRS	Resonance Raman Spectroscopy
SAES	Scanning Auger Electron Spectroscopy
SEM	Scanning Electron Microscope (s.a. REM)
SERS	Surface Enhanced Raman Spectroscopy
SERRS	Surface Enhanced Resonance Raman Spectroscopy
SEXAFS	Surface Extended X-Ray Absorption Fine Structure (Analysis) Spectroscopy
SHG	Second Harmonic Generation
SI	Surface Ionisation
SIMS	Secondary Ion Mass Spectroscopy
SNIFTIRS	Subtractively Normalized Interfacial Fourier Transform Infrared Spectroscopy
SRRS	Surface Resonance Raman Spectroscopy
SRS	Surface Raman Spectroscopy
SRS	Specular Reflectance Spectroscopy
STM	Scanning Tunneling Microscope
SUERS	Surface Unenhanced Raman Spectroscopy

SXAPS	Soft X-Ray Appearance Potential Spectroscopy
TDS	Thermodesorption Mass Spectroscopy
TEAS	Thermal Energy Atom Scattering
TLC	Thin Layer Cell
THG	Third Harmonic Generation
upd	underpotential deposition (Unterpotential-Abscheidung, Abscheidung eines Metall(ion)s auf einem Fremdmetall bei Potentialen, die anodischer als sein reversibles Abscheidungspotential auf einer Elektrode aus dem gleichen Metall sind)
UPS	Ultraviolet Photoelectron Spectroscopy
UV-vis	Spektroskopie mit UV- und sichtbarem Licht
XANES	X-Ray Absorption Near Edge Structure
XPS	X-Ray Photoelectron Spectroscopy
XSW	X-Ray Standing Wave

Register

Abfälle 203
AC-Polarography 257
Acrylnitril 214
Adatom 179
adiabatische Näherung 159
Adipinsäure 214
Adipinsäuredinitril 214
Adipodinitril 214
Adsorption 154, 175, 183
Adsorptionsenthalpie 175
Adsorptionsisotherme 175
Adsorptionsüberspannung 156, 174, 183
AES 277
Äquivalenzpunkt 71
Ätzen 201
äußeres Potential 48
Akkumulator 101
aktive Masse 104
Aktivierungsenthalpie 161
Aktivitätskoeffizient 15, 30
Alkali-Mangan-Zelle 108
Aluminium 211
Amalgamverfahren 206
Amin 195
Amperometrie 219
Andiffusion 154
Anilin 247
Aniliniumkation 247
Anlasser 100
Anodenschlamm 209
anodischer Schutz 195
anorganische Elektrolyse 210
Anreicherung 260
Arbeitselektrode 226
Asbest 205
Asymmetriepotential 59
Atomabsorptionsspektrometrie 218
Atomkraftmikroskopie 284
Auger-Spektroskopie 277
Austauschstromdichte 162
Austrittsarbeit 85

Austrittsarbeitsmessung 277

Bauxit 211
Bayer-Verfahren 211
Bedeckungsgrad 176
Belüftungselement 198
Bernal 23
Beryllium 211
Bezugselektrode 55, 227
Bleiakkumulator 116
Bleisammler 105
Bode-Diagramm 261
Bor 211
Born-Haber-Kreisprozeß 16
Braunstein 108, 210
Brennstoffzelle 89, 103, 121
Bruttosozialprodukt 186
Bunsen 100
Butler-Volmer-Gleichung 158, 163, 234

Carnot 90
Chaos 192
Chapman 40
CHEMFET 66
Chemisorption 175
Chlor 204
Chlor-Alkali-Elektrolyse 204
Chronoamperometrie 266
Chronocoulometrie 267
Chronopotentiometrie 221
Clark-Sonde 221
Cotton-Mouton-Effekt 288
Cottrell-Gleichung 266
Coulometrie 218
coulometrische Titration 219
coulostatische Methode 272
Cyanidentgiftung 68

Dampfturbine 90
Daniell 100
Daniell-Element 95

Dämpfung 252
Debye 139
Debye-Hückel-Theorie 23, 74
Debye-Länge 29, 30
Dehydrogenase 66
DEMS 279
Dendrit 114
Denitrifizierung 62
Derivativpolarogramm 257
Diaphragma 205
Diaphragmaverfahren 205
Differentielle Elektrochemische Massenspektroskopie 279
differentielle Pulspolarographie 257
Diffusion 127
–, lineare 127
–, planare 127
–, sphärische 127
Diffusionsgrenzstrom 172
Diffusionsimpedanz 263
Diffusionspotential 59
Diffusionsschichtdicke 236
Diffusionsüberspannung 156
Diffusivität 230
dimensionsstabile Anode 205
Dimerisierung 247
Direktkonduktometrie 144
Direktpotentiometrie 67, 68
Dispersionsbeschichtung 210
Dissoziationsgeschwindigkeit 237
Dissoziationsgrad 138
Donnan-Potential 208
Doppelschicht 36
–, elektrochemische 38
Dotierungsgrad 298
dreidimensionale Elektrode 166
Dreiphasengrenze 122
Driftgeschwindigkeit 129
Drude-Gleichung 285
DSA 205
Durchtrittsfaktor 161
Durchtrittsstromdichte 162
Durchtrittsüberspannung 156, 163
dynamisches Gleichgewicht 126

dynamische Zähigkeit 231
Dynamo 100
dynamoelektrisches Prinzip 100

Effekt, elektrophoretischer 139
Einkristallebene 246
Einkristalloberfläche 180
Einstein-Beziehung 142
Eisenphosphat 193
Eisenschrott 194
Eisensulfiddeckschicht 201
Electrochemical Machining 217
Electroreflectance Spectroscopy 289
elektrochemische Doppelschicht 38
– ESR-Spektroskopie 281
– Quarz-Mikrowaage 284
– Spannungsreihe 96
Elektrode-Adsorbat-Wechselwirkung 177
Elektrode, dreidimensionale 166
– dritter Art 54
– zweiter Art 63
–, ionenselektive 57, 69
–, ionensensitive 55
Elektrodenimpedanz 264
Elektrogravimetrie 218
Elektrokatalyse 13, 177, 183
elektrokinetische Erscheinungen 48
Elektrokristallisation 178
Elektrolyse, anorganische 210
elektrolytische Leitfähigkeit 128
Elektrolytkupferherstellung 209
Elektrometerverstärker, 66, 225
Elektronen-Loch-Paar 289
Elektronenakzeptor 290
Elektronenakzeptorniveau 76
Elektronenbeugung 280
Elektronendonorniveau 76
Elektronenspektroskopie 277
Elektronenstrahl-Mikrosonde 196
elektroosmotischer Druck 48
elektrophoretische Lackierung 216
elektrophoretischer Effekt 139
Elektropolieren 217

Elektroreflektionsspektroskopie 288
Elektrotraktion 101
Ellipsometrie 288
Email 195
Energiedichte 105
Energieeinsatz 203
Entzinkung 198
Enzymelektrode 66
Erosionskorrosion 186
Ersatzschaltbild 130, 264
ESCA 277
evanescent wave 287
EXAFS 279
externe Reflexion 287

Faradaysche Gesetze 151, 152
Faradaysche Ströme 240
Fehlstelle 155
Fehlstellendichte 179
Felddesorption 278
Festelektrolyt 120
Festkörperphysik 155
Fingerprint-Bereich 295
Flade-Potential 192
Flotation 48
Fluor 210
Flüssigkeitspotential 78, 80, 81
Fourier-Transform-Infraotspektrometer 293
Fowler 23
Froschschenkelversuch 100
Frumkin-Adsorptionsisotherme 175
funktionelle Schicht 210

galvanostatische Abschaltmessung 272
galvanostatische Doppelimpulsmethode 270
galvanostatische Messung 228, 268
galvanostatische Einschaltmessung 269
Gamma-Strahlung 280
Gaselektrode 62
Gassensor 221, 223
Gasung 118

Gegenelektrode 226
Gesamtüberspannung 156
geschwindigkeitsbestimmender Schritt 155
Gibbs-Gleichung 93
Gitterenergie 21, 128
Glanzbildner 183
Glaselektrode 68
Glasur 186
Gleichgewicht, dynamisches 126
Gleichspannungs-Polarographie 256
Gouy 40
Gradient 126
Gran 71
Grenzgesetz von Debye und Hückel 30
Grenzleitfähigkeit 136
Grotthusscher Sprungmechanismus 137
Grove 100
Grundstrom 256
Grünspan 185
Halbstufenpotential 258
Härtegrad 145
Helmholtz 39
Helmholtz-Schicht 39
Henderson-Gleichung 80
Herzschrittmacher 115
Heßscher Satz 17
Hexamethylendiamin 214
Heyrovsk'y 250
Hittorf 134
Hittorfsche Überführungszahl 134
Hittorfsche Überführungszelle 134
Hochfrequenzkonduktometrie 151
hochporöse Elektrode 109
Hochspannungs-Gleichstromübertragung 199
Hochvakuumphysik 274
Hoffmannscher Wasserzersetzungsapparat 134
HOMO 250
höhere Alkohole 195

Hückel 139
Hydratationszahl 25, 135
Hydrathülle 128
Hydrodynamischer Radius 143
Hydroniumion 137
Hypochlorit 204, 210
Hypochloriterzeugung 62

ideale Lösung 15
Ilkovic-Gleichung 255
Impedanzmessung 261
Infrarot-Spektroskopie 292
Inkubationszeit 201
– Helmholtz-Ebene 41
– Helmholtz-Schicht 41
– Korrosion 186
instationäre Methode 227, 264
integrale Doppelschichtkapazität 47
interne Reflexion 287
Investitionskosten 203
Ion-Dipolwechselwirkung 25
Ion-Lösungsmittel-Wechselwirkung 15, 26
Ionenaustauschermembran 207
Ionengrenzleitwert 136
Ionensensitivität 57
Ionenvolumen 25
Ionenwanderung 126, 128
Ionenwolke 139
Ionisierungsenergie 96
Ionophormembran 65
IRS 287
ISFET 66
Isotrope 64

Jellium-Modell 289

Kalibrierkurve 256
Kalkmilch 68
Kalzium 145
Kanal 230
Kathodischer Korrosionsschutz 194
Kationenaustauschermembran 207
Keimbildung 154

Kelvin-Probe 277
Kesselstein 145
kinematische Zähigkeit 231
Kippscher Wasserstoffentwicklungsapparat 187
Kohlrausch 132, 133
Kohlrauschsches Quadratwurzelgesetz 133
komplexe Ebene 261
Konduktometrie 126, 144
konduktometrische Titration 146
Kontaktadsorption 41
Kontaktkorrosion 197
Konvektion 254
Konzentrationsaktivität 15
Konzentrationsgradient 127, 141
Konzentrationskette 222
Konzentrationsprofil 171
Konzentrationsüberspannung 169
Korrosion 185
Korrosionspotential 188
Korrosionsprodukt 185
Korrosionsschutz 186, 190, 192
Koutecky-Levich-Auftragung 233
Kristallgitter 154
Kristallisation 178
Kristallisationsüberspannung 156
kristallographische Orientierung 246
Kronenether 66
Kryolith 211
Kupfermetalleinschlüsse 187

Λ-Sonde 222
Lack 195
Lackierung, elektrophoretische 216
Ladungsdichte 25, 26
Ladungsdurchtritt 154
Laser Desorption 278
Leclanché 108
Leitelektrolyt 127
Leitfähigkeitsmessung 144
Leitfähigkeitsmeßanordnung 130
Leitwert 129
Levich-Gleichung 231

Register

Lewis-Sargent-Gleichung 80
Lichtmikroskopie 284
Lithium 211
Lithium-Sauerstoff-System 112
Lithiumzelle 112
Lochfraß 186
Lochfraßkorrosion 190
Lösung, ideale 15
Lösungsmitteldipol 24
Lösungsvermittler 214
Luftunterschuß 223
Luftüberschuß 222
Luigi Galvani 100
Lumineszenzspektroskopie 290
LUMO 250

Magnesium 145, 211
magnetische Speichermedien 288
Magnetisierung 288
Magneto-Optischer Kerr-Effekt 288
Makrotetrolide 66
Masse, aktive 104
Massenspektroskopie 278
mehrbasige Säuren 71
mehrfache interne Reflexion 287
Membran, semipermeable 208
Membranverfahren 207
Messing 198
Metall-Luft-Batterie 103, 107
Metallgewinnung 208
metallische Gläser 185
Metallreinigung 208, 209
Methode, coulostatische 272
Migration 126, 127, 254
Mikroelektrode 66
Mikroelektroden 127, 240, 248
Millival 145
Mischphasenthermodynamik 14, 27
Mischpotential 65, 96, 188
Mobilität 181
Mössbauerspektroskopie 280
Mößbauereffekt 275
Näherung, adiabatische 159
Nanoschicht 195

Natrium 211
Natriumamalgam 206
Natriumamalgambildung 204
natürliche Konvektion 127
Nernst 11
Nernst-Einstein-Beziehung 143
Nernst-Einstein-Gleichung 142
Nernst-Gleichung 50
Nernstsche Diffusionsschicht 171, 231
nichtklassische Methoden 274
nichtlinearer optischer Effekt 290
Nickel-Cadmiumakkumulator 118
Nickel-Wasserstoff-System 119
Nikolsky-Gleichung 69
Niob 211
Nitrite 195
Normalwasserstoffelektrode 36, 49
Notstromversorgung 100

Oberflächen Resonanz-Raman-Spektroskopie 297
Oberflächenanalytik 274
Oberflächendiffusion 155, 178
Oberflächenhärte 284
Oberflächenkonzentration 181
Oberflächenladung 38
Oberflächenleitfähigkeit 285
Oberflächenpotential 49
Oberflächenpotentialdifferenz 49
Oberflächentechnologie 274
Oberflächenveredelung 210
Oberflächenverstärkungseffekt 296
Onsager 139
Operationsverstärker 225
Opferanode 194
optically transparent electrode 286
optische Methoden 286
organische Elektrosynthesen 212
ortsaufgelöste pH-Messung 66
Ortskurve 261
Osmose 208
Ostwaldsches Verdünnungsgesetz 138
Oxidfilm 200
Oxoniumion 137

Ozongenerator 62

Passivierung 186
Perborat 210
Perchlor 223
Perchlorat 210
Permanganat 210
Permittivität 47
Perrin 39
Phasengrenzschicht 130
phasenselektive Detektion 258
Phosphophyllit 194
photoakustische Spektroskopie 291
Photodesorption 278
Photospannungsspektroskopie 289, 290
Photostromspektroskopie 289, 290
Photoströme 289
photothermale Spektroskopie 291
Physisorption 174
Planté 116
PMIRRAS 294
Poggendorfsche Kompensationsschaltung 57
Polarogramm 251
Polarographie 250
Polyanilin 292
polykristalline Platinelektrode 246
polymere Festelektrolyte 223
poröse Elektrode 117, 166
poröse Gasdiffusionselektrode 270
Positronen-Annihilierung 283
Potential, äußeres 48
Potential, chemisches 14
Potentialänderungsgeschwindigkeit 239
Potentialoszillation 192
Potentialsprungmethode 265, 268
Potentialverteilung 199
potentiodynamische Methode 239
Potentiometrie 55
potentiometrische Titration 68
potentiostatische Methode 229
Primärzelle 108

Prozeßkontrolle 217
Prozeßsteuerung 146
Prozeßwärme 203
Pulspolarographie 257
–, differentielle 257
Punktladung 31

quantenmechanischer Tunneleffekt 275
quasistationäre Methoden 239
Quecksilber 204
Quecksilbercoulometer 152
Quecksilberoxid-Zink-Zelle 111
Quecksilbertropfelektrode 250

Radikalkation 247
Raffinade 209
Ragone-Diagramm 124
Raman-Spektroskopie 295
Rastersondenmethode 13
Rastertunnelmikroskop 283
Rauchgasentschwefelungsanlagen 195
Reaktionsenthalpie 88
Reaktionsentropie 88
Reaktionsgeschwindigkeit 153
Reaktionsgrenzstrom 174
Reaktionskanäle 178
Reaktionsüberspannung 156
reale Phasen 15
Realpotential 96
Rechteck-Polarographie 259
Rechteckpulsprogramm 257
Redoxbatterien 123
Redoxelektrode 62 76
Redoxmediation 213
Redoxpotential 62
Redoxreaktion 100
Redoxtitration 64
Reflexion, externe 287
–, interne 287
–, mehrfache interne 287
Reflexionsspektroskopie 287
Regeltechnik 217
Regenerative Energie 101

Reibungskraft 128
Reinheitskontrolle 145
Relaxationseffekt 139
Relaxationszeit 140
Resonanzabsorption 280
Reversibilität 165
Rohkupferanode 209
rotierende Scheibenelektrode 230
Röntgenabsorptionsspektroskopie 279
Röntgenbeugung 279, 280
Röntgenstrahl Photoelektronenspektroskopie 277
Rösten 209
Ruhepotential 156
Rutheniumoxid 205

Säurekorrosion 186
Salzbrücke 78
Sand-Gleichung 221
Sauerbrey-Gleichung 284
Sauerstoffentwicklung 245
Sauerstoffkorrosion 186
Scanning Electrochemical Microscope 249
Scheibe-Ring-Elektrode 238
Schiffsrumpf 194
Schlierenbildung 254
Schmelzflußelektrolyse 210
Schreib-/Leseköpfe 288
Schwefeldispersion 201
Schwefelkorrosion 200
Schwefelwasserstoff 200, 201
Schwingkondensator-Methode 277
Second Harmonic Generation 290
Sekundärelement 101
Sekundärionen-Massenspektroskopie 278
Selektivität 203
Selektivitätskonstante 69
Seltenerdmetall 211
Separator 207
SEXAFS 279
Siemens, Werner von 100
Signal 275

Silikonkautschuk 65
SIMS 278
Simultanbestimmung 148
SNIFTIRS 294
Sollgröße 229
Solvatation 136
Solvatationszahl 25
Solvathülle 24, 25, 128, 159
Solvatmoleküle 23
Sonde 275
Söderberg-Elektrode 211
Spaltkorrosion 186, 198
Spannungsfolger 225
Spannungsrißkorrosion 186, 196
Speisewasser 68, 144
Spektroskopie 274
Spektroelektrochemie 276
spektroelektrochemische Untersuchungsverfahren 224
spezifische Adsorption 41
spezifischer Leitwert 131
sphärische Diffusion 127
SPM 13
Square-Wave-Polarography 259
Standardaustauschstromdichte 165
Standardwasserstoffelektrode 36
stationäre Methode 227
stationäre Strom-Spannungskurven 228
stehende Röntgenwelle 280
Stern 40
Stiazähler 152
STM 283
Stokes-Einstein-Beziehung 143
Stokeschen Reibungskraft 139
Straßenbahn 199
Streuströme 198
Stromdichte 161
Stromstufe 254
Strukturschwächung 186
Stufe, polarographische 253
-, kristallographische 155
Sublimationswärme 183
Subtractively Normalized Interfacial

Fourier Transform Infrared Spectroscopy 294
sukzessive Anpassung 264
Sulfurylchlorid 112
Summenfrequenz 291
"Swing"-System 114

Tafel-Auswertung 235
Tafel-Gerade 235
Tafel-Näherung 167
Tafel-Neigung 235
Tantal 211
Tastpolarographie 256
Teilstromdichte 162
Temkin-Isotherme 176
temporäre Härte 145
Terrasse 155
Tetraethylblei 215
thermische Kraftmaschine 88
Thin Layer Cell 291
Thionylchlorid 111
Tiefpaß 252
Titan 211
Titration, coulometrische 219
Titrationskurve 71
Transmissionspektren 287
transpassiver Bereich 192
Transporthemmung 195
Trinkwasseraufbereitung 62
Tunnelsondenmikroskopie 275
Tunnelvorgang 159

Überführungszahl 80, 134, 135, 136
Überspannung 156
Übertragungsverhältnis 238
Ultramikroelektroden 249
Ultraviolett Photoelektronenspektroskopie 277
Umrichter 199
Umweltüberwachung 217
unabhängige Wanderung 132
unterbrechungsfreie Stromversorgung 100
Unterpotential-Abscheidung 185

upd 185
UPS 277
UV-Vis-Absorption 250
UV-Vis-Spektroskopie 291

Van't Hoff'sche Reaktionsisotherme 95
Verchromen 193
Verdrängungstitration 150
Vergolden 193
Vernickeln 193
Versilbern 193
Verzinken 187
Verzunderung 200
Videoaufzeichnung 284
Viskosität 24, 143
Vivianit 193
Volcano-Plots 184
Volta, Allesandro 100
Volta-Potential 48
Voltasche Säule 100

Wachstumskante 178
Wanderung 126
Wanderungsgeschwindigkeit 128
Wasseraufbereitungsanlage 146
Wasserhärte 145, 191
Wasserleitung 199
Wasserstoff-Sauerstoff-Zelle 122
Wasserstoffentwicklung 155
Wasserstoffperoxid 210
Wasserstoffversprödung 197
Wechselspannungspolarographie 257
Wechselstrompolarographie 257
Wechselstromscheinwiderstand 130
Wechselwirkungskoeffizienten 175
Werkstoffkunde 274
Westonsches Normalelement 86, 225
Wirkungsgrad 88

XANES 279
XPS 277
XSW 280

Zähigkeit, dynamische 231
–, kinematische 231
Zahnfüllung 186
"Zebra"-Zelle 121
Zelle mit Überführung 81
Zelle ohne Überführung 81
Zementation 61
Zementierung 187, 198
Zersetzungsspannung 86
Zink-Kohlenstoff/Luft-Zelle 104
Zinkgranalien 187
Zuckerherstellung 68
Zulegieren 184
Zustandsänderung 88
zyklische Voltammetrie 239
zyklisches Voltammogramm 240

Winter/Noll
Methoden der Biophysikalischen Chemie

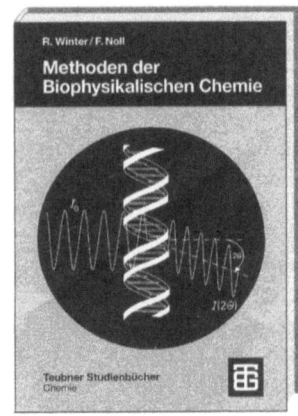

Von Prof. Dr. **Roland Winter**
Universität Dortmund
und Dr. **Frank Noll**
Universität Marburg

1998. VI, 589 Seiten
mit 462 Bildern.
13,7 x 20,5 cm.
(Teubner Studienbücher)
Kart. DM 64,80
ÖS 473,– / SFr 58,–
ISBN 3-519-03518-9

In immer stärkerem Maße steht das molekulare Verständnis der Lebensvorgänge im Vordergrund heutiger naturwissenschaftlicher Forschungsarbeiten. Die Disziplinen der Biophysikalischen Chemie und Biophysik haben daher in den letzten Jahrzehnten sehr an Bedeutung gewonnen und zu großen Entdeckungen in der Biochemie und Biologie geführt. Der große Erfolg dieses sich immer stärker ausweitenden Wissenschaftszweiges ist besonders auf die Fortschritte der physikalisch-chemischen Untersuchungsmethoden zurückzuführen, die es heute erlauben, selbst komplexe biochemische Strukturen zu analysieren.

Dieses Buch hat das Ziel, ein prinzipielles Verständnis der wichtigsten biophysikalisch-chemischen Untersuchungsmethoden und ihrer Anwendungsmöglichkeiten zu vermitteln, so daß man diese sinnvoll für eigene Arbeiten einsetzen und publizierte Arbeiten auf diesem Gebiet besser verstehen kann.

Aus dem Inhalt
Allgemeine Strukturprinzipien biologischer Makromoleküle – Thermisch-kalorische Meßverfahren – Kinetik und Meßverfahren biochemischer Reaktionen – Hydrodynamische Methoden (Viskosität, Osmotischer Druck, Diffusion, Ultrazentrifugation, Elektrophorese, Chromatographie) – Strukturuntersuchungen (Mikroskopische Methoden, Licht-, Röntgen- und Neutronenstreuung) – Spektroskopische Methoden (UV/VIS-Spektroskopie, Chiroptische Methoden, Fluoreszenzspektroskopie, Fluoreszenzpolarisation, Förster-Energietransfer, Photobleichverfahren, IR-, Raman-, 1D- und 2D-NMR-Spektroskopie, Festkörper-NMR, Kernspintomographie, ESR-, Mössbauerspektroskopie, Ultraschallmethoden, dielektrische Relaxationsverfahren, inelastische Neutronenstreuung – Radiochemische Methoden

Preisänderungen vorbehalten.

B. G. Teubner Stuttgart · Leipzig

MIX
Papier aus verantwortungsvollen Quellen
Paper from responsible sources
FSC® C105338

If you have any concerns about our products,
you can contact us on
ProductSafety@springernature.com

In case Publisher is established outside the EU,
the EU authorized representative is:
**Springer Nature Customer Service Center GmbH
Europaplatz 3, 69115 Heidelberg, Germany**

Printed by Libri Plureos GmbH
in Hamburg, Germany